国家"十四五"生态环境保护规划研究：
思路与框架

王金南　万　军　秦昌波　熊善高　等　著

中国环境出版集团·北京

图书在版编目（CIP）数据

国家"十四五"生态环境保护规划研究：思路与框架/王金南
等著. —北京：中国环境出版集团，2022.3
（当代生态环境规划丛书）
ISBN 978-7-5111-5097-4

Ⅰ．①国…　Ⅱ．①王…　Ⅲ．①生态环境保护—环境规划—
研究—中国—2021-2025　Ⅳ．①X321.2

中国版本图书馆 CIP 数据核字（2022）第 055457 号

出 版 人　武德凯
责任编辑　葛　莉
责任校对　薄军霞
封面设计　金　山

出版发行　中国环境出版集团
　　　　　（100062　北京市东城区广渠门内大街 16 号）
　　　　　网　　　址：http://www.cesp.com.cn
　　　　　电子邮箱：bjgl@cesp.com.cn
　　　　　联系电话：010-67112765（编辑管理部）
　　　　　发行热线：010-67125803，010-67113405（传真）
印　　刷　北京中科印刷有限公司
经　　销　各地新华书店
版　　次　2022 年 3 月第 1 版
印　　次　2022 年 3 月第 1 次印刷
开　　本　787×1092　1/16
印　　张　20
字　　数　390 千字
定　　价　138.00 元

当代生态环境规划丛书

学术指导委员会

编　委　会

总 序

　　保护生态环境，规划引领先行。生态环境规划是我国美丽中国建设和生态环境保护的基础性制度，具有很强的统领性和战略性作用。我国的生态环境规划与生态环境保护工作同时起步、同步发展、同域引领。1973 年 8 月，国务院召开了第一次全国环境保护会议，审议通过了《关于保护和改善环境的若干规定（试行草案）》，确定了我国生态环境保护的基本方针，即"全面规划、合理布局、综合利用、化害为利、依靠群众、大家动手、保护环境、造福人民"的"32 字方针"，"全面规划"为"32 字方针"之首。

　　自 1975 年国务院环境保护领导小组颁布我国第一个国家环境保护规划《关于制定环境保护十年规划和"五五"（1976—1980 年）计划》以来，我国已编制并实施了 9 个五年的国家环境保护规划，目前正在编制第 10 个五年规划，规划名称经历了从环境保护计划到环境保护规划，再到生态环境保护规划的演变；印发层级从内部计划到部门印发，再升格为国务院批复和国务院印发，已经形成了一套具有中国特色的生态环境规划体系，对我国的生态环境保护发挥了重要作用。

　　党的十八大以来，生态文明建设被纳入"五位一体"总体布局，污染防治攻坚战成为全面建成小康社会的三大攻坚战之一，全国生态环境保护大会确立了系统完整的习近平生态文明思想，生态环境保护改革深入推进，生态环境规划也取得长足发展。这期间，生态环境规划地位得到提升，规划体系不断完善，规划基础与技术方法得到加强，规划执行效力显著提高，环境规划学科蓬勃发展，全国各地探索编制了一批优秀规划成果，对加强生态环境保护、打好污染防治攻坚战、提高生态文明水平发挥了重要作用。

　　党的十九大绘制了新时期中国特色社会主义现代化建设战略路线图，确立了建设美丽中国的战略目标和共建清洁美丽世界的美好愿景，是新时代生态环境保护的战略遵循。生态环境规划，要坚持以习近平生态文明思想为指导，以改善生态环境质量为核心，系统谋划生态环境保护的布局图、路线图和施工图，在美丽中国建设的宏伟征程中，进一步发挥基础性、统领性和先导性作用。

生态环境部环境规划院成立于 2001 年,是一个专注并引领生态环境规划与政策研究的国际型生态环境智库,主要从事国家生态文明、绿色发展、美丽中国等发展战略研究,开展生态环境规划理论方法研究和政策模拟预测分析,承担国家中长期生态环境战略规划、流域区域和城市环境保护规划、生态环境功能区划以及各环境要素和主要生态环境保护工作领域规划的研究编制与实施评估,开展建设美丽中国和生态文明制度理论研究与实践探索。为了扩大生态环境规划影响,促进生态环境规划行业研究和实践,生态环境部环境规划院于 2020 年启动"当代生态环境规划丛书"编制工作,总结全国近20 年来在生态环境规划领域的研究与实践成果,与国内外同行交流分享生态环境规划的思考与经验,努力讲好生态环境保护"中国故事"。

"当代生态环境规划丛书"选题涵盖了战略研究、区域与城市、主要环境要素和领域的规划研究与实践,主要有 4 类选题。第一类是综合性、战略性规划(研究),包括美丽中国建设、生态文明建设、绿色发展以及碳达峰、碳中和等规划;第二类是区域与城市规划,包括国家重大发展区域生态环境规划、城市环境总体规划、生态环境功能区划以及"三线一单"等;第三类是主要环境要素规划,包括水、大气、生态、土壤、农村、海洋、森林、草地、湿地、保护地等生态环境规划等;第四类是主要领域规划,包括生态环境政策、风险、投资、工程规划等。

"当代生态环境规划丛书"注重在理论技术研究与实践应用两方面拓展深度和广度,注重与我国当前和未来生态环境工作实际情况相结合,侧重筛选一批具有创新性、引领性和示范性的典型成果,希望给读者一个全景式的分享。希望"当代生态环境规划丛书"的出版,可以为提升社会对生态环境规划与政策编制研究的认识、为有关机构编制实施生态环境规划、制定生态环境政策提供参考。

展望 2035 年,美丽中国目标基本实现,生态环境规划将以突出中国在生态环境治理领域的国际视野和全球环境治理的大国担当、系统谋划生态环境保护顶层战略和实施体系为目标,统筹规划思想、理论、技术、实践、制度的全面突破,统筹规划编制、实施、评估、考核、督查的全链条管理,建立国家—省—市县三级规划管理制度体系。

2021 年是生态环境部环境规划院建院 20 周年。值此建院 20 周年"当代生态环境规划丛书"出版之际,祝愿生态环境部环境规划院砥砺前行,不忘初心,勇担使命,在美丽中国建设的伟大征程中,继续绘好美丽中国建设的布局图、路线图和施工图。

中国工程院院士
生态环境部环境规划院院长
2020 年 1 月

　　编制实施五年规划是我国治国理政的重要方式。生态环境保护是政府公共职能，尤其需要通过编制实施五年规划，贯彻国家意志，引导社会资源，凝聚社会共识。从"五五"环境计划到"十四五"生态环境保护规划，我国已经编制实施了十个五年生态环境综合规划。规划的编制实施对统领和指导全国生态环境保护工作发挥了纲举目张的作用。《"十四五"生态环境保护规划》（以下简称《规划》）是第四个由国务院印发的五年生态环境综合规划。作为国家级重点专项规划之一，《规划》系统设计了"十四五"期间生态环境保护工作的时间表和路线图。

　　进入新发展阶段，生态环境保护规划面临新的要求。一是在发展背景方面，"十四五"时期正处在中华民族伟大复兴战略全局的关键时期和百年未有之大变局的历史时期，生态环境保护工作要放在这两个大局中加以谋划，放在构建以国内大循环为主体、国内国际双循环相互促进的新发展格局中予以考量，全力助推经济高质量发展。二是在进程方位上，《规划》编制要站在全面建成小康社会、污染防治攻坚战取得阶段性成就的基础上，全面开启人与自然和谐共生的社会主义现代化建设新征程。要乘势而上，奋力前行，推动"两个一百年"奋斗目标有机衔接，为全面建设社会主义现代化国家开好局、起好步奠定生态环境基础。三是在思想要求上，《规划》是 2018 年全国生态环境保护大会上正式确立了习近平生态文明思想之后的首个五年生态环境综合规划，要将习近平生态文明思想全面系统深入贯彻到《规划》中。四是在时代特征方面，要紧紧围绕"进入新发展阶段，贯彻新发展理念，构建新发展格局"的核心要义，将生态文明建设和生态环境保护工作融入经济社会发展的全过程中。五是在边界范围上，《规划》是生态环境领域的总领性规划，是国家的规划，而不是生态环境部门的规划。规划范围除涵盖传统的水、大气、土壤等环境要素外，还包括应对气候变化、海洋生态环境保护等方面，覆盖了生态环境各个要素、各个领域。

　　与以往的五年生态环境综合规划研究编制相比，《规划》主要有五个方面的变化和不同。一是我国经济已经由高速增长阶段转向高质量发展阶段，污染防治和生态环境治理是必须跨越的一道非常规性重要关口，要咬紧牙关，爬坡过坎，以生态环境高水平保护促进经济高质量发展，创造高品质生活。二是按照《中共中央关于制定国民经济和社会发展第十四个五年规划和二〇三五年远景目标的建议》《中华人民共和国国民经济和社会发展第十四个五年规划和 2035 年远景目标纲要》的部署，到 2035 年，广泛形成绿色生产生活方式，碳排放达峰后稳中有降，生态环境根本好转，美丽中国建设目标基本实现。要对标 2035 年美丽中国建设目标，分三个五年，倒排工期，来谋划“十四五”时期规划目标任务，而不是像以往，根据历史环境质量趋势来确定规划目标任务。三是在坚决打好污染防治攻坚战的基础上，做好向深入打好污染防治攻坚战的转变，保持力度、延伸深度、拓宽广度，实现关键领域、关键指标新突破。四是经过污染防治攻坚战的实施，“十三五”期间生态环境质量明显改善，但是还存在对生态文明建设的思想认识不够深、生态环境质量改善水平不够高、生态环境保护工作成效不够稳、生态环境保护涉及领域不够宽、生态环境治理范围不够广等问题。如何在巩固已有工作成果的基础上，坚持稳中求进的总基调，把更多的精力放在内涵式发展上，放在提质增效上，放在完善机制上，是《规划》制定者在目标任务谋划中一直思考的问题。五是要落实党的十九届四中全会提出的关于生态文明建设、推进国家治理体系和治理能力现代化的总体要求，落实党的十九届五中全会对完善生态文明领域统筹协调机制，以及《关于构建现代环境治理体系的指导意见》等要求，构建现代环境治理体系。

《规划》研究编制注重五个方面创新：第一，以“减污降碳协同增效”作为规划的总体要求，既减污，又降碳，目标任务实现一体部署、一体谋划、一体考核、一体推进。第二，将全面推进结构调整、完善绿色发展机制、支持绿色技术创新作为第一位的任务，作为生态环境持续改善的内生动力。第三，更加突出统筹污染治理与生态保护，将生态环境作为统一的整体，坚持系统治理、源头治理、综合治理，强调减污与增容并重。第四，注重强化生态保护监管，提出关于完善自然保护地、生态保护红线监管制度，开展生态系统保护成效监测评估的要求。第五，在任务设置上，将应对气候变化、海洋生态环境、绿色生活、国际合作等内容作为各自独立的任务进行部署，体现生态环境保护工作全要素、全领域的覆盖，以及中国作为负责任大国的国际担当。

生态环境部环境规划院是我国生态环境决策研究的重要支撑单位，自 2001 年建院以来，先后承担了“十五”“十一五”“十二五”“十三五”“十四五”时期国家（生态）环境保护规划（计划）的编制。2019 年以来，在生态环境部党组领导下，在综合司的指导下，环境规划院集中全院的技术力量，深入开展 60 余项前期专题研究，总结形成了“十四五”生态环境保护的思路与框架。本书共 12 章，包括规划定位、基本形势分析、总体思路、目标指标、绿色发展、减污降碳协同效应、“三水”统筹陆海统筹改善流域海域生态环境、严守环境安全底线、强化生态保护修复及监督管理、推进区域绿色发展战略与对策、推进生态环境治理体系和治理能力现代化，以及规划体系与规划实施机制等研究，基本涵盖了规划研究的重点内容，是规划编制的重要支撑。

生态环境部环境规划院集中骨干力量参与《规划》编写，各章主要执笔人如下：第1章：熊善高、肖旸、苏洁琼；第2章：王倩、储成君、杨书豪、李雅婷；第3章：万军、熊善高、张瀚文；第4章：秦昌波、熊善高、苏洁琼、关杨；第5章：蒋洪强、程曦、张伟、陈潇君、王彦超；第6章：雷宇、孙亚梅、曹丽斌、钟悦之、宁淼、蔡博峰；第7章：王东、徐敏、姚瑞华、张涛、张晓丽；第8章：曹国志、徐泽升、刘瑞平、陈坚、陶亚、陈瑾、卢然、林民松；第9章：王夏晖、饶胜、牟雪洁、张箫、朱振肖、黄金、王波；第10章：李新、孙宏亮、陈岩、胡溪、关杨、程翠云、武卫玲；第11章：葛察忠、程翠云、陈瑾、贾真、蒋春来；第12章：陆文涛、程亮、陶亚、陈俊豪等。王金南、万军、秦昌波等对全书进行统稿和校核。本书涉及的资料、观点和建议源于编写单位的初步考虑，不代表生态环境主管部门观点。与《纲要》和其他各项规划不一致的地方以《纲要》和其他各项规划表述为准。由于技术组水平有限，疏漏乃至错误之处在所难免，敬请各位专家、读者批评指正。

在《规划》研究编制过程中，生态环境部综合司给予了全面指导，生态环境部各司局、各兄弟单位、有关地方生态环境厅局和前期研究中相关技术单位给予了大力支持，国家发展改革委规划司、环资司也多次给予指导，在此表示衷心感谢！

中 国 工 程 院 院 士

生态环境部环境规划院院长

2021 年 9 月 9 日

目　录

第1章　新发展阶段的生态环境规划定位

编制实施五年规划是我国治国理政的重要举措。党的十九届五中全会审议通过的《中共中央关于制定国民经济和社会发展第十四个五年规划和二〇三五年远景目标的建议》（以下简称《建议》），擘画了我国开启全面建设社会主义现代化国家新征程的宏伟蓝图。根据《建议》编制的《中华人民共和国国民经济和社会发展第十四个五年规划和 2035 年远景目标纲要》（以下简称《纲要》），详细阐述了国家战略意图，明确了未来五年国家发展路线和 2035 年远景目标，对"十四五"时期生态文明建设和生态环境保护工作提出了明确要求。国家生态环境保护五年规划，是国家规划体系的重要组成部分，是政府履行生态环境保护相关职能的重要依据，是细化落实《纲要》在绿色发展、生态环境等领域重点任务的重要文件。

1.1　国家发展规划的功能与作用

中华人民共和国成立以来，我国已经编制实施了十四个五年规划或计划（又称国家发展规划），对引领和推动经济社会发展起到了巨大作用，体现了我国的制度优势。

发展经济是历次国家五年发展规划的首要目标。改革开放前的计划经济时期，"一五"计划至"五五"计划以单纯的经济计划和重工业发展为重点。从"六五"计划开始，我国进入改革开放时期的规划（计划）编制实施阶段，国家对经济和社会协调发展的重视程度大幅提升，从以提高增长速度为中心的经济发展计划目标，逐步发展到以发展社会生产力和实现经济可持续增长为规划目标。"六五"和"七五"计划的实施，对缓解农产品和消费品匮乏发挥了积极作用，基本解决了温饱问题。"八五"和"九五"计划的实施，基本建立了社会主义市场经济体制框架，实现了人民生活总体小康和人均 GDP

迈入下中等收入国家行列。“十五”计划是落实“三步走”战略部署的第一个中长期计划，该计划的实施有力推进了我国经济结构战略性调整，大幅提升了我国全面对外开放水平。“十一五”至“十三五”规划的实施，推动了我国经济、科技、国防实力和国际影响力再上新台阶，经济社会结构发生了重大转折性变化。

党的十八大以后，中国特色社会主义进入新时代，“十三五”规划聚焦经济发展进入新常态后的主要问题和脱贫攻坚、污染防治等领域突出短板，提出以五大新发展理念为指导推动经济社会发展，进一步实施区域发展战略，还首次将制度建设作为五年规划的主要目标之一，积极推进国家治理体系和治理能力现代化。当前，进入第十四个五年规划阶段，我国社会主要矛盾已转化为人民日益增长的美好生活需要和发展不平衡、不充分之间的矛盾。《纲要》明确提出，要以推动高质量发展为主题，以满足人民日益增长的美好生活需要为根本目的，深入推进重点领域关键环节改革任务，为开启全面建设社会主义现代化国家新征程奠定坚实基础。

随着经济社会发展和规划实践的改革深化，生态环境保护逐步成为国家发展规划重要内容。大家逐步认识到，在市场经济条件下，节能减排、生态环境保护等涉及公共利益的规划内容也是必须实施的，同样需要约束力和执行力。因此，从“六五”计划开始，环境保护作为独立篇章被纳入国家发展规划中。此后，历次五年规划（计划）都对加强污染治理、生态建设等内容做出了具体安排，涉及生态环境保护的约束性指标、主要任务、重大工程等内容在国家五年规划中的分量也在不断增加。“十五”时期，专项规划首次作为一种特定（国家级）规划类型提出，生态建设和环境保护规划作为 10 个重点专项规划之一，由原国家发展计划委员会会同原国家环境保护总局等部门进行编制，经国务院批准后印发实施。此后，生态环境保护由于其领域特殊性且关系经济社会发展全局，始终作为政府职责范围内的“特定领域”被列入专项规划。

1.2　五年生态环境规划的定位与历程

1.2.1　规划功能定位

国家五年生态环境规划是生态环境领域的国家级专项规划，主要围绕国家发展规划在绿色发展和生态环境保护等领域提出的重点任务，制定细化落实的时间表和路线图，进一步明确国家生态环境保护的目标、任务、重大工程和政策举措，是政府履行职责的重要依据，具有强制性和约束性，对国家发展规划的编制和实施起到支撑作用；同时，生态环境规划也为引导公共资源配置和社会资本投向、制定配套政策、规范社会行为提供依据，通过规划引导经济社会发展方式的绿色转型，进一步提高了规划的指导性和可操作性。

1.2.2　规划发展历程

1973 年 8 月，国务院召开第一次全国环境保护会议，审议通过了"全面规划、合理布局、综合利用、化害为利、依靠群众、大家动手、保护环境、造福人民"的 32 字环境保护工作方针和我国第一个环境保护文件，即《关于保护和改善环境的若干规定（试行草案）》。1974 年 10 月，国务院环境保护领导小组成立，正式开启我国环境保护事业，我国的五年环境规划编制工作由此起步并不断发展，规划的范围、领域、内容随着经济社会发展阶段的演变和生态环境突出问题的变化不断调整完善。规划发展历程大致分为4 个阶段（表 1-1）。

表 1-1　国家五年（生态）环境保护规划（计划）总体情况

规划（计划）名称	审批印发单位	主要任务和重大工程	发展阶段
环境保护十年规划和"五五"（1976—1980 年）计划	国务院环境保护领导小组印发	大中型工矿企业和重点企业"三废"治理，黄河、淮河、松花江、漓江、白洋淀、官厅水库、渤海等水系和主要港口的污染控制	起步孕育
国民经济和社会发展第六个五年计划（环境规划未形成独立文本，相关内容写入国家五年计划，并成为独立篇章）	第五届全国人民代表大会第五次会议批准	重点城市环境保护、水域污染治理、工业"三废"及污染防治、环境监测和环境科研、环境立法、环境执法	
国民经济和社会发展第七个五年计划时期国家环境保护计划	国家计委、国务院环境保护委员会印发	重点城市污染防治、工业污染防治、乡镇企业和流域污染防治、海洋保护、生态保护、能力建设	独立发展
国家环境保护十年规划和"八五"计划纲要	国家环境保护局印发	工业污染防治、城市环境整治、水环境保护、农村和乡镇企业污染防治、自然保护区物种保护、环境保护科技和管理	
国家环境保护"九五"计划和 2010 年远景目标	国务院批复；国家环境保护局、国家计委、国家经贸委联合印发	工业污染防治、城市环境保护、生态环境保护、海洋环境保护、重点流域和地区环境保护、全球环境保护、能力建设；实施《"九五"期间全国主要污染物排放总量控制计划》《中国跨世纪绿色工程规划》	转变提高
国家环境保护"十五"计划	国务院批复；国家环保总局、国家计委、国家经贸委、财政部联合印发	工业污染防治、城市环境保护、农村环境保护、海洋环境保护、生态环境保护、核与辐射环境监督管理，实施"十五"期间全国主要污染物排放总量控制分解计划，《国家环境保护"十五"重点工程项目规划》（即《中国绿色工程规划（第二期）》）	

规划（计划）名称	审批印发单位	主要任务和重大工程	发展阶段
国家环境保护"十一五"规划	国务院印发	改善水环境质量、防治大气污染、控制固体废物污染、生态安全、农村污染防治、海洋环境保护、核与辐射环境安全、监管能力建设以及环保重点工程	约束性规划向绿色发展导向性战略规划转变
国家环境保护"十二五"规划	国务院印发	总量控制、环境质量改善（水、大气、土壤）、风险防范、公共服务，以及重大环保工程	
"十三五"生态环境保护规划	国务院印发	绿色发展、以环境质量为核心、治污减排、风险管控、生态保护、构建治理体系以及生态环保重大工程	

（1）第一阶段是"五五"至"六五"时期（1976—1985 年），五年环境计划从起步编制到探索尝试。其中，《环境保护十年规划和"五五"（1976—1980 年）计划》是我国尝试编制的首个环境保护计划，提出把环境保护纳入国家发展计划

"五五"时期环境保护计划：《环境保护十年规划和"五五"（1976—1980 年）计划》提出了 5 年内控制、10 年内基本解决环境污染问题的总体目标，其中具体环保目标是：大中型工矿企业和污染危害严重的企业，都要搞好"三废"（废水、废气、废渣）治理，按照国家规定的标准排放；黄河、淮河、松花江、漓江、白洋淀、官厅水库、渤海等水系和主要港口的污染得到控制，水质有所改善。但在制定环保规划目标时，低估了环境污染的复杂性、治理污染的艰巨性和解决环境问题的长期性，致使这一目标未能实现。

"六五"时期国家环境保护计划：《中华人民共和国国民经济和社会发展第六个五年计划（1980—1985 年）》首次统筹经济和社会发展，并将环境保护作为独立篇章纳入其中，提出了具体环保目标和政策措施。"六五"计划提出防止新污染，治理老污染，加强环境保护计划指导、监测和科研、立法执法等主要内容。"六五"期间，工业污染治理成绩显著，城市环境恶化的趋势有所控制。但是，"六五"时期，国家环境保护计划没有形成正式的独立文本。

（2）第二阶段为"七五"和"八五"时期（1986—1995 年），国家环境保护计划编制工作全面展开并形成独立文本。其中，"八五"环境保护计划环保指标单本第一次下达至全国各地

"七五"时期国家环境保护计划：《"七五"时期国家环境保护计划》于 1987 年由国务院环境保护委员会审议通过，由国家发展计划委员会（以下简称国家计委）、国务院环境保护委员会发布。《"七五"时期国家环境保护计划》在理论和实践上得到快速发展，提出"基本控制工业污染、改善部分重点区域环境质量、建立比较健全的环境保护管理

体系"等基本任务和相关目标，并进行了资金估算，提出相关保障措施。该计划是一个宏观控制、指导性的计划，要求各级人民政府、各部委以及各企事业单位根据计划制订实施计划和细则，对我国的环境保护计划工作起到了重要指导作用。

"八五"时期国家环境保护计划：在国家计委的指导下，由国家环境保护局组织各地区和国务院各有关部门于 1992 年编制完成，并由国家环境保护局印发。国家环境保护"八五"计划纲要瞄准 2000 年环境保护战略目标，制定工业污染防治，城市环境综合整治，水环境保护，农村和乡镇企业污染防治，自然保护区物种保护，环境保护科技、产业、管理提升等主要任务，并明确一方面将"八五"环境保护计划相关目标任务纳入国民经济和社会发展计划，以提高环境保护规划效力，另一方面是加强投资需求保障。该纲要的环境保护主要指标经综合平衡后纳入了"八五"国民经济和社会发展计划，同时环境保护主要计划指标单本初次下达至全国各地区执行，计划的科学性和可操作性都取得了较大进展。

（3）第三阶段为"九五"至"十五"时期（1996—2005 年），国家环境保护计划体系经历了创新和突破，核心是遏制主要污染物排放总量快速增长趋势，开展了"33211"[①]和"一控双达标"[②]等环境治理重点工程项目规划

"九五"时期国家环境保护计划：1996 年，首次经国务院批复同意，由国家环境保护局、国家计委、国家经贸委联合向全国印发了《国家环境保护"九五"计划和 2010 年远景目标》。国家环境保护"九五"计划分为我国环境保护工作的进展、环境状况和面临的形势、计划目标和方针政策、计划指标和主要任务、环境保护投资、主要保障措施六大部分，设置了工业污染防治、城市环境保护、生态环境保护、海洋环境保护、重点流域和地区环境保护、全球环境保护、能力建设 7 项主要任务，提出实施《"九五"期间全国主要污染物排放总量控制计划》和《中国跨世纪绿色工程规划》两项重大举措，对实现"九五"时期环境保护目标意义重大。

"十五"时期国家环境保护计划：2001 年，经国务院批准，国家环保总局、国家计委、国家经贸委、财政部四部门联合印发了《国家环境保护"十五"计划》。该计划分为五大部分，包括背景形势，指导思想和目标，工业污染防治、城市环境保护、农村环境保护、海洋环境保护、生态保护、核安全和辐射环境监督管理 6 项主要任务，以及"三河三湖"污水处理厂建设工程等 10 项重大工程项目和保障措施，是指导实现 2005 年环境保护总体目标的政府文件。

---

① "33211"重大污染治理工程："33"是三河（淮河、海河、辽河）、三湖（滇池、太湖、巢湖）；"2"是两控区，即二氧化硫控制区和酸雨控制区；"11"是一市（北京市）、一海（渤海）。
② "一控双达标"：从 1995 年到 2000 年，全国污染物排放总量控制在 1995 年水平，环境功能区达标，工业污染源实现达标排放。

（4）第四阶段为"十一五"时期至今。五年环境保护规划自"十一五"时期上升为由国务院印发的国家重点专项规划，伴随着国家发展规划名称从"计划"到"规划"的重大改动而发生变化，将环境治理核心从注重污染物排放总量逐步调整为污染物排放总量和环境质量并重，规划开始从被动应对环境污染的治理型、约束性规划向主动引导经济社会发展的战略性生态环境规划转变

"十一五"时期国家环境保护规划：2007年，《国家环境保护"十一五"规划》（国发〔2007〕37号）首次由国务院正式印发，规划的地位与执行力得到极大提升。该规划提出坚持预防、调控、治理为主的基本思路，明确以控制污染物排放总量和污染防治为工作核心，确定到2010年二氧化硫、化学需氧量比2005年削减10%的目标，把保障城乡人民饮水安全作为首要任务，确定了改善水环境质量、防治大气污染、控制固体废物污染、生态安全、农村污染防治、海洋环境保护、核与辐射环境安全和监管能力建设8个重点领域的主要任务。其中，二氧化硫、化学需氧量排放总量两项指标首次被纳入国民经济和社会发展规划约束性指标体系。

"十二五"时期国家环境保护规划：2011年，国务院印发了《国家环境保护"十二五"规划》（国发〔2011〕42号），成为首个在五年规划开局之年就完成编制和审批的国家专项规划。该规划深入贯彻落实科学发展观，努力提高生态文明水平，提出了深化主要污染物总量减排、努力改善环境质量、防范环境风险和保障城乡环境保护基本公共服务4大战略任务。"十二五"期间，主要污染物总量控制约束性指标由化学需氧量、二氧化硫2项增加到化学需氧量、二氧化硫、氨氮、氮氧化物4项，并作为约束性指标列入了国民经济和社会发展规划。

"十三五"时期生态环境保护规划：2016年，《"十三五"生态环境保护规划》（国发〔2016〕65号）由国务院印发。该规划以"创新、协调、绿色、开放、共享"五大发展理念为指导，统筹推进"五位一体"总体布局，协调推进"四个全面"战略布局，以提高环境质量为核心，提出实施最严格的环境保护制度，打好大气、水、土壤污染防治三大战役，加强生态保护与修复，严密防控生态环境风险，加快推进生态环境领域国家治理体系和治理能力现代化，为实现生态文明领域改革、补齐全面小康环境短板提供有效途径。

1.3 "十四五"生态环境保护规划背景

党的十九大报告指出：中国特色社会主义进入新时代，我国社会主要矛盾已经转化为人民日益增长的美好生活需要和不平衡不充分的发展之间的矛盾。人民美好生活需要

日益广泛，不仅对物质文化生活提出了更高要求，而且在民主、法治、公平、正义、安全、环境等方面的要求日益增长。尽管在"十三五"时期，以习近平同志为核心的党中央把生态文明建设作为关系中华民族永续发展的根本大计，谋划开展了一系列具有根本性、开创性、长远性的工作，作出了一系列事关全局的重大战略部署，我国生态文明建设和生态环境保护从认识到实践发生了历史性、转折性、全局性变化，但是我国生态文明建设仍处于压力叠加、负重前行的关键期，仍然面临诸多矛盾和挑战，生态环境保护任重道远。

统筹中华民族伟大复兴战略全局和世界百年未有之大变局，立足社会主义初级阶段基本国情，仍需保持战略定力，坚定走生产发展、生活富裕、生态良好的文明发展道路，持续改善生态环境，建设美丽中国。"十四五"生态环境保护规划是站在全面建成小康社会、实现第一个百年奋斗目标之后的历史新起点上，面向美丽中国起步、开局的五年规划，是以习近平生态文明思想为指导的五年规划，是生态环境监管体制改革之后的首个五年规划，也是推动构建现代环境治理体系的五年规划。

习近平总书记特别强调，"十四五"规划要在战略上布好局，在关键处落好子。按照党的十九大报告的"两步走"战略，从全面建成小康社会到 2035 年基本实现社会主义现代化和美丽中国目标基本实现为第一步；再到 2050 年把我国建成富强民主文明和谐美丽的社会主义现代化强国为第二步。对标 2035 年目标，未来三个五年规划的第一个五年干什么、怎么干，直接关系到 2035 年美丽中国建设目标的实现。所以，"十四五"规划既要按照惯例规划好未来五年的工作，也要对标 2035 年美丽中国建设目标，倒排设置阶段目标并科学谋划未来三个五年的战略路线，明确"十四五"的位置和作用。

2020 年 9 月以来，习近平总书记先后在联合国大会、气候雄心峰会等会议上，向世界做出了中国"二氧化碳排放力争于 2030 年前达到峰值，努力争取 2060 年前实现碳中和"的重大宣示，并宣布了提高国家自主贡献的一系列新目标、新举措。2020 年中央经济工作会议进一步对碳达峰、碳中和工作以及实现减污降碳协同效应提出了明确要求。

"十四五"时期，我国生态文明建设进入了以降碳为重点战略方向，推动减污降碳协同增效，促进经济社会发展全面绿色转型，实现生态环境质量改善由量变到质变的关键时期。"十四五"生态环境保护规划要面向实现碳达峰、碳中和目标愿景，保持战略定力，立足新发展阶段，贯彻新发展理念，构建新发展格局，在巩固污染防治攻坚战阶段成果的基础上，统筹污染治理、生态保护，应对气候变化，深入打好污染防治攻坚战，推进经济社会全面绿色低碳转型，持续改善生态环境，为推动"十四五"时期高质量发展开好局、起好步，为 2035 年广泛形成绿色生产生活方式，碳排放达峰后稳中有降，生态环境根本好转，美丽中国建设目标基本实现奠定坚实基础。

2018 年，生态环境部组建后，整合了相关部门污染防治职能，增加了应对气候变化、海洋环境保护等职能，统一生态与城乡污染排放监管职责，基本上实现了污染防治、生态保护、核与辐射防护三大领域统一监管的大部制安排。生态环境监管首次实现"五个打通"，即打通地上与地下、岸上和水里、陆地和海洋、城市和农村、一氧化碳和二氧化碳。"十四五"生态环境保护规划作为列入国家"十四五"规划体系重点专项规划，以及国家机构改革后的首个五年规划，除了覆盖传统的大气、水、土壤等要素领域之外，还包括应对气候变化、海洋生态环境保护等领域，并注重加强绿色低碳发展等相关领域。同时，规划编制更加注重目标指标、工程投资、政策改革、能力建设等的综合统筹和区域流域协同，突出加强"三水"统筹和陆海统筹，加强细颗粒物和臭氧协同控制，推动减污降碳协同治理，成为促进经济社会发展全面绿色低碳转型的重要抓手。同时，强化"四个统一"，包括统一政策规划标准制定、统一监测评估、统一监督执法、统一督察问责，细化制定"十四五"时期生态环保各项目标任务。

第 2 章 基本形势分析

党的十八大以来,党对生态文明建设的领导全面加强,生态文明建设摆在了全局工作的突出位置,一体治理山水林田湖草沙,开展了一系列根本性、开创性、长远性工作。为达到美丽中国建设目标,我国生态文明建设和生态环境保护仍然面临诸多矛盾和挑战。"十四五"时期,是开启全面建设社会主义现代化国家新征程、向第二个百年奋斗目标进军的五年,是谱写美丽中国建设新篇章、实现生态文明建设新进步的五年,是深入打好污染防治攻坚战、持续改善生态环境的五年,需要站在人与自然和谐共生的高度来谋划经济社会发展,保持生态文明建设战略定力,努力建设人与自然和谐共生的现代化。

2.1 "十三五"生态环境保护规划实施进展

"十三五"时期,我国生态文明建设和生态环境保护从认识到实践发生了历史性、转折性、全局性变化,确立了系统完整的习近平生态文明思想,为全面加强生态环境保护、坚决打好污染防治攻坚战提供了方向指引和根本遵循。污染防治攻坚战阶段性目标任务圆满完成,生态环境质量明显改善,人民群众的生态环境获得感显著增强,全面建成小康社会的绿色底色和质量成色更加浓厚。

2.1.1 生态环境保护系统纳入国家宏观战略

党的十九大修改通过的《中国共产党章程》(简称《党章》)增加了"增强绿水青山就是金山银山的意识"等内容,2018 年 3 月通过的《中华人民共和国宪法》(简称《宪法》)修正案增加了生态文明的内容,实现了党的主张、国家意志、人民意愿的高度统一。同年 5 月,召开全国生态环境保护大会,正式确立了习近平生态文明思想,深刻阐明了人与自然的关系、发展与保护的关系、环境与民生的关系、自然生态各要素之间的关系等，系统回答了"为什么建设生态文明、建设什么样的生态文明、怎样建设生态文明"等重大理论和实践问题，把党对生态文明建设规律的认识提升到一个新高度。在"五位一体"总体布局中，生态文明建设是重要组成部分；在新时代坚持和发展中国特色社会主义基本方略中，坚持人与自然和谐共生是一条基本方略；在新发展理念中，"绿色"是一大理念；在决胜全面建成小康社会三大攻坚战中，打好污染防治攻坚战是一大攻坚战；在到 21 世纪中叶建成富强民主文明和谐美丽的社会主义现代化强国目标中，建设美丽中国是一个重要目标。这些都集中体现了生态文明建设在新时代党和国家事业发展中的重要地位，体现了党中央对建设生态文明的全面部署和要求。

2.1.2　有力推动了经济高质量发展

"十三五"时期，"绿水青山就是金山银山"的理念深入人心，通过强化生态保护红线、环境质量底线、资源利用上线和生态环境准入清单硬约束，优化产业布局和结构，大力整顿"散乱污"企业，逐步调整提高污染物的排放标准，促进产业技术升级和行业企业绿色低碳发展，生态环境保护引导、优化、倒逼和促进作用明显增强，生态环境保护水平不断提高，有力推动了经济高质量发展。

产业结构实现优化调整。分别化解钢铁、煤炭过剩产能 1.7 亿 t、10 亿 t，关停水泥产能 3 亿 t、平板玻璃产能 1.5 亿重量箱、焦炭产能 5 300 万 t 以上、煤电机组 3 000 万 kW 以上。全国约 9.5 亿 kW 煤电机组实现超低排放，占煤电总装机容量的 89%，燃煤电厂基本完成超低排放改造，建成全球最大规模的超低排放清洁煤电供应体系。开展涉气"散乱污"企业排查和分类整治，重点区域"散乱污"企业及集群综合治理基本完成，京津冀及周边地区整治企业 6.2 万余家，全国累计超过 10 万家。全国 6.2 亿 t 粗钢产能完成或正在实施超低排放改造。水污染防治重点行业实施清洁化改造，环保产业持续发展壮大。

能源结构实现持续优化。2015—2020 年，煤炭消费占能源消费总量比重由 64% 下降至 56.8%（图 2-1），天然气、水电、核电、风电等清洁能源消费占能源消费总量比重上升至 24.5%，全国火电装机比重降至 56.6%，风电、光电、核电等非化石能源装机比重增至 43.4%，光伏、风能装机容量、发电量均居世界首位。全国燃煤锅炉由 2013 年的 62 万台减至 2020 年不到 10 万台，重点区域 35 蒸吨/h 以下燃煤锅炉基本清零，其他地区县级以上城市建成区 10 蒸吨/h 以下燃煤锅炉基本清零；京津冀及周边地区、汾渭平原累计完成散煤替代 2 500 万户左右，替代散煤超过 5 000 万 t。

能源资源利用效率实现全面提升。近年来，我国煤炭消费比重和高耗能行业比重持续下降。据初步统计，2012—2019 年，以能源消费年均 2.8% 的增长支撑了国民经济年均 7%的增长，能源利用效率大幅提升。"十三五"期间，单位国内生产总值能耗大幅下降（图 2-2），2020 年单位国内生产总值二氧化碳排放比 2015 年下降 18.8%。此外，重点行业资源利用效率也进一步提升，2020 年重点耗能工业企业单位电石综合能耗同比下降 2.1%，单位合成氨综合能耗同比上升 0.3%，吨钢综合能耗同比下降 0.3%，单位电解铝综合能耗同比下降 1.0%，每千瓦时火力发电标准煤耗同比下降 0.6%。

图 2-1　"十三五"时期我国能源消费总量与结构变化趋势

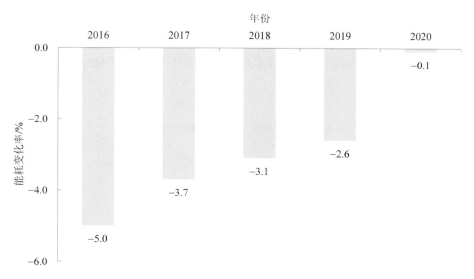

图 2-2　"十三五"期间单位国内生产总值能耗变化率

　　交通运输结构调整取得积极进展。全国淘汰老旧机动车超过 1 400 万辆，新能源车保有量 492 万辆，新能源公交车占比从 20%提升到 60%以上，新能源汽车产销量、保有量均占世界一半。2018—2020 年，京津冀及周边地区和汾渭平原地区淘汰重型柴油货车90 多万辆。2020 年，全国铁路货运量较 2017 年增长 20%以上，扭转了近年来铁路货运量不断下降的趋势，京津冀地区煤炭运输集疏港实现"公转铁"。千万级以上机场岸电使用率接近 100%，沿海港口岸电设施建设任务提前超额完成。全国范围内实施轻型汽车国六排放标准，全面供应国六标准车用汽柴油。

2.1.3 污染防治攻坚战取得历史性成就

污染防治力度加大，蓝天、碧水、净土保卫战和七大标志性战役深入实施，生态环境保护 9 项约束性指标和污染防治攻坚战阶段性目标任务全面超额完成。

打赢蓝天保卫战圆满收官。"十三五"期间，在党中央、国务院坚强有力领导下，深入贯彻《中共中央　国务院关于全面加强生态环境保护　坚决打好污染防治攻坚战的意见》《大气污染防治行动计划》《打赢蓝天保卫战三年行动计划》，狠抓责任落实，全面完成各项治理任务，超额实现"十三五"生态环境保护规划提出的总体目标和量化指标，蓝天保卫战圆满收官。2020 年，全国地级及以上城市空气质量优良天数比例为 87%，较 2015 年上升 5.8 个百分点，完成率超出"十三五"生态环境保护规划目标的 60%（图 2-3）；未达标地级及以上城市细颗粒物（PM$_{2.5}$）平均浓度较 2015 年下降 28.8%，完成率超出"十三五"生态环境保护规划目标的 76%，空气质量达标城市增加到 212 个。京津冀及周边地区、长三角地区、汾渭平原地区 PM$_{2.5}$ 浓度分别下降 35.4%、32.3%和13.5%，北京市下降 53%。全国重度及以上污染天气占比从 2015 年的 2.8%降低到 2020年的 1.2%，降低 57%；严重污染天气基本消除，占比从 2015 年的 0.58%降至 2020 年的0.28%。

图 2-3 "十三五"期间环境空气质量变化

　　碧水保卫战取得重大进展。截至 2020 年，全国地级及以上城市 2 914 个黑臭水体消除比例达到 98.2%；省级及以上工业园区全部建成污水集中处理设施；全国 10 638 个农村"千吨万人"水源地全部完成保护区划定，2 804 个县级及以上城市集中式饮用水水源地 10 363 个问题完成整改；长江流域、环渤海入海河流劣 V 类国控断面基本消除，全国近岸海域优良水质比例平均值达到 73.8%，超额完成《水污染防治行动计划》提出的 70%左右的目标。2020 年，全国地表水水质优良（I～III 类）比例为 83.4%，超出"十三五"规划目标 13.4 个百分点，劣 V 类水体比例下降到 0.6%；主要污染物排放总量大幅减少，长江干流首次全线达到 II 类水质，水环境质量得到极大改善。此外，2020 年新冠肺炎疫情期间，全力以赴做好疫情防控水环境监管工作，实现医疗机构及设施环境监管和服务 100%全覆盖，医疗废水及时有效收集和处理 100%全落实的目标。

　　净土保卫战扎实推进。累计完成 15 万个建制村环境综合整治，实施受污染耕地安全利用面积 4 841.54 万亩①，严格管控面积 819.89 万亩，合计 5 661.43 万亩，完成 2020 年目标任务。完成 1 865 家涉镉等重金属重点行业企业整治工作，农用地和建设用地土壤环境安全稳步提升，土壤环境风险得到基本管控。《中华人民共和国固体废物污染环境防治法》完成修订，已于 2020 年 9 月 1 日起施行。禁止洋垃圾入境，固体废物进口种类和数量大幅减少，基本实现固体废物零进口。"无废城市"建设取得预期成效，"11+5"个试点城市形成一批可复制、可推广的示范模式。基本淘汰林丹等一批持久性有机污染物，化学品环境风险管理得到进一步加强。持续推进重金属污染防控，超额完成重点行业重点重金属减排 10%的目标。开展"清废行动""专项治理""专项整治三年行动"等行动，长江经济带各省（市）已基本完成重点尾矿库污染治理。指导督促全国开展医疗废物无害化处置，紧盯重点地区，严格落实"两个 100%"工作要求，实现疫情期间医疗废物全部安全处置。

2.1.4　山水林田湖草生态保护修复取得积极成效

　　加强生态系统保护和修复。《山水林田湖草生态保护修复工程指南（试行）》（自然资办发〔2020〕38 号），全面指导和规范各地山水林田湖草生态保护修复工程实施，推动山水林田湖草一体化保护和修复。组织实施了 3 批 25 个"山水林田湖草生态保护修复工程"试点，涉及全国 24 个省份，惠及 65 个国家级贫困县。中央财政已累计下达奖补资金 500 亿元，目前实际完成的投资将近 1 700 亿元，取得明显成效。《全国重要生态系统保护和修复重大工程总体规划（2021—2035 年）》（发改农经〔2020〕837 号），为今后一个时期生态保护修复工作明确了重点任务。

---

① 1 亩=1/15 hm²。

推动生态保护红线划定和监管。落实中共中央办公厅、国务院办公厅印发的《关于划定并严守生态保护红线的若干意见》，推动京津冀、长江经济带和宁夏 15 省（区、市）初步划定生态保护红线，其他 16 省（区、市）完成生态保护红线初步划定方案，初步划定生态保护红线面积比例 31%左右。生态环境部印发《生态保护红线监管指标体系（试行）》，出台《生态保护红线监管技术规范　基础调查（试行）》（HJ 1140—2020）等 7 项生态保护红线监管标准。构建以国家公园为主体的自然保护地体系，全国自然保护地数量增加 700 多个，面积增加 2 500 多万 hm^2，总数量达到 1.18 万个，约占我国陆域国土面积的 18%。

持续开展"绿盾"自然保护地强化监督。截至 2020 年年底，国家级自然保护区内的 5 503 个重点问题点位，已整改完成 5 038 个，整改完成率为 91.55%，较 2019 年年底（69.44%）提高了约 22 个百分点；长江经济带 11 省（市）国家级自然保护区的 1 388 个重点问题点位，已整改完成 1 217 个，整改完成率为 87.68%，较 2019 年年底（78.20%）明显提升。

推进大规模国土绿化行动。"十三五"生态环境保护规划主要任务全面完成，全国森林覆盖率达到 23.2%，森林蓄积量超过 175 亿 m^3，草原综合植被覆盖度达到 56%。建立生态文明示范建设"三示范、两奖项"工作体系，累计命名 262 个国家生态文明建设示范市县和 87 个"绿水青山就是金山银山"实践创新基地。

推进生物多样性保护重大工程。全国划定了 32 个陆地和内陆水域生物多样性保护优先区域，约占我国陆地国土面积的 28.8%，并初步形成了全国生物多样性观测网络，构建了生物多样性保护监管数据库，支撑了《中华人民共和国生物安全法》《中华人民共和国野生动物保护法》等法律法规的制修订，同时组织筹办联合国《生物多样性公约》第十五次缔约方大会。

2.1.5　生态文明制度体系不断改革完善

加快推进生态文明顶层设计和制度体系建设，健全"党政同责、一岗双责"领导机制，实施两轮中央生态环境保护督察，中央生态环保督察实现全覆盖，推动各地区各部门落实生态环境保护责任。制修订《中华人民共和国环境保护税法》和《中华人民共和国大气污染防治法》《中华人民共和国水污染防治法》《中华人民共和国土壤污染防治法》《中华人民共和国固体废物污染环境防治法》《中华人民共和国核安全法》《中华人民共和国生物安全法》《中华人民共和国长江保护法》等 13 部法律，以及 551 项国家生态环境标准。印发《关于构建现代环境治理体系的指导意见》，制定《中央和国家机关有关部门生态环境保护责任清单》，实施生态文明建设目标评价考核和污染防治攻坚战成效考核，制定实施"三线一单"（生态保护红线、环境质量底线、资源利用上线、生态环境准入清单），基本完成固定污染源排污许可全覆盖，推进生态环境保护综合行政执法，实施生态环境损害赔偿与责任追究制度，不断健全源头预防、过程控制、损害赔偿、责任追究的生态环境保护体系。持续开展京津冀及周边地区以及长三角地区、汾渭平原等重点区域常态化大气污染防治监督帮扶，各地对各类企业帮扶 19.8 万余次，8.4 万余家企业被纳入监督执法正面清单管理，为精准、科学、依法治污提供有力支撑。开展全国饮用水水源地环境违法问题清理整治，近 8 亿人饮用水环境安全保障水平得到提升。全面加强生态环境监测网络建设，推进省以下环保机构监测监察执法垂直管理，全国生态环境保护机构队伍建设和技术能力持续加强，生态环境治理水平有效提升。国家生态环境科技成果转化综合服务平台汇聚 4 000 多项各类环境治理技术。国家核安全工作协调机制有效运转。

2.1.6 中国生态环境保护对世界产生深远影响

我国率先发布《中国落实 2030 年可持续发展议程国别方案》。为《巴黎协定》达成和生效做出重大贡献，推动制定《巴黎协定》实施细则。方案提出要加大国家自主贡献力度，二氧化碳排放力争于 2030 年前达到峰值，努力争取 2060 年前实现碳中和。中国提出的"划定生态保护红线，减缓和适应气候变化"行动倡议，被纳入《联合国气候行动峰会 NBS 倡议案例汇编》，促进了基于自然的中国解决方案的落实。成功申办《生物多样性公约》第十五次缔约方大会，这是联合国首次以"生态文明"为主题召开的全球性会议。首次发表《中国的核安全》白皮书。消耗臭氧层物质的淘汰量占发展中国家淘汰量的 50% 以上，为全球臭氧层保护做出重要贡献。塞罕坝林场建设者、浙江省"千村示范、万村整治"工程等获得联合国"地球卫士奖"。全面参与联合国、二十国集团（G20）、亚太经合组织（APEC）等机制下海洋塑料垃圾治理国际进程。签订"南南"双边环境保护协定，明确双方环境合作的优先领域，已与南非、摩洛哥、埃及、安哥拉等非洲国家签订相关协定。成立"一带一路"绿色发展国际联盟，成为全球生态文明建设的重要参与者、贡献者和引领者，为共建清洁美丽的世界提供了中国智慧和中国方案。

2.2 面向美丽中国建设的形势分析

在 2020 年全面建成小康社会基础上，我国工业化、城镇化进入提质发展阶段，新旧动能加快转换，经济增速、产业结构、重工业产能、能源需求、社会阶层等正在发生结构性变化，但传统发展方式的惯性仍然存在，传统产业仍占主导地位，结构性、布局性矛盾突出。总体上，生态环境压力有望舒缓，但仍处于高位，影响污染物排放的增量因素和减量因素复杂交织，生态环境持续改善的难度依然较大。同时，新冠肺炎疫情对全球经济发展带来前所未有的冲击，新一轮产业变革正在重塑全球经济结构，技术封锁和贸易保护主义对全球产业链构成严重威胁，也将产生深远影响。

2.2.1　生态环境保护的有利基础

党中央、国务院高度重视生态环境保护。以习近平同志为核心的党中央将生态文明建设纳入社会主义建设"五位一体"总体布局，将生态文明建设提到了前所未有的战略高度。党的十八大将生态文明建设纳入中国特色社会主义事业总体布局，提出必须树立尊重自然、顺应自然、保护自然的生态文明理念，把生态文明建设放在突出地位，融入经济建设、政治建设、文化建设、社会建设各方面和全过程。党的十九大报告描绘了新时代我国生态文明建设的宏伟蓝图和实现美丽中国的战略路径，提出坚持人与自然和谐共生是新时代坚持和发展中国特色社会主义基本方略的重要组成部分。

2018年3月，国务院新组建生态环境部，将多个部门的环境保护职责进行整合（图2-4），实行最严格的生态环境保护制度，构建政府为主导、企业为主体、社会组织和公众共同参与的环境治理体系，为生态文明建设提供制度保障。同年6月，中共中央、国务院做出了打赢打好污染防治攻坚战的决定，进一步强调了生态环境保护在党和国家发展事业中的政治地位，为我国生态文明建设和生态环境保护提供了坚实的政治保障。

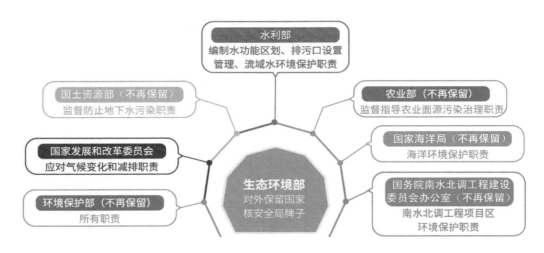

图2-4　生态环境部职能整合情况

同年，全国生态环境保护大会在北京召开，大会确立了习近平生态文明思想（表2-1），"八个观"开辟了生态文明建设理论和实践的新境界。习近平生态文明思想为生态文明建设和生态环境保护提供了强大的思想保障和根本遵循，为"十四五"期间乃至更长时期坚定不移推进生态环境保护、建设美丽中国提供了明确的方向和强有力的保障。

表 2-1　2018 年全国生态环境保护大会主要成果

成果	主要内容
确立了习近平生态文明思想	坚持"生态兴则文明兴"的深邃历史观、"人与自然和谐共生"的科学自然观、"绿水青山就是金山银山"的绿色发展观、"良好生态环境是最普惠的民生福祉"的基本民生观、"山水林田湖草是生命共同体"的整体系统观、"实行最严格生态环境保护制度"的严密法治观、"共同建设美丽中国"的全民行动观、"共谋全球生态文明建设之路"的共赢全球观
形成一个重大判断	生态文明建设到了"关键期""攻坚期""窗口期"
明确一个时间表	确保到 2035 年，生态环境质量实现根本好转，美丽中国目标基本实现。到 21 世纪中叶，物质文明、政治文明、精神文明、社会文明、生态文明全面提升，绿色发展方式和生活方式全面形成，人与自然和谐共生，生态环境领域国家治理体系和治理能力现代化全面实现，建成美丽中国
明确六个原则	一是坚持人与自然和谐共生，二是绿水青山就是金山银山，三是良好生态环境是最普惠的民生福祉，四是山水林田湖草是生命共同体，五是用最严格制度最严密法治保护生态环境，六是共谋全球生态文明建设
建立五个任务体系	生态文化体系、生态经济体系、目标责任体系、生态文明制度体系和生态安全体系
确立了新的领导机制	确立了党委领导、政府主导、企业主体、公众参与的生态环境保护行动体系，确立了党政同责、一岗双责的责任机制，强化了中央环保督察等督察问责机制
印发了污染防治攻坚战文件	中共中央、国务院印发了《中共中央　国务院关于全面加强生态环境保护　坚决打好污染防治攻坚战的意见》

体制机制改革有利于生态环境保护。过去几年，我国生态文明体制改革顶层设计性质的"四梁八柱"得以构建，制约生态文明建设的关键体制机制障碍逐渐破解。生态文明体制改革顶层设计完成，构建由自然资源资产产权制度、国土空间开发保护制度、空间规划体系、资源总量管理和全面节约制度、资源有偿使用和生态补偿制度、环境治理体系、环境治理和生态保护市场体系、生态文明绩效评价考核和责任追究制度八项制度体系构成的产权清晰、多元参与、激励约束并重、系统完整的生态文明制度体系。中央生态环保督察等一批重要机制更加成熟，生态环境保护综合行政执法、省以下环保机构监测监察执法垂直管理等改革陆续到位，生态文明建设多项改革措施落地见效，基本形成了适应中国国情和发展阶段需求的生态环境保护体制机制。深化改革、简政放权、创新发展、国际合作等制度改革深入推进，为生态环境保护提供了改革红利。

生态环境保护形成了良好的工作基础。经过"十三五"期间的污染防治攻坚战，我国生态环境保护多年实践探索出一套行之有效的路子和方法。法律基础方面，生态环境保护管理的法律法规体系不断健全，2015 年修订后的《中华人民共和国环境保护法》正式施行，确立了保护优先、预防为主、综合治理、公众参与、损害担责的基本原则。《中华人民共和国大气污染防治法》《中华人民共和国水污染防治法》《中华人民共和国土壤污染防治法》《中华人民共和国固体废物污染环境防治法》《中华人民共和国噪声污染防治法》等要素方面立法与综合性立法相结合，为推进我国环境治理法制化提供充分的依据。大气、水、土壤污染防治三个"十条"进一步强化了政府对环境保护监管职责和企业污染防治责任，生态环境法律体系顶层设计不断完善。2018 年，生态文明建设通过《宪法》上升为国家意志。2020 年，我国首部为特定流域制定的法律《中华人民共和国长江保护法》出台。

社会基础方面，全社会生态环境和绿色发展意识提升，对经济发展与环境保护关系的认识发生深刻变化，"绿水青山就是金山银山"的理念深入人心。环境信息公开渠道多元化、覆盖全面化，各级政府围绕改善生态环境质量和公众关切，全面主动公开环境信息，以满足人民群众的环境知情权、参与权和监督权；生态环境部及各省（区、市）生态环境厅（局）通过定期召开新闻发布会，发布新闻通稿、公告等方式，介绍工作进展，解读相关政策，回应热点问题；公众可以通过生态环境部网站全国排污许可证管理信息平台查询企业的排污许可相关环保信息。环保公益诉讼和社会监督机制渐趋完善，公众监督、举报反馈和奖励机制逐渐完善，12369 环保举报平台认知度和使用率显著提升。各级政府提供了多样和便捷的举报方式，包括电话、电子邮件、微信、微博等。大部分城市出台了奖励办法，举报的环境违法行为经过调查属实后，给予举报人不同程度的奖励。公众绿色消费、绿色生活方式明显普及。

模范经验方面，各地在生态环境保护管理改革方面先行先试，探索可复制、可推广的有效做法和成功经验。浙江建成全国首个生态省，在全国率先步入生态文明建设的快车道，生态文明制度创新和改革深化引领全国。实施"千村示范、万村整治"工程，与安徽省联合推动全国首个跨省流域生态补偿机制试点。一系列可复制、可推广的模式，为我国探索绿色发展之路提供了"浙江经验"。2016 年，福建省成为全国首个国家生态文明试验区。"十三五"以来，福建省在实现生态环境"高颜值"和经济发展"高素质"的道路上迈出坚实步伐，39 项改革举措和经验做法入选《国家生态文明试验区改革举措和经验做法推广清单》。

2.2.2　经济社会发展形势研判

经济结构优化持续推进。尽管受到新冠肺炎疫情的影响，我国经济仍能保持稳定增长。2020 年，我国 GDP 突破 100 万亿元大关，成为唯一正增长的世界主要经济体，人均 GDP 连续两年超过 1 万美元。预测"十四五"期间，我国经济潜在增长率为 4%～5.5%，到 2025 年，GDP 总量将达到 120 万亿～135 万亿元。三次产业结构持续优化，2020 年三次产业增加值占 GDP 比重为 7.7∶37.8∶54.5，第三产业比重继续呈稳步上升趋势，"十三五"期间，由 52.4% 上升至 54.5%，其在经济发展中的主导地位进一步凸显（图 2-5）。预测到 2025 年，第三产业比重将上升至 59% 左右，达到发达国家初期水平。第二产业比重将降至 34% 左右，传统产业尤其是传统工业加快技术改造和升级，先进制造业、高新技术产业的规模和水平持续提升，新技术新模式与实体产业融合加速，制造业和服务业的界限将变得模糊，服务型制造业发展成为重要制造模式，以新能源、节能环保等为代表的绿色经济加快发展，发展方式、经济结构、增长动力在朝着有利于经济发展与生态环境协同共进的方向转变。

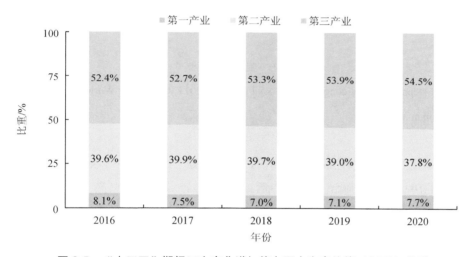

图 2-5　"十三五"期间三次产业增加值占国内生产总值（GDP）比重

数据来源：国家统计局。

老龄少子化问题日益突出。近年来，中国人口增长速度呈明显放慢趋势，人口再生产进入低出生率、低死亡率、低自然增长率阶段，公安部发布的《2020 年全国姓名报告》显示[①]，2020 年出生并已经到公安机关进行户籍登记的新生儿共 1 003.5 万人。对比 2019 年同口径数据，2020 年减少了 175.5 万人，下降幅度约为 14.9%。目前，受养育成本较高、工作压力较大、结婚人数持续减少等因素影响，我国适龄人口生育意愿偏低，总和生育率已跌破警戒线，人口发展进入关键转折期。预计"十四五"时期，我国人口将达到 14.3 亿人，16～25 岁劳动年龄人口或降至 8.75 亿人，60 岁以上人口达到 3 亿人，占总人口比重将超过 20%，我国将步入深度老龄化社会。根据联合国经

① https://www.mps.gov.cn/n2253534/n2253535/c7725981/content.html.

济和社会事务部预测①，我国人口将在 2025 年左右达到峰值，在低生育率情景下 2022 年就会达到峰值（图 2-6）。

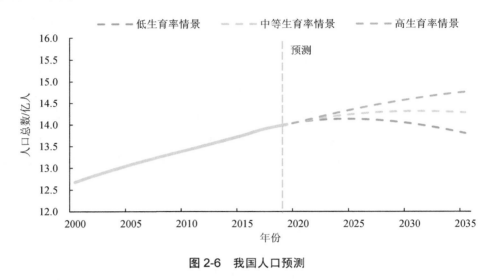

图 2-6　我国人口预测

数据来源：UN Department of Economic and Social Affairs，2019 Revision of World Population Prospects. https://population.un.org/wpp/.

　　新型城镇化开始深度转变进程。当前，我国正处于跨越"中等收入陷阱"并向高收入国家迈进的历史阶段。城镇化进入中后期，2020 年城镇化率略高于 60%，而发达国家城镇化率均为 75%以上，我国仍有较大上升空间，城镇人口增量保持高位。《纲要》提出，到 2025 年常住人口城镇化率达到 65%左右，城镇人口将新增 6 500 万左右；未来城镇化的速度将逐步放慢，由加速推进向减速推进转变。然而，由于发展阶段和城镇化水平的差异，未来各地区城镇化趋势将呈现不同的格局。总体上看，东部和东北地区已进入城镇化减速时期，其城镇化速度将逐步放慢；而中西部地区仍处于城镇化加速时期，是中国加快城镇化的主战场。随着中西部城镇化进程的加快，中西部与东部地区间的城镇化率差异将逐步缩小。劳动力、人才向东南沿海地区、主要大城市和城市群集聚的态势更为明显，中心城市和城市群正在成为承载发展要素的主要空间形式。城镇化进入中心城市带动大都市圈、进而带动区域发展分化的新阶段，将出现 3 000 万、5 000 万人口的大都市圈，"19+2"②的城市群格局基本形成并稳步发展。

① United Nations Department of Economic and Social Affairs，Population Division（2019）. World Population Prospects 2019：Highlights. ST/ESA/SER.A/423.
② 即京津冀、长三角、珠三角、山东半岛、海峡西岸、哈长、辽中南、中原地区、长江中游、成渝地区、关中平原、北部湾、晋中、呼包鄂榆、黔中、滇中、兰州—西宁、宁夏沿黄和天山北坡 19 个城市群，还有以拉萨、喀什为中心的两个城市圈。

社会结构和群体诉求趋于多样。2018 年，我国中等收入群体人数首次突破 4 亿，约占我国总人口的 31%，占全球中等收入群体的 35%左右。"十四五"时期，我国人均 GDP将达到 1.3 万～1.4 万美元。中等收入群体接近总人口的一半，预计到 2025 年，我国将有 5.2 亿人属于中等收入群体。中等收入群体更加追求消费品质，享受型消费、服务型消费特征更加明显，模仿型排浪式消费阶段基本结束，个性化、多样化消费渐成主流。从传统的以工业为主的"蓝领"就业阶层向以服务业为主的"白领"就业阶层转变，总体进入消费型社会、网络型社会，信息渠道增多，传播方式和表达诉求方式跨入全民"微时代"，社会价值观更趋多元化，深层矛盾累积。同时，网络已经改变了我国社会舆论的生态环境，并形成了崭新的网络舆论场，加速了环境风险事件的传播，极易催发社会冲突与风险，尤以抵制具有负面环境影响的公共基础设施建设以及比较敏感的石化项目建设等为代表的"邻避"冲突为甚，成为环境保护、民生需求和社会治理三个重点领域矛盾综合交织的具体表象，与新时代三大攻坚战紧密联系，呈现综合性、多发性、激烈性和恶性复制与蔓延等特征。

科技创新引领作用逐步显现。全球新一轮科技革命方兴未艾，颠覆性技术不断涌现，科技创新加速推进，并深度融合，广泛渗透到人类社会的各个方面。以新一代信息技术、人工智能、新能源技术、新材料技术、新生物技术为主要突破口的新技术革命，正在从蓄势待发进入群体迸发的关键时期。信息、智能、机械、生命等领域的融合创新将成为新一轮科技革命的主题，并将引发新一轮工业革命。信息技术是当下各国科技革命的基础，也决定了未来科技革命的发展。智能及其相关技术的创新和应用，将使国家之间的竞争以全新的方式、在更深的层面变得更加激烈，并对社会治理和人们的生产生活方式等产生颠覆性的影响。在生态环境治理领域，科技创新能力将极大提高治污减排的效率。以大数据治霾为例，我国"大数据治霾"的应用正在快速推广，目前"大数据治霾"的技术集成系统实现了大气污染的精准溯源，可以精确算出不同区域、不同时段每个污染源对污染物浓度的贡献率。"十三五"期间，我国科技研发支出持续上升。2020 年，我国科学研究与试验发展（R&D）支出达到 24 426 亿元，占GDP 比重上升至 2.42%，比 2016 年上升了 0.31 个百分点（图 2-7）。但目前我国科技创新能力仍有待加强。2018 年，韩国、日本、德国、美国 R&D 支出占 GDP 比重分别为 4.1%、3.4%、2.9%、2.7%[①]。《纲要》提出，R&D 支出年均增长率将保持在 7%以上，投入强度将高于"十三五"时期。

---

① http://uis.unesco.org/en/topic/research-and-development.

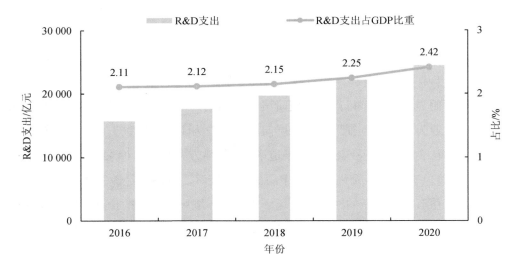

图2-7 "十三五"时期我国R&D支出变化

能源消费总量与结构有望发生积极变化。"十四五"期间，新增能源消费主要依靠非化石能源和天然气，继续把非化石能源消费比重作为约束性指标，推动核能和可再生能源由目前的补充能源上升为替代能源，实施风电和光伏发电倍增计划，能源消费总量有望控制在52亿～55亿t标准煤。煤炭消费总量总体回落，预计到2025年，煤炭消费比重将控制在51%左右，非化石能源消费比重提高到20%，取代石油成为第二大能源，天然气消费提高到13%左右，单位GDP能耗下降维持在15%左右，工业能源消费总量有望达到峰值。

2.2.3 生态环境保护任重道远

当前和今后一个时期，我国生态环境保护仍然处于关键期、攻坚期、窗口期，发展环境发生深刻复杂变化，结构性、根源性、趋势性压力尚未根本缓解，生态环境持续改善的基础还需稳固，深入打好污染防治攻坚战仍面临诸多困难和挑战。

对标对表美丽中国建设目标差距较大。生态环境领域仍是短板，与美丽中国目标要求相比还有不小差距，绿色生产生活方式尚未根本形成。我国能耗水平超过世界平均水平40%，能源资源利用效率偏低，碳排放总量大，实现碳达峰、碳中和愿景目标任务异常艰巨。生态环境尚未根本好转，空气质量与发达国家历史同期还有较大差距，水生态建设恢复刚刚起步，历史遗留的土壤污染问题突出，生物多样性保护形势严峻，优质生态产品供给还不能满足人民日益增长的美好生活需要。"十四五"时期，国内外形势更加复杂，经济社会发展不确定性显著提升，生态环境保护面临新的形势与挑战。这一时期，既要看到经济高质量发展、产业结构和分工深度调整、能源消费和主要工业行业增长趋稳对生态环境的有利影响，也要意识到我国仍将处于结构调整的攻坚克难时期、生态环境质量改善的爬坡过坎阶段。因此，"十四五"期间，生态环境保护仍不能有丝毫懈怠。

外部环境不稳定性、不确定性明显增加。"十四五"时期可能是中美战略博弈最为激烈的时期，美国将利用两国综合国力差距的时间窗口，从贸易、投资、科技、人才、金融、军事、意识形态等多领域对我国进行全方位遏制和打压，特别是通过出口管制、安全审查、交流限制等方式对我国科技创新、产业升级实施重点打压，通过干预汇率、限制融资、冻结资产甚至切断我国与全球金融体系联系等方式对我国实施极限打压，通过操纵涉台、涉港、涉疆、涉藏等议题不断挑起事端，中美政治上新冷战、经济上脱钩、安全上擦枪走火的风险空前加大，影响我国供应链畅通、产业链稳定和创新链升级，挤压我国绿色转型空间，是我国经济发展面临的最大不稳定源。全球新冠肺炎疫情前景仍存在不确定性，持久战风险加大，疫情带来的持续影响将重构国际政治、经济、贸易格局，各国内顾倾向明显上升，越南、墨西哥等新兴经济体外贸增长较快。据世界贸易组织最新报告预测[1]，2020 年全球货物贸易量将缩水 9.2%。受未来疫情发展和各国可能实施的抗疫措施等影响，复苏前景仍然存在很大的不确定性。这些将给我国经济发展带来较大不确定性，特别是对外依存度较高的地区、园区和企业，将面临更大的转型压力和风险。

生态环境结构性、布局性矛盾仍然突出。我国以重化工为主的产业结构、以煤为主的能源结构、以公路货运为主的运输结构没有根本改变。根据全球钢铁协会数据，2020 年全球 56.7% 的钢铁产量来自中国[2]，而第二位的印度钢铁产量仅占 5.3%（图 2-8）。煤炭消费比重仍然偏高，2020 年我国煤炭消费占能源消费总量的 56.8%，而 2019 年美国、英国、德国、日本等发达国家煤炭消费比例仅为 20%、3.3%、17.5%、26.3%，均不及我国的一半。此外，我国仍有超过 2 亿 t 居民燃料煤和 13 亿 t 工业原料煤，能源高效利用、能源系统效率等仍有较大提升空间。交通运输结构仍需持续发力，2020 年我国公路运输比重高于 70%，未能完成《打赢蓝天保卫战三年行动计划》中全国铁路货运量比 2017 年增长 30% 的目标（距离目标差 6.6 个百分点）。京津冀及周边地区等重点区域公路货运比例高达 80% 以上。有关数据显示，就单位运量排放主要污染物数据而言，公路货运是铁路货运的 13 倍[3]。与此同时，高耗能行业投资和重大项目建设还在增加，中西部和北方部分地区对高耗能行业存在路径依赖，西北地区火力发电机组平均运行年龄在 10 年以下[4]，远低于全国平均水平，高碳锁定效应风险加大。

---

① https：//www.wto.org/english/news_e/pres20_e/pr862e.htm.
② https：//www.worldsteel.org/zh/media-centre/press-releases/2021/Global-crude-steel-output-decreases-by-0.9-in- 2020.html.
③ https：//theory.gmw.cn/2020-05/27/content_33863603.htm.
④ https：//news.bjx.com.cn/html/20210309/1140438.shtml.

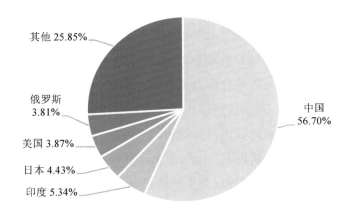

图 2-8   2020 年主要国家钢铁产量比重

生态环境事件多发、频发的高风险态势没有根本改变。大量化工企业近水靠城，长江经济带 30%的环境风险企业位于饮用水水源地周边 5 km 范围内，安全生产、化学品运输等引发的突发环境事件处于高发期。在制药、化工、造纸等高风险行业企业集聚的沿江、沿河、沿海区域，水环境受体敏感性高，突发水环境事件风险突出。长江、黄河、珠江等重点流域，大量工业企业沿江河而建，特别是化工园区和重点化工企业环境风险预警体系建设不完善，一旦发生突发环境事件，将对流域水环境造成严重影响，危及饮用水安全。环境风险预警防控体系薄弱，重点流域、重要水源地环境风险预警与防控体系尚不健全。安全生产事件引发的次生环境风险也不容忽视。

生态环境新增压力仍在高位。研究数据显示，我国城镇化率每提高 1 个百分点，将增加城镇人口 1 300 万人、生活垃圾 520 万 t、生活污水 11.5 亿 t，消耗 6 000 万 t 标准煤，而每一个农村人口转入城市，其能源消费水平将提升至原来的 3 倍。"十四五"时期，我国工业化、城镇化率仍将持续快速增长，低收入群体转向中等收入，新增城镇人口将相应增加能耗、用水量、生活污水、生活垃圾，对能源资源的需求依然旺盛，新增污染物排放量仍然较多。预计"十四五"期间，将新增生活直接能耗约 900 万 t 标准煤，同时，商品和服务消费能耗更大的产品导致新增生活间接能耗约 4 500 万 t 标准煤、生活用水量约 51 亿 m³、生活污水排放量约 44 亿 t、生活 CO_2 排放量约 1 亿 t、生活垃圾产生量约 2 100 万 t。

治理体系和治理能力亟须加强。生态文明各项改革还需落地生根、协同增效，绿色发展的激励约束机制还不健全，相关责任主体内生动力尚未有效激发。生态环境保护参与宏观经济治理手段不足，市场机制不完善，价格、财税、金融等经济政策还不健全。

生态环境监测监管与信息化建设滞后。一些企业和地方法治意识不强，依法治污、依法保护环境的自觉性不够。全社会生态环境保护意识有待提高。生态文明建设体制机制改革顶层设计基本完成，相关文件已经出台，但实现各地区、各部门建立完善的机构、强有力的人才队伍，形成有效配套机制与能力，落实各项改革要求，实施有效管理还需要一定时间。我国环境基础设施领域补短板压力较大，生态环境监测能力和体系尚未全面建立，"职责独立、机构独立、程序独立"的国家生态环境监管执法体制还有待健全，地方在整合组建生态环境保护综合执法队伍方面，省以下环保机构在监测监察执法垂直管理制度改革、机构建立、机制健全和能力提高方面，还有较大提升空间。

2.3　主要生态环境问题

现阶段，我国生态环境的改善总体上还是中低水平的提升，部分地区和领域生态环境问题依然严重，生态环境质量改善从量变到质变的拐点还没有到来，与人民群众的期待还有不小差距，深入打好污染防治攻坚战还有很大的空间。"十四五"时期，要统筹做好污染治理、生态保护、应对气候变化，促进生态环境持续改善。

2.3.1　应对气候变化方面

全球气候治理成为各国博弈焦点。应对气候变化是中美既合作又斗争、斗争多于合作的重点领域。美国政府迅速重返《巴黎协定》，拜登在多个国际重要场合就应对气候变化发表讲话，意在领导全球气候治理进程，并或明或暗表示中国作为全球最大碳排放国，不仅要宣示碳中和远期目标，更要设计和执行有针对性的路线图，提出更激进的减排措施，刻意渲染"中国责任论"，并作为约束和谈判筹码。欧洲议会通过"碳边界调整机制"，覆盖电力以及水泥、钢铁、炼油、玻璃、化工等高耗能行业产品，企图设置绿色壁垒，对他国绿色低碳转型施加压力，对我国相关产品出口提出更高要求。此举加大了贸易摩擦的风险。联合国政府间气候变化专门委员会（IPCC）在征求政府意见的报告中，将减排责任聚焦于新兴国家。

国内碳达峰、碳中和任务极其艰巨。我国是二氧化碳排放总量大、全球占比高的发展中大国，这一特征短期内难以改变。碳达峰、碳中和顶层设计正在谋划，全国碳减排目标任务尚未细化落实，碳排放总量控制制度、区域协同治理及污染物与温室气体统一核算、统一监管体制机制尚未建立起来，地方和企业对碳达峰、碳中和认识模糊，且普遍存在相关人员短缺、资金不足等情况，还未形成工作合力。化石能源仍是我国能源消费的压舱石，原煤产量、原油加工量仍在较快增长，传统高耗能行业存量大、新增多，存在明显的高碳锁定效应，对我国碳达峰、碳中和造成压力和影响。

2.3.2　大气污染治理方面

$PM_{2.5}$ 和 O_3 协同控制不足。从"十三五"大气污染防治工作来看，$PM_{2.5}$ 和 O_3 协同控制存在明显不足，主要体现在几个方面：一是对 $PM_{2.5}$ 和 O_3 污染控制目标的协同不足，在 $PM_{2.5}$ 污染显著减轻的同时，夏季 O_3 污染持续加重。二是对造成复合型污染前体物的减排协同不足，与颗粒物、二氧化硫（SO_2）和氮氧化物（NO_x）相比，VOCs 排放治理力度还比较弱，成为突出短板；近地面 NO_x 减排相对不足。三是标准政策协同不足，针对 VOCs 污染防治的排放标准、经济政策明显弱于针对其他污染物的标准政策，对减排支撑不够。四是监管执法和能力建设协同不足，各级环保机构用于 VOCs 排放监管和执法的工具和技能与用于其他污染物的差距明显，远不能支撑管理要求。

与重污染天气基本消除的目标差距仍然较大。2020 年，全国 40%城市空气质量尚未达标，京津冀及周边地区、汾渭平原 $PM_{2.5}$ 浓度比全国平均水平高 50%；全国重度及以上污染天数 1 497 d，占总天数的比例为1.2%，主要集中在秋冬季。京津冀及周边地区、汾渭平原、东北地区、天山北坡城市群重污染问题突出，重度及以上污染天数比例分别是 2.9%、1.9%、1.2%、12.7%。从污染因子来看，主要是 $PM_{2.5}$ 污染型。重污染天气严重影响公众对蓝天的获得感，当前重污染天气发生频次与基本消除的目标差距较大。

结构型污染问题未得到根本改变。产业、能源、运输等结构调整刚刚起步，结构型污染问题依然突出。一是以重化工为主的产业结构没有根本改变，传统产业规模大、比重高，钢铁、水泥、火电、原油加工等工业产品生产仍处于达峰缓增阶段，结构减排仍有较大潜力。二是以煤为主的能源结构没有根本改变，煤炭消费总量保持高位且仍在持续增长，煤炭消费比重超过 50%。三是以公路货运为主的运输结构没有根本改变，公路货运强度过大，京津冀及周边地区等重点区域公路货运比例高达 80%以上；预计机动车保有量仍会持续快速增长。

群众身边的突出环境问题未能得到有效解决。餐饮油烟、恶臭异味、烟粉尘、噪声、机动车尾气等依然未得到有效解决，成为群众关切的热点问题。2020 年，全国 44 万件环境污染问题举报中，大气污染、噪声污染位列第一、第二；大气污染举报中，有关恶臭异味举报 9 万余件、有关餐饮油烟举报 3 万余件。亟须针对噪声、恶臭异味等突出环境问题集中开展综合整治，积极回应公众关切。

监测监管与执法能力存在明显短板。劣质散煤、含 VOCs 产品质量、移动源、油品质量等监管缺乏有效的部门联动机制。光化学监测网、路边交通空气质量监测网不完善，

O₃ 预报能力精度较低。VOCs 监管能力存在明显短板，企业自行监测质量普遍不高，质控水平不足；部分企业未按要求安装运行维护在线监控设施；针对 VOCs 的基层现场执法能力不足。移动源执法队伍业务能力和水平较为欠缺，非法调和油生产、使用环节依然存在监管盲区。

2.3.3　水生态环境治理方面

部分水源地水质不达标。饮用水水源水质超标时有发生，2020 年全国地级及以上城市在用集中式生活饮用水水源 902 个监测断面（点位）中，仍有 50 个未达标，其中 14 个地表水水源超标断面中，10 个为部分月份超标，4 个为全年均超标，主要超标指标为硫酸盐、高锰酸盐指数和总磷；36 个地下水水源超标点位中，5 个为部分月份超标，31 个全年均超标，主要超标指标为锰、铁和氨氮。超标断面（点位）涉及 25 个水源地，其中 21 个为地下水型水源地，4 个为地表水型水源地。地下水型水源地超标主要受区域水文地质条件等因素影响，河流型和湖库型水源地超标主要受上游来水以及周边人为活动影响。

农村水源保护区环境问题依然存在。生态环境部不断加强饮用水水源环境保护，梯次推进农村饮用水水源保护区划定工作。饮用水水源保护区批复后，发现保护区内存在大量环境问题。根据 2020 年全国乡镇级及以下水源基础环境状况调查结果，截至 2020 年年底，全国乡镇级集中式饮用水水源保护区划定完成率达 91.3%，尚有 1 802 个乡镇级水源未划定保护区。已划定保护区的乡镇级水源中，29.4%的水源尚未设置保护标志标识，4 812 个乡镇级饮用水水源保护区内存在生活、农业种植、规模化畜禽养殖/水产养殖、码头等不同类型污染源，保护区内环境问题多样，整治任务多、完成难度大。

水源环境风险依然突出。以长三角为例，长江干流共有 50 个饮用水水源地，长三角地区长江干流 5 km 范围内 2173 家工业企业存在风险，约 200 个涉及化学品运输的码头，环境风险源与饮用水水源地交织分布，布局性风险显著，客观风险突出。农村水源监测能力薄弱。按照农业农村污染治理攻坚战要求，"千吨万人"农村水源每季度应开展一次常规监测。县级监测站能力薄弱，委托第三方监测资金不足，"十四五"期间持续定期监测要求难以全面落实。监管能力不健全。由于生态环境部门"县级以下没有脚"，农村水源保护缺乏专门的管理机构和人员，监管能力有限。

污水管网质量短板突出。城市黑臭水体尚未长治久清，部分城市污水管网破损，雨污水管网混（错）接问题突出，地下水、河水大量渗入污水管网，存在三方面的问题：一是污水处理厂进水浓度低，处理效能不能完全发挥；二是污水管道高水位运行，部分城市即使在小降雨量情况下也会出现污水溢流，导致水体返黑返臭；三是大量雨水进入污水管网，导致末端污水处理厂雨天超负荷运行，雨污水溢流到河道。根据《城镇污水处理提质增效三年行动方案（2019—2021 年）》（建城〔2019〕52 号），到 2021 年，城镇污水处理厂进水生化需氧量浓度不得低于 100 mg/L。2020 年 11 月底，核查的 321 座污水处理厂中，进水生化需氧量浓度小于 100 mg/L 的有 235 座，占比为 73.2%。根据环境统计数据，2019 年全国城镇污水处理设施进水生化需氧量平均浓度为 104.17 mg/L，接近必须开展系统整治的临界值（100 mg/L），污水管网整体收集效能偏低。从省市层面来看，辽宁省、江苏省、浙江省等 16 个省份进水生化需氧量平均浓度低于 100 mg/L。从全国层面来看，进水生化需氧量浓度低于 100 mg/L 的城镇污水处理设施数量为 3 620 座，设计处理能力为 11 564.67 万 t/d，分别占全国的 67.17% 和 56.87%。

重点湖库暴发蓝藻水华风险较大。2020 年，仍有 29% 的监测湖库存在富营养化问题，开展营养状态监测的 107 个重要湖泊（水库）中，轻度富营养状态的重要湖泊（水库）比例为 22.4%，中度富营养状态的重要湖泊（水库）比例为 5.6%。艾比湖、杞麓湖、呼伦湖、星云湖、洪湖、异龙湖、于桥水库和莲花水库为中度富营养化状态。与 2015 年［开展营养状态监测的 61 个湖泊（水库）］相比，中度和轻度富营养化重要湖泊（水库）比例增加了 5.1%。"老三湖"（太湖、巢湖、滇池）的蓝藻水华强度、面积均处于较高水平。

2.3.4　海洋生态环境保护方面

重要河口海湾污染仍然严重。我国近岸海域，特别是河口、海湾区域的环境质量受陆源入海河流影响显著，渤海、长江口—杭州湾、珠江口等重点海湾（水质）受辽河、海河、黄河、长江、珠江等入海河流水质影响，劣四类水质海域面积占到我国严重污染海域总面积的 75%。陆海统筹削减陆源氮、磷污染仍是下一阶段改善近岸海域环境质量的关键。渤海部分入海河流氮、磷等主要污染物排放量仍居高不下，入海河流消劣成果还不稳固。入海排污口数量多、分布广、类型杂，溯源整治任务亟待深入推进。"十三五"期间，渤海湾、莱州湾都出现过污染反弹现象。莱州湾、辽河口等区域围海养殖规模大、密度高，养殖模式粗放，养殖尾水排放问题未有效解决。长江口—杭州湾海域主要是受长江、钱塘江、甬江等河流入海污染物的影响，海域污染十分严重，2020 年劣四类海水水质面积比例高达 51.3%。长江口和杭州湾海域的沿岸入海排污口底数不清、溯源整治工作尚未全面实施。珠江口及邻近海域"十三五"期间劣四类水质面积比例平均为 19.3%。区域内国控入海河流水质优于Ⅲ类的断面比例仅为 63% 左右，且总氮浓度居高不下。入海排污口排查整治工作尚未全面实施，排污口管理规范化程度低，超标排放屡禁不止。

重点海域生态退化问题突出，安全屏障受损。长期以来，围（填）海造成滨海湿地破坏和丧失，自然岸线大量消失，生境破碎化，关键物种、珍稀濒危生物生存面临威胁。过度捕捞、海洋污染等导致优质渔业资源衰退，渔业可持续发展能力不足。河口生态退化，导致海洋固碳能力下降，减污降碳协同效应难以发挥，应对气候变化韧性下降。海洋生态系统质量和稳定性提升任务艰巨。渤海区域芦苇、碱蓬湿地生境丧失、功能退化，渔业资源衰退，生物多样性水平下降，黄河口互花米草入侵等问题严重。已开展的生态修复对象和规模有限，系统性保护修复不足，整体性生态服务功能未能充分发挥，降碳固碳、应对气候变化的能力和韧性亟须提升。长江口—杭州湾区域滩涂围垦造成湿地严重丧失、生境破碎、生态功能受损，国家一、二级保护鸟类面临威胁，鸟类生物多样性明显下降。鱼、虾、蟹类"三场一通道"遭到破坏，渔业资源种类逐年减少，资源量不断降低，珍稀特有物种衰退。珠江口海域红树林湿地退化严重，互花米草侵占滩涂的现象仍较普遍，蓝色碳汇潜力及应对气候变化的滨海生态屏障效能发挥不足。珠江口渔场等传统渔场已不复存在，常规海洋捕捞鱼种数量急剧减少。珠江口海洋生态环境质量现状与"宜居宜业宜游"的美丽大湾区建设要求不相匹配。

"临海难亲海，亲海质量低"，民生短板亟待补齐。渤海、长江口—杭州湾、珠江口及邻近海域等三大重点海域普遍存在"临海难亲海，亲海质量低"的突出问题，严重影响公众的幸福感、获得感和安全感。一方面，亲海岸线多被围海养殖、港口码头、交通设施、房地产开发等占据，沿海居民的亲海空间被严重挤占，临海难亲海；另一方面，大中城市的公众亲海区环境综合质量差，岸滩垃圾普遍存在，海水浴场水质亟待提升，滨海旅游度假区生态景观品质不高、文化特色不突出。亲海质量低，已成为群众反映较为强烈的问题和突出的民生短板，与人民日益增长的优美海洋生态环境需求差距较大。

2.3.5　土壤污染风险管控方面

固体废物污染防治形势依然严峻。我国固体废物产生强度高、利用不充分、积存量大。据估算，每年固体废物产生量超过 100 亿 t，历年堆存总量高达 600 亿~700 亿 t。一些地方历史遗留废渣存在较大环境安全隐患，部分地区危险废物非法转移、倾倒等现象时有发生，危险废物、医疗废物收集处理方面仍然存在短板。危险废物利用处置能力存在区域和种类不平衡，医疗废物收集转运体系不健全。部分危废医废处置设施陈旧、老化现象严重，难以保障污染物长期稳定达标排放。新污染物环境风险日益凸显。作为全球化学品生产和消费大国，我国大量化学物质危害属性不清、环境风险不明。随着新技术、新材料、新化学物质的广泛应用，新污染物环境风险管控压力不断累积和凸显。科技支撑能力不强，一批赤泥、钢渣等难利用工业固体废物治理关键技术研究不足，对于新污染物缺乏有效的防控技术。

重金属污染防控总体形势依然不容乐观。我国涉重金属行业企业量大面广，整体技术水平参差不齐，重金属污染物排放总量仍处于高位水平。一些地区镉、铊等重金属污染问题突出，不利于人民群众"吃得放心"。"十三五"期间，我国组织开展了全国农用地土壤污染状况详查，根据详查结果，镉是我国耕地土壤的主要污染物，安全利用类和严格管控类耕地面积总体较大；土壤重金属污染物难以去除，精准施策、实施安全利用技术水平不高，农产品超标风险长期存在，巩固和提升安全利用成果的任务依然艰巨。我国镉产量约占全球的1/3。据不完全统计，两湖两广云贵川赣8个省（区），矿产资源采选企业就有3 200多家，铅、锌、铜等有色金属采选和冶炼等重金属行业企业废气、废水镉排放量较大，历史遗留涉重金属废渣量大面广。一些地区因大气重金属沉降、污水灌溉等带入土壤的镉等污染物持续累积，确保土壤环境质量稳中向好任重道远。农用地安全利用效果存在反弹隐患，后期安全性、长效性尚需验证。打好耕地镉污染防治攻坚战，是保障老百姓"吃得放心"的重要途径。

化肥农药过量施用问题突出。化肥、农药的不合理施用造成的农业面源污染严重。据国家统计局数据，2019年全国农用化肥施用量为5 403.6万t（折纯），2018年农药施用量为150.4万t。化肥农药施用强度大、利用率低的问题较为突出。化肥施用强度是世界平均水平的2.7倍，利用率比欧美等发达国家低10～20个百分点，果树等经济类作物亩均化肥用量是发达国家的2～7倍。我国农田土壤中氮、磷等元素盈余量随着化肥施用量的增加逐年上升，远超农作物生长的实际需求，加剧了土壤酸化、板结的风险。根据全国农用地土壤污染状况详查结果，酸性土壤的监测点位总数占比达到约 1/3。部分地区因此出现粮食绝收现象，严重影响国家粮食生产安全。同时，近年来部分地区在统计核算过程中数字不严不实的问题时有发生。

2.3.6　区域生态保护方面

自然生态系统总体仍较为脆弱。生态系统质量功能问题突出，生态承载力和环境容量不足，经济发展带来的生态保护压力依然较大，部分地区重发展、轻保护所积累的矛盾愈加凸显。一些地区生态环境承载力已经达到或接近上限，且面临"旧账"未还、又欠"新账"的问题。

生态保护监管能力薄弱。生态保护修复规划、法律法规和标准体系有待完善。生态调查评估以遥感手段为主，监测评估和预警体系尚不完善，"天地空"一体化监控网络尚未建立，对区域生态状况及其存在的问题主动精准发现能力不足。生态监管信息化、智能化水平有待提升。

生态空间受到挤占，生态破坏问题依然存在。近 50 年来，全国天然湿地面积减少了约 21.6%，面积大于 10 km^2 的 696 个湖泊中有 1/3 以上发生严重萎缩；红树林面积减少了 40%，自然岸线缩减的现象依然普遍。全国近 4 亿 hm^2 天然草地中，中度和重度退化草地占 1/3 以上，重点天然草原超载占 15% 以上。全国沙化土地面积为 1.72 亿 hm^2，水土流失面积为 2.74 亿 hm^2。野生动植物栖息地破碎化现象突出，国家级自然保护区内的矿产资源开发活动依然存在，部分地区重发展、轻生态所积累的矛盾愈加凸显。

生物多样性丧失的总体趋势尚未得到根本扭转。生物多样性保护法律制度尚不完善，体制机制还不顺畅，本底调查缺乏系统性且观测网络体系仍不健全，生物安全保障能力较弱，生物资源可持续利用水平较低，科研与科普能力有待提升。

第3章 规划总体思路研究

国家"十四五"生态环境保护规划要始终坚持以习近平生态文明思想为引领，准确把握新发展阶段，深入贯彻新发展理念，加快构建新发展格局，落实好党的十九届五中全会、《纲要》等对生态文明建设和生态环境保护工作的总体要求，面向美丽中国的建设目标，把握减污降碳协同增效的总要求，紧密结合"十四五"生态环境保护工作阶段性特征，更加突出精准治污、科学治污、依法治污，更加注重系统治理、综合治理、源头治理。在规划框架结构上，尤其要突出绿色低碳发展、积极应对气候变化、持续改善环境质量、加强生态保护修复及监管、防控生态环境风险、加强国家重大战略区域生态环境保护、推进生态环境治理体系和治理能力现代化等内容。

3.1 总体要求分析

3.1.1 坚持以习近平生态文明思想为引领

习近平生态文明思想是习近平新时代中国特色社会主义思想的重要组成部分，是推进美丽中国建设、建设人与自然和谐共生的现代化国家的根本遵循。"十四五"生态环境保护规划（简称规划）要坚持以习近平生态文明思想为引领，坚持将习近平生态文明思想作为"十四五"期间生态环境保护工作的总方针、总依据和总要求。

一是要将规划放在历史长河和生态文明建设总体布局中去考虑。习近平总书记指出："生态兴则文明兴，生态衰则文明衰。生态环境是人类生存发展的根基，生态环境变化直接影响着生态文明兴衰演替。"无论是从世界文明的发展历程，还是从中国的实际情况来看，生态环境的变化都直接影响着文明的兴衰演替，左右着人类的命运。当前，我国面临着环境退化、生态破坏和资源匮乏等一系列问题，资源环境承载能力已经达到或接近上线，不能走西方国家"先污染、后治理"的老路，必须要坚决摒弃高污染、高耗能的老路，走出一条绿色低碳的高质量发展的新路，这是规划要坚持的重要基本原则之一。

二是规划要处理好人与自然的关系。习近平总书记强调：人与自然是生命共同体。生态环境没有替代品，用之不觉，失之难存。人类和自然并不是对立关系，人类是自然的一部分，要把自然界看作人的外在无机的身体，不能妄图去统治、征服自然，而要与之和谐共处。准确把握人与自然的关系是建设生态文明的核心和根本。要努力建设人与自然和谐共生的现代化。这是"十四五"时期、"十五五"时期，乃至"十六五"时期生态环境保护工作的主要目标。

三是规划要注重系统观念、整体观念、协同观念。习近平总书记指出："生态是统一的自然系统，是相互依存、紧密联系的有机链条。人的命脉在田，田的命脉在水，水的命脉在山，山的命脉在土，土的命脉在林和草，这个生命共同体是人类生存发展的物质基础。"这一论断用"命脉"把人与山水林田湖草沙连在一起，生动形象地阐述了人与自然之间唇齿相依、唇亡齿寒的一体性关系。规划要体现生态系统内在联系，从系统工程和全局角度谋划生态环境保护治理的方法。无论是深入推动长江经济带发展，还是推动黄河流域生态保护和高质量发展，都要遵循生态系统的整体性、系统性及其内在发展规律，建立地上地下、陆海统筹的生态环境治理制度，不断提高生态环境治理的系统性、整体性和协同性，持续推动源头治理、系统治理和整体治理。

四是规划仍要坚持以生态环境质量改善为核心。习近平总书记指出："要坚持生态惠民、生态利民、生态为民，重点解决损害群众健康的突出环境问题，加快改善生态环境质量，提供更多优质生态产品，努力实现社会公平正义，不断满足人民日益增长的优美生态环境需要。"良好的生态环境是新时代党和政府必须提供的基本公共服务。要把解决突出生态环境问题作为民生优先领域，提供更多优质生态产品，以满足人民日益增长的优美生态环境需要，不断提升人民群众的获得感、幸福感和安全感。规划要将持续改善环境质量作为重要任务，深入打好污染防治攻坚战，协同推进减污降碳，不断改善生态环境质量，有效管控土壤污染风险。

五是规划要统筹协调好经济高质量发展和生态环境高水平保护。习近平总书记指出："绿水青山既是自然财富、生态财富，又是社会财富、经济财富。"这一科学理念深刻揭示了保护生态环境就是保护生产力，改善生态环境就是发展生产力的道理，阐明了经济发展与环境保护的辩证统一关系。建设生态文明、推动绿色低碳循环发展，不仅可以满足人民日益增长的优美生态环境需要，而且可以推动实现更高质量、更有效率、更加公平、更可持续、更为安全的发展，走出一条生产发展、生活富裕、生态良好的文明发展道路。规划需要进一步统筹好生态环境保护和经济发展，协同推进生态环境高水平保护和经济高质量发展。

六是规划要不断完善制度建设，体现用最严格制度、最严密法治保护生态环境。习近平总书记指出："保护生态环境必须依靠制度、依靠法治。我国生态环境保护中存在的突出问题大多同体制不健全、制度不严格、法治不严密、执行不到位、惩处不得力有关。"这一论断表明，建设生态文明是一场涉及生产方式、生活方式、思维方式和价值观念的重大变革。规划中需要进一步明确，以最严格制度、最严密法治保护生态环境，构建源头严防、过程严管、后果严惩的制度体系，推进生态环境治理体系和治理能力现代化。

七是规划要部署促进形成绿色生活方式。习近平总书记指出："每个人都是生态环境的保护者、建设者、受益者，没有哪个人是旁观者、局外人、批评家，谁也不能只说不做、置身事外。"这一论断表明，公众既是生态文明的受益者，也是建设者，是生态环境治理的重要力量。虽然不同的主体参与生态文明建设的方式不同，但都肩负着保护生态环境的责任。政府要积极发挥主要作用，企业要主动承担环境治理责任，公众要自觉践行绿色生活方式。规划要着力推动构建生态环境治理全民行动体系，把美丽中国建设转化为全体人民的自觉行动，为持续改善生态环境、建设美丽中国营造良好社会氛围，打下坚实的社会基础。

八是规划要共谋全球生态文明建设。习近平总书记指出："生态文明建设关乎人类未来，建设绿色家园是人类的共同梦想，保护生态环境、应对气候变化需要世界各国同舟共济、共同努力，任何一国都无法置身事外、独善其身。"这一论断深刻阐明了国内与国际的关系。在当今全球化的背景下，保护生态环境是人类共同的责任和义务，任何人、任何国家都无法逃避。规划中要明确共谋全球生态文明建设的任务内容，提出参与全球环境治理、共建清洁美丽世界的要求。

3.1.2 落实好党的十九届五中全会要求

2020 年 10 月，党的十九届五中全会审议通过的《中共中央关于制定国民经济和社会发展第十四个五年规划和二〇三五年远景目标的建议》（以下简称《建议》），全面总结了决胜全面建成小康社会取得的决定性成就，深入分析了我国发展环境面临的深刻复杂变化，清晰展望了 2035 年基本实现社会主义现代化的远景目标，是开启全面建设社会主义现代化国家新征程、向第二个百年奋斗目标进军的纲领性文件，是今后 5 年乃至更长时期我国经济社会发展的行动指南。规划要以五中全会精神为指引，切实将《建议》

提出的各项要求转化成具体的"施工图"和"路线图"。

一是规划要按照《建议》战略安排，落实好分阶段目标要求。《建议》明确要求广泛形成绿色生产生活方式，碳排放达峰后稳中有降，生态环境根本好转，美丽中国建设目标基本实现。《建议》提出，"十四五"经济社会发展的主要目标是"六个新"，其中"一个新"是生态文明建设实现新进步，包括国土空间开发保护格局得到优化，生产生活方式绿色转型显著，能源资源配置更加合理、利用效率大幅度提高，主要污染物排放总量持续减少，生态环境持续改善，生态安全屏障更加牢固，城乡人居环境明显改善。规划在主要目标中，要首先明确 2035 年美丽中国建设目标基本实现的具体要求，在绿色生产，绿色生活，空气、水、土壤环境治理，环境风险，生态保护修复，生态环境治理体系和治理能力等方面提出至 2035 年的主要目标。在此基础上，提出生产生活方式绿色转型、生态环境持续改善、生态系统质量和稳定性稳步提升、环境安全得到有效保障、现代环境治理体系建立健全等"十四五"时期生态环境保护主要目标。

二是规划要按照《建议》系统部署、细化不同领域任务要求。《建议》用一个部分专门阐释推动绿色发展、促进人与自然和谐共生。从加快推动绿色低碳发展、持续改善环境质量、提升生态系统质量和稳定性、全面提高资源利用效率四个方面对生态环境保护进行了部署，提出许多重要举措。例如，强化国土空间规划用途管控，落实生态保护、基本农田、城镇开发等空间管控边界；强化绿色发展的法律和政策保障；发展绿色建筑；制定 2030 年前碳排放达峰行动方案；深入打好污染防治攻坚战；建立地上地下、陆海统筹的生态环境治理制度；强化多污染物协同控制和区域协同治理；推进城镇污水管网全覆盖；重视新污染物治理；全面实行排污许可制；实施生物多样性保护重大工程；加强外来物种管控；加强大江大河和重要湖泊湿地生态保护治理；开展大规模国土绿化行动；推行草原森林河流湖泊休养生息，加强黑土地保护；建立生态产品价值实现机制；实施国家节水行动，建立水资源刚性约束制度；推行垃圾分类和减量化、资源化等。《建议》在部署其他重点任务时，还对生态环境保护提出明确要求。例如，在提升产业链、供应链现代化水平方面，要求推动传统产业高端化、智能化、绿色化；在发展战略性新兴产业方面，要求加快壮大绿色环保等产业；在拓展投资空间方面，要求加快补齐生态环境保护等领域短板，推进重大生态系统保护修复等重大项目建设；在实施乡村建设行动方面，要求因地制宜推进农村改厕、生活垃圾处理和污水治理，实施河湖水系综合整治，改善农村人居环境；在构建国土空间开发保护格局方面，要求保护基本农田和生态空间；在推动区域协调发展方面，要求推动黄河流域生态保护和高质量发展；在确保国家经济安全方面，要求确保生态安全，加强核安全监管，维护新型领域安全；在保障人民生命安全方面，要求强化生物安全保护等。

三是规划要做好《建议》在生态环境保护领域创新突破内容上的谋划。《建议》在七个方面对生态环境保护工作提出新要求。①对领导体制和管理体制有明确要求。《建议》提出"完善生态文明领域统筹协调机制"。党的十八大以来，我国生态文明体制改革全面展开，一系列重大决策部署和改革举措压茬推进，着力提升生态文明建设和生态环境治理的系统性、整体性和协同性，使生态文明建设体制机制更加完善。但是，当前在生产与消费等领域，在城市与农村等区域，在中央、地方及各部门间生态环境保护事权责任等方面还需进一步统筹。规划要加强生态环境治理体系建设，旨在进一步汇聚生态文明制度合力，坚持以系统观念完善生态文明领域统筹协调机制，建立地上地下、陆海统筹的生态环境治理制度，全方位、全地域、全过程开展生态文明建设。②对经济社会发展全面绿色转型有明确要求。《建议》提出"加快推动绿色低碳发展"等内容。经济社会发展全面绿色转型，做到"全面"是关键。需要从经济社会发展的各个领域、各个环节入手，做到综合施策、久久为功。重点是将绿色发展理念融入社会生产和社会实践的各个领域，贯彻落实到经济社会发展的方方面面。在规划中，需要把绿色低碳发展内容摆在更加突出的位置，强化国土空间规划和用途管控，强化绿色发展的法律和政策保障，进一步优化产业结构、能源结构、运输结构和用地结构，践行绿色生活方式。③对打好污染防治攻坚战有明确要求。《建议》提出"深入打好污染防治攻坚战，继续开展污染防治行动"。从党的十九大提出的坚决打好污染防治攻坚战，到党的十九届五中全会提出的深入打好污染防治攻坚战，发生了重要的转变。"深入"有两层含义：一层含义是触及的矛盾和问题层次更深、领域更宽，对生态环境改善的要求更高，攻坚战要延伸深度、拓展广度；另一层含义是要坚持方向不变、力度不减，创新和探索攻坚战新思路和新举措。如规划中，在大气方面，提出强化多污染物协同控制和区域协同治理内容，加强细颗粒物和臭氧协同控制，基本消除重污染天气。在水体方面，明确治理城乡生活环境、推进城镇污水管网全覆盖、基本消除城市黑臭水体的要求。在土壤方面，推进土壤污染治理，加强白色污染治理，加强危险废物、医疗废物收集处理。④对应对气候变化有明确要求。《建议》提出"支持有条件的地方率先达到碳排放峰值，制定2030年前碳排放达峰行动方案"。规划提出碳达峰、碳中和的目标任务部署要求，重点是加快补齐认知水平、政策工具、手段措施、基础能力等方面短板，进而促进应对气候变化与环境治理、生态保护修复等工作协同增效。⑤对约束性指标管理有明确要求。《建议》提出"完善环境保护、节能减排约束性指标管理"。环境质量、节能减排等指标作为国民经济和社会发展约束性指标，已经成为推进生态环境保护的有力抓手。规划中要继续实施约束性指标管理要求，强化目标导向性生态环境保护任务的一体化部署，促进环境质量改善和相关工作落实。⑥对生态保护监管有明确要求。《建议》提出"完善自然保护地、生态保护红线监管制度，开展生态系统保护成效监测评估"。自然保护地和生态保护红线是我国生态保护的重中之重。当前，自然保护地、生态保护红线监管任务重，统一监管还有不足，法律法规还不完善，技术标准体系尚不健全，监管能力比较薄弱，亟须完善相关监管制度。规划要针对这些问题进行系统谋划，补齐生态保护监管的短板。⑦对环保参与宏观调控有明确要求。与党的十九届四中全会要求相比，《建议》首次把环保纳入宏观经济治理体系，是体现新发展理念的重要创新。这是为健全宏观经济治理体系总体框架、主要功能、分工层次而做出的整体设计，更加强调各类调节手段的协调配合，目的是为系统集成、协同高效地发挥宏观经济治理效能提供机制保障。对于生态环境保护而言，重点是围绕碳达峰、碳中和目标，以"降碳"为总抓手，发挥生态环境保护对经济发展的倒逼、引导、优化和促进作用。

3.1.3　落实《纲要》要求

《纲要》描绘了我国进入新发展阶段的绚烂图景，为全党全国各族人民夺取全面建设社会主义现代化国家新胜利指明了前进方向，提供了根本遵循。"十四五"生态环境保护规划要全面落实《纲要》相关要求。

一是在主题上，《纲要》以高质量发展为主题，以新发展阶段、新发展格局为逻辑主线，将生态文明建设和生态环境保护摆在了突出位置，将绿色低碳发展、人与自然和谐共生等重大理念贯穿到经济社会发展全过程，协同推进经济高质量发展和生态环境高水平保护。规划要突出绿色发展主题，坚持以绿色发展为引领，充分发挥生态环境保护对经济发展的优化促进作用，深入实施可持续发展战略，推进碳达峰、碳中和，以生态环境高水平保护促进经济高质量发展。在指导思想方面，要坚定不移贯彻创新、协调、绿色、开放、共享的新发展理念。

二是在目标上，《纲要》提出"十四五"实现生态文明建设新进步的目标，要求国土空间开发保护格局得到优化，生产生活方式绿色转型成效显著，能源资源配置更加合理、利用效率大幅提高，单位国内生产总值能源消耗和二氧化碳排放分别降低 13.5%和 18%，主要污染物排放总量持续减少，森林覆盖率提高到 24.1%，生态环境持续改善，生态安全屏障更加牢固，城乡人居环境明显改善。特别是《纲要》中主要指标内容，将绿色生态作为五大领域之一，且五项指标全部设定为约束性指标。同时在规划任务部分，提出了基本消除重污染天气、基本消除城市黑臭水体和劣Ⅴ类国控断面等。规划要在锚定美丽中国建设目标的前提下，倒排工期，分三个五年谋划好"十四五"期间的主要目标，同时将《纲要》提出的约束性目标、任务性目标等要求逐一落实好。

三是在任务上，《纲要》专门用一个篇章阐释推动绿色发展，促进人与自然和谐共生，强调深入打好污染防治攻坚战；提出要提升生态系统质量和稳定性，持续改善环境质量，加快发展方式绿色转型。在其他篇章任务中，如在促进区域协调发展、实行高水平对外开放、增进民生福祉等篇章中，也对生态环境保护提出了明确要求，做出重要部署。规划要突出坚持尊重自然、顺应自然、保护自然，完善生态保护监管体系，提升生态保护监管能力，切实加强生态保护红线、自然保护地和生物多样性等重点领域监管，不断提升生态系统质量和稳定性，坚决守住自然生态安全边界等内容，要明确深入打好污染防治攻坚战，建立健全环境治理体系，推进精准、科学、依法、系统治污，协同推进减污降碳，不断改善空气、水环境质量，有效管控土壤污染风险。要加快发展方式绿色转型，坚持生态优先、绿色发展，推进资源总量管理、科学配置、全面节约、循环利用，协同推进经济高质量发展和生态环境高水平保护。

四是在工程上，《纲要》用两个专栏部署了 14 项重点工程，主要涵盖了重要生态系统保护和修复、大气污染物减排、水污染防治和水生态修复、土壤污染防治与安全利用、城镇污水垃圾处理设施、医废危废处置和固体废物综合利用、资源节约利用等领域。规划要将 14 项重点工程以专栏的形式逐一落实体现，进一步明确工程实施重点区域、重点领域和重点行业。

3.1.4　落实好生态文明建设和生态环境保护要求

国家生态环境保护"十四五"规划还需要落实党的十九届四中全会、2020 年中央经济工作会议、2020 年中央农村工作会议、中央全面深化改革委员会第十八次会议、中央财经委员会第九次会议等关于生态文明建设和生态环境保护的要求。

一是规划要积极谋划好碳达峰、碳中和目标任务。2020 年中央经济工作会议提出，把做好碳达峰、碳中和工作作为八大任务之一。提出我国二氧化碳排放力争 2030 年前达到峰值，力争 2060 年前实现碳中和。要抓紧制定 2030 年前碳排放达峰行动方案，支持有条件的地方率先达峰。要加快调整优化产业结构、能源结构，推动煤炭消费尽早达峰。大力发展新能源，加快建设全国用能权、碳排放权交易市场，完善能源消费"双控"制度。要继续打好污染防治攻坚战，实现减污降碳协同增效。要开展大规模国土绿化行动，提升生态系统碳汇能力。2021 年 3 月，习近平总书记在主持召开中央财经委员会第九次会议时强调，要把碳达峰、碳中和纳入生态文明建设整体布局，拿出抓铁有痕的劲头，如期实现 2030 年前碳达峰、2060 年前碳中和的目标。"十四五"是碳达峰的关键期、窗口期，要重点做好以下几项工作：①要构建清洁低碳安全高效的能源体系，控制化石能源总量，着力提高利用效能，实施可再生能源替代行动，深化电力体制改革，构建以新能源为主体的新型电力系统。②要实施重点行业领域减污降碳行动，工业领域要推进绿色制造，建筑领域要提升节能标准，交通领域要加快形成绿色低碳运输方式。③要推动绿色低碳技术实现重大突破，抓紧部署低碳前沿技术研究，加快推广应用减污降碳技术，建立完善绿色低碳技术评估、交易体系和科技创新服务平台。④要完善绿色低碳政策和市场体系，完善能源消费"双控"制度，完善有利于绿色低碳发展的财税、价格、金融、土地、政府采购等政策，加快推进碳排放权交易，积极发展绿色金融。⑤要倡导绿色低碳生活，反对奢侈浪费，鼓励绿色出行，营造绿色低碳生活新时尚。⑥要提升生态碳汇能力，强化国土空间规划和用途管控，有效发挥森林、草原、湿地、海洋、土壤、冻土的固碳作用，提升生态系统碳汇增量。⑦要加强应对气候变化国际合作，推进国际规则标准制定，建设绿色丝绸之路。

二是规划要加强生态环境治理体系和治理能力建设。2019 年 10 月，党的第十九届中央委员会第四次全体会议着重研究了坚持和完善中国特色社会主义制度、推进国家治理体系和治理能力现代化的若干重大问题，指出生态文明建设是关系中华民族永续发展的千年大计。必须践行"绿水青山就是金山银山"的理念，坚持节约资源和保护环境的基本国策，坚持节约优先、保护优先、自然恢复为主的方针，坚定走生产发展、生活富裕、生态良好的文明发展道路，建设美丽中国。①实行最严格的生态环境保护制度。坚持人与自然和谐共生，坚守尊重自然、顺应自然、保护自然，健全源头预防、过程控制、损害赔偿、责任追究的生态环境保护体系。加快建立健全国土空间规划和用途统筹协调管控制度，统筹划定落实生态保护红线、永久基本农田、城镇开发边界等空间管控边界以及各类海域保护线，完善主体功能区制度。完善绿色生产和消费的法律制度和政策导向，发展绿色金融，推进市场导向的绿色技术创新，更加自觉地推动绿色循环低碳发展。构建以排污许可制为核心的固定污染源监管制度体系，完善污染防治区域联动机制和陆海统筹的生态环境治理体系。加强农业农村环境污染防治。完善生态环境保护法律体系和执法司法制度。②全面建立资源高效利用制度。推进自然资源统一确权登记法治化、规范化、标准化、信息化，健全自然资源产权制度，落实资源有偿使用制度，实行资源总量管理和全面节约制度。健全资源节约集约循环利用政策体系。普遍实行垃圾分类和资源化利用制度。推进能源革命，构建清洁低碳、安全高效的能源体系。健全海洋资源开发保护制度。加快建立自然资源统一调查、评价、监测制度，健全自然资源监管体制。③健全生态保护和修复制度。统筹山水林田湖草一体化保护和修复，加强森林、草原、河流、湖泊、湿地、海洋等自然生态保护。加强对重要生态系统的保护和永续利用，构建以国家公园为主体的自然保护地体系，健全国家公园保护制度。加强长江、黄河等大江大河生态保护和系统治理。开展大规模国土绿化行动，加快水土流失和荒漠化、石漠化综合治理，保护生物多样性，筑牢生态安全屏障。除国家重大项目外，全面禁止围填海。④严明生态环境保护责任制度。建立生态文明建设目标评价考核制度，强化环境保护、自然资源管控、节能减排等约束性指标管理，严格落实企业主体责任和政府监管责任。开展领导干部自然资源资产离任审计。推进生态环境保护综合行政执法，落实中央生态环境保护督察制度。健全生态环境监测和评价制度，完善生态环境公益诉讼制度，落实生态补偿和生态环境损害赔偿制度，实行生态环境损害责任终身追究制。2021 年 2月，习近平总书记在主持中央全面深化改革委员会第十八次会议时强调，要围绕推动全面绿色转型深化改革，深入推进生态文明体制改革，健全自然资源资产产权制度和法律法规，完善资源价格形成机制。建立生态产品价值实现机制，关键是要构建绿水青山转化为金山银山的政策制度体系，坚持保护优先、合理利用，彻底摒弃以牺牲生态环境换取一时一地经济增长的做法，建立生态环境保护者受益、使用者付费、破坏者赔偿的利益导向机制，探索政府主导、企业和社会各界参与、市场化运作、可持续的生态产品价值实现路径，推进生态产业化和产业生态化。

三是规划要明确农村生态环境保护要求。2020 年 12 月，习近平总书记在中央农村工作会议上对农村生态文明建设和生态环境保护提出两个方面的要求：①要加强农村生态文明建设，保持战略定力，以钉钉子精神推进农业面源污染防治，加强土壤污染、地下水超采、水土流失等治理和修复。②要接续推进农村人居环境整治提升行动，重点抓好改厕和污水、垃圾处理。

3.2 规划的总体考虑

3.2.1 总体考虑

"十四五"时期处在中华民族伟大复兴战略全局和世界百年未有之大变局的历史交汇时期，是我国全面建成小康社会、实现第一个百年奋斗目标之后，乘势而上，开启全面建设社会主义现代化国家新征程、向第二个百年奋斗目标进军的第一个五年。党的十九届五中全会对"十四五"国民经济和社会发展规划做出重大战略部署，核心要义集中体现在"三个新"，即把握新发展阶段、贯彻新发展理念、构建新发展格局。习近平总书记明确指出，进入新发展阶段明确了我国发展的历史方位，贯彻新发展理念明确了我国现代化建设的指导原则，构建新发展格局明确了我国现代化建设的路径选择。因此，"十四五"时期生态环境保护工作要充分体现"三个新"的要求。

一是进入新发展阶段，生态环境保护工作面临新的形势。生态环境保护进入了新发展阶段，体现在五个方面：①生态环境保护基础"新"。"十三五"时期，我国生态文明建设和生态环境保护从认识到实践发生了历史性、转折性、全局性变化，污染防治攻坚战取得决定性成就，生态环境质量明显改善，人民群众的生态环境获得感显著增强。②生态环境保护发展任务"新"。党的十九届五中全会着眼于"两个一百年"奋斗目标的有机衔接、接续推进，把握全面建设社会主义现代化国家的目标要求，确定了 2035 年广泛形成绿色生产生活方式、碳排放稳中有降、生态环境根本好转、美丽中国建设目标基本实现等九大远景目标，并且提出了"十四五"时期生态文明建设实现新进步等"六个新"的主要目标和重点任务。③生态环境保护发展主题"新"。进入新发展阶段，经济社会发展的重心逐步从重视经济规模的"高增速"转到提高效率和高质量发展上。高质量发展是能够满足人民日益增长的美好生活需要的发展，要求绿色成为普遍形态，要求不断提高土地效率、资源效率、环境效率。生态环境保护要支撑促进经济高质量发展，这是新的发展主题。④生态环境保护面临的发展环境"新"。受全球经济放缓和治理体系调整的影响，一些发达国家推动全球环境治理动力明显不足。国际社会期待我国在国际环境治理尤其是应对全球气候变化中发挥领导者作用。部分国家和地区不顾我国仍是发展中国家的现实，企图强迫我国在气候变化、生物多样性保护等领域承担超出我国责任、发展阶段和能力的更大义务。⑤生态环境保护面临的难度"新"。发达国家是在基本结束了工业化、城镇化之后，才开始实施碳达峰、碳中和行动，是在传统的环境污染治理结束之后，才转向应对气候变化、生物多样性保护、生态系统功能提升。而我国城镇化、工业化还在继续，传统的环境污染治理还在进行中，还要兼顾应对气候变化、生物多样性保护、新污染物治理等问题。

二是贯彻新发展理念，对做好生态环境保护工作提出了新的要求。当前，我国仍处于并将长期处于社会主义初级阶段的基本国情没有变，我国是世界上最大发展中国家的国际地位没有变。这两个"没有变"，决定了发展是解决我国一切问题的基础和关键。发展必须是科学发展，必须坚定不移地贯彻创新、协调、绿色、开放、共享的发展理念，把新发展理念贯穿于我国发展全过程。贯彻新发展理念是我国现代化建设的指导原则。在新发展阶段所推进的现代化，必须注重同步推进物质文明建设和生态文明建设，走生态优先、绿色发展之路。对生态环境保护工作来说，贯彻新发展理念，就是要加快经济社会发展全面绿色转型。碳达峰、碳中和目标愿景的提出，为生产生活体系全面向绿色低碳转型提供了新的契机。"十四五"时期，要把碳达峰、碳中和纳入生态文明建设整体布局，坚定不移地贯彻新发展理念，坚持系统观念，处理好发展和减排、整体和局部、短期和中长期的关系，以经济社会发展全面绿色转型为引领，以能源绿色低碳发展为关键，加快形成节约资源和保护环境的产业结构、生产方式、生活方式、空间格局，坚定不移地走生态优先、绿色低碳的高质量发展道路。

三是构建新发展格局，需要更好地发挥生态环境保护的支撑保障作用。党的十九届五中全会提出"加快构建以国内大循环为主体、国内国际双循环相互促进的新发展格局"。对生态环境保护而言，必须从全局高度、长远眼光思考谋划，坚持为构建新发展格局发挥好支撑保障作用，既服务于经济循环畅通、市场主体高效运行的大格局，又着力推进生态环境治理体系和治理能力现代化。要重点做好三个方面的工作：①加快推动经济社会发展全面绿色低碳转型。牢牢把握"实现减污降碳协同增效"这个总抓手，把降碳摆在更加突出的位置，更加注重综合治理、系统治理、源头治理。严格控制高耗能、高排放项目建设，遏制高碳高排放的旧动能；培育绿色低碳技术和产业，激发绿色低碳的新动能，在国际绿色低碳竞争中赢得优势，不断增加我国绿色发展韧性、持续性、竞争力。②深入推进"放管服"改革。履行生态环境保护职责，既要坚持生态优先，又要支持好绿色发展，服务好经济循环畅通、市场主体高效运行。要做好对增强产业链、供应链自主可控能力、扩大内需、强化国家战略科技力量等相关规划、项目的支持服务。要持续推进简政放权，创新生态环境公共服务方式，推进"互联网+政务服务""互联网+监管"。坚持优化服务与严格监管并重，引导激励与惩戒并举，聚焦企业关切，积极服务"六稳""六保"，切实推动监管、帮扶两手抓，营造公平健康市场秩序。③加快推进生态环境治理体系和治理能力现代化。要着力建立完善与新发展格局相适应的生态环境保护制度体系，在生态文明体制改革顶层设计总体完成的基础上，充分有效发挥改革措施的系统性、整体性和协同性，有效激发相关责任主体内生动力。重点在监管能力、投入机制、全民行动等方面形成突破，从执法、监测、信息、科研、人才队伍等各方面提升监管能力，建立健全稳定的财政资金投入机制和"谁污染、谁付费"的市场化投入机制，并推动形成简约适度、绿色低碳、文明健康的生活方式和消费模式。

3.2.2 规划思路

规划思路就是要深入贯彻落实党的十九届五中全会精神和《纲要》，认真学习贯彻习近平生态文明思想，坚定不移地贯彻新发展理念，坚持稳中求进的工作总基调，紧扣推动高质量发展主题、构建新发展格局、对标 2035 年远景目标，坚持以生态优先、绿色发展为方向，坚持以绿色低碳为传统产业生态化改造路径，坚持以改善生态环境质量为核心，方向不变、力度不减，拓宽广度、延伸深度，深入打好污染防治攻坚战。突出精准治污、科学治污、依法治污，统筹推进常态化疫情防控、经济社会发展和生态环境保护，大力推动形成绿色生产和生活方式，持续推进生态环境治理体系和治理能力现代化，不断满足人民日益增长的优美生态环境需要，努力推动生态文明建设实现新进步，为全面开启建设社会主义现代化国家新征程奠定坚实的生态环境基础。

　　一是坚持绿色发展引领，以生态环境高水平保护促进经济高质量发展。目前，我国绿色生产生活方式尚未根本形成，我国经济总量约占世界的 17%，但粗钢、水泥产量和煤炭消费量分别占世界总量的 56.7%、57.3% 和 51.7%。在新时期，要坚持"绿水青山就是金山银山"理念，加快推动绿色低碳发展，让生态环境保护成为产业发展的过滤器、优化营商环境的净化器、实现经济高质量发展的助推器。重点是牢固树立"绿水青山就是金山银山"理念，坚持走生态优先、绿色发展之路，充分发挥生态环境保护对经济发展的优化调整作用，加快推动绿色低碳发展，以生态环境高水平保护推动疫情后经济"绿色复苏"和高质量发展。加快构建生态文明体系，促进经济社会发展全面绿色转型。要抓紧研究确定生态修复标准和生态补偿标准，加快建立健全生态产品价值实现机制，让保护修复生态环境者获得合理回报，让破坏生态环境者付出相应代价。不断壮大生态经济，培育高质量发展绿色增长点。要服务构建新发展格局，实施区域绿色协调发展战略，落实长江十年禁渔令，推进长江上中下游、江河湖库、左右岸、干支流协同治理，改善长江生态环境和水域生态功能，推进长江经济带高质量发展，使长江经济带成为我国生态优先绿色发展的主战场、畅通国内国际双循环的主动脉、引领经济高质量发展的主力军。

　　二是坚持以改善生态环境质量为核心，推动生态环境源头治理、系统治理、综合治理。习近平总书记在中央财经委员会第一次会议上强调，源头防治是治本的措施，要调整"四个结构"，重点做好"四减四增"。①要调整产业结构，减少过剩和落后产业，增加新的增长动能。②要调整能源结构，减少煤炭消费，增加清洁能源使用。③要调整运输结构，减少公路运输量，增加铁路运输量。④要调整农业投入结构，减少化肥农药施用量，增加有机肥施用量。要坚持统筹兼顾、系统谋划，体现差别化，体现奖优罚劣，避免影响群众生活。在分析污染成因和机理方面，找准问题根源，对症下药，从源头上系统开展生态环境修复和保护，改善环境质量从注重末端治理向更加注重源头预防和治理有效转移，使主要污染物排放总量持续减少，环境形势根本好转。在应对气候变化、推动经济社会绿色转型发展方面，要突出以降碳为源头治理的"牛鼻子"，编制"十四五"应对气候变化专项规划，以 2030 年前二氧化碳排放达峰倒逼能源结构绿色低碳转型和生态环境质量协同改善。要坚持山水林田湖草是生命共同体的理念，统筹生态保护修复与环境治理、城市治理与乡村建设、流域污染防治与海洋环境保护、生态环境保护与应对气候变化，贯通污染防治和生态保护，做到预防和治理结合，减污和增容并重，做到系统治理、整体治理。例如，大气环境质量改善，需要一手抓减排，一手抓防风固沙、城市蓝绿空间建设，减污增容。水环境治理，需要水资源、水环境、水生态"三水"统筹。海洋生态环境保护，需要统筹推进流域陆源污染控制、近岸海域环境综合整治、海岸带生态保护修复、海洋环境风险防范，四者不能割裂。应对气候变化方面，既要加强温室气体排放控制，也要增强森林、草原、湿地等碳汇功能，提高各方面的适应能力。在生态环境系统保护修复方面，要进一步强化生态保护监管体系，实施重要生态系统保护和修复重大工程，从生态系统整体性和流域系统性出发，追根溯源、系统整治，加强协同联动，强化山水林田湖草等各种生态要素的协同保护与治理，增强各项举措的关联性和耦合性，提高综合治理的系统性和整体性，坚决守住自然生态安全边界。

三是坚持突出精准治污、科学治污、依法治污，深入打好污染防治攻坚战。要顺应污染防治攻坚战由"坚决打好"向"深入打好"的重大转变，保持攻坚力度，延伸攻坚深度，拓展攻坚广度，抓紧研究"深入打好污染防治攻坚战"的顶层设计。坚持以人民为中心，以老百姓对环境改善的幸福感和获得感为目标，更加突出精准、科学、依法"三个治污"，更加注重因时因地因事采取适宜的策略和方法，不断提升生态环境管理精细化、科学化、法治化水平，解决群众身边突出的生态环境问题，持续改善生态环境质量。①实施精准治污，要认真分析影响环境质量改善的主要矛盾和矛盾的主要方面，做到问题精准、时间精准、区位精准、对象精准和措施精准，实行"一企一策""一园一策""一河一策""一市一策"，制定个性化治理方案，精准提升治污效果。②突出科学治污，要强化对环境问题成因机理及时空和内在演变规律的研究，提高把握问题的精准性和治理措施的针对性、有效性，明确不同阶段污染治理的重点任务。要发挥人才和现代科学技术手段的作用，不断提高生态环境治理效能。③实施依法治污，要坚持依法行政、依法治理环境污染和保护生态环境，认真落实好各项法律制度，规范执法行为，落实相关方责任，保障相关方环境权益。要以 $PM_{2.5}$ 和 O_3 协同控制为核心，积极探索重点污染物协同治理，进一步提升空气环境质量。要进一步统筹水资源、水生态、水环境"三水"治理，"增好水"（Ⅰ～Ⅲ类水体和饮用水水源地保护）、"治差水"（黑臭水体治理），大力推进"美丽河湖""美丽海湾"建设。以土壤安全利用、危险废物强化监管与利用处置为重点，强化源头管控，进一步巩固和严控土壤污染风险，确保吃得放心、住得安心。进一步守牢环境安全底线，切实防范化解生态环境领域突发事件。

四是坚持深化改革创新，完善生态环境监管制度体系。当前，我国生态环境保护管理工作以行政手段为主，相关责任主体内生动力尚未有效激发，造成环境外部成本不具有经济性，生态补偿、绿色金融等环境经济政策不健全。生态环境治理投入不足、渠道单一，环境基础设施仍是短板。环境信息化建设仍滞后于环境管理工作需要，环境科技支撑与环境管理需求还有较大差距。一些企业和相关部门法治意识不够强，依法治理环境污染、依法保护生态环境的自觉性不够。"十四五"期间，要聚焦 2035 年基本实现和2050 年全面实现生态环境治理体系和治理能力现代化的总体目标，加快形成与治理任务、治理需求相适应的治理能力和治理水平。要完善生态文明领域统筹协调机制，强化激励约束政策供给，形成导向清晰、决策科学、执行有力、激励有效、多元参与、良性互动的"大环保"格局，实现从"要我环保"到"我要环保"的历史性转变。要建立地上地下、陆海统筹的生态环境治理制度，不断优化生态环境监管体制机制，夯实科技支撑体系，加大财税支持力度，提升生态环境执法、监测、信息、科研、人才队伍等各方面能力。此外，在社会主义市场经济条件下，应该革新和完善政策手段，更多地运用市场激励手段来促进环境治理与生态保护修复，充分发挥市场体系优化配置生态环境资源的基础作用，切实把市场主体的环境行为交由市场来调节，构建调控经济全链条的生态环境经济政策体系。

五是坚持稳中求进总基调，推动重点领域工作取得新突破。习近平总书记强调，稳中求进工作总基调是治国理政的重要原则。稳和进是有机统一、相互促进的。稳是进的前提，进是稳的保障。坚持稳中求进，必须坚持稳字当头，保持生态环境保护工作的连续性和稳定性。坚持稳中求进，必须在稳的前提下在关键领域有所进取，在把握好度的前提下奋发有为。当前，我国城市空气质量总体上仍未摆脱"气象影响型"局面，让城市黑臭水体变得长治久清，还需加倍努力，农业农村污水治理亟待加强，噪声、油烟污染等问题不断增多，与人民群众的期待还有不小差距。面对当前形势，要坚持稳就是快，稳就是进，稳扎稳打，防止生态环境保护"开倒车""走回头路"。要把更多的精力放在内涵式发展上、放在提质增效上、放在完善机制上。在巩固已有工作成果基础上，"十四五"要在全面实施 $PM_{2.5}$ 与 O_3 协同控制，统筹水资源利用、水生态保护和水环境治理，全面完善以排污许可制为核心的固定污染源监管制度，进一步推广应用"三线一单"制度成果，加快谋划实施碳排放达峰行动和加快碳市场建设等重点领域取得新突破，带动生态环境保护整体推进。

3.3 框架结构的考虑

自"十三五"规划开始，规划框架结构采用篇章模式，从规划实践来看，效果良好，"十四五"规划可以继续采用篇章模式。在总体安排上，可以分为三大部分，第一部分为总体形势、指导思想、基本原则及主要目标；第二部分为规划主要任务；第三部分为规划实施保障措施。第一部分和第三部分已经形成了较为固定的结构安排，变化不大。富于变化的是规划主要任务部分，是随着形势要求、规划思路的变化而变化的部分，也是体现规划鲜明特色的部分。根据"十四五"规划总体要求和总体考虑，"十四五"规划主要任务部分要重点关注以下几个方面，并在框架结构安排上予以体现。

3.3.1　强调绿色低碳循环发展

生态环境问题，本质上是发展方式、经济结构和消费模式的问题。解决环境污染问题的根本之策，是加快形成绿色发展方式。绿色发展是新发展理念的重要组成部分，是发展观的一场深刻的革命，目的是改变传统的"大量生产、大量消耗、大量排放"的生产模式和消费模式，是资源、环境、生产、消费等要素相匹配、相适应，实现经济社会发展和生态环境保护的协调统一，人与自然和谐共生。

一是要以系统完备为目标，健全绿色发展机制。推动绿色低碳发展具有一定的外部性，要进一步健全完善环保参与宏观经济治理的方式、手段和途径，积极开展政策创新，有效发挥财税、价格、金融等政策工具的作用，理顺激励机制，增强政策稳定性和透明度，形成可预期的长效驱动机制。要健全源头保护制度，落实"三线一单"生态环境分区管控引导机制，从源头上对生态环境进行保护，预防环境污染。要打通绿水青山转化为金山银山的实现路径，建立生态产品价值实现机制，提高各地绿色发展和生态保护的积极性、主动性和创造性，培育绿色发展新动能。

二是要推动绿色低碳发展全覆盖，缓解生态环境结构性矛盾。"十四五"期间，绿色发展要把推进生产方式绿色化作为关键，逐步改变以重化工为主的产业结构、以煤为主的能源结构、以公路货运为主的运输结构。要深入推进供给侧结构性改革，淘汰落后供给，优化供给结构，实现经济由粗放式发展向资源节约型和环境友好型转变，提升经济发展的质量、效益和绿色化水平。要将传统产业的绿色转型作为生产方式绿色化的主要领域，提高传统产业的资源利用效率，减少污染物排放，实现产业发展与资源环境相协调。要大力培育绿色发展新动能，将绿色产业培育为新的国民经济支柱产业，将绿色产业与现代制造、信息化、智能化等融合，催生新的绿色增长动能。要建立健全绿色低碳交通体系，增加高效交通占比，提高运输效率，推进交通设施绿色化，加速交通工具绿色更新迭代。

三是要针对重点行业和技术领域需求，加强绿色科技创新。科技自立自强是国家发展的战略支撑，是全面塑造绿色发展新优势的重要方面。要充分发挥各类主体作用，强化科技创新和产业应用对绿色循环低碳发展的支撑引领作用。发挥政府在绿色技术创新方面的引导服务作用，在重点领域组织开展产业前沿及共性关键技术研发。突出企业在绿色技术创新方面的主体作用，增强企业绿色技术创新能力和动力。激发高校和科研院所绿色技术创新活力，加快绿色技术人才培养，积极推动绿色技术创新成果转移、转化和商业化应用。

3.3.2　积极应对气候变化

我国碳达峰、碳中和"3060"目标的提出，将带动全球碳减排提前达峰，充分展现了中国在应对全球气候变化的大国担当。中央财经委员会第九次会议提出要把碳达峰、碳中和纳入生态文明建设整体布局，提出要坚定不移走生态优先、绿色低碳的高质量发展道路。规划要顺应新形势、新要求，单设一章，集中谋划应对气候变化内容。

一是要聚焦"减污降碳"总要求，实现减污降碳协同效应。"十四五"期间，既要减污，又要降碳，两手抓，两手都要硬。要在巩固"十三五"阶段性目标成果基础上，更加注重协同推进污染减排和降低碳排，进一步强化降碳的刚性举措，对减污降碳协同增效一体谋划、一体部署、一体推进、一体考核，从严从紧从实控制高耗能、高排放项目上马，深入打好污染防治攻坚战。

二是加快能源结构转型，建立清洁低碳能源体系。优化能源供给结构，加快推进非化石能源替代化石能源，在一次能源结构中提高非化石能源，特别是可再生能源比例。通过碳达峰、碳中和工作推动能源革命，控制煤炭消费总量，力争实现煤炭、石油、天然气等化石能源消费量梯次达峰。实施终端用能清洁化替代，解决基于碳中和的能源生产和消费革命中的"卡脖子"技术。

三是提能效降能耗，控制重点领域温室气体排放。实施重点行业领域减污降碳行动。升级钢铁、建材、化工领域工业技术，控制工业过程中温室气体排放。大力发展绿色交通，加快形成绿色低碳交通运输方式。构建绿色低碳建筑体系，控制建筑领域CO_2排放。控制非CO_2温室气体排放，建立全国性的绿色低碳技术评估、交易体系和服务平台。

四是主动适应气候变化，加强应对气候变化管理。重点是推动适应气候变化与可持续发展、生态环境保护、消除贫困、基础设施建设等有机结合，构建适应气候变化工作新格局。加强气候变化影响观测、风险评估与应对，提升城乡适应气候变化能力。推动应对气候变化管理融入生态环境法规标准政策体系，推动应对气候变化与生态环境相关管理制度融合，实施温室气体排放与污染物的协同控制。在减排目标、任务举措、管理制度、监测监管与执法体系、政策创新等方面，统筹推进应对气候变化和大气环境持续改善。

3.3.3　明确持续改善环境质量

"十三五"规划以提高环境质量为核心，将提高环境质量作为统筹推进各项工作的核心评价标准，将治理目标和任务落实到区域、流域、城市和控制单元，实施环境质量改善的清单式管理，生态环境明显改善。围绕突出的生态环境问题，"十四五"期间还需要深入开展污染防治行动，推进精准治污、科学治污、依法治污、系统治污，不断改善大气、水、海洋环境质量。规划围绕大气环境、水生态环境、海洋生态环境等方面，各单设一篇，明确持续改善环境质量任务。

一是改善大气环境。要进一步提升空气质量，积极探索重点污染物协同治理。以 $PM_{2.5}$ 和 O_3 协同控制为核心，制定实施全国空气质量提升行动计划，研究出台进一步优化调整产业、能源和交通运输结构的政策举措，谋划实施一批削减挥发性有机物和氮氧化物重大减排工程。持续改善全国环境空气质量，基本消除重污染天气，有效遏制 O_3 浓度增长趋势，实现 2～3 个重点区域 200 个城市空气质量达标、冬奥会空气质量达标。

二是持续改善流域海域环境质量。区域流域海域紧密相连，问题高度相关，是整体治理、系统治理的关键。将"三水"统筹、陆海统筹，持续改善流域和海域生态环境质量。水方面，要加强水资源、水生态、水环境系统治理，推进地表水与地下水协同防治，优化地表水生态环境质量目标管理。加强长江、黄河等大江大河以及重要湖泊湿地生态保护治理，健全流域污染联防联控机制。持续深化入河入海排污口、工业污染、城镇污水管网、农业污染、船舶废水排放等领域水污染治理。积极保障河湖生态流量，推进区域再生水循环利用，加强水生态保护修复，建设美丽河湖，基本消除劣 V 类国控断面和城市黑臭水体。在海洋方面，建立区域、流域、海域协同一体的综合治理体系，加强海区、湾区生态环境保护与管理。加强陆源入海污染控制、海域污染防治、海洋环境风险防控，强化陆海污染协同治理。加强重点河口海湾生态保护修复、海洋生物多样性抢救性保护和海洋生态保护监管。推进"美丽海湾"保护与建设，实施长江口、珠江口等重点海湾综合治理攻坚，提升公众亲海环境品质，强化"美丽海湾"示范引领。

3.3.4　凸显生态保护修复及监管

生态环境是统一的整体，要强调减污与增容并重，一方面抓污染减排、环境治理、源头防控，持续减少污染物的排放；另一方面要大力推动生态保护与修复，推动山水林田湖草沙系统治理，加大对生态保护的监管力度，努力扩大生态空间和生态容量。此外，生物多样性是人类赖以生存的基本条件，是衡量生态环境质量和生态文明程度的重要标志，保护生物多样性对于维护生态安全和生物安全具有重要意义。规划框架结构时要凸显生态保护修复及监管内容。

一是加强生态保护修复，提升生态系统质量和稳定性。生态系统质量和稳定性综合反映了生态系统结构、过程、功能完整性和健康状态，以及生态系统抵抗干扰、自我调节、动态平衡的能力。要准确把握山水林田湖草沙的完整性，提升生态系统质量和稳定性，守住自然生态安全边界，提升生态系统服务功能。要推行草原、森林、河流、湖泊休养生息政策，构建以国家公园为主体的自然保护地体系，加强大江大河和重要湖泊湿地生态保护治理。聚焦水土脆弱、缺林少绿等突出问题，科学推进荒漠化、石漠化、水土流失综合治理和大规模国土绿化行动，突出重点，强化治理，抓紧补齐生态系统的短板。

二是加强生物多样性保护，实施生物多样性保护重大工程。生物多样性包括生态系统、物种和基因等多个层次，是生态保护、生态安全的重要指示因子。实施生物多样性保护是关键，也是当今生态环保国际合作的重要领域。党的十九届五中全会《建议》中明确提出，要"实施生物多样性保护重大工程"。"十四五"期间，要做好生物多样性的调查观测评估，在全国范围内，尤其是在生物多样性保护优先区域，实施一批重点保护工程，这是生物多样性保护的关键和根本。此外，要加强生物多样性保护的试点示范，调动地方开展生物多样性保护的积极性、主动性和创造性，这是开展生物多样性保护的有效方式。

三是加强生态保护监管，落实生态环境监管体制改革。构建完善的生态保护监管体系是实现"十四五"生态环境保护目标的重要保障。机构改革之后，加强生态保护修复监管是赋予生态环境部门的神圣使命。要以满足人民日益增长的优质生态产品需求和优美生态环境需要为目标，坚持山水林田湖草沙统一监管，不断完善政策法规标准、监测评估预警、监督执法和督察问责等生态保护监管工作的重要"环节"和监管"链条"，推动构建"53111"生态保护监管体系。"53111"生态保护监管体系中，"5"是指持续开展全国、重点区域、生态保护红线、自然保护地、重点生态功能区县域五个方面的生态状况监测评估；"3"是指实施好中央生态环境保护督察制度、生态监督执法制度和各重点领域生态监管制度3项制度；3个"1"分别是组织好"绿盾"自然保护地强化监督，建设好生态保护红线监管平台，开展好国家生态文明建设示范区、"绿水青山就是金山银山"实践创新基地和国家环境保护模范城市示范创建工作。

3.3.5　突出防控生态环境风险

党的十九届五中全会《建议》中提出，要"坚持人民至上、生命至上，把保护人民生命安全摆在首位"。当前在制药、化工、造纸等高风险行业企业集聚的沿江、沿河、沿海区域，水环境受体敏感性高，突发水环境事件风险突出。化工园区和重点化工企业环境风险预警体系建设不完善，重点流域、重要水源地环境风险预警与防控体系尚不健全。因此，规划框架结构中要加强土壤、固体废物、重金属、化学品、核与辐射等方面内容，强化底线思维，把环境风险与安全利用放在更加突出位置。

一是在土壤方面。充分考虑其自身特殊属性和特征，考虑土地利用类型、污染程度、污染物类别、技术经济条件等因素，实施预防为主、保护优先、风险管控的综合策略。要从空间布局管控、污染源头控制和污染隐患排查整治等方面加强土壤和地下水污染源系统防控。推进农用地分类管理和安全利用、有序实施建设用地风险管控和治理修复，实施水土环境风险协同防控。推动地下水污染分区管理，管控地下水生态环境风险。加强种植业面源污染防治、白色污染治理和养殖业污染治理，持续改善农村人居环境。

二是在环境风险方面。长期以来，我国环境风险防控总体上仍以事件驱动模式为主，缺乏预判性、预防性和浸没式的风险防控体系。促进生态环境管理模式由以环境质量为核心目标向以风险防范为目标的过渡和转变。"十四五"期间，要重点完善环境风险常态化管理体系，强化危险废物、重金属和尾矿环境风险管控，加强新污染治理，健全环境应急体系，强化生态环境与健康管理。

三是在核安全与放射性污染防治方面。坚持从事核事业必须确保安全的方针，确保核设施、放射源安全可控，运行核电机组安全性能保持国际先进水平，确保在建核电机组建造质量、新建核电机组达到国际最新核安全标准，确保核与辐射安全。

3.3.6　落实国家重大区域战略生态环境保护

我国幅员辽阔，人口众多，各地自然条件和发展基础差异较大，统筹区域发展是需要始终高度关注的重大问题。党的十八以来，国家通过部署实施区域协调发展战略，推进实施京津冀协同发展，长江经济带共抓大保护、不搞大开发，粤港澳大湾区建设，长三角一体化发展，黄河流域生态保护和高质量发展等一批国家重大区域战略，其目的是以区域重大战略为引领，聚焦实现战略目标和提升引领带动能力，推动区域重大战略取得新的突破性进展，促进区域间的融合互动、融通补充，使经济布局持续优化、区域发展协调性不断增强。规划框架中要明确国家重大区域战略生态环境保护等内容。

"十四五"时期，生态环境保护工作要积极贯彻落实国家重大区域战略要求，将其摆在更加突出的位置。京津冀协同发展要完善生态环境协同保护体制机制，支持张家口首都水源涵养功能区和生态环境支撑区建设，打造雄安新区绿色高质量发展的样板之城。长江经济带发展要坚持共抓大保护、不搞大开发，以协同推进生态保护促进经济高质量发展为重点，深入推进长江流域生态环境系统治理和保护修复，加快建设生态优先绿色发展先行示范区。粤港澳大湾区要深化三地生态环保合作机制，推动绿色金融改革创新，共建国际一流美丽湾区。长三角一体化发展要推动生态环境共保联治，高水平建设长三角生态绿色一体化发展示范区，打造高质量发展的引擎和典范。黄河流域生态保护和高质量发展要坚持重在保护、要在治理，统筹推进山水林田湖草沙综合治理、系统治理、源头治理，让黄河成为造福人民的幸福河。要突出国家重大区域战略相关生态环境保护要求，创新区域绿色发展机制，推动生态环境保护工作再上新的台阶，由此带动全国生态环境持续改善。此外，要加强中心城市和城市群等经济发展优势区域的经济和人口承载能力建设，增强其他地区在保障粮食安全、生态安全、边疆安全等方面的功能，实现国家重大区域绿色可持续发展。

3.3.7 注重生态环境保护治理现代化建设

生态环境治理体系是国家治理体系和治理能力现代化的重要内容。环境问题表象在技术，深层原因在制度，生态环境治理体系既是新时代国家治理体系的重要组成部分，也支撑着新时代国家治理体系的走向。党的十九届四中全会做出了《关于坚持和完善中国特色社会主义制度推进国家治理体系和治理能力现代化若干重大问题的决定》，明确了生态文明建设和生态环境保护最需要坚持与落实的制度、最需要建立与完善的制度。"十四五"期间，要围绕生态环境持续改善，构建政府、市场、社会三大治理机制均衡发展的治理体系。以制度创新和科技创新为动力，提升生态环境保护治理能力。在规划框架上，考虑在现代环境治理体系、全民行动、国际合作等领域各设一章，落实相关任务要求。

一是要坚决落实党的十九届四中全会要求，构建现代环境治理体系。要以推进环境治理体系和治理能力现代化为目标，完善生态文明领域统筹协调机制，构建生态文明体系。按照《关于构建现代环境治理体系的指导意见》要求，建立健全环境治理的领导责任体系、企业责任体系、全民行动体系、监管体系、市场体系、信用体系、法律法规政策体系，落实各类主体责任，提高市场主体和公众参与的积极性，形成导向清晰、决策科学、执行有力、激励有效、多元参与、良性互动的环境治理体系，尤其是要建立地上地下、陆海统筹的生态环境治理制度，全面实行排污许可制，完善环境保护、节能减排约束性指标管理，完善中央生态环境保护督察制度等。

二是要增强全社会生态环保意识，推动形成绿色生活方式。良好的生态环境关系到每个地区、每个行业和每个家庭，每个人都是生态环境的保护者、建设者和受益者。要加强生态文明和生态环境保护宣传教育，大力弘扬生态文化。要健全环境决策公众参与机制，鼓励和引导环保社会组织和公众参与环境污染监督治理。此外，生活和消费是产生资源环境问题的重要环节，要倡导绿色低碳生活，反对奢侈浪费，鼓励绿色出行，营造绿色低碳生活新时尚。

　　三是积极参与全球环境治理，共建清洁美丽世界。习近平总书记指出，建设美丽家园是人类的共同梦想。面对生态环境挑战，人类是一荣俱荣、一损俱损的命运共同体，没有哪个国家能独善其身。"十四五"期间，要秉持人类命运共同体理念，坚决维护多边主义，建设性地参与全球环境治理，加快构筑崇尚自然、绿色发展的生态体系，为实现全球可持续发展提供中国智慧、中国方案和中国贡献，推动全球建设生态文明和谐美丽家园，共建万物和谐的美丽世界。

第 4 章 规划目标指标研究

党的十九大和十九届五中全会描绘了我国从现在到 2035 年乃至 21 世纪中叶的宏伟蓝图，谋划了到 21 世纪中叶的奋斗目标，为"十四五"时期生态环境领域工作确定了新的历史方位。目标指标研究设置时，既要考虑生态环境保护工作的发展历程，确保目标指标可达可行，又要站在全面建成小康社会的历史起点上，面向 2035 年美丽中国目标，分三个五年阶段谋划美丽中国建设进程，明确"十四五"时期生态环境总体目标任务。

4.1 美丽中国建设目标分析

美丽中国建设作为社会主义现代化建设的主要内容，是新时期构建新发展格局、推进高质量发展的重要体现，也是不断增强人民群众获得感、幸福感和安全感的重要领域，为生态文明建设和人与自然和谐共生的现代化描绘了美好蓝图。准确分析美丽中国建设要求，研究提出美丽中国建设目标，要倒排工期，为科学合理地确定"十四五"生态环境保护规划目标指标提供依据。

4.1.1 建设要求

2012 年党的十八大报告中，"美丽中国"首次作为执政理念被提出。报告将"美丽中国"作为未来生态文明建设的宏伟目标，提出"把生态文明建设放在突出地位，融入经济建设、政治建设、文化建设、社会建设各方面和全过程，努力建设美丽中国，实现中华民族永续发展"。2017 年，党的十九大将"美丽中国"写入社会主义现代化强国目标，提出到 2035 年，我国基本实现社会主义现代化，生态环境根本好转，美丽中国目标基本实现。2020 年，党的十九届五中全会擘画了 2035 年基本实现社会主义现代化的远景目标，提出到 2035 年，"广泛形成绿色生产生活方式，碳排放达峰后稳中有降，生态环境根本好转，美丽中国建设目标基本实现"。美丽中国建设要求主要包含以下四个领域：

一是广泛形成绿色生产生活方式。绿色发展是解决生态环境问题的根本之策。人类发展必须尊重自然、顺应自然、保护自然，向着资源节约、环境友好的方向发展，实现开发建设的强度规模与资源环境的承载力相适应，生产生活的空间布局与生态环境格局相协调，生产生活方式与自然生态系统良性循环相适应。2035 年，应广泛形成绿色生产生活方式，实现经济社会发展和生态环境保护协调统一。能源、水等资源利用效率大幅提高，达到国际先进水平，实现经济增长与资源能源消耗基本脱钩。简约适度、绿色低碳、文明健康的生活方式和消费模式逐步形成，绿色建筑设计、建造全面推进，城市绿色出行全面推广。

二是有效应对气候变化。加快推进绿色低碳转型发展、持续改善生态环境质量是高质量发展的应有之义，建设美丽中国也是协同推进高水平保护和高质量发展的重要路径。要着眼长远，系统谋划我国应对气候变化主要目标和重点任务，做好生态保护、环境治理、资源能源安全、应对气候变化的协同控制、协同保护、协同治理。立足新发展阶段、新发展理念、新发展格局，突出以降碳为源头治理的"牛鼻子"，促进经济社会发展实现全面绿色转型。围绕碳达峰目标、碳中和愿景，我国在应对全球气候变化中发挥更加重要的作用。"十四五"时期，加快推进煤炭消费达峰，部分地区和重点行业率先碳达峰，碳排放总量经历"慢（2030—2040 年）—快（2040—2050 年）—慢（2050—2060 年）"三个阶段下降过程后，力争 2060 年前达到碳中和。

三是实现生态环境根本好转。建设美丽中国，生态环境质量很关键。习近平总书记多次强调，我们要努力打造青山常在、绿水长流、空气常新的美丽中国；我们要建设天蓝地绿水清的美好家园；我们要还老百姓蓝天白云、繁星闪烁，水清岸绿、鱼翔浅底，吃得放心、住得安心，鸟语花香、田园风光。到 2035 年，实现生态环境根本好转：大气、水、土壤等环境状况根本改善，生态安全屏障体系牢固，生产空间集约高效、生活空间宜居适度、生态空间山清水秀的国土空间开发格局形成，森林、河湖、湿地、草原、海洋等自然生态系统质量和稳定性明显改善。实现全国所有地区、所有要素整体性地"美丽"提升，实现生态环境质量改善从量变到质变，步入环境与发展良性循环的通道，美丽的标志与气质鲜明，形成全国的"美丽共同体"。

四是建立健全生态环境治理体系。美丽中国的表象为生态环境优美，本质为发展方式的绿色、低碳与高质量，内在机制表现为生态环境治理体系与治理能力的现代化。美丽中国目标基本实现之时，支撑美丽中国建设的机制将更加健全高效，相应能力将进一步提升，实现生态环境与经济社会复合系统的可持续协同发展。2035 年，生态环境治理体系和治理能力现代化基本实现，主要表现为生态文明体系全面建立，生态环境保护管理制度健全，生态环境治理能力与治理要求相适应，治理效能全面提升。

4.1.2　目标考虑

2035 年美丽中国目标要充分体现美丽中国建设要求，生态环境改善幅度要立足于满足人民群众日益增长的优美生态环境需要，对标中等发达国家生态环境水平，综合确定我国实现与中等发达国家水平相适应的生态环境目标和治理进程，同时实现经济社会发展与环境保护相协调。综上考虑，2035 年基本建成美丽中国的总体目标为：节约资源和保护环境的空间格局、产业结构、生产方式、生活方式总体形成，绿色低碳发展水平和应对气候变化能力显著提高；空气质量根本改善，水环境质量全面提升，水生态恢复取得明显成效，土壤环境安全得到有效保障，环境风险得到全面管控，山水林田湖草生态系统服务功能总体恢复，蓝天白云、绿水青山成为常态，基本满足人民对优美生态环境的需要；生态环境保护管理制度健全高效，生态环境治理体系和治理能力现代化基本实现。对此，需要分析研判美丽中国建设进程，剖析各阶段美丽中国建设重点、难点和需要补齐的短板，合理设置分阶段目标指标和任务。

4.2　美丽中国建设进程分析

"十一五"期间，我国"生态环境恶化趋势得到基本遏制，重点地区和城市的环境质量有所改善"；"十二五"期间，"生态环境恶化趋势得到扭转"；"十三五"期间，实现"生态环境总体改善"。经过三个五年的努力，我国生态环境质量实现了从"恶化"到"改善"的转变。从"十四五"时期开始，力争再经过三个五年不懈奋斗，实现生态环境质量从"总体改善"到"根本好转"的转变，生态环境质量改善范围广、改善幅度大，稳步进入生态环境良性循环的轨道，满足人民日益增长的优美生态环境需要。对未来三个五年的阶段安排，要基于"前紧后松"原则。衔接联合国 2030 年可持续发展目标，统筹谋划生态环境根本好转路径安排，初步考虑如下：

到 2025 年，生态文明建设实现新进步，生态环境持续改善。这一时期，我国新发展格局加快形成，经济持续稳定增长，稳步进入高收入国家行列。经预测，2025 年我国人口将达到 14.25 亿，常住人口城镇化率达到 65%以上。煤炭消费总量预计达到峰值，钢铁、石化、化工、建材等主要工业产品产量将从高位开始下降，生态环境结构性压力趋缓。这一时期，需坚持绿色发展引领，以绿色低碳为传统产业生态化改造路径，促进生产生活方式绿色转型，使能源资源配置更加合理、利用效率大幅提高，碳排放强度持续降低。同时，要深入打好污染防治攻坚战，统筹推进污染防治、生态保护和应对气候变化，使主要污染物排放总量持续减少，协同控制 $PM_{2.5}$ 和 O_3 污染，基本消除重污染天气、国控劣 V 类断面、城市黑臭水体，实现生态环境持续改善，生态系统质量和稳定性逐步提升，环境安全得到有效保障；加快补齐生态环境治理能力短板，提升生态环境治理效能，确保美丽中国建设取得明显进展。因此，"十四五"时期，生态环境保护目标指标一方面要继续聚焦环境治理和生态保护修复类指标，巩固深化污染防治攻坚战成果，有效防控环境风险，确保生态环境问题不反弹；另一方面要注重应对气候变化和资源能源类指标的设计，以此推动绿色生产方式转变。

到 2030 年，生态文明建设实现新提升，生态环境全面改善。这一时期，我国经济稳步增长，预测人口将达到峰值，城镇化进程逐步放缓，钢铁、建材等工业产品产量波动下降，石油消费总量达到峰值，煤炭消费持续下降。以"碳达峰"为硬约束，推动经济社会绿色发展水平持续提升，二氧化碳排放尽早达到峰值；以环境治理为主向环境治理、环境健康、生态保护修复并重转变，统筹推进城乡环境公共服务，更加注重生态服务功能提升，全国生态环境质量全面改善，全国城市 $PM_{2.5}$ 和 O_3 浓度持续下降，水生态功能初步恢复，海洋生态环境持续改善，重要生态系统良性循环；现代环境治理体系不断健全。因此，"十五五"时期，二氧化碳排放总量和强度依然是关注的重点，需要制定相应约束性指标，推进碳中和进程；生态环境领域指标将随着生态环境问题的变化而调整，而且监测范围和治理范围将得到相应拓展。例如，水环境治理方面，监测断面将从大江大河向支流、小河、湖泊拓展；饮用水水源地保护、黑臭水体治理将从城市向县城、乡镇、农村拓展，不断提升城市、县城、农村水环境质量。

到 2035 年，生态文明体系全面建立，生态环境根本好转，美丽中国建设目标基本实现。基本实现新型工业化、信息化、城镇化、农业现代化，建成现代化经济体系，预计人均收入比 2020 年翻一番，进入中等发达国家行列。节约资源和保护环境的空间格局、产业结构、生产方式、生活方式总体形成，广泛形成绿色生产生活方式，基本建立清洁低碳、安全高效的能源体系和绿色低碳循环发展的经济体系，能源、水等资源利用效率达到国际先进水平，绿色低碳发展和应对气候变化能力显著增强，碳排放达峰后稳中有降。空气质量根本改善，水环境质量全面提升，水生态恢复取得明显成效，土壤环境安全得到有效保障，环境风险得到全面管控，山水林田湖草生态系统服务功能总体恢复，蓝天白云、绿水青山成为常态，基本满足人民对优美生态环境的需要；生态环境保护管理制度健全高效，生态环境治理体系和治理能力现代化基本实现。"十六五"时期，我国已经实现碳达峰并且努力为实现碳中和而奋进，对于清洁能源有关指标会有所考

量；同时，随着传统环境问题的解决，生物多样性保护、化学品环境风险、人体健康类
指标会被更加关注。

到 21 世纪中叶，物质文明、政治文明、精神文明、社会文明和生态文明全面提升，
绿色生产生活方式全面形成，面向碳中和愿景稳步迈进，人与自然和谐共生，生态环境
治理体系和治理能力现代化全面实现，美丽中国建成。

4.3　规划总体目标研究

党中央、国务院及相关部门相继出台了一系列重要文件，对生态环境保护和生态文
明建设目标任务进行了相关描述，为"十四五"时期设定生态环境目标指标提供了指引
（表 4-1）。对于"十四五"时期生态环境保护总体目标定性描述，《建议》和《纲要》均
提出 2025 年"生态文明建设实现新进步"的具体表述，以及 2035 年"美丽中国建设目
标基本实现"的要求。关于"十四五"时期生态环境保护分领域的主要目标，要按照《建
议》和《纲要》中持续改善生态环境的要求，既要稳中求进，确保生态环境质量"只能
更好、不能变差"，又要积极有为、鼓舞人心、牵引工作，围绕实现第二个百年奋斗目
标起好步、开好局，同时要实事求是，兼顾疫情、气候等因素影响，确保目标可行可达。

表 4-1　国家重要文件对生态环境保护目标指标的要求（部分摘录）

文件	目标年	目标描述	具体要求
决胜全面建成小康社会　夺取新时代中国特色社会主义伟大胜利（十九大报告）（2017 年 10 月 18 日）	2035 年	基本实现社会主义现代化	生态环境根本好转，美丽中国目标基本实现
	21 世纪中叶	把我国建成富强民主文明和谐美丽的社会主义现代化强国	我国物质文明、政治文明、精神文明、社会文明、生态文明将全面提升，实现国家治理体系和治理能力现代化
中共中央关于制定国民经济和社会发展第十四个五年规划和二〇三五年远景目标的建议（2020 年 10 月 29 日）	2025 年	生态文明建设实现新进步	国土空间开发保护格局得到优化，生产生活方式绿色转型成效显著，能源资源配置更加合理、利用效率大幅提高，主要污染物排放总量持续减少，生态环境持续改善，生态安全屏障更加牢固，城乡人居环境明显改善
	2035 年	广泛形成绿色生产生活方式，碳排放达峰后稳中有降，生态环境根本好转，美丽中国建设目标基本实现	

文件	目标年	目标描述	具体要求
中华人民共和国国民经济和社会发展第十四个五年规划和2035年远景目标纲要（2021年3月12日）	2025年	生态文明建设实现新进步	国土空间开发保护格局得到优化，生产生活方式绿色转型成效显著，能源资源配置更加合理、利用效率大幅提高，单位国内生产总值能源消耗和二氧化碳排放分别降低13.5%、18%，主要污染物排放总量持续减少，森林覆盖率提高到24.1%，生态环境持续改善，生态安全屏障更加牢固，城乡人居环境明显改善。湿地保护率提高到55%。地级及以上城市 PM$_{2.5}$ 浓度下降10%，有效遏制 O$_3$ 浓度增长趋势，基本消除重污染天气。氮氧化物和挥发性有机物排放总量分别下降10%以上。化学需氧量和氨氮排放总量分别下降8%，基本消除劣V类国控断面和城市黑臭水体
	2035年	广泛形成绿色生产生活方式，碳排放达峰后稳中有降，生态环境根本好转，美丽中国建设目标基本实现	
中共中央 国务院关于全面推进乡村振兴加快农业农村现代化的意见（2021年1月4日）	2025年	农村生产生活方式绿色转型取得积极进展，化肥农药使用量持续减少，农村生态环境得到明显改善	
国务院关于加快建立健全绿色低碳循环发展经济体系的指导意见（2021年2月2日）	2025年	绿色低碳循环发展的生产体系、流通体系、消费体系初步形成	产业结构、能源结构、运输结构明显优化，绿色产业比重显著提升，基础设施绿色化水平不断提高，清洁生产水平持续提高，生产生活方式绿色转型成效显著，能源资源配置更加合理、利用效率大幅提高，主要污染物排放总量持续减少，碳排放强度明显降低，生态环境持续改善，市场导向的绿色技术创新体系更加完善，法律法规政策体系更加有效
	2035年	美丽中国建设目标基本实现	绿色发展内生动力显著增强，绿色产业规模迈上新台阶，重点行业、重点产品能源资源利用效率达到国际先进水平，广泛形成绿色生产生活方式，碳排放达峰后稳中有降，生态环境根本好转

文件	目标年	目标描述	具体要求
农业面源污染治理与监督指导实施方案（试行）（2021 年 3 月 20 日）	2025 年	重点区域农业面源污染得到初步控制	农业生产布局进一步优化，化肥农药减量化稳步推进，规模以下畜禽养殖粪污综合利用水平持续提高，农业绿色发展成效明显。试点地区农业面源污染监测网络初步建成，监督指导农业面源污染治理的法规政策标准体系和工作机制基本建立
	2035 年	重点区域土壤和水环境农业面源污染负荷显著降低，农业面源污染监测网络和监管制度全面建立，农业绿色发展水平明显提升	
"美丽中国，我是行动者"提升公民生态文明意识行动计划（2021—2025 年）（2021 年 1 月 29 日）	2025 年	导向鲜明、职责清晰、共建共享、创新高效、保障有力的生态环境治理全民行动体系基本建立	习近平生态文明思想更加深入人心，"绿水青山就是金山银山"理念在全社会牢固树立并广泛实践，"人与自然和谐共生"的社会共识基本形成。公民生态文明意识普遍提高，自觉践行《公民生态环境行为规范（试行）》，力戒奢侈浪费，把对美好生态环境的向往进一步转化为行动自觉，生产生活方式绿色转型成效显著
全国重要生态系统保护和修复重大工程总体规划（2021—2035 年）（2020 年 6 月 3 日）	2035 年	全国森林、草原、荒漠、河湖、湿地、海洋等自然生态系统状况实现根本好转，生态系统质量明显改善，生态服务功能显著提高，生态稳定性明显增强，自然生态系统基本实现良性循环，国家生态安全屏障体系基本建成，优质生态产品供给能力基本满足人民群众需求，人与自然和谐共生的美丽画卷基本绘就	大力实施重要生态系统保护和修复重大工程，全面加强生态保护和修复工作。森林覆盖率达到 26%，森林蓄积量达到 210 亿 m³；确保湿地面积不减少，湿地保护率提高到 60%；新增水土流失综合治理面积 5 640 万 hm²，75% 以上的可治理沙化土地得到治理；海洋生态恶化的状况得到全面扭转，自然海岸线保有率不低于 35%；以国家公园为主体的自然保护地占陆域国土面积 18% 以上
大气污染防治行动计划（2013 年 9 月 10 日）	2022 年	全国空气质量明显改善	逐步消除重污染天气
水污染防治行动计划（2015 年 4 月 2 日）	2030 年	全国水环境质量总体改善，水生态系统功能初步恢复	全国七大重点流域水质优良比例总体达到 75% 以上；城市建成区黑臭水体总体得到消除；城市集中式饮用水水源水质达到或优于 III 类的比例总体为 95% 左右
	2050 年	生态环境质量全面改善，生态系统实现良性循环	

　　结合《建议》和《纲要》中对"十四五"时期生态环境保护提出的具体要求，将"十四五"时期生态环境保护主要目标首先细分为生产生活方式、生态环境质量、生态系统质量等三大领域，相关表述与文件保持一致并做相应拓展。例如，生态环境质量改善领域的要求，按照《建议》和《纲要》的表述提出"生态环境持续改善"，细化的要求除包括文件中提到的"主要污染物排放总量持续减少""城乡人居环境明显改善""基本消除重污染天气""基本消除劣V类国控断面和城市黑臭水体"外，还具体提出空气、水和海洋等环境质量的定性要求。其中，提出空气质量在"十四五"时期全面改善，水环境质量稳步提升，海洋生态环境稳中向好，水生态功能初步得到恢复。对以上目标的表述，一是经过环境治理进程的测算与研判确定；二是与国家相关文件衔接；三是考虑到2035年的战略目标要求"生态环境根本好转，美丽中国建设目标基本实现"，与我国以往生态环境保护战略目标相比，战略进程提前了15年左右，对2035年生态环境保护提出了更高要求。因此，倒排工期考虑"十四五"时期生态环境目标时，也需相应做出安排。例如，《水污染防治行动计划》提出2030年水生态系统功能初步恢复，考虑到2035年"还给老百姓清水绿岸、鱼翔浅底的景象"，将水生态系统功能初步恢复的时间要求提前5年，于2025年实现。

　　同时，要考虑当前生态环境事件多发频发的高风险态势，尤其是要确保核安全万无一失。发达国家环境治理历程显示，环境治理的重点是逐步从大气、水、土壤污染治理转向全球气候变化、海洋环境保护、生物多样性保护、环境风险与环境安全等领域。因此，建议在生态环境保护主要目标中纳入环境安全领域目标。此外，"十四五"时期也是深入落实生态文明制度改革的时期，需从生态环境治理体系与治理能力的内在机制提出相应目标，以支撑"生态文明建设实现新进步"的具体目标的实现。因此，"十四五"生态环境保护的主要目标，建议从统筹推进生产生活方式绿色转型、生态环境持续改善、生态系统保护修复、环境风险管控和环境治理体系建立五大方面，全力推进生态文明建设实现新进步、美丽中国建设取得明显进展。具体如下：

　　一是生产生活方式绿色转型成效显著。国土空间开发保护格局得到优化，绿色低碳发展加快推进，能源资源配置更加合理、利用效率大幅提高，碳排放强度持续降低，简约适度、绿色低碳的生活方式加快形成。

　　二是生态环境持续改善。主要污染物排放总量持续减少，空气质量全面改善，水环境质量稳步提升，海洋生态环境稳中向好，水生态功能初步得到恢复，基本消除重污染天气，基本消除国控劣V类断面和城市黑臭水体，城乡人居环境得到明显改善。

　　三是生态系统质量和稳定性稳步提升。生态安全屏障更加牢固，生物多样性得到有效保护，生物安全管理水平显著提升，生态系统服务功能不断增强。

　　四是环境安全得到有效保障。土壤安全利用水平稳步提升，固体废物与化学物质环境风险防控能力明显增强，核安全监管持续加强，环境风险得到有效管控。

　　五是现代环境治理体系建立健全。生态文明制度改革深入推进，生态环境治理能力短板加快补齐，生态环境治理效能得到新提升。

4.4　规划具体指标研究

4.4.1　指标体系演变

4.4.1.1　国家发展规划生态环境类指标变化

　　改革开放以来，生态环境保护理念已深入人心，生态文明建设和生态环境保护成为我国国民经济和社会发展的重要内容，生态环境领域指标在国家发展规划中的分量越来越重（表 4-2、表 4-3）。

表 4-2　国民经济和社会发展规划指标体系分析

时期	指标类别		指标个数	约束性指标个数	生态环境领域约束性指标占比
"十一五"	经济增长		2	0	5/8
	经济结构		4	0	
	人口资源环境	人口	1	1	
		资源环境	7	5	
	公共服务、人民生活		8	2	
"十二五"	经济发展		3	0	11/16
	科技教育		4	1	
	资源环境		12	11	
	人民生活		9	4	
"十三五"	经济发展		5	0	16/19
	创新驱动		5	0	
	民生福祉		7	3	
	资源环境		16	16	
"十四五"	经济发展		3	0	5/8
	创新驱动		3	0	
	民生福祉		7	1	
	绿色生态		5	5	
	安全保障		2	2	

表 4-3　国民经济和社会发展规划生态环境领域指标分析

时期	指标大类	指标小类	指标个数	约束性指标个数
"十一五"	资源总量	森林	1	1
		耕地	1	1
	资源利用效率	水资源	2	1
		能源	1	1
		固体废物	1	0
	污染物排放总量	主要污染物	1	1
			7	5
"十二五"	资源总量	森林	2	2
		耕地		1
	资源利用效率	水资源	2	1
		能源	1	1
	能源结构	非化石能源占比	1	1
	碳排放强度	CO_2排放强度	1	1
	污染物排放总量	主要污染物	4	4
			12	11
"十三五"	资源总量	森林	2	2
		耕地	1	1
		建设用地	1	1
	资源利用效率	水资源	1	1
		能源	1	1
	能源结构	非化石能源占比	1	1
	碳排放强度	CO_2排放强度	1	1
	污染物排放总量	主要污染物	4	4
	生态环境质量	空气质量	2	2
		地表水质量	2	2
			16	16
"十四五"	资源总量	森林	1	1
	资源利用效率	能源	1	1
	碳排放强度	CO_2排放强度	1	1
	生态环境质量	空气质量	1	1
		地表水质量	1	1
			5	5

从指标分类来看，"十一五"时期至"十三五"时期国家发展规划主要指标共分为四大类。其中，"十一五"时期资源环境与人口归属于同一大类，处于四类指标中的第三位；"十二五"时期资源环境独立成为一个大类，仍处于第三位；"十三五"时期，资源环境顺位降至第四位（最后一位）；"十四五"时期，我国经济社会发展主要指标扩充为五大类，"资源环境"类指标更名为"绿色生态"类指标，在五类指标中排位第四，高于"安全保障"类指标。

从指标数量来看，"十一五"时期共有指标 22 个，资源环境类占 7 个，占比 31.82%；约束性指标共 8 个，资源环境类占 5 个，占比 62.5%。"十二五"时期共有指标 28 个，资源环境类占 12 个，占比 42.86%；约束性指标共 16 个，资源环境类有 11 个，占比 68.75%。"十三五"时期共有指标 33 个，资源环境类占 16 个，占比 48.48%；约束性指标共 19 个，资源环境类共 16 个，占比 84.21%。"十四五"时期共有指标 20 个，绿色生态类有 5 个，占比 25%；约束性指标共 8 个，绿色生态类有 5 个，占比 62.5%。

从指标构成来看，"十一五"时期，生态环境类指标仅包括资源总量、资源利用效率和污染物排放总量三类内容，其中污染物排放总量指标用"主要污染物"来表述。"十二五"时期，生态环境类指标增加了能源结构和碳排放强度两项指标，污染物排放总量指标也细化成了化学需氧量、二氧化硫、氨氮和氮氧化物 4 项主要污染物。"十三五"时期，生态环境类指标增加了生态环境质量指标，分为空气质量和地表水质量两类。"十四五"《纲要》中，经济社会发展主要指标精简，生态环境领域指标也相应调整，资源总量保留森林覆盖率指标，资源利用效率保留能源利用效率指标，保留碳排放强度指标，生态环境质量方面强调优良天数比例和优良水质比例指标，不再保留污染物排放总量指标。

总体来看，指标分类方面，生态环境领域自"十二五"时期独立成为指标大类后，一直保持至今；指标占比方面，从"十一五"时期到"十三五"时期生态环境领域指标占比逐年增加；指标构成方面，"十一五"时期至"十三五"时期生态环境领域指标逐渐细化，从"十一五"时期的偏重资源利用和保护，到"十二五"时期开始注重污染物排放总量控制和能源消费结构，再到"十三五"时期开始强调生态环境质量；指标属性方面，"十一五"时期及"十二五"时期生态环境保护类指标中包含预期性指标，自"十三五"时期开始，生态环境领域所有指标均为约束性指标。究其原因，主要是随着我国社会经济的发展，化石能源消耗量大增，污染物排放量逐渐增加，生态环境质量受到较大影响。为解决生态环境问题，促进绿色低碳发展，生态环境治理力度逐渐加大，评价维度相应增加。"十四五"时期，一方面我国社会经济发展主要目标整体精简调整；另一方面由于污染防治攻坚战完美收官，我国生态环境总体改善，生态环境保护的工作重点从污染排放控制逐渐转向生态环境质量的持续性改善和应对气候变化，实现减污降碳。"十四五"时期，生态环境领域指标从"资源环境"上升为"绿色生态"，具体指标也开始转向绿色发展和生态环境改善，进一步强调绿色生产生活方式的重要意义。

4.4.1.2 五年环境规划指标变化

从历次国家生态环境保护五年规划来看，指标体系随着生态环境问题以及经济社会发展理念的变化而相应调整和优化（表4-4）。

表4-4 （生态）环境保护五年规划指标分析

时期	指标类别		指标个数	约束性指标个数
"十一五"	污染物排放总量	主要污染物	2	2
	生态环境质量	水环境质量	2	2
		空气质量	1	1
"十二五"	污染物排放总量	主要污染物	4	4
	生态环境质量	水环境质量	2	2
		空气质量	1	1
"十三五"	生态环境质量	空气质量	3	2
		水环境质量	5	2
		土壤环境质量	2	2
		生态状况	5	2
	污染物排放总量	主要污染物	4	4
		区域性污染物	3	0
	生态保护修复		4	0

"十一五"时期与"十二五"时期，从指标分类来看，规划中生态环境类均可分为两大类，即污染物排放总量控制类和生态环境质量类。从指标属性来看，"十一五"时期共有5项指标，均为约束性指标；"十二五"时期发展至7项，均为约束性指标。"十二五"时期生态环境指标体系是"十一五"时期的继承和发展，即在污染物排放总量控制方面，在"十一五"的基础上增加了氨氮和氮氧化物两项指标；在生态环境质量评价方面，"十二五"时期地表水国控断面和空气质量评价范围均有所增加，但指标数量和构成保持不变。

"十三五"时期，生态环境问题成为全面建成小康社会的主要短板，生态文明建设的重要性与日俱增，并上升为国家战略。因此，"十三五"时期生态环境指标体系得到全方位提升,指标分类增加为三大类,即生态环境质量、污染物排放总量控制和生态保护修复。其中,生态环境质量指标位于污染物排放总量控制指标之前,并新增生态保护修复指标,表明"十三五"时期生态环境保护工作重心正逐渐从污染物排放控制转向生态环境质量的改善和维护。从指标构成来看,"十三五"生态环境指标体系构成更加全面,覆盖了水、大气、土壤、生态等要素领域,且由全约束性指标体系发展为约束性、预期性指标共存体系。"十三五"时期生态环境指标共有 26 项,约束类指标占 12 项,其中生态环境质量占 8 项(空气质量、水环境质量、土壤环境质量和生态状况各 2 项),污染物排放总量控制占 4 项(4 项均属于主要污染物排放总量控制)。由预期性指标的引入可以看出,"十三五"时期的生态环保工作除了要在全国基本层面上控制污染物的排放和推进生态环境质量的改善,还开始控制重点地区、重点行业的污染物排放,并着手治理和改善重点区域、重点生境的生态环境。

综上分析,规划目标指标体系应更注重改善生态环境质量,同时注重强化绿色低碳生产生活方式,以促进绿色发展;指标属性方面,将约束性指标与预期性指标相结合,即以约束性指标保障污染防治攻坚战成果的巩固和发展,以预期性指标鼓励重点区域、重点行业进行更进一步的生态环保和绿色低碳发展探索。

4.4.2　指标体系考虑

生态环境保护要因时因势调整不同发展阶段治理思路和重点。未来三个五年,要更加注重"五个转向",即生态环境保护要逐步转向污染防治、生态保护、应对气候变化和环境风险防范并重,转向污染减排、生态扩容、增强适应能力并重,转向源头预防、过程减量、末端治理、生态消纳并重,转向生产领域、生活和消费环节并重,转向法律、经济、技术以及必要的行政手段并重。在指标体系设置中,也要面向"五个转向"进行相应考虑,体现系统性、动态性和拓展性。

一是系统性。坚持以改善生态环境质量为核心,坚持生态环境全覆盖。美丽中国基本实现的关键特征是生态环境根本好转,需面向 2035 年目标,持续改善提升生态环境质量,结合当前我国存在的突出生态环境问题,努力补短板、强弱项,选取相应标志性指标。同时,要落实改革要求,使指标体系覆盖生态环境保护的各个领域、各个要素,做到生态保护修复与环境治理、应对气候变化相统筹,城市治理与乡村建设相统筹,流域污染防治与海洋环境保护相统筹,贯通污染防治和生态保护,实现减污和增容并重。在"十三五"时期生态环境保护规划指标体系基础上,增加应对气候变化、海洋生态环境保护等领域指标。

二是动态性。坚持继承与创新相结合,处理好继承与发展的关系。与"十三五"时期生态环境指标保持衔接，对一些社会普遍接受、有效促进生态环境治理的指标，尽可能保持延续。同时，根据生态环境保护治理重点的变化，增减指标。例如，对于已经完成的指标，如劣V类水体基本消除后，下一阶段可以不再保留。又如，目前影响我国城市大气环境质量的首要污染因子是NO_x和VOCs，因此，围绕大气环境质量改善的需求，将"十四五"时期总量控制聚焦在NO_x和VOCs这两项主控因子，不再单列SO_2排放总量下降指标。

三是拓展性。指标选取时要强调可监测、可统计、可分解、可评估、可考核，确保目标能落地，同时，根据环境治理进度和程度可适当延展指标的覆盖范围。如空气环境质量监测评价从地级以上城市向县城扩展，水环境监测断面从大江大河向支流、河湖扩展，饮用水水源地保护、黑臭水体治理从城市向县城、乡镇、农村拓展，让优美生态环境惠及更广大的人民群众。"十四五"期间，地级及以上城市细颗粒物浓度指标范围由"十三五"的未达标城市扩展到所有地级及以上城市；城市黑臭水体治理在巩固地级及以上城市的治理成效的基础上扩大范围，推进县级城市建成区的治理工作。

综上所述，"十四五"生态环境保护指标体系，考虑分环境治理、应对气候变化、环境风险防控、生态保护四大领域，设置20项指标。其中，按照《建议》和《纲要》中环境保护、节能减排约束性指标管理的要求，将《纲要》"绿色生态"领域确定的单位GDP能源消耗降低、单位GDP二氧化碳排放降低、地级及以上城市空气质量优良天数比例、地表水达到或好于III类水体比例、森林覆盖率5项约束性指标，以及在《纲要》任务中确定的地级及以上城市细颗粒物浓度下降，地表水劣V类水体比例，氮氧化物、挥发性有机物、化学需氧量、氨氮排放总量下降等3项指标，共计8项指标，纳入约束性指标进行管理。

4.4.2.1 环境治理类指标

选取空气、水、近岸海域环境质量和主要污染物排放总量等方面的9项有关指标作为环境治理类指标。

（1）地级及以上城市细颗粒物浓度下降率（%）

当前，$PM_{2.5}$仍是对我国环境空气质量影响最大的大气污染物。2020年，$PM_{2.5}$浓度超标的城市占40.1%，降低$PM_{2.5}$浓度仍是大气环境质量改善的核心工作。由于我国空气质量标准仍然较低，已经达标的城市仍然需要进一步改善，未达标城市应努力尽早达标。

（2）地级及以上城市空气质量优良天数比例（%）

城市空气质量优良天数比例指标，是大气环境管理的综合性指标。优良天数受$PM_{2.5}$、O_3等多项污染物影响，是统筹推进大气治理的有效抓手，"十四五"期间保持延续。监测评估基础可以满足"十四五"期间城市空气质量优良天数比例指标监测评估考核需求。

（3）地表水达到或好于Ⅲ类水体比例（%）

该指标是反映水环境质量改善状况、反映"碧水长流"的重要指标，是已列入《中华人民共和国国民经济和社会发展第十三个五年规划纲要》和《水污染防治行动计划》的约束性指标。该指标监测基础好，社会普遍接受，"十四五"期间保持延续。

（4）地表水劣Ⅴ类水体比例（%）

该指标能够客观反映地表水环境质量状况及其变化趋势。"十三五"时期，《水污染防治行动计划》和《中华人民共和国水污染防治法》先后实施和修正，围绕水生态环境改善目标，出台配套政策措施，持续开展消劣行动，加快推进水污染治理，落实各项目标任务，有力推动了全国水环境质量持续改善，积累了有效的"治差水"经验。但目前仍有部分人类活动造成的劣Ⅴ类断面。

（5）城市黑臭水体比例（%）

城市黑臭水体是老百姓身边的突出生态环境问题，城市黑臭水体治理是七大污染防治攻坚战之一。截至 2020 年年底，全国地级及以上城市 2 914 个黑臭水体消除比例达到98.2%。

（6）地下水质量Ⅴ类水体比例（%）

《水污染防治行动计划》提出，到 2020 年，全国地下水质量极差的比例控制在 15%左右，该指标有利于推动地下水污染防治和生态保护工作，可客观反映地下水环境质量状况和变化趋势。国家地下水监测工程形成了覆盖全国 31 个省（区、市）的地下水监测体系，为构建地下水型饮用水水源和重点污染源环境监测网提供了支撑，具有较好的监测评估基础。

（7）近岸海域水质优良（一、二类）比例（%）

近岸海域水环境质量是评价"十四五"期间陆海污染联防联控、持续改善海洋生态环境质量成效的有效指标。"十三五"期间，《水污染防治行动计划》以及渤海综合治理攻坚战的有效实施为海洋生态环境治理积累了经验。《"十四五"海洋生态环境质量监测网络布设方案》保留近岸海域水质考核点位和长时间监测序列的点位，保证监测数据的连续性和可比性。

（8）农村生活污水治理率（%）

农村生活污水是制约农业农村环境质量改善的突出问题，农村生活污水治理是《农业农村污染治理攻坚战行动计划》的重要内容之一。"十三五"期间，通过制定政策、建立标准、编制规划、推广技术等，农村生活污水治理体系初步建立，但农村污水治理工作在系统谋划、因地制宜治理等方面的能力仍有待提升。

（9）主要污染物总量减排指标

总量控制是我国环境保护的一项重要制度。当前，我国主要污染物排放总量仍处于高位，超过环境承载力范围，部分地区超载严重，部分领域污染物排放总量大、强度高，与环境质量改善程度息息相关。"十四五"期间，应坚持和完善总量控制制度，继续实施主要污染物排放总量控制。氮氧化物、化学需氧量、氨氮是我国"十二五"时期以来实施总量控制的因子，且随着以排污许可制度为核心的固定污染源管理制度的建立，3 项主要污染物具有较好的统计、监测和考核等实施总量控制的数据基础和管理条件。随着《大气污染防治行动计划》《打赢蓝天保卫战三年行动计划》的相继实施，重点行业安装挥发性有机物在线监测设施，开展全国污染源普查，实施重点行业和重点领域挥发性有机物治理，使得挥发性有机物在排放量统计、监测、核算、监管等方面具备一定的工作基础，为"十四五"期间实施挥发性有机物排放总量控制创造了管理条件。

4.4.2.2　应对气候变化类指标

选取单位国内生产总值二氧化碳排放降低、单位国内生产总值能耗消费降低、非化石能源占一次能源消费比例 3 项指标作为应对气候变化类指标。单位国内生产总值二氧化碳排放降低指标是我国履行国际公约、展示负责任大国形象的重要指标，具有较高的国内国际认可度和较好的工作基础，也是构建全球命运共同体、共建清洁美丽世界、占据国际道义制高点的重要指标。二氧化碳排放量与大气环境质量改善密切相关，"十四五"期间，将采取多污染物减排协同增效。该指标也是促进绿色发展、产业升级和能源结构调整的有效指标，反映经济增长质量。自 2017 年起，二氧化碳排放强度下降率已连续三年被纳入中华人民共和国国民经济和社会发展统计公报。"十二五"和"十三五"国民经济和社会发展纲要均将该指标作为约束性指标，"十四五"时期继续将单位国内生产总值二氧化碳排放下降率纳入《纲要》，以保持政策的延续性，坚定展示我国履行国际责任、坚持绿色发展的决心与意志。同时，二氧化碳排放强度取决于能源消耗强度和非化石能源比重两个因素，需要协同控制。

4.4.2.3　环境风险防控类指标

选取"受污染耕地安全利用率""污染地块安全利用率"等指标作为环境风险防控类指标。

（1）受污染耕地安全利用率（%）

《中华人民共和国土壤污染防治法》（简称《土壤污染防治法》）、《土壤污染防治行动计划》（简称"土十条"）均明确要求推进农用地分类管理，确保农产品质量安全。该指标能有效推动属地政府重视农用地分类管理及安全利用工作，守住农产品质量安全这一底线。自 2016 年"土十条"实施以来，国家在农用地安全利用与管控方面建立了一系列制度，开展了全国土壤污染状况详查，各地区各部门开展了大量农用地安全利用实践工作，为"十四五"时期守住农用地土壤安全利用底线奠定了良好基础。

（2）污染地块安全利用率（%）

《土壤污染防治法》和"土十条"均对地块的再开发利用提出准入管理要求。该指标能有效地推动各地加强地块再开发利用的准入管理和联动监管，同时也反映各地地块再开发利用的风险情况。"土十条"和《土壤污染防治法》相继实施，土壤污染防治管理体系基本建立，明确污染者担责，污染责任人、土地使用权人的职责愈加明晰，政府监督管理部门职责进一步落实，联动监管力度逐渐加大，可以有力保障污染地块的安全利用，提高人居环境安全保障。

4.4.2.4　生态保护类指标

选取生态质量指数（EQI）、森林覆盖率、生态保护红线占国土面积比例、自然岸线保有率 4 项指标作为生态保护类指标。

（1）生态质量指数（EQI）

该指标能够反映区域生态系统的质量状况，整体上侧重于对自然生态系统的评价，重点分析地表生态系统的类型、面积及空间分布，目标是引导各地加强自然生态系统保护。须完善全国生态质量的评价指标体系，用于监督、引领我国生态保护。

（2）森林覆盖率（%）

森林覆盖率是反映一个国家或地区森林资源和林地占有实际水平的重要指标，已长期被列入国家发展规划指标体系。国家定期开展全国森林资源清查工作，国家统计局每四年根据新一轮全国森林资源清查成果进行指标值的更新。根据林业调查、详查和统计数据，逐年统计森林覆盖率指标。

（3）生态保护红线占国土面积比例（%）

2017 年，中共中央办公厅、国务院办公厅印发《关于划定并严守生态保护红线的若干意见》，明确提出划定并严守生态保护红线，在 2020 年年底前完成生态保护红线划定工作的基础上实行严格保护，确保生态保护红线生态功能不降低、面积不减少、性质不改变。目前，全国已初步划定生态保护红线，该指标数据可获得性强。将指标纳入"十四五"规划，是约束各地区、各部门严守生态保护红线，确保生态保护红线面积不减少的重要举措。

（4）自然岸线保有率（%）

海岸线是海洋与陆地的分界线，具有重要的生态功能和资源价值，是发展海洋经济和海洋生态环境保护的前沿阵地。大陆自然岸线保有率是促进保护恢复自然生态空间、保护海岸带自然生态系统的重要指标。《"十三五"生态环境保护规划》《国家海洋事业发展"十二五"规划》《海岸线保护与利用管理办法》等都设定了该指标。

4.4.3　目标值考虑

指标目标设置要充分表达生态环境持续改善的总体目标。一方面，要面向美丽中国，着眼中长期，基于"前紧后松"原则倒排设定"十四五"阶段生态环境目标值；另一方面，要充分考虑我国制度优势、后发技术优势与潜力等有利条件，区域差异大、发展不平衡、生态环境结构性压力仍处高位等不利因素，以及新冠肺炎疫情、国际形势等不确定性因素的影响，目标值设定要积极稳妥，合理确定"十四五"期间主要目标改善幅度，确保目标可行可达。其中，8 项约束性指标目标值与《纲要》保持一致。主要环境目标考虑如下：

应对气候变化方面，对标 2030 年前碳达峰以及 2060 年碳中和愿景目标。"十四五"期间，通过发展可再生能源，大力推广绿色交通、绿色建筑、分布式能源，发挥能源技术革命创新行动作用等，实现煤炭消耗达峰。预计 2025 年单位国内 GDP 二氧化碳排放相比 2020 年下降 18%，单位 GDP 能源消耗下降 13.5%，非化石能源消费占比达到 20%左右。

大气环境方面，初步预计到 2035 年，全国环境空气质量根本好转，全国地级及以上城市环境空气质量基本达标，全国 $PM_{2.5}$ 平均浓度下降至 25μg/m³ 以下，达到世界卫生组织第二阶段标准。对照此目标，未来 15 年 $PM_{2.5}$ 年均浓度需要累计下降 30%左右。考虑到减排潜力逐渐减小，改善难度加大，"十四五"时期 $PM_{2.5}$ 年均浓度需要下降 10%。扣除疫情影响，到 2025 年全国 337 个地级及以上城市 $PM_{2.5}$ 平均浓度低于 31.5μg/m³，地级及以上城市空气质量优良天数比例达到 87.5%。

水环境方面，到 2035 年，水生态环境根本好转，水质全面提升，黑臭水体得到消除，"清水绿岸、鱼翔浅底"景象基本实现。按照 2035 年重要江河湖泊水功能区达标率超过 95%，2025 年达到 88%～90%的目标，优良断面比例预计 2025 年为 85%左右。"十四五"地表水劣 Ⅴ 类水体比例目标为基本消除（低于 1%）。考虑到地下水污染防治工作的复杂性、长期性和滞后性，确定 2025 年地下水 Ⅴ 类水体比例目标在 25%以内。

海洋环境方面，由于海洋生态环境具有复杂性高、改善难度大、时间滞后性强、不可控因素多等特点，到 2035 年，我国管辖海域生态环境得到持续改善，长江口、杭州湾、珠江口等河口海湾劣四类水大幅减少，近岸海域水质优良（一、二类）比例不低于 80%。考虑到点位调整影响，2025 年近岸海域优良水质比例预计达到 79%左右，努力实现稳中向好。

主要污染物总量减排方面，按照"十四五"期间 $PM_{2.5}$ 平均浓度下降 10%左右的目标，氮氧化物、挥发性有机物排放总量下降比例应至少与 $PM_{2.5}$ 浓度下降比例持平，即削减 10%及以上。"十四五"时期主要水污染物减排潜力集中在污水处理设施建设、污水收集管网完善、污水处理厂提标改造、畜禽养殖场治污设施建设、印染和农副食品加工等行业废水处理能力提升等方面。据初步测算，"十四五"化学需氧量和氨氮总量下降目标比例在 8%左右。

环境风险防控方面，为提高人居环境安全保障，考虑到加强受污染耕地和地块安全利用的必要性和紧迫性，在"土十条"提出的受污染耕地安全利用率和污染地块安全利用率要求的基础上，进一步加严要求，"十四五"时期受污染耕地安全利用率和污染地块安全利用率分别达到 93%左右和 95%以上，污染地块安全利用得到保障。

生态保护方面，目标提出，2025 年生态质量实现稳中向好。《关于划定并严守生态保护红线的若干意见》提出，划定并严守生态保护红线，确保生态功能不降低、面积不减少、性质不改变。"十四五"时期，建议以逐步提高生态系统整体性、连通性为导向，引导各地完善生态保护红线管控制度，加强生态保护红线保护修复，保持生态保护红线占国土面积比例不降低。根据全国生态系统保护与修复重大工程规划，2025 年全国自然岸线保有率不低于 35%。

第5章 绿色发展研究

绿色发展与创新发展、协调发展、开放发展、共享发展相辅相成、相互作用，是经济社会发展的全面绿色转型，是构建高质量现代化经济体系的必然要求，目的是改变传统的"大量生产、大量消耗、大量排放"的生产模式和消费模式，使资源、生产、消费等要素相匹配、相适应，实现经济社会发展和生态环境保护协调统一、人与自然和谐共处。

5.1 绿色发展思路研究

5.1.1 理念演进

环境问题在 20 世纪 60 年代末首次被认为是一种全球性问题。1972 年，在瑞典斯德哥尔摩召开的联合国人类环境会议通过了《人类环境宣言》，成为各个国家包括发展中国家在内的生态环境保护行动方针。联合国、经济合作与发展组织（OECD）等国际组织召开的会议议题中，生态环境污染和治理问题也越发受到重视，其中最著名的是 1987 年世界环境与发展委员会编写的报告《我们共同的未来》提出并倡议的"可持续发展"理念，目标是协调经济发展与生态环境、发达国家与发展中国家、当代人与后代人之间的利益冲突。1989 年，联合国环境规划署提出了"清洁生产"概念，要将实现经济发展与环境效益相结合。由"清洁生产"引申发展起来的"循环经济"，将可持续发展理念延伸至经济社会发展的各个层面。进入 21 世纪后，可持续发展理念逐步演化成绿色发展思想，并成为国际社会研究探讨经济和环境发展问题的主流。为了进一步推进绿色发展思想，2008 年年底，联合国环境规划署提出并倡议世界各国实施"绿色经济"与"绿色新政"，"循环经济""低碳经济"和"绿色增长"等发展理念受到各国的热切回应。

2009 年，在哥本哈根召开的世界气候大会，更加凸显了各个国家和地区加强区域协作、共同面对温室气体增多导致的气候变化的决心。2010 年 6 月，欧盟各国一致通过了"欧洲 2020 战略"，提出未来欧盟将着力发展节能环保型、绿色创新型经济，积极出口绿色技术和设备，在绿色发展上领先世界。2011 年 1 月，美国在《国情咨文》中建议政府投资清洁能源技术、生物制药技术、信息技术等，加强国际合作。可见，世界主要国家与国际组织就绿色发展已达成共识，将积极推动绿色发展的区域合作与交流，实现在国际政治、经济秩序下的绿色变革。

在我国，绿色发展思想是从可持续发展理念基础上演化形成的，是对科学发展观的再次深化。我国绿色发展思想是以绿色技术创新为基础，以"资源节约型、环境友好型"社会建设为支撑，以协调经济增长和保护生态环境、促进生态文明建设为目标的科学发展思想。2010 年，《全国主体功能区规划》提出"绿色生态空间"概念，体现了我国建设"绿色现代化"的战略目标。2010 年 6 月，时任国家主席胡锦涛同志在中国科学院第十五次院士大会和中国工程院第十次大会上的讲话首次提出"绿色发展"理念。2010 年 10 月，党的十七届五中全会研究关于制定国民经济和社会发展第十二个五年规划的建议，提出增加"绿色发展，建设资源节约型、环境友好型社会"一章。至此，"绿色发展"思想在我国正式得到确立。2015 年 10 月，党的十八届五中全会审议通过的《中共中央关于制定国民经济和社会发展第十三个五年规划的建议》提出创新、协调、绿色、开放、共享的新发展理念，绿色发展理念重要性得到进一步提升。习近平总书记在党的十九大报告中指出，发展是解决我国一切问题的基础和关键，发展必须是科学发展，必须坚定不移贯彻创新、协调、绿色、开放、共享的发展理念。

5.1.2　现状分析

（1）可持续发展水平分析

2015 年，联合国可持续发展峰会上正式通过了《变革我们的世界：2030 年可持续发展议程》（以下简称《2030 年议程》），确立了全球可持续发展目标（SDGs），包括 17 个总目标和 169 个具体目标，涵盖社会、经济、环境三大支柱。根据联合国可持续发展解决方案网络（UNSDSN）评估，中国是全球 SDGs 指数评分和排名上升较快的国家之一，得分由 2016 年的 59.1 分上升到 2020 年的 73.89 分，排名由第 76 位上升到 48 位（美国排名第 31 位）。浙江省该指数已接近发达国家水平，这表明了我国绿色可持续发展水平正逐步提升。

（2）产业绿色化发展分析

我国工业行业体系比较完整，规模化程度不断提高，工业绿色转型加快推进，促进了重点行业生产效率和治污水平的快速提高。随着国家不断调整优化产业布局和结构、强化资源节约利用、强化环保政策要求，传统制造业正在向高端化、绿色化转型迈进。传统产业装备规模化水平与生产效率双向提升，目前我国火电、钢铁等行业均拥有了世界上最先进的节能环保工艺技术装备，水泥、焦化、有色、炼油等行业的部分指标也领先于全球。重点产污行业污染治理水平大幅提升，部分行业污染物排放明显减少，已达到世界先进水平。截至 2019 年年底，全国达到超低排放限值的煤电机组约 8.9 亿 kW，占煤电总装机容量的 86%（图 5-1）。已建成全球最大的清洁煤电供应体系。积极有序开展钢铁行业超低排放改造工作，重点区域已完成钢铁行业超低排放改造阶段性目标。截至 2020 年年底，全国共有 229 家企业 6.2 亿 t 左右粗钢产能已完成或正在实施超低排放改造。钢铁行业中已实现超低排放的首钢股份公司迁安钢铁公司已达到世界上最先进的排放水平。水泥、造纸等行业单位产品的污染物排放水平与发达国家基本相当。

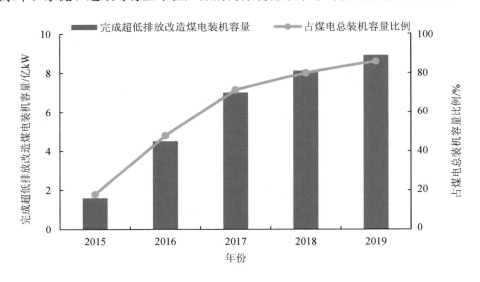

图 5-1　全国燃煤电厂超低排放改造情况

近年来，通过深入推进全域统筹发展型、都市城郊带动型、传统农区循环型三类模式，推进节水，节肥，节药，畜禽粪污、秸秆和农膜资源化利用，渔业绿色发展 7 项主要措施，我国不同类型地区农业绿色发展初见成效。2020 年，全国畜禽粪污综合利用率达到 75%，规模养殖场粪污处理设施装备配套率达到 95%，化肥和农药施用量实现负增长，三大粮食作物化肥利用率和农药利用率分别为 40.2% 和 40.6%，秸秆综合利用率达到 86.7%，农膜回收率达到 80%。农业绿色发展使农业面源污染势头得到遏制。"十三五"期间，全国共完成 15 万余个建制村环境整治，农村人居环境得到改善，农村居民的获得感、安全感和幸福感明显增强。

（3）能源绿色化发展分析

在能源供应方面，我国已经基本形成了煤、油、气、电、新能源和可再生能源多轮驱动的能源生产体系。从 2013 年开始，我国新增发电装机容量中，非化石能源比重连续 6 年超过了一半。截至 2019 年年底，水电、风电、光伏及核电等非化石能源约占全部发电装机的 41.5%，水电、风电、光伏发电累计装机规模分别达到约 3.6 亿 kW、2.1 亿 kW、2 亿 kW，均位居世界首位。水电、风电、光伏发电平均利用率分别达到约 97%、96% 和 98%。

在能源消费方面，我国能源消费结构持续朝更清洁、更高效、更可持续的方向转变。2019 年，我国消费能源 48.7 亿 t 标准煤，其中煤炭消费占比为 57.7%，比 2015 年降低6.0 个百分点；天然气、水电、核电、风电等清洁能源消费量占比为 23.4%，比 2015 年提高 5.4 个百分点；非化石能源消费占比达 15.3%，比 2012 年提高 5.6 个百分点。

在清洁取暖方面，全面推进京津冀及周边地区、汾渭平原城市的散煤治理，按照"以气定改、以供定需、先立后破"的原则，明确气源、电源保障要求和清洁取暖气价、电价等支持政策。安排部分大气污染防治专项资金用于试点城市清洁取暖运营补贴。2020 年，京津冀及周边地区、汾渭平原共完成散煤替代 700 万户以上，累计完成散煤替代 2 500 万户左右。

（4）交通绿色化发展分析

2017 年以来，在国家层面推动货物运输结构调整，重点地区推动公路货运向铁路、水路转移，推动煤炭、矿石等大宗货物全面向铁路转移，"公转铁""公转水"步伐加快。目前，铁路专用线已经建成或开通 92 条、在建 174 条、正在推进 466 条，沿海 17 个主要港口煤炭集港全部改由铁路或水路运输。2019 年，全国铁路货运量增速比公路货运量增速高 2.1 个百分点（图 5-2），京津冀地区铁路货运量达 3.7 亿 t，同比增长 26.2%。

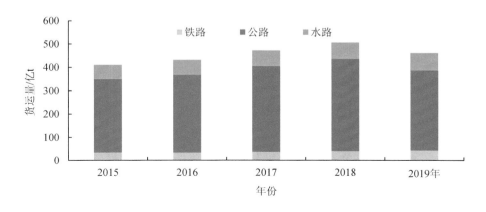

图 5-2　全国交通运输结构变化情况

"十三五"以来，我国机动车保有量持续增长，从 2015 年的 2.79 亿辆增长至 2019 年的 3.48 亿辆。新能源及纯电动汽车发展迅猛，2019 年全国新能源汽车保有量超过全世界总量的一半。2020 年，国务院办公厅印发《新能源汽车产业发展规划（2021—2035 年）》，工业和信息化部、生态环境部等多部门联合出台《推动公共领域车辆电动化行动计划》，积极推动公交、出租、环卫、邮政、城市物流配送、机场等领域车辆电动化。北京、山西、上海、湖南等 7 个省份公交车新增及更换已实现 100%新能源汽车替代。在加快发展新能源汽车的同时，加大力度持续淘汰老旧车辆，2015—2019 年，累计淘汰老旧车 1 900 万辆以上（图 5-3）。

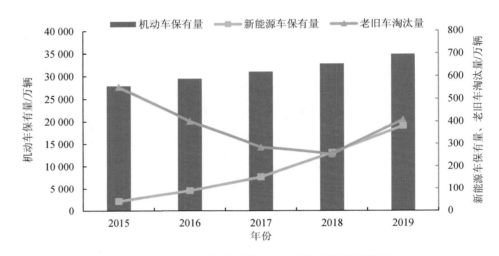

图 5-3   全国机动车保有量和老旧车淘汰量变化情况

我国汽车用油品发展历经无铅化、低硫化，目前油品低硫化基本完成。2018 年，船舶排放控制区扩展到了全国水域，对船用燃料硫含量、船舶靠港使用岸电等进行了严格规定。2019 年 1 月 1 日起，全国全面实施车用汽柴油国六标准，实现车用柴油、普通柴油和部分船用油的"三油并轨"。

此外，我国节能取得明显成效。"十三五"时期，我国能源消耗强度实现整体较快下降，能源消耗总量增长幅度保持在合理区间。2019 年单位 GDP 能耗与 2015 年相比下降 13.2%，重点领域和行业单位产品能耗持续下降，能效水平显著提升。

（5）绿色生活方式逐步推广

2019 年，国家发展改革委会同教育部、生态环境部、住房和城乡建设部、交通运输部、国管局、中直管理局、全国妇联等多部门联合制定《绿色生活创建行动总体方案》，明确创建行动的主要目标、基本原则、创建内容和实施要求，各单项创建行动方案再结合本领域实际进行具体部署，形成"1+7"绿色生活创建行动政策体系，绿色生活创建行动全面部署实施。

生态环境部、中央文明办、教育部、共青团中央、全国妇联联合组织开展"美丽中国，我是行动者"主题实践活动，发布《公民生态环境行为规范（试行）》，推选出十佳公众参与案例、百名最美生态环保志愿者、近千幅优秀摄影和书画作品，并在"六五"环境日前夕举办主题实践展示活动，大力发掘、宣传主题实践活动中的典型案例和先进人物，引导和带动更多人参与生态环境保护事业，广泛动员社会力量参与生态环境保护。

此外，全面开展生活垃圾分类。住房和城乡建设部会同有关部门印发《关于建立健全农村生活垃圾收集、转运和处置体系的指导意见》，指导 100 个示范县开展农村生活垃圾分类工作，生活垃圾收运处置体系已覆盖全国 84% 以上的行政村。截至 2019 年年底，237 个地级及以上城市已启动生活垃圾分类工作，全国城市生活垃圾处理能力达到 76.6 万 t/d，生活垃圾分类覆盖 7.7 万个居民小区和 4 900 万户家庭，居民小区平均覆盖率达到 53.9%。同时，积极推动环保设施和城市污水垃圾处理设施向公众开放。截至 2020 年年底，全国各省（区、市）符合条件的四类设施开放城市的比例达到 100%，开放单位共计 2 101 家。2020 年，全国四类设施单位开展线上线下开放活动 1.6 万次，接待参访公众 5 854 万人次，成为开展生态环境宣传教育和科普工作的新阵地。

5.1.3　面临的问题

（1）绿色发展的机制仍不完善

地方对绿色发展的认识不足，GDP 增速仍然是主要追求目标。虽然 2018 年，全国有 13 个省份调低 GDP 增速目标，多地取消对下辖部分市县的 GDP 考核，但 GDP 仍是衡量地方经济发展快慢、考核地方政府及地方党政领导的重要指标。在这一指挥棒下，工业企业投资大、产出高，是多数地方财政收入的主要来源。无论是对高污染、高耗能工业企业进行彻底关停、转型升级，还是易地搬迁，都会对地方 GDP 和财政收入造成直接影响。

宏观政策体系对工业绿色发展的支持和引导力度不够。目前，我国环境立法体系尚不完善，虽然法律条例数量较多，但系统性不足，加之司法和执法不严，对违法行为惩罚力度不足，对公民和企业保护环境行为缺乏引导和约束。政策保障方面缺乏必要的激励机制，监管机制不够，资金、人才等重要资源引入政策不完善，政府尚未有效利用财政、税收等经济干预手段来调节市场，引导行业绿色发展，使得绿色发展战略的实施困难重重。

环境污染治理资金投入压力与企业利润降低矛盾凸显。随着大气污染防治工作的深入推进，排污企业只有进一步加大污染治理投入，才能适应新形势下的环境管理要求。

但在当前国际贸易摩擦的经济背景下，工业企业利润空间大幅缩小，盈利预期大幅降低。在企业利润减少的同时，还要加大对环保的投资，对企业而言是较大的负担，客观上降低了企业绿色转型发展的积极性。

（2）产业、能源、交通运输结构还有待进一步优化

工业行业系统的总体效率和污染治理水平仍与发达国家有明显差距，结构和布局问题突出。一是部分行业绿色升级难度大。虽然我国火电、钢铁等行业规模化程度高，涌现出一批率先实现超低排放、达到世界先进水平的企业，但也存在大量集中度低的行业，包括家具、铸造、塑料加工、农副食品加工、金属表面处理等，其绝大多数企业技术设备水平和产品技术含量低、生产方式粗放、资源利用率低、污染物排放量大。这些行业内企业环保水平差距较大，且由于布局分散，行业集中治理与转型升级存在较大困难，企业往往选择通过减少环保投入、降低成本来占领市场，造成先进企业生存空间被挤占、劣币驱逐良币的现象。二是对标国际先进水平，部分传统制造业仍有较大差距。以建材行业为例，其生产技术和产品质量都已达到或接近国际先进水平，但生产过程中的能源、资源消耗和污染控制水平还有一定差距。目前，我国工业绿色转型主要通过实施清洁化改造和污染治理来推动，产业结构调整力度不够，企业倾向于通过提高生产效率、降低单位成本而非提高产品附加值来获取利润，绿色工业发展后劲不足。三是高污染企业布局不合理。京津冀及周边地区集中了全国约45%的粗钢产能、43%的熟料产能、62%的焦炭产能、40%的有色产能、36%的平板玻璃产能，区域大气环境容量严重不足，极大阻碍了该地区空气质量持续改善。部分重点区域城市仍建设大型钢铁、焦化企业，石化企业，制药企业，已越来越不适应城市宜居和高质量发展的总体要求。

农业过于依赖化肥、农药、饲料投入，循环利用差，影响农业高水平发展和农村面貌。一方面，农药、化肥施用量仍处高位，亩均化肥施用量为 21.9 kg，远高于亩均 8 kg 的世界平均水平，是美国的 2.6 倍、欧盟的 2.5 倍；农药平均利用率仅为 35%，低于欧美发达国家 50%～60%的水平；另一方面，畜禽粪污资源化利用渠道未全面打通，规模化畜禽养殖场普遍存在污染治理设施与养殖规模不匹配、运行管理不到位、已建设施未能充分发挥污染治理效益等问题，仍有约 30%（约 11.4 亿 t）的养殖废弃物未得到有效处理利用，对周边土壤、水体和大气产生污染。同时，水产养殖尾水直排现象普遍存在，农田退水污染问题未受重视。除此之外，目前仍有 20%的农村生活垃圾未得到妥善处置，近 60%的省份农村生活垃圾治理尚需完善；农村污水处理率仅为 25%左右，且西部地区显著低于东部地区。农村环保体制机制不健全和环境监管能力不足，成为农业农村绿色发展的重要瓶颈。

交通运输发展"重客轻货"，货运行业绿色化程度亟待提高。"十三五"期间，道路

交通运输积极发展，但"重客轻货"现象突出，货物运输发展方式不够平衡，公路货运强度过大，长期占比达 75%左右，铁路占比仅 7.5%左右。高比例公路货运量导致柴油货车排放的污染物居高不下，2018 年柴油货车排放氮氧化物和颗粒物分别为 369 万 t 和 42 万 t，分别占汽车排放量的 71%和 95%。此外，公路货运行业企业规模化程度低，货运企业"小、散、弱、乱"。铁路和水路污染物排放控制起步晚，目前船舶刚刚实施第一阶段排放标准，排放控制区仍然以控制船用燃料硫含量为主，铁路内燃机车排放控制目前还属空白。

（3）绿色发展技术创新不足

我国技术密集型企业较少，现有部分大型企业具备了研发绿色技术的资金和能力，但主观上开展绿色技术创新动力不足。其开发运营具有高风险性，投资回报具有不确定性，开发投资与推广运行费用高，需要良好的政策环境和充足的资金支持。绝大多数的中小企业仍然采用传统粗放式经营模式，经济投入少，工艺水平落后，集约化程度低，限制了其开展绿色技术研发的能力，主观上也缺乏重视和前瞻性。

5.1.4　国际经验

（1）美国绿色发展的先进经验

美国是世界上最早开展绿色保护的国家之一，打破了企业只顾生产、不顾环境保护与资源的陈旧发展方式，保护环境的同时，不断创新绿色发展方式与技术，并推广到经济发展的方方面面。为了明确环境保护责任，美国国会于 1980 年 12 月通过了《综合环境反应、赔偿与责任法》（简称《超级基金法》（CERCLA））；为了应对气候变化，2007 年美国国会先后通过了《气候安全法案》《低碳经济法案》《减缓全球变暖法案》《气候责任法案》《全球变暖污染控制法案》《气候责任和创新法案》等一系列相互配合的重要法案。

在绿色经济发展方面，1980 年，美国的《超级基金法》要求企业必须为其引起的环境污染承担责任，这使得信贷银行必须高度关注和认真防范因放贷可能引起的潜在环境风险，以金融放贷的形式约束企业的生产行为，以达到保护环境的目的。在绿色保险方面，美国早期的"绿色保险"是公众责任保险的一部分。1980 年，美国国际集团（AIG）和埃文斯通保险公司开始经营污染责任保险业务。1982 年，美国 37 家保险公司组成污染责任保险联合会（PLLA），形成一个保险池，共摊保费，共担损失，为其成员公司提供污染责任保险。美国政府每年还向财产与巨灾保险人征收 5 亿美元的税款，专门用于严重环境污染的治理，并用以协调保险人所承担的责任和污染者之间的利益矛盾，分散保险人可能面对的巨大责任。

国际金融危机爆发后，奥巴马政府推出了近 8 000 亿美元的经济复兴计划来挽救经济，其中用于清洁能源的直接投资及鼓励清洁能源发展的减税政策设计金额达 1 000 亿美元，重点包括发展高效电池、智能电网、碳储存和碳捕获、可再生能源（如风能和太阳能等），以推动美国减少对石油和天然气等化石能源的依赖。美国政府加强对能源和环境领域的科研投入和总体部署，基本战略是利用科学技术的优势，扩大替代能源的使用，减少化石能源消耗和碳化物的排放。大力投资大学、国家实验室等，成立能源前沿研究中心，3 年内拨款 4 400 万美元，促进核能技术的升级；拨款 7.9 亿美元，推动下一代生物燃料的发展。从结果来看，发展清洁能源不仅不会损害美国经济的竞争力，反而将使美国成为绿色创新的中心，带来巨大商机和丰厚回报。

（2）欧盟绿色发展经验

欧盟实施的是范围最广的绿色经济模式，即将治理污染、发展环保产业、促进新能源开发利用、节能减排等都纳入绿色经济范畴并加以扶持。在推进过程中，强调多领域的协调、平衡和整合。2009 年 3 月，欧盟正式启动了整体的绿色经济发展计划，将在 2013 年之前投资 1 050 亿欧元，支持欧盟各国推行"绿色经济计划"，全力打造具有国际水平和全球竞争力的绿色产业。其中，英国、德国和法国发挥着主导作用。

英国的绿色经济主要体现在绿色能源、绿色生活方式和绿色制造三个方面。英国把发展绿色能源放在绿色经济政策的首位。2009 年 7 月，英国发布了《英国低碳转型计划》《英国可再生能源战略》，标志着英国成为世界上第一个在政府预算框架内特别设立碳排放管理规划的国家。按照计划，到 2020 年，可再生能源在能源供应中要占 15%的份额，其中 40%的电力来自绿色能源领域，这包括对依赖煤炭的火电厂进行"绿色改造"，更重要的是发展风电等绿色能源。其次是推广新的节能生活方式，对那些主动在房屋中安装清洁能源设备的家庭进行补偿。在交通方面，新生产汽车的二氧化碳的排放标准要在 2007 年的基础上平均降低 40%。最后是支持绿色制造业，研发新的绿色技术。政府要从政策和资金方面向低碳产业倾斜，确保英国在碳捕获、清洁煤等新技术领域处于领先地位。

德国的绿色经济政策重点是绿色产品、可再生能源和工业生态化转型。在绿色产品方面，最先推行环保标志的是德国。1978 年，联邦德国首先在全球推行图案为"蓝色天使"的绿色标识。至今，德国批准使用的绿色标志已经覆盖 60 多个门类、4 300 多种产品。1994 年，德国颁布了《循环经济和废物处理法》，要求企业和居民对资源实行综合回收利用，减少环境污染，保护生态环境。从发展绿色经济的宏观战略来看，德国的重点是发展可再生能源和工业的生态化转型。德国的《可再生能源法》于 2009 年生效，其目标是使可再生能源电力在 2020 年达到总电力的 30%。此外，德国联邦、州和县政府对商品集中采购政策进行调整，注重对能源利用率高的新产品进行采购。作为工业大国，德国在节能、环保、新能源等领域的技术在世界上具有很高的认同度。

法国的绿色经济政策重点是清洁能源、绿色建筑和绿色交通。为应对全球变暖带来的环境和经济挑战，法国积极致力于发展具有竞争力的可持续经济。在能源领域，法国除了继续保持在核电能源中的领先地位外，还大力发展可再生能源，2020 年可再生能源占能源消耗量的 23%。2008 年 12 月，法国公布了一揽子旨在发展可再生能源的计划，该计划包括 50 项措施，涵盖生物能源、风能、地热能、太阳能以及水力发电等多个领域。除大力发展可再生能源外，法国政府还投入巨资，研发清洁能源汽车和"低碳汽车"，通过节能减排措施推动产业发展。同时，核能一直是法国能源政策的支柱，也是法国绿色经济的重点之一，法律强调，将把开发核能与发展可再生能源放在同等重要的地位。

（3）日本绿色发展经验

日本高度重视减排，提倡建设低碳社会。2007 年 6 月，日本内阁会议审议通过《21 世纪环境立国战略》，将关于低碳社会的论述确立为政府的发展目标，并宣布将以低碳社会为基础，建设与环境协调的美丽家园，作为"日本模式"向世界宣传。2007 年版《环境与循环型社会白皮书》强调，必须立即加快制定对策，以显示日本政府对全球加速变暖抱有强烈的危机感，并提出要促进技术开发，研制电动汽车进入使用阶段的高性能蓄电池，要求把已有的节能技术普及到社会各个角落。2008 年 7 月，日本政府通过了"低碳社会行动计划"，提出在 3～5 年内将家用太阳能发电系统的成本减少一半，到 2030 年，风能、太阳能、水能、生物质能和地热能的发电量将占日本总用电量的 20%。2009 年 4 月，日本公布了政策草案《绿色经济与社会变革》，目的是通过削减温室气体排放等措施，正式启动支援节能家电的环保点数制度。在对企业进行国家节能环保标准的监督管理方面，日本有一套完整的"四级管理"模式：首相—经济产业省—其下属的资源能源厅—各县的经济产业局。在政府的引导下，日本企业纷纷将节能视为企业核心竞争力，重视节能技术的开发。日本政府还通过改革税制，鼓励企业节约能源，大力开发和使用节能新产品。

5.1.5　总体思路

加快形成绿色发展方式，是解决污染问题的根本之策。只有从源头上使污染物排放大幅降下来，生态环境质量才能明显好上去。重点是调结构、优布局、强产业、全链条。调整经济结构和能源结构，既提升经济发展水平，又降低污染排放负荷。对重大经济政策和产业布局开展规划环评，优化国土空间开发布局，调整区域流域产业布局。培育壮大节能环保产业、清洁生产产业、清洁能源产业，发展高效农业、先进制造业、现代服务业，推进重点行业和重要领域绿色化改造。推动能源清洁低碳安全高效利用。强化绿色发展的法律和政策保障，发展绿色金融，支持绿色技术创新。推进资源全面节约和循环利用，实现生产系统和生活系统循环链接。更重要的是，要在绿色发展机制上有新突破，促进经济社会发展全面绿色转型。

5.2 绿色发展机制研究

5.2.1 完善生态环境分区管控

5.2.1.1 现状进展

近年来，各级生态环境部门围绕落实主体功能区战略，从生态功能区划、环境功能区划、“三线一单”（生态保护红线、环境质量底线、资源利用上线和生态环境准入清单）、生态环境保护规划等方面谋划开展了一系列工作，力争在源头上使污染物排放得到控制。尤其是 2017 年，环境保护部在全国范围内开展以“三线一单”为主体的区域空间生态环境评价工作，以区域空间生态环境基础状况与结构功能属性系统评价为基础，形成以“三线一单”为主体的生态环境分区管控体系，目的是加快形成有利于资源节约和环境保护的空间布局、产业结构、生产方式、生活方式，将“三线一单”作为促进绿色发展方式和生活方式的前提与重要抓手，将各类开发活动限制在资源环境承载力范围。目前，全国 31 个省（区、市）和新疆生产建设兵团“三线一单”成果编制和发布已经完成，正在推动地市进一步细化、发布实施方案，以及成果落地应用工作。重庆、浙江、江苏、贵州、湖南、江西等 6 个省（市）已完成全部地市实施方案的发布工作；其他省份正在积极按照时限要求，完成地市成果落地推进工作。除西藏、海南外，29 个省（区、市）和新疆生产建设兵团已经完成生态环境部审核阶段的成果数据提交，其中四川、重庆、云南、湖北、贵州、安徽、湖南、上海、江苏、北京、河北、陕西、内蒙古、河南、山东、新疆等 16 个省（区、市）已在省级成果发布后，提交了省级发布版成果数据，四川、重庆、云南、北京 4 个省（市）及新疆生产建设兵团发布数据已通过生态环境部数据审核，完成成果数据入库共享。

5.2.1.2 面临需求

我国幅员辽阔，不同地区的自然地理条件和经济社会发展水平差异显著，导致生态环境问题的空间差异特征明显。当前和今后一个时期，国土空间开发保护制度改革任务仍然艰巨，主要表现在三个方面：一是经济发展布局与国土生态安全格局不匹配，一些高污染、高耗能产业布局在生态功能重要区、生态环境敏感脆弱区，威胁区域生态环境安全；二是产业发展规模与资源环境承载能力不匹配，资源环境超载问题突出，生态环境隐患依然居高不下；三是国土空间治理体系和治理能力有待提升，生态保护修复系统性、整体性不足，与高质量发展相适应的国土空间布局和支撑体系尚未形成。

生态环境领域优化国土空间布局的总体思路是：要立足资源环境承载能力，切实加强生态环境分区管控，明确空间单元的主要生态环境功能和管控要求，强化生态保护修复和环境综合治理，促进形成高质量发展的国土空间布局和支撑体系。要不断健全环境影响评价等生态环境源头预防体系，对重点区域、重点流域、重点行业依法开展规划环境影响评价，严格建设项目生态环境准入，开展重大经济、技术政策生态环境影响分析和重大生态环境政策社会经济影响分析。

5.2.1.3　思路任务

一是健全完善主体功能区生态环境保护政策，构建高质量发展的国土空间支撑体系。以生态环境质量改善为核心，实施生态环境功能区划，建立"功能—质量—排放—标准—管控—治理—功能"等闭路循环的生态环境分区管治体系。以分区管治为抓手，将环境影响评价、排污许可、生态补偿、污染物排放标准、总量控制等管理制度有机融合。开展生态环境分区管治试点，构建一套技术标准统一、功能定位协调的生态环境分区管治技术方法体系。综合考虑水、大气、土壤、生态等各方面生态环境要素空间管控需求，加快完善涵盖各要素管理领域的配套政策与保障机制。建立现代环境治理体系、评价指标体系，将环境治理体系和治理能力现代化实施进程纳入地方政府年度评估考核的重要内容。健全完善主体功能区生态环境保护政策体系，研究出台有关贯彻落实主体功能区生态环境保护政策等文件，制定生态空间、生态保护红线、自然保护地等监管办法，为高质量发展的国土空间布局提供生态环境政策支撑。

二是加快"三线一单"应用，对区域开发和建设活动实施有效监管。按照"守底线、优格局、提质量、保安全"的总体思路，采取分类保护、分区管控措施，进一步强化"三线一单"空间管制。对于城市地区，重点监督大气、水、噪声、固体废物等污染防治，强化建设项目环境影响评价事中、事后监管，关注城镇空气、水、土壤以及噪声等环境质量，同时监管邻避效应、重点行业企业碳排放。对于农产品主产区，重点监管土壤、大气、固体废物等污染防治，监督农业面源污染治理，关注耕地土壤环境质量、农业面源污染、畜禽养殖污染、农村环境整治等，同时监管环境风险。对于生态功能区，重点监管生态保护红线、各类自然保护地，监督对生态环境有影响的自然资源开发利用活动、重要生态环境建设和生态恢复活动，监督野生动植物保护、湿地生态环境保护、荒漠化防治等，关注生态保护红线、各类自然保护地、生态建设与修复工程、矿产资源开发等，同时监管碳汇产品提供和生态风险。

5.2.2 完善生态产品与生态补偿机制

5.2.2.1 生态产品价值研究进展

党的十九大报告明确提出："既要创造更多物质财富和精神财富以满足人民日益增长的美好生活需要，也要提供更多优质生态产品以满足人民日益增长的优美生态环境需要。"2018 年 4 月，习近平总书记在深入推动长江经济带发展座谈会上强调指出："要积极探索推广绿水青山转化为金山银山的路径，选择具备条件的地区开展生态产品价值实现机制试点，探索政府主导、企业和社会各界参与、市场化运作、可持续的生态产品价值实现路径。"2018 年 5 月，习近平总书记在全国生态环境保护大会上强调，生态环境是关系党的使命宗旨的重大政治问题，也是关系民生的重大社会问题，要加快建立健全以产业生态化和生态产业化为主体的生态经济体系。2018 年 12 月，《建立市场化、多元化生态保护补偿机制行动计划》明确指出，优良生态产品供给不足，需要大力激发企业和社会公众积极性。纵观生态产品概念的提出、生态产品价值实现机制相关政策的发展历程，可以看出，生态产品价值实现机制框架已经基本形成，健全和完善生态产品价值实现机制、探索优质生态产品供给是新时代生态文明建设中做出的重要政策安排和关键所在。2021 年 4 月，中共中央办公厅、国务院办公厅印发《关于建立健全生态产品价值实现机制的意见》。

5.2.2.2 生态补偿政策的进展

生态补偿机制是我国生态文明建设的核心制度之一。2015 年 4 月，中共中央、国务院印发《关于加快推进生态文明建设的意见》将"健全生态保护补偿机制"作为"健全生态文明制度体系"的重要内容。2015 年 9 月，中共中央、国务院印发《生态文明体制改革总体方案》，明确提出"完善生态补偿机制"：构建反映市场供求和资源稀缺程度、体现自然价值和代际补偿的资源有偿使用和生态补偿制度；探索建立多元化补偿机制，逐步增加对重点生态功能区转移支付；制定横向生态补偿机制办法；鼓励各地区开展生态补偿试点。2016 年 3 月，中央全面深化改革领导小组第二十二次会议审议通过了《关于健全生态保护补偿机制的意见》，明确提出要完善重点生态区域补偿机制；推进横向生态保护补偿；加快建立生态保护补偿标准体系，根据各地区特点，完善测算方法，制定补偿标准；加强生态保护补偿效益评估；深化生态保护补偿理论和生态服务价值等课题研究。该意见为我国生态补偿绘制了制度创新路线图，为今后生态补偿具体行动提供了目标指引。2018 年 12 月，国家发展改革委等 9 部门联合印发的《建立市场化、多元化生态保护补偿机制行动计划》明确提出，要积极推进市场化、多元化生态保护补偿机制建设。该政策预示着我国生态补偿将逐步由政府主导转向由市场主导。

按照要求，各地积极开展生态补偿实践，其类型大致可分为四类：一是基于环境质量改善的财政激励机制，目前全国已有近 20 个省份相继出台了基于水质目标考核的补偿政策，其中江苏、浙江、江西、山东、河南、湖北、四川、贵州、云南等省实行了上下游超标赔偿或达标补偿机制，北京、河北、山西、辽宁、湖南等省（市）实行了基于水质目标考核的财政资金扣缴机制；二是基于生态环境因素的转移支付机制，江苏先行先试，在全国首创生态保护红线生态补偿机制，按照生态保护红线区域的级别、类型、面积以及地区财政保障能力等因素确定补偿资金。浙江、福建、江西、广东等省以水环境、森林生态、水资源等反映区域生态功能和环境质量的基本要素为分配依据，设置相关补偿因素和权重，建立生态环境中央财政转移支付机制；三是面向区域合作的补偿机制，目前各地实践中比较成熟的做法有园区合作（异地开发）、对口协作、设立生态岗位等；四是市场化补偿机制，目前，我国市场化补偿机制主要集中在排污权交易、碳排放权交易和水权交易方面。

5.2.2.3　面临的问题与挑战

一是生态资源及产品权属界定不清晰。产品权属清晰是买卖双方合法利益不受侵犯的重要保障，是政府管理和市场运营的溯源依据，是开展市场公平交易的基础。由于特定生态空间的森林、草原、湿地、湖泊、海洋、气候等生态系统是公共资源，具有弥散性、流动性，跨区域特征明显，无法清晰界定产权，造成生态产品的权属分割极不明确，降低了市场的运营活力，直接制约了生态产品价值实现的进程，影响了生态产品价值转化和市场化生态补偿。

二是生态产品价值核算体系尚未建立。生态产品特性决定了生态产品价值难以准确量化，加之目前我国对生态产品的交易价值研究刚起步，生态产品价值核算要素和技术方法等仍不完善。生态产品除自身所具有的天然价值外，还具有经过人类加工而形成的人工价值，更具有代际补偿价值、外部补偿价值。目前，生态环境和自然资源具有的公共物品的外部属性边界模糊，没有确切的规范技术标准确定其价格，价格机制只会考虑生态产品的人工价值和部分天然价值，而对于生态资源资产下降的代际补偿价值和外部补偿价值缺乏考虑。

三是价值转化和补偿交易机制不健全。目前，我国生态产品价值实现机制设置、市场准入、交易技术流程、各利益主体分配方式以及管理办法等生态产品市场建设机制不够规范，有待随市场化进程，制定更加合理的政策路径。生态产品交易管理条例、相关配套细则、交易总量设定和配额分配方案等仍不完善，交易机制的建立往往只重视市场交易程序，而忽视不同市场交易制度对补偿效果的影响。各类补偿交易市场要真正良好运行，必须建立全国统一的市场交易体系，包括完善的交易规则，在一级市场上的初始定价、在二级市场上的交易价格的规范以及交易平台的建设，方便交易信息的公布，降低交易成本。

四是价值实现绿色金融体系亟须构建。我国绿色金融业务仍处于初级发展阶段，影响了生态产品市场主体公平和生态补偿等激励约束配套政策的有效落地，也对强化监管和防范风险形成了挑战。尤其是推动产品价值转化的中长期绿色信贷机制尚未建立，尚未有创新性的绿色金融产品和服务方式。而明确的绿色金融标准体系的实施有利于规范企业的环境行为和绿色融资的使用方式，指导金融机构形成绿色金融的业务规范和实施细则。

五是价值转化和补偿实现路径亟须完善。目前，我国生态产品及生态服务价值实现路径主要有财政补贴、转移支付、生态补偿、生态产业化经营和虚拟市场交易，一定程度上将生态产品价值转换为了经济价值，但收效不是很明显。财政补贴和转移支付主要针对生态产品的生产成本予以补偿，对生态产品增值方面体现不多，而且金额核算标准也存在地域性差异。生态补偿在部分省域内实施效果良好，但省际、同流域的补偿机制仍需深化。生态产业化经营以地方为主，部分地区通过发展文化旅游产业、复合种植等途径实现显著增值，但这些措施在经济发展水平较低地区效果一般，未能在根本上解决生态产品增值效率低的问题。

5.2.2.4   推进生态产品价值实现与生态补偿建议

2021 年 2 月，中央全面深化改革委员会第十八次会议审议通过的《关于建立健全生态产品价值实现机制的意见》，进一步明确了建立生态产品价值实现机制及推进生态产业化和产业生态化的路径，具体包括"六个机制"：

一是建立生态产品调查监测机制，这是价值实现的重要前提。重点是推进自然资源确权登记，清晰界定自然资源资产产权主体，划清所有权和使用权边界。开展生态产品信息普查，形成生态产品目录清单，建立生态产品动态监测制度，建立开放共享的生态产品信息云平台等。

二是建立生态产品价值评价机制，这是价值实现的基础。包括建立生态产品价值评价体系，创新性地提出针对生态产品价值实现的不同路径，探索构建行政区域单元生态产品总值和特定地域单元生态产品价值的两套评价体系；在总结各地价值核算实践基础上，探索制定生态产品价值核算规范，推进生态产品价值核算标准化；推动生态产品价值核算结果在生态保护补偿、生态环境损害赔偿、经营开发融资、生态资源权益交易等方面的应用。

三是健全生态产品经营开发机制，这是发挥市场资源配置作用的路径。包括推进生态产品供需精准对接，在严格保护生态环境的前提下，鼓励采取多样化模式和路径，科学合理推动生态产品价值实现；拓展生态产品价值实现模式，促进生态产品价值增值；推动生态资源权益交易等。

四是健全生态产品保护补偿机制，这是发挥政府主导作用的路径。包括完善纵向生态保护补偿制度，探索中央、省级、地方、企业不同层级生态保护补偿实践；综合考虑生态产品价值核算结果、生态产品实物量及质量等因素，开展横向生态保护补偿；健全生态环境损害赔偿制度，提高破坏生态环境违法的成本等。

五是健全生态产品价值实现保障机制，这是价值实现的重要支撑。包括建立生态产品价值考核机制，发挥"指挥棒"作用；建立生态环境保护利益导向机制，构建"生态环境保护者受益、使用者付费、破坏者赔偿"的利益导向机制；加大绿色金融支持力度，探索生态产品资产证券化路径和模式。

六是建立生态产品价值实现推进机制，这是价值实现的组织保障。包括按照中央统筹、省负总责、市县抓落实的总体要求，建立健全统筹协调机制，加大生态产品价值实现工作推进力度；重点在生态产品价值核算、供需精准对接、可持续经营开发、保护补偿、评估考核等方面开展试点示范；依托高等学校和科研机构，加强对生态产品价值实现机制改革创新的研究；将生态产品价值实现工作推进情况作为评价党政领导班子和有关领导干部的重要参考，推动督促落实。

5.2.3　绿色金融研究

绿色金融制度为破解"绿水青山"向"金山银山"转化的资金难题提供了新的思路，能有效动员和激励更多的社会资本投入绿色产业，推动培育和形成新的经济增长点，也为生态环境保护投融资和供给侧结构性改革注入新的活力。当前，我国绿色金融发展呈现出全面提速的良好态势，成为助推绿色发展的重要力量。

5.2.3.1　进展成效

绿色金融政策框架基本建立。2015 年 9 月，中共中央、国务院发布《生态文明体制改革总体方案》，首次明确"建立绿色金融体系"。《中华人民共和国国民经济和社会发展第十三个五年规划纲要》明确提出"构建绿色金融体系"的宏伟目标，将构建绿色金融体系上升为国家战略。2016 年 8 月，中国人民银行和多部委共同发布《关于构建绿色金融体系的指导意见》，标志着我国成为全球首个构建系统性绿色金融政策框架的国家。相关部委从绿色债券、绿色评估认证、环境信息披露、绿色金融标准化工程等多方面不断出台支持绿色金融发展的财政、货币和监管政策。此外，地方政府也在积极制定支持绿色金融发展的政策措施，例如，浙江省湖州市和江苏省先后出台激励措施，向绿色信贷和绿色债券提供财政贴息。

绿色金融产品创新不断涌现。在绿色债券方面，2016 年以来我国在境内外累计发行绿色债券 1.1 万亿元[①]。在绿色信贷方面，截至 2019 年年底，21 家主要银行绿色信贷余额超过 10 万亿元[②]，江苏累计投放"环保贷"54.8 亿元。在环境污染责任强制保险方面，全国 31 个省份均已开展试点，覆盖涉重金属、石化、危险化学品、危险废物处置等行业。在绿色基金方面，国家绿色发展基金将于 2020 年正式运行，地方纷纷建立起绿色发展基金，如河南推进设立 160 亿元的绿色发展基金[③]。在碳交易方面，2019 年八区域碳市场配额现货累计成交量为 3.95 亿 t，累计成交额为 91.6 亿元。

绿色金融改革创新试验区效果明显。2017 年 6 月，国务院正式批复浙江、江西、广东、贵州和新疆五省（区）部分地方设立绿色金融改革创新试验区，在构建绿色金融组织体系、创新绿色金融产品和服务方式、扩宽绿色产业融资渠道、夯实绿色金融设施基础、构建绿色金融风险防范化解机制等方面进行创新试点。2019 年，又批复甘肃兰州新区设立绿色金融改革创新试验区。目前，试验区已取得很多显著成果，积累了大量有益经验。

绿色金融领域国际合作广泛开展。2016 年，中国作为 G20 主席国，首次将绿色金融纳入峰会议题并写入峰会公报。在中国的大力推动下，G20 设立了绿色金融研究小组，在 G20 政策框架下推动绿色金融领域的国际交流与合作。2017 年，作为发起国之一，又成立了央行和监管机构绿色金融网络（NGFS）等绿色金融合作平台。2018 年，中英共同发布了《"一带一路"绿色投资原则》。

5.2.3.2　存在的问题

环境信息披露不足对绿色金融发展的影响。环境、社会、公司治理（ESG）信息披露体系建立处于初始阶段，信息披露指引标准不一致，未能客观地披露环境信息。绿色

---

① 马骏. 绿色债券发展最为成熟. https://m.hbgzpm.com/gupiao/80242.html.
② 银保监会国新办新闻发布会答问实录，2020.01.13. http://www.cbirc.gov.cn/cn/view/pages/ItemDetail.html？docId=885078&itemId=915&generaltype=0.
③ 生态环境部 2019 年 12 月例行新闻发布会实录. http://www.mee.gov.cn/xxgk2018/xxgk/xxgk15/201912/t20191226_751637.html.

金融供需方信息不对称，沟通共享机制尚不完善，为绿色投融资决策带来困难。环境监管部门很难获取相关贷款项目的流向与资金使用情况，导致无法系统评估相关资金发挥的生态环境效益。

政府政策保障措施不够有力。虽然国家发展改革委等七部委发布了《绿色产业指导目录（2019 年版）》，但是绿色产业在各领域的落实、目录和子目录细化、绿色产业标准制定等方面还需要加强，投资、价格、金融、税收等方面配套政策措施有待强化。绿色信贷、绿色债券等标准评估体系不完善。激励机制不足，金融机构对建设周期长、收益率偏低的绿色项目表现不积极；部分金融机构是从企业社会责任和可持续发展的角度实施绿色金融发展战略的，但许多金融机构继续发展现有的成熟业务，仍对该领域的成本与收益持观望态度。

绿色金融产品类型较少。绿色信贷在绿色金融市场所占比重仍然较大，而绿色保险、绿色证券等金融产品所占比重较低，碳期货及碳期权等衍生工具市场几乎还是空白。其中，绿色保险由于参与者有限，还不能发挥足够作用，环境损失赔偿制度不完善以及被认知程度低也制约了保险制度的发挥。此外，不少参与主体仍在单纯追逐商业利益，导致外部性成本未能充分内化、外部性增益又没有估值对价的局面未得到根本改善。

绿色金融用于生态环境领域的份额还有待提高。有些绿色金融项目本身并不"绿色"，存在"漂绿"和"假绿"现象。生态环境保护项目投资回报率低，回收资金难度大，难以长期持续吸纳绿色金融资金。缺乏生态友好型的项目经济评估标准，绿色金融资金很难找到好的项目。

5.2.3.3　思路与任务

随着生态文明建设深入推进、生态环境污染治理步伐不断加快，大量生态环保市场投资需求将成为绿色金融发展的重要契机。据中国环境与发展国际合作委员会相关报告研究测算结果，2021—2030 年，我国绿色融资需求为 26.49 万亿～95.45 万亿元，年均需求至少为 3 万亿元。根据生态环境部环境规划院的预测，"十四五"时期我国仅环境污染治理投资需求总量的可能值就有 7.7 万亿～9 万亿元，年均投资需求约 1.5 万亿元。由此可见，我国环境污染治理投资与环境质量全面改善的投资需求旺盛。与此同时，我国生态环境保护投资供给总量长期严重不足。单单依靠财政补足是不够的（2017 年我国环境污染治理投资总额仅 0.95 万亿元），也会给财政带来负担，而通过绿色金融方式调动社会资金无疑是解决这一问题的突破口。

"十四五"时期，在推动绿色金融发展上把握好四个"坚持"：一是坚持服务经济的绿色转型与推动实体经济高质量发展相结合。重点是加快绿色金融产品与服务创新，有针对性地解决绿色投融资中存在的期限错配、信息不对称和产品工具不足等问题。同时，为有效防范绿色金融发展过程中可能出现的"洗绿"，要提高绿色金融政策制定和业务监管能力。二是坚持完善制度环境与激发市场内生动能有机结合。要提供政策信号和激励措施，制定绿色金融产品与服务标准，强化监管和环境信息披露要求，也要发挥激励约束作用，强化绿色金融服务生态环境高质量发展的有效性和可持续性。三是坚持强化顶层设计与促进地方自主创新有机结合。"自上而下"形成发展绿色金融的强大政策信号和号召力；"自下而上"探索绿色金融支持区域绿水青山向金山银山转化的有效路径。四是坚持立足国情、彰显中国特色与引领参与制定国际规则有机结合。充分利用多（双）边国际合作平台，积极推动形成发展绿色金融的全球共识，引领和参与国际规则的制定，提升我国在应对气候变化、治理大气污染、降碳等领域的制度性话语权和影响力。

"十四五"时期，在推动绿色金融发展上，重点是做好以下几个方面工作：

完善联合工作机制。尽快出台全面实施环保信用评价的指导意见，健全环保信用评价和信息强制性披露制度。推动建立生态环境部门、财政部门和相关金融机构对话机制，定期沟通交流信息，共同研究解决推进绿色金融中遇到的重点、难点问题。推动将企业环保信用评级、企业环境违法违规等信息纳入金融信息基础数据库，破解信息孤岛、信息不对称等问题。搭建绿色金融大数据综合服务系统。

完善绿色金融政策支持体系。推广实施"绿色优先，一票否决"的管理政策，在《绿色产业指导目录（2019 年版）》的基础上，建立健全绿色产业和绿色项目的界定标准，引导金融资金向节能降耗、清洁能源、环境治理、生态修复与保护等生态环保领域集中。研究制定绿色金融激励政策，设立绿色信贷贴息基金和绿色信贷风险准备金，通过财政贴息、融资担保、风险准备金补偿等激励方式，鼓励金融机构积极投入绿色金融建设中。

推动绿色金融产品与服务多样化发展。积极探索通过发行绿色金融债、绿色资产证券化等方式，多渠道筹集资金，加大对绿色发展项目的信贷投放。创新绿色保险的险种类型，完善环境污染责任险，增设气候变化相关的巨灾保险、船舶污染损害责任保险、农业保险理赔等新的险种。推动设立绿色发展银行，专注为生态环境保护项目提供金融服务。在国家绿色发展基金的基础上，鼓励有条件的地方政府和社会资本共同发起区域性绿色发展子基金，支持地方绿色产业发展。拓展绿色房贷、绿色信用卡等绿色金融零售产品。

夯实绿色金融发展的环境基础。完善绿色金融项目的分类标准、经济评估标准体系。统筹建立绿色金融支持的生态环境项目库，国家制定绿色项目认证标准，各省按标准推荐省级绿色项目，最终形成生态环境项目库，定期向金融界推荐适宜的生态环保项目。

推动建设有重要国际影响力的绿色金融中心。加强与联合国环境规划署、世界银行、欧盟等的合作，吸收借鉴国际先进绿色金融发展经验，建设如广深港澳绿色金融走廊、长三角绿色金融示范中心等具有重要国际影响力的绿色金融中心。

5.3　结构调整优化研究

5.3.1　产业结构

5.3.1.1　现状分析

钢铁行业。"十三五"期间，钢铁工业深入推进去产能、去杠杆工作，提前两年完成了 1.5 亿 t 钢铁去产能任务，依法取缔 1.4 亿 t"地条钢"产能。粗钢产能利用率大幅回升，2019 年粗钢产量达到历史峰值的 9.96 亿 t。工艺装备水平进一步提高，5.5 m 及以上捣固和 6 m 及以上顶装先进焦炉产能占比达 56.6%，比"十二五"时期末提升了 6.7 个百分点；重点大中型钢铁企业 1 000 m³ 及以上高炉生产能力所占比例由 74.0% 提高到 80.5%，世界领先水平的 5 000 m³ 以上高炉由 4 座增加至 8 座；重点大中型钢铁企业 100 t 及以上转炉和电炉产能占炼钢总产能的比例达 75.0%，比"十二五"时期末提高 10 个百分点。钢铁行业兼并重组持续推进，国有企业战略性重组和民营企业跨区域重组步伐加快，2019 年全国排名前十位企业粗钢产量占比 36.8%，比"十二五"时期末提高了 2.6 个百分点。

建材行业。"十三五"以来，各省开展压减过剩产能的专项行动，建立产能减量置换机制，有效遏制了水泥熟料和平板玻璃的增长势头。2017 年以来，共关停和压减平板玻璃产能 6 735 万重量箱。截至 2019 年，水泥行业淘汰落后产能 7 000 多万 t，2018 年通过减量置换化解过剩产能 2 500 万 t 以上，2019 年通过减量置换化解过剩产能 604 万 t 以上，促进了行业技术进步和资源要素合理配置。新兴建材产业产值占建材行业总产值的比重达到 18%，比 2015 年提高 9 个百分点。技术装备达到世界领先水平，其中，第二代新型干法水泥和第二代浮法玻璃 70% 以上研发项目的总体技术水平达到国际先进水平，50% 以上研发项目的总体技术水平达到国际领先水平。

有色金属行业。通过产能置换政策引导，我国电解铝产能加快向水电、风电、光伏等清洁能源丰富的云南、四川、内蒙古等省区转移。截至 2019 年，叫停违规建成产能 517 万 t/a，违规在建产能 372 万 t，淘汰落后产能 86.35 万 t，电解铝投资盲目扩张势头得到有效遏制。行业创新能力不断增强，自主研发了 300 kA 大型预焙槽铝电解技术，600 kA 超大型槽已经实现系列生产；自主研发的旋浮铜冶炼、氧气底吹、双底吹和"两步炼铜技术"等达到世界先进水平。

石化行业。"十三五"期间，全国淘汰炼油产能 1.03 亿 t，淘汰纯碱产能 82 万 t，淘汰烧碱产能 211.5 万 t，淘汰 PVC 产能 214 万 t，淘汰尿素产能 813 万 t，淘汰电石产能 415 万 t。石油和化学行业积极实施创新驱动战略和可持续发展战略，行业和企业创新能力有了很大提高，科技创新取得一批重大成果，万华化学开发的脂肪/环族异氰酸酯全产业链制造技术，打破了国外 70 年垄断；山东东岳高分子材料有限公司成功研制出"高电流密度、低槽电压"新一代高性能国产氯碱离子膜，可全方位替代国外产品。

5.3.1.2　存在的问题

产能过剩问题尚未完全解决。钢铁行业具有较强国际竞争力的优势产能、绿色产能占比偏低，行业发展不平衡不充分问题依然突出。京津冀区域水泥利用率较低，其中天津远低于 70%。2019 年，全国平板玻璃产能利用率大幅度下降至 68.81%。石化化工行业产能过剩问题有所缓解，但部分子行业产能过剩严重，如原油一次加工产能利用率仅 74.2%，氮肥、甲醇开工率不到 70%，农药开工率仅 48%。除纯碱、烧碱外，其他传统化工产品开工率均未超过 80%。

产业布局不合理。大规模"北钢南运"现象未得到明显改善，河北、江苏、辽宁、山东、山西 5 个省的粗钢产量占比仍高达 50% 以上，而且多处于环境敏感地区。建材行业产业集中度仍不高，广泛分布在河北、江苏、河南、安徽、广西等地区，且仍以中小规模企业为主，产业自动化程度较低，发展整体呈现东强西弱的态势。化肥行业中小规模企业数量超 2 000 家；氯碱行业企业数量超 160 家，大型企业比重偏低；轮胎行业排名靠前的几十家企业平均产能低于 2 000 万条/a；精细化工行业产业集中度低，部分产品市场竞争无序。

5.3.1.3　重点任务

推进重点行业绿色化改造。以钢铁、焦化、铸造、建材、有色、石化、化工、工业涂装、包装印刷、电镀、制革、石油开采、造纸、纺织印染、农副产品加工等行业为重点，开展全流程清洁化、循环化、低碳化改造，促进传统产业绿色转型升级。在电力、钢铁、建材等行业，统筹开展降碳减排综合治理示范。推动重点行业完成限制类产能装备的升级改造，鼓励重点区域高炉—转炉长流程钢铁企业转型为电炉短流程企业。推进建材、化工、铸造、电镀、加工制造等产业集群提升改造，提高产业集约化、绿色化发展水平。

加快淘汰落后低效和过剩产能。修订《产业结构调整指导目录》，将 VOCs 等高排放工艺和装备纳入淘汰类和限制类名单，制定石化、煤化工、有机化工、制药、农药、印刷、工业涂装类等行业落后和过剩产能淘汰标准。重点区域焦化行业基本淘汰炭化室高度 4.3 m 焦炉，石化行业淘汰能耗和排放不达标、安全水平低的落后工艺、技术和装备。重点区域淘汰未完成超低排放改造的钢铁产能，钢铁、焦炭、水泥、平板玻璃等重点行业力争实现产量控制。

5.3.2　能源结构

5.3.2.1　发展现状

"十三五"以来，我国能源生产和消费持续增长，一次能源生产量达到 39.7 亿 t 标准煤，电力总装机容量达 20.1 亿 kW，能源消费总量达到 48.6 亿 t 标准煤。能源消费结构不断优化，2019 年清洁能源消费占比达到 23.4%，较 2015 年提高 5.4 个百分点，非化石能源和天然气分别贡献 3.2 个百分点和 2.2 个百分点。除天然气占比与目标差距较大外，其他能源结构目标均已实现或基本实现；风电、光伏累计装机容量提前完成目标，为能源结构优化做出突出贡献。

能源行业实行"调整能源结构、减少煤炭消费、增加清洁能源供应"和能源清洁利用，煤电行业提前完成超低排放和节能改造总量目标，平均供电煤耗持续下降；通过推动钢铁、建材等行业超低排放，北方地区推广清洁取暖和散煤治理，为大气污染防治作出积极贡献。

5.3.2.2　存在的问题

"十三五"期间，能源结构调整虽然取得了积极成效，但能源总体转型缓慢，还需要在以下几个方面实现突破：

调结构、减煤炭落实不到位。"十三五"前 4 年，煤炭消费量止跌回升，2019 年接近历史高位，"大气十条"的减煤成效几乎清零；原油消费快速增长，天然气消费不及预期（图 5-4）。

能源效益持续下降。"十二五"平均能源、电力消费弹性系数分别为 0.45 和 0.85，"十三五"前 4 年分别为 0.47 和 0.92，均高于"十二五"平均水平，能效和产业结构需进一步优化和调整（图 5-5）。

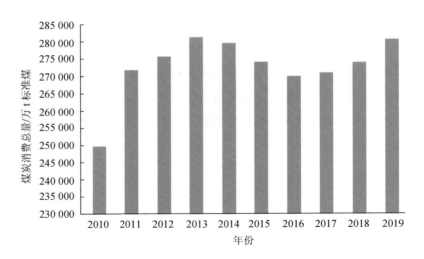

图 5-4 2010—2019 年我国煤炭消费总量

数据来源：国家统计局。

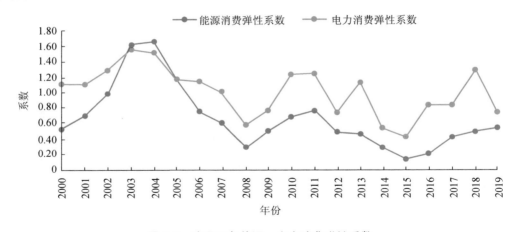

图 5-5 我国历年能源、电力消费弹性系数

数据来源：国家统计局。

二氧化碳减排任重道远。"十三五"期间，我国 GDP 碳强度持续下降，但与能源相关的二氧化碳排放量在短暂的增长放缓后，2017 年又恢复快速增长，2019 年突破 97 亿 t。

区域间发展不平衡。山东、江苏等经济发达且能源消费量大的东部省份的非化石能源比重明显低于青海、四川等省份，且低于全国平均水平；安徽、山东等省份人均天然气利用量与全国平均水平差距较大。

协同治理有待改善。2013—2016 年，通过严格执行减煤、调整能源结构等措施，环境与气候协同治理成绩显著，但 2017 年后又出现重清洁、轻低碳的现象，大气污染情况虽然持续改善，但二氧化碳排放恢复快速增长。

5.3.2.3　重点任务

"十四五"期间，要重点做好以下三个方面的工作：

优化能源供给结构。推进能源革命，加速能源体系清洁低碳发展进程，推动非化石能源成为能源消费增量的主体。到 2025 年，非化石能源消费比例力争提升到 20%以上，天然气消费比重力争达到 12%以上。"十四五"期间，尽早实现煤炭消费总量达到峰值，煤炭消费比重下降到 50%左右。大力开发中东部、沿海地区分布式可再生能源。依托西部水电、风光资源和电力外送通道，建设多能互补的能源基地。完善能源产供储销体系，加强国内油气勘探开发，加快全国干线油气管道和油气储备设施建设，建设智慧能源系统，优化电力生产和输送通道布局，提升新能源消纳和存储能力。

控制煤炭消费总量。京津冀及周边地区、长三角地区严格实施煤炭消费减量替代，到 2025 年，煤炭消费总量分别下降 10%和 5%；汾渭平原力争实现煤炭消费总量负增长。京津冀及周边地区、长三角地区原则上不得增加燃煤机组装机规模，新增用电需求主要由区域内非化石能源发电和区外输电满足。审慎发展大型石油化工等高耗能项目。

实施终端用能清洁化替代。推行国际先进的能效标准，加快工业、建筑、交通等各用能领域电气化、智能化发展，推行清洁能源替代。按照煤炭集中使用、清洁利用原则，重点削减小型燃煤锅炉、民用散煤与农业用煤消费量，对以煤、石焦油、渣油、重油等为燃料的锅炉和工业炉窑，加快使用清洁低碳能源以及工厂余热、电力热力等进行替代。持续推进北方地区清洁取暖。力争到 2025 年，大气污染防治重点地区基本完成农业种养殖业及农副产品加工业燃煤设施清洁能源替代。

5.3.3　交通结构

5.3.3.1　发展现状

当前，全国铁路营运里程 13.1 万 km，铁路网密度 136 km/万 km^2；公路总里程 484.65 万 km，公路密度 50.48 $km/10^6\ km^2$；内行航道通航里程 12.7 万 km。2019 年完成的货运量中，公路运输占比达 78%，铁路运输占比仅为 8%，水路运输占比为 12%。从货物周转量来看，公路货运周转量占比仍最高，达到 47%；水路运输占比 31%；铁路运输占比 19%。从各省货运结构来看，除长三角、珠三角及沿海个别省份外，其余省份货物运输都以公路为主，占比 70%以上。其中，山东省货运量最高，然后是广东省和安徽省。西藏公路货运量最低。铁路运输上，山西、内蒙古、陕西三个煤炭大省（区）铁路货运量位居全国前三。珠三角、长三角所在省（区、市）凭借水运条件，承担全国 70%水路货运量。

全国机动车保有量达到 3.78 亿辆，其中汽车 2.87 亿辆（新能源汽车 551 万辆）。全国汽车保有量较大的省份集中在东部地区，其中保有量前五位的省份依次为山东、广东、江苏、浙江和河北，其中江苏、浙江、广东对新能源接受度较高，又是适合新能源的南部温暖地区，是新能源替代的重点。山东省是老旧车淘汰的重点。柴油货车占汽车保有量的 7.9%。

以上分析表明，机动车排放的 CO、HC、NO_x、颗粒物分别占移动源排放总量的 85.7%、83.6%、59.1%、26.8%；分别占非道路移动源的 14.3%、16.4%、40.9%、73.2%。机动车是移动源 CO、VOCs、NO_x 排放的主要来源，农业机械、工程机械、船舶对移动源 NO_x 和颗粒物排放贡献不容忽视。NO_x 排放居前五位的省份是山东、河北、河南、江苏、广东，排放占比分别为 9.15%、8.96%、7.96%、5.58%、5.33%；颗粒物排放居前五位的省份是山东、河北、河南、湖南、四川，排放占比分别为 9.26%、7.75%、7.17%、5.68%、5.12%；VOCs 排放量居前五位的省份是山东、广东、河南、河北、江苏，排放占比分别为 8.67%、7.27%、6.85%、6.73%、6.61%。浙江省保有量居前，排放量却比较低。

近年来，汽（柴）油含硫量逐年下降，达标率逐年提高，汽油杜绝硫含量超标，柴油达标率逐年上升，但有所反复。柴油车油箱柴油达标率远小于加油站柴油达标率，劣质油品仍通过不明渠道在销售，黑加油站仍然存在。车用尿素溶液覆盖率及品质不容乐观，京津冀尿素销售加油站覆盖率为 61.76%，长三角仅为 22.88%。对唐山市、天津市、廊坊市、保定市、邢台市抽测的 14 个车用尿素样品全部不达标，汾渭平原 14 个尿素样品达标率仅为 21.4%，京津冀及周边地区 16 个不同品牌样品合格率仅为 31.25%，超标指标通常为浓度、折光率、缩二脲和钙离子。

5.3.3.2　存在的问题

交通运输带来的生态环境影响不容忽视。运输结构依赖公路，而铁路、水路占比过低，清洁运输优势未能发挥。物流需求总量在"十四五"期间将继续增加，带来的生态环境影响也在持续增强，尤其是公路货运增长导致柴油货车保有量和行驶里程增长，新增污染物排放及现有污染物削减压力巨大。

新车 NO_x 和 VOCs 控制水平没有明显提升。重型车国四和国五两个阶段的排放标准，只针对发动机提出排放限值和测试方法，对整车 NO_x 排放的测试和考核存在局限性，同时对在用车 NO_x 排放缺乏监测手段，造成实际道路 NO_x 排放远高于实验室认证水平。选择性催化还原系统若不能正常工作，占 NO_x 排放总量 70% 的重型车排放将严重超标。对于汽油车，国三阶段后蒸发排放控制水平没有提升，且缺乏在用阶段排放监测手段，蒸发排放 VOCs 没有得到有效控制。

非道路达标监管制度不完善。非道路移动源保有量大、涉及面广，非道路移动机械相关配套监管机制不健全。目前，非道路移动机械超标严重，企业不能充分保证在用机械的符合性，部分地方非道路移动机械未按要求进行信息公开。新生产铁路机车排放标准正在制定，在用非道路移动源仅有柴油机械烟度排放标准，对于 NO_x 没有相应的管控标准。

达标监管能力不足。车辆管控体系中，生产、使用、检测、维修、治理中均存在不同程度的监管能力不足。新车生产一致性、耐久性水平差；使用环节中，使用强度高、劣化快、超限超载、使用劣质油品和尿素、修改发动机参数等，均会加剧超标行为的发生。对于超标车辆识别，存在识别率低、速度慢等问题。缺少油品现场快速检测、判定的技术、装备和标准。非道路移动机械多年没有在用排放标准，且没有强制报废制度。船舶污染控制中现行登船抽检燃油及文书检查模式已无法满足监管需求。

5.3.3.3　重点任务

明确交通结构调整目标指标要求。建立包括移动源减排目标、新能源汽车占比、水路铁路集装箱运输比例等运输结构调整指标、大宗货物公转铁公转水指标、铁路专用线接入比例、企业清洁运输方式占比、机动车路检路查监管覆盖率、排放、油品及尿素达标率、非道路移动机械标准制定和更新、老旧机动车及船舶淘汰、环境治理体系能力建设指标等目标指标。

强化铁路基础设施建设，推动货物运输"公转铁"提升工程。改变铁路建设"重客轻货"的局面，全面加快货运铁路干线和专用线建设。以煤炭、焦炭、铁矿石、电解铝、集装箱、砂石骨料等物料为重点货品，以集疏港、大型工矿企业和物流园区为关键环节，推动重要物流通道干线铁路建设及铁路专用线建设。到 2025 年，全国煤炭、焦炭、铁矿石、电解铝、砂石骨料等大宗物料运输完成"公转铁"50 亿 t 以上，京津冀及周边地区、长三角地区和汾渭平原大宗物料运输"公转铁"分别新增 15 亿 t、10 亿 t 和 5 亿 t 左右。京津冀地区公路货运量实现净削减。

加速非道路标准升级。加快车船和非道路移动机械结构升级，建立和完善非道路移动源环境监管制度。推进船舶污染防治，启动申请国际船舶排放控制区，进一步加严排放标准，扩大控制范围，制定更加严格的内河在用船舶排放标准。面向大型港口和机场，推行港口和机场低（零）排放非道路移动机械示范建设。划定非道路移动机械排放控制区。推动在用非道路移动机械的检测和维修治理。推动核心区域使用的部分非道路机械电动化。

大力发展铁水联运和多式联运。以全国集装箱干线港为核心，发展集装箱铁水联运和水水联运。"十四五"期间，港口集装箱铁水联运量增长 1 倍以上。

提升公路货运的清洁化。逐步推行高速公路差异化收费政策，推动清洁化运输工具的普及。在城市交通管理和路权分配上，改变过去"一刀切"的方式，采用更加绿色的交通管理政策，给予清洁运输工具和高效运输模式优先路权。加快推广新能源汽车，到 2025 年，新能源汽车保有量超过 2 000 万辆。

大力发展绿色配送。加大物资运输的铁路和新能源承运比例。采用政府引导与市场主体相结合的方式，大力发展高效的第三方配送服务，通过信息技术的普及提升物流效率，改善目前物流配送各自为政、效率不高的问题。推广 200 km 内中短途纯电动以及 200 km 以上中长途燃料电池及插电式、增程式混合动力物流配送车辆。

加强移动源大气污染物与温室气体协同减排。制定移动源温室气体排放标准，加强与油耗标准及管理协同，统一测试方法、数据报送、信息公开、达标监管，简化型式检验程序。研究建立大气污染物、温室气体协同信息公开制度，联合开展新车生产一致性检查。研究建立基于平均、存储、交易机制的大气污染物和温室气体管理体系，建立燃料消耗量与新能源汽车积分、碳交易、排污权交易等协调机制，实现大气污染物排放、温室气体排放、燃料消耗量控制、新能源汽车发展协同管理。

5.4　绿色技术创新研究

党的十九届五中全会《建议》指出："坚持创新在我国现代化建设全局中的核心地位，把科技自立自强作为国家发展的战略支撑，面向世界科技前沿、面向经济主战场、面向国家重大需求、面向人民生命健康，深入实施科教兴国战略、人才强国战略、创新驱动发展战略，完善国家创新体系，加快建设科技强国。""十三五"以来，我国绿色技术创新取得了一系列进展，有力支撑了资源能源节约集约利用和生态环境质量持续改善。从长期来看，以绿色技术创新推动绿色发展是建设生态文明的根本途径，需要高度重视并充分发挥绿色工程科技在生态文明建设中的引领作用，不断推动生态环境治理体系和治理能力现代化，加快实现生态文明建设的目标。

5.4.1　现状分析

"十三五"以来，我国绿色工程科技取得一系列重要进展，为打好污染防治攻坚战、加强生态保护与修复、节约集约利用资源能源奠定了坚实基础，有力支持了生态文明建设和生态环境保护工作。

（1）支撑打好污染防治攻坚战

在水污染防治领域，水专项产出了重点行业水污染全过程技术系统与应用、城镇水污染控制与水环境综合整治整装成套技术，流域面源污染治理与水体生态修复成套技术，流域水质目标管理及监控预警技术，"从源头到龙头"饮用水安全多级屏障技术及监管技术，水污染治理关键技术、核心材料及成套设备国产化与产业化，京津冀区域水污染控制与治理成套技术综合调控示范，太湖流域水污染控制与治理成套技术与综合示范等八大标志性成果，建成流域水污染治理、流域水环境管理和饮用水安全保障三大技术体系，有效支撑了太湖、京津冀、三峡库区、淮河、辽河等流域、区域水污染治理和水环境质量改善。

在大气污染防治领域，大气重污染成因与治理攻关等项目建立了大气重污染成因定量化、精细化解析技术方法，全面弄清了京津冀及周边地区大气重污染成因，构建了重污染天气联合应对技术体系，有力支撑了京津冀及周边地区秋冬季大气污染防治攻坚行动。研发的空气质量预报系统实现 7～15 天业务化预报，72 小时预报准确率 80% 以上；研发的燃煤发电污染减排技术引领同行业 80% 以上企业技术升级；研发的钢铁行业污染减排技术装备，实现颗粒物、二氧化硫和氮氧化物分别减排 78%、79% 和 69%；研发的柴油车和汽油车减排技术达到国六排放标准，为国家、重点地区和城市大气污染防治工作提供了理论基础、成套技术和管理工具。

在土壤污染防治领域，开展了场地土壤污染形成机制、监控预警、风险管控、治理修复、安全利用等技术研发，以及材料和装备创新研发与典型示范。针对铬、砷重金属污染地块开展了一批工程修复示范，为实现农业面源和重金属污染农田有效防治、农业生态环境健康和农产品质量安全有效提升等多重目标提供科技支撑。形成了粪污全量收集还田利用、粪污专业化能源利用、固体粪便堆肥利用、粪便垫料回用、异位发酵床、污水肥料化利用和污水达标排放 7 种典型技术模式。

（2）支撑生态保护和修复

在生态保护修复领域，开展了生态监测预警、荒漠化防治、水土流失治理、石漠化治理、退化草地修复、生物多样性保护、生态安全保障等研究，揭示了区域生态格局与功能演变机理及驱动机制，建立了珍稀濒危动物及极小种群植物物种保护、自然遗产地生态保护与管理、区域生态安全评估与预警等关键技术体系，形成了典型退化区域保护与修复治理技术对策和生态保护红线划定技术方法体系。建立区域生态承载力评估技术方案，制定自然遗产地生物多样性天地空一体化监测技术体系，推动自然保护监督制度和技术体系建设。开展生物多样性调查与评估专项研究，构建了生物多样性调查方法体系。

（3）支撑资源能源清洁高效利用

在能源领域，以燃煤发电污染物超低排放技术、先进燃煤发电技术和现代煤化工技术为代表的煤炭清洁高效转化与利用技术取得重要突破；油气科技在油气藏勘探理论技术、老油田精细注水与化学驱提高采收率技术等方面居世界前列，深水油气、致密气、页岩气、致密油、煤层气的勘探开发技术取得重大进展；核能产业创新能力进一步加强，掌握了第三代核电技术的大部分核心关键技术，开发了具有自主知识产权的大型先进压水堆机型，并走出国门；可再生能源产业发展迅速，新增发电装机容量已经超过化石能源新增装机，太阳能发电技术基本与世界保持同步，风电科技在大型风机叶片设计和制造方面已经跻身世界领先水平；在特高压/柔性输电、大电网稳定控制与优化调度、可再生能源发电等技术领域已经取得丰硕成果，在智能电网关键技术、装备和示范应用方面具有良好的发展基础；在分布式电源/储能、节能、燃料电池等新兴技术领域也取得了较大进步。

在资源领域，大直径深孔采矿、大型露天矿用开采装备等共性关键技术/装备显著提高采矿的强度和安全性，建成了充填开采、无尾矿库、无废石场的近零排放示范矿山，复杂低品位多金属资源选冶技术取得进步。选矿回水的适度处理—分质回用技术和尾矿水深度处理—全部回用技术，大幅提高了回水的利用率。

在固体废物处理处置领域，大宗工业固体废物建材化利用、生活垃圾焚烧发电、重金属固体废物安全处置等方面取得了一批关键技术突破，带动了固体废物循环利用产业的发展。垃圾焚烧发电效率接近美国水平；研发的厨余垃圾专用转运车密闭性能有效提升；废旧轮胎处置综合能耗降低 20%，裂解炭黑可全部回用于轮胎生产。"固体废物资源化"重点专项面向国家重大战略需求，研究适应我国固体废物特征的循环利用和污染协同控制理论体系，着力攻克整装成套的固体废物资源化利用技术。已经开展的相关研究为国家固体废物环境管理决策和"无废城市"建设提供了重要的技术支持。

（4）加快生态环境科技成果转化

国家生态环境科技成果转化综合服务平台于 2019 年 7 月启动，聚焦污染防治攻坚战热点、难点问题，及时推出专栏，定向开展技术服务，发布环保政策，推广环境管理典型案例，全面支撑生态环境部管理工作。目前，平台汇集 4 467 项技术，并通过组织技术推介活动等方式向 1 500 余家企业、2 万余人提供科技服务。

5.4.2　存在的问题

（1）绿色技术的基础研究和前沿技术研究有待加强

我国生态环境基础研究薄弱，如适合我国国情的环境基准体系基本缺失，对于环境生物学、毒理健康、生态效应缺乏系统和深入研究，难以回答污染物对生态环境系统和人体健康影响等问题。生态环境治理的原创性技术较少，技术积累不足，特别是核心技术不足，缺乏应对新产业变革并引领技术发展潮流的能力。生态环境领域很多核心关键技术、设备、材料仍然依靠国外引进，清洁生产和绿色技术发展滞后。

（2）重点领域和关键环节还存在"卡脖子"问题

在能源资源开发利用领域，煤炭行业清洁高效转化和利用水平需要提升，先进煤炭开发利用技术亟须进一步研发、示范推广；非常规油气开发仍存在关键技术制约，非常规油气和深海油气尚未实现大规模商业化开发；核电装机仍没有形成规模，核电技术的安全高效发展需要进一步加强；可再生能源领域自主创新的核心技术不足，特别是光伏电池、太阳能光热发电、地热能发电等核心技术装备仍然在很大程度上依赖进口，并网消纳等诸多问题依然突出；智能电网发展仍受制于技术、市场等多方面因素。此外，我国重大能源工程依赖进口设备的现象仍然较为普遍。在前沿技术创新与应用方面，燃煤发电超低排放、整体煤气化联合循环发电系统/整体煤气化燃料电池发电技术、微地震、数字油田、水平井体积压裂、深海油气和非常规油气勘探开发、特高压、第三代和第四代核电、智能电网、节能与新能源汽车、太阳能光伏发电、风力发电、燃料电池和大规模储能等技术的研发与产业化进程亟待加强。

在资源开发利用领域，矿产资源综合利用技术水平相对较低，矿产资源总回收率和共伴生矿资源综合利用率平均仅为 30% 和 35%，尾矿利用率不到 10%。金属废弃物利用率仅为世界平均水平的 $1/3 \sim 1/2$。水资源开发利用程度和技术水平与国际先进水平相比仍有较大差距，水资源承载能力研究不足，水资源利用率较低，各类水资源互补和调配利用研究深度不够，流域间水资源调配能力较低。微咸水和海水利用技术水平和应用规模与先进国家相比，都存在较大差距。

在环境工程领域，重污染行业清洁生产与节能减排关键共性技术创新取得一定实效，但总体技术支撑仍处在初级阶段，源头减排清洁生产技术创新能力明显不足。核心环保技术与国际先进水平仍有很大差距，NO_x、VOCs、重金属废气、机动车尾气净化、特殊污染物处理、工业废水深度处理与回用、污泥处理和利用、土壤污染修复、危险废物和医疗废物处理等方面起步较晚，关键技术及设备水平仍然较低，缺乏整体性、区域性技术解决方案。气象监测设备等高技术设备还大量依靠进口，环境监测预警与应急能力、应对全球气候变化和履行国际环境公约的科技能力依然不足。

（3）绿色工程科技创新的保障能力不足

绿色发展是一项复杂的系统性工程，需要以众多学科、领域为基础的集成性创新。要使绿色工程科技真正发挥引领生态文明治理作用，就需要绿色工程技术的群体性突破，并构建较为完善的绿色产业体系。无论是集成创新还是群体性突破，这种长期性任务都意味着大量科研经费与高层次人才的投入，需要消耗大量资源与人力。我国目前的绿色工程科技的投入与发达国家仍有较大差距。以环境工程科技为例，我国环境工程科技平均研发水平指数仅为 24.4，总体研发水平较低，95.6%的技术处于较落后或落后阶段，与世界先进水平差距较大；美国和欧盟处于环境工程技术领域的领先地位。

5.4.3 重点任务

“十四五”时期，需要牢牢把握创新驱动核心，充分发挥绿色工程科技在生态文明治理中的引领作用，以建设国际一流的绿色技术创新体系为目标，全面提升绿色技术创新能力，强化低碳发展、资源节约、污染治理、生态修复等关键领域技术攻关，加强与计算、大数据、物联网、人工智能、区块链等新兴数字技术与绿色技术创新的融合，针对我国绿色发展面临的重大生态环境问题，瞄准未来环境技术发展的制高点，组织开展国家重大绿色工程科技攻关，着力突破一批重大关键核心技术，推动生态环境治理体系和治理能力现代化。

（1）加强前瞻性研究和基础理论创新

坚持面向全国乃至国际绿色工程科技前沿，面向我国生态文明治理重大需求，加强生态环境问题前瞻性研究和基础理论创新，强化资源利用、污染治理、生态修复等领域的关键和前沿技术攻关，着力突破一批核心技术，为精准治污、科学治污、依法治污提供技术保障。实施环境治理与生态保护重大科技专项，开展 $PM_{2.5}$ 与 O_3 污染成因及协同控制，湖泊富营养化机理、大气污染物与温室气体排放协同控制技术和路径等专项研究。强化大气、水、土壤等重点领域污染成因、多污染物复合效应等基础研究，开展新污染物风险评估与治理管控技术研究。开展气候与生态系统观测融合分析，研究气候变暖成因、趋势和规律，开展气候变暖与生态系统作用的机理研究。

（2）着力开展重点领域和关键环节的绿色技术创新

开展工业领域清洁生产、绿色化、智能化升级改造。深入研究有机化学品生产过程、湿法冶金电解过程、煤电转化等过程污染产生机理，重点突破有机化学品生产过程中无毒原料/绿色催化剂的设计、开发和应用，湿法冶金、贵金属提取等强腐蚀条件下的膜过滤技术，湿法冶金行业电解过程中重金属废水源头削减智能化大型工艺平台及含重金属湿法冶炼废渣无害化处理及资源化利用技术，突破一批关键环节核心清洁生产技术，推动污染防治从末端治理向全防全控转变，支撑重点行业清洁生产技术改造，提升绿色化水平。

发展多污染物、跨区域流域污染防控与环境质量改善技术体系。水环境质量改善方面，加大对固定源污染的控制力度，针对城市生活污水处理、典型行业废水处理、污泥处理处置等，重点开发重污染行业难降解有毒有机物过程减排技术、工业废水脱盐与水回用关键技术、基于能源自给的污水及污泥处理技术等。重视面源污染控制，开发农业生活污水、养殖废水、灌溉水集中式-分散式综合处理、城市污水氮磷转化及回收技术等。加强地下水微污染防治及饮用水安全保障技术的研发。大气环境质量改善方面，围绕当前大气复合污染严峻态势，研究开发复合污染前驱物控制的关键技术。针对重点工业行业产污过程，着力研发多种污染物（$PM_{2.5}$、硫氧化物、NO_x、VOCs 等）协同控制的关键技术和设备，实现多种污染物一体化脱除；研究开发重点排放源挥发性有机物控制技术；针对移动源问题，开展机动车污染技术与装备的研发与推广应用。土壤修复方面，重点开发土壤及场地单一及复合污染修复技术，以及适用性广、成本低、安全性强的耕地土壤原位生物修复-物化稳定技术等。加强对固体废物的综合利用与无害化处置，重点研发难处理废旧高分子产品清洁再生与多行业协同利用技术、垃圾衍生燃料气化清洁利用技术装备及再生金属循环利用技术等。

大力构建生态保护与恢复技术体系，加强流域的生态修复与恢复，建立传统水利、生态系统栖息地和景观的有机结合的理念、技术与标准规范。加大生态保护、生态修复及建设力度，逐步恢复和提升荒漠化土地、盐碱地、水土流失地区、高寒生态系统等生态脆弱/生态退化区域的严重受损的生态功能。加强重点矿区生态恢复与综合整治、重大交通基础设施建设的生态保护与恢复。建立生态系统和环境质量全方位立体监测系统，形成国家生态环境系统监测、监控和预警网络。强化环境遥感监测工作，继续推进生态恢复工程的"天地一体化"生态监测体系的构建，结合地面调查、遥感（包括无人机）调查工具获取生态恢复区的监测数据，并实时快速传输数据，实现快速、准确监测和评估，服务于我国生态恢复技术和生态建设的绩效评估和实时监测。

构建先进的环境监测预警应急管理工程科技体系。着力强化污染源监测，开发大气、水、土壤污染物实时在线监测关键技术和设备，提高环境质量和污染源在线监测系统技术水平。在区域空气质量监测、评估与预报技术方面，开发大气超细颗粒物、挥发性有机物空气二次污染等污染物、垃圾和危险废物焚烧中二噁英等污染物实时监测技术研究；在水环境在线监测技术与设备方面，开发水体中新型污染物的监测技术与设备，重点研究水中新型污染物 POPs/金属形态/ 环境激素等监测技术；开展基于新型化学、生物传感器的土壤环境污染快速监测技术、土壤质量的遥感遥测与大数据信息技术等研究。加强环境应急技术与设备研发，重点研发突发污染现场级实验室快速检测及预警技术，受放射性物质、生物毒性、化学毒剂污染环境的应急处理技术等。

（3）持续加强对绿色技术创新的支撑保障

充分运用市场机制，利用财税、金融信贷、投资、价格等经济手段，创建社会化、市场化、多元化融资平台，拓宽融资渠道，鼓励社会各类投资主体参与绿色工程科技创新，加大财政对绿色工程科技创新的投入力度。建设和完善一批绿色工程科技创新国家重点实验室、国家工程技术中心和野外观测基地，大力发展集实体化、资本化、国际化于一体的高端研发机构。推进绿色工程科技创新智库、绿色工程科技应用示范基地、绿色工程科技产业园等建设。推进绿色工程科技创新成果应用。积极发挥国家科技成果转化引导基金作用，支持重点绿色工程技术创新成果转化应用。建立健全绿色工程科技成果转化市场交易体系。实施节能环保、清洁生产、清洁能源、生态保护与修复、城乡绿色基础设施、生态农业等重点领域绿色工程科技研发重大项目和示范工程。充分利用国家生态环境科技成果转化综合服务平台，加强推广应用和技术指导。

（4）建设绿色技术创新的管理体系

加强科技、能源、水利、生态环境等相关部门的绿色工程科技管理协同创新，建立完善会商机制，围绕京津冀、粤港澳、长江经济带、黄河流域等区域绿色工程科技需求，探索构建跨部门、跨地区的绿色工程科技创新业务协同管理体系；着力构建市场化、组合式的绿色工程科技创新政策体系，从政策过程、目标、内容和组织等维度梳理和评估现有政策，加强协同互补、配套衔接；研拟多元化环境政策工具，重点建立健全科技创新与自然资源和生态环境政策的联动机制，完善绿色财税、绿色金融等多种经济手段互动机制。

第 6 章　减污降碳协同效应研究

能源利用产生的 CO_2 排放与主要大气污染物排放具有同根同源性，需要注重协同治理、协同增效。一方面，要统筹推进应对气候变化和持续改善大气环境，努力实现大气污染物排放和温室气体排放强度双降，实现减污降碳协同效应；另一方面，要加强 $PM_{2.5}$ 与 O_3 污染的协同治理，强化在前体物协同减排、控制标准、监管与执法能力建设等方面协同，保障在继续大幅度降低 $PM_{2.5}$ 浓度的同时，有效遏制 O_3 污染的加重趋势。

6.1　减污降碳的总体思路

6.1.1　加强大气治理与应对气候变化协同

我国以化石能源为主的能源结构导致人为 CO_2 排放与主要大气污染物排放具有很强的"同根、同源、同时"特征。据统计，有 20%～40%的大气污染物排放来自电力、热力生产和供应业，5%～15%来自黑色金属冶炼压延加工业，10%～20%来自非金属矿物制品业，而 CO_2 排放有 34%来自能源转换和能源加工，有约 35%来自黑色金属冶炼压延加工和非金属矿物制品业。几乎所有的人为 CO_2 排放（除土地利用变化和林业排放外）都伴随大气污染物排放，CO_2 排放与大气污染物排放"同根"（来自化石燃料，除少量工业过程排放）、"同源"（同一设备和排放口排出）、"同时"（形成于燃烧过程），二者具有非常紧密的关系。我国 SO_2 排放量的 90%、NO_x 排放量的 67%、烟尘排放量的 70%及 CO_2 排放量的 70%都来自燃煤。所有 CO_2 排放控制措施和技术（除 CO_2 捕集、利用与封存技术外）都会对其伴随的大气污染物产生显著影响。"十三五"以来，全国总体上 CO_2 排放增长速度明显低于 GDP 增速，这表明 CO_2 排放已经实现和经济增长的弱脱钩；另一方面，温室气体排放与空气质量反向变动，呈现出强负脱钩的现象，这表明现阶段大气污染防控的强化措施并未对温室气体排放起到显著的减排效应（图6-1）。

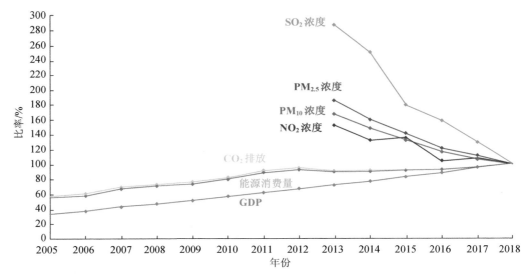

图6-1　我国温室气体排放量与空气质量变化趋势对比

"十四五"时期是建立温室气体排放控制制度、大幅降低 CO_2 排放强度、为2030年前碳达峰奠定有利条件的关键时期。必须在"十四五"期间实现减污降碳协同效应。

在减排目标上，根据2035年美丽中国建设目标及2030年前碳达峰目标，倒排"十四五"大气污染防治规划和 CO_2 排放控制目标，统筹制定和分解大气污染物与温室气体减排目标，努力实现大气污染物排放和温室气体排放强度双降。

在重点区域上，以大气污染防治重点区域为着力点，在优化调整重点区域范围的基础上，强化协同控制措施。研究发现，国家大气污染防治重点区域（京津冀及周边地区、长三角地区和汾渭平原地区）及广东省的 CO_2 排放量占全国排放总量的53.4%，有效推进重点区域协同治理工作对我国实现空气质量全面改善及碳达峰目标至关重要。将珠三角等先进地区作为协同治理示范区，为全国其他地区提供经验和参考。

在任务举措上，协同推进煤炭消费总量控制，提高可再生能源利用比例，促进钢铁、火电、建材等高耗能、高排放行业结构调整与产业升级。能源方面，进一步提高非化石能源占比，持续优化能源结构。交通方面，深化运输结构调整，推广新能源车船，推动车船升级优化，协同减少 CO_2 和 NO_x 排放。产业方面，针对重点部门制定协同管控措施，配套进行能源结构转型，推动产业产品绿色升级和产业结构低碳化发展。

在管理制度上，以实现大气污染防治和二氧化碳减排两方面目标为前提，统筹应对气候变化与生态环境保护工作。可以从战略规划统筹融合、政策法规统筹融合、统计和监测体系完善、综合管控制度建设四方面协同推进。

6.1.2　加强 PM$_{2.5}$ 与 O$_3$ 污染的协同治理

O$_3$ 是典型的二次污染物，同 PM$_{2.5}$ 中二次组分一样，都是一次污染物排放到大气环境后，经过复杂的化学物理过程转化形成的。VOCs 和 NO$_x$ 是 O$_3$ 的主要前体物，也是 PM$_{2.5}$ 的重要前体物。此外，O$_3$ 和二次 PM$_{2.5}$ 的生成过程中，驱动力都是大气氧化，氧化性的增强既会促进二次 PM$_{2.5}$ 的生成，也会使 O$_3$ 浓度升高。因此，有必要加强 PM$_{2.5}$ 和 O$_3$ 协同控制。

"十四五"期间，在继续加强 PM$_{2.5}$ 控制的基础上，加快补齐 O$_3$ 的治理短板。一是强化目标协同，在约束性指标目标制定和分解上，要科学分析 PM$_{2.5}$ 和 O$_3$ 浓度变化对优良天数比例的正负影响，协同制定管理目标。二是强化控制区域协同，要考虑 PM$_{2.5}$ 和 O$_3$ 污染控制区域需求以及传输规律，对大气污染防治重点区域进一步优化调整。三是控制时段协同，综合考虑 PM$_{2.5}$ 和 O$_3$ 两个因素，加大季节性调控力度。在北方地区尤其是重点区域开展秋冬季大气污染综合治理攻坚行动。针对 O$_3$ 污染严重的夏秋季，在 5—10 月开展 O$_3$ 污染防治攻坚战，在污染严重区域重点削减 VOCs 排放，协同削减 NO$_x$ 排放。四是减排措施协同，要强化城市的精细化管理，在继续控制扬尘和 PM$_{2.5}$ 的同时，对 PM$_{2.5}$ 和 O$_3$ 共同的前体物 NO$_x$ 和 VOCs 进行协同控制。五是政策保障措施协同，加快补齐 VOCs 防治在法规、标准、经济政策、监测监管、执法能力建设等方面的短板。

6.2　应对气候变化研究

6.2.1　应对气候变化全球行动

人类活动导致的全球变暖大约比工业化前的水平高约 1.0℃，可能的范围是 0.8～1.2℃。如果以目前的速度继续上升，全球变暖可能在 2030—2052 年达到 1.5℃。反映自工业化以来的长期变暖趋势，2006—2015 年观测到的全球平均表面温度（GMST）比 1850—1900 年的平均值高 0.87℃（可能在 0.75～0.99℃范围内）。估计人为造成的全球变暖与观测到的变暖水平在±20%之间相匹配。目前，估计人为全球变暖每 10 年以 0.2℃（可能在 0.1～0.3℃）的速度增加。

为了应对全球变暖趋势，世界上有 30 多个国家已经提出 2050 年前实现碳中和（表 6-1），包括欧盟（碳中和目标为 2050 年）、英国（碳中和目标为 2050 年）等。从碳达峰和碳中和时间上来看，不少发达国家已实现碳排放和经济脱钩，从碳达峰到碳中和平均用时 43 年。一些国家计划实现碳中和的时间更早，如埃塞俄比亚将实现碳中和年份设定在 2030 年，乌拉圭提出 2030 年实现碳中和，芬兰为 2035 年，冰岛和奥地利为 2040 年。另外，苏里南和不丹已经分别于 2014 年和 2018 年实现了碳中和目标，进入负排放时代。一些发展中国家如乌克兰（2060 年）、巴西（2060 年）、哈萨克斯坦（2060 年）以及毛里求斯（2070 年）承诺将在 21 世纪后半叶实现碳中和。

表 6-1　世界主要国家（地区）碳达峰和碳中和时间①

国家（地区）	碳达峰时间	碳中和时间	碳达峰到碳中和间隔/年	状态	国家（地区）	碳达峰时间	碳中和时间	碳达峰到碳中和间隔/年	状态
阿根廷	2015	2050	35	提交联合国	马绍尔群岛	—	2050	—	承诺实现《巴黎协定》
比利时	2003	2050	47		马拉维		2050		
巴西	2014	2060	46	提交联合国	马尔代夫		2030		提交联合国
加拿大	2018	2050	32	起草法案	毛里求斯		2070		
中国	2030 年前	2060	30	提出政策	瑙鲁		2050		
智利	2018	2050	32	提出政策	尼泊尔		2050		提交联合国
哥斯达黎加	—	2050	—	提交联合国	新西兰	2008	2050	42	法律
丹麦	2003	2050	47	法律	挪威	2004	2050	46	提出政策
埃塞俄比亚	—	2030	—		巴拿马		2050	—	提交联合国
欧盟	2007	2050	43	提交联合国	葡萄牙	2005	2050	45	提出政策
斐济	—	2050		提交联合国	斯洛伐克	1984	2050	66	提出政策
芬兰	2003	2035	32	联盟协议	南非	2020—2025	2050	25～30	提出政策
法国	2005	2050	45	法律	韩国	2018	2050	32	提交联合国
匈牙利	1978	2050	72	法律	西班牙	2007	2050	43	起草法案

① https://www.climatechangenews.com/2019/06/14/countries-net-zero-climate-goal/（更新于 2021 年 3 月 10 日）.

国家（地区）	碳达峰时间	碳中和时间	碳达峰到碳中和间隔/年	状态	国家（地区）	碳达峰时间	碳中和时间	碳达峰到碳中和间隔/年	状态
冰岛	2018	2040 前	22	联盟协议	瑞典	1999	2045	46	法律
德国	1973	2050	77	法律	瑞士	2001	2050	49	提交联合国
爱尔兰	2007	2050	43	联盟协议	英国	2006	2050	44	法律
日本	2005	2050	45	意向	美国	2007	2050	43	意向说明
哈萨克斯坦	—	2060	—		乌拉圭	—	2030	—	承诺实现《巴黎协定》
老挝	—	2050	—		梵蒂冈	—	2050 前		
奥地利	2003	2040	37	提出政策	巴巴多斯	—	2050		
哥伦比亚	—	2050	—	提交联合国	格林纳达	—	2050		提交联合国
新加坡	—	2050 年左右	—	提交联合国	乌克兰	—	2060	—	提出政策

从碳中和政策状态来看，有写入本国法律、提出政策、提交联合国和仅仅表态等不同程度的宣示。智利、奥地利、挪威、葡萄牙、斯洛伐克、南非、乌克兰这些国家将实现"碳中和"作为目标并提出政策（政策宣示）。芬兰、冰岛、爱尔兰加入了碳中和协议。丹麦、法国、匈牙利、德国、新西兰、瑞典和英国将碳中和写入法律。阿根廷、巴西、欧盟、哥伦比亚、新加坡、马尔代夫、尼泊尔、巴拿马、韩国和格林纳达已经将碳中和目标递交联合国。

6.2.2　我国应对气候变化政策行动

我国一直把推进绿色低碳循环发展作为生态文明建设和促进高质量可持续发展的重要战略举措，从"十二五"时期起，建立了降低单位 GDP 能耗强度、降低单位 GDP 碳排放强度、优化能源结构、提高非化石能源占比、调整产业结构、增加森林蓄积量、增加林业碳汇等系统性、约束性目标，并在 2015 年提出了碳排放在 2030 年左右达峰并尽早达峰等自主贡献目标。

近 10 年来，中央政治局组织两次气候变化讲座和集体学习，听取应对全球气候变化形势介绍和工作汇报，中央政治局常委会三次审议我国应对气候变化的行动目标和方案。2020 年 9 月 22 日，习近平主席在第 75 届联合国大会一般性辩论上发表重要讲话指出："中国将提高国家自主贡献力度，采取更加有力的政策和措施，CO_2 排放力争于 2030 年前达到峰值，努力争取 2060 年前实现碳中和。"这是中国统筹国际国内两个大局作出的重大战略决策，进一步彰显了中国坚定走绿色低碳循环发展道路的战略定力，以及坚定支持多边主义、积极推动构建人类命运共同体的大国担当。同年 12 月 12 日，总书记在气候雄心峰会上发表了重要讲话，宣布了在国家自主贡献方面将采取一系列新举措。习近平总书记从"内促高质量发展、外树负责任形象"的战略高度重视应对气候变化，提出应对气候变化是我国可持续发展的内在要求，也是负责任大国应尽的国际义务，这不是别人要我们做，而是我们自己要做。习近平总书记的重要宣示彰显了我国积极应对气候变化、走绿色低碳发展道路的雄心和决心，为各国携手应对全球性挑战、共同保护好人类赖以生存的地球家园贡献了中国智慧和中国方案，受到国际社会广泛认同和高度赞誉。

6.2.3　我国应对气候变化现状分析

主要控制目标完成进度良好。《"十三五"控制温室气体排放工作方案》提出"到 2020 年，单位国内生产总值 CO_2 排放比 2015 年下降 18%"，比"十二五"时期目标提高了 1 个百分点。2020 年，我国单位国内生产总值能源活动 CO_2 排放比 2015 年下降 18.9%，超额完成"十三五"设定的目标。碳排放总量增速有所放缓。2020 年，我国能源活动 CO_2 排放总量比 2015 年上升 6.5%；"十三五"期间，我国碳排放量年均增速约为 2.1%，相比"十二五"期间约 2.6% 的年均增速明显降低，碳排放增长得到了一定控制。在煤炭开采、油气开采、工业生产过程、农业活动以及废弃物处置等领域继续开展相关行动，加强对非 CO_2 温室气体排放的控制。

不断提升非化石能源比重。我国积极发展可再生能源，稳妥推进核电发展，先后印发了水电、风电、太阳能、生物质发展"十三五"规划，非化石能源发展继续保持强劲势头。2020 年，我国非化石能源占能源消费总量比重为 15.7%，较 2015 年提高了 3.4 个百分点，水电、太阳能发电装机目标已经提前完成，风电装机目标总体进度良好，核电装机目标尚有较大差距。

推动工业领域温室气体排放控制。"十三五"以来，全面推行绿色制造，积极推行清洁生产技术工艺，大力推进工业资源综合利用，重点行业能效、水效、资源利用效率持续提升；继续推进煤矿瓦斯抽采规模化矿区建设，统筹布局煤层气管道，实施煤矿瓦斯抽采和利用示范工程，加强对油气系统挥发性有机物和甲烷逃逸的监测和控制，工业过程温室气体排放控制水平进一步提升；继续开展氢氟碳化物处置核查工作，并对三氟甲烷销毁处置企业进行补贴。

加强农业活动温室气体排放控制。"十三五"以来，积极开展控制农业活动温室气体排放工作，继续实施"到 2020 年化肥施用量零增长行动"和"到 2020 年农药使用量零增长行动"，大力推广测土配方施肥和化肥农药减量增效技术，推动农村沼气转型升级，提高秸秆综合利用水平，积极控制畜禽温室气体排放。

稳步增加生态系统碳汇。"十三五"以来，继续加强植树造林、森林抚育，实施了湿地恢复、退耕还林、"南红北柳"生态修复等多项重点生态工程，逐步推进蓝碳试点工作，加强海洋碳汇。森林资源持续增加。

顺利启动全国碳市场。2017 年 12 月 18 日，国家发展改革委印发《全国碳排放权交易市场建设方案（发电行业）》，以"稳中求进"为总基调，以发电行业为突破口，开展市场要素、参与主体、制度和支撑系统建设，分三个阶段有步骤地建立归属清晰、保护严格、流转顺畅、监管有效、公开透明的全国碳市场。目前，我国试点省市碳市场共覆盖近 3 000 家重点排放单位，累计配额成交量约 4.06 亿 t 二氧化碳当量，成交额约 92.8 亿元。试点范围内的碳排放总量和强度保持双降趋势，碳市场以较低社会成本控制碳排放的良好效果已经显现。

重点企业温室气体排放报告工作有序推进。定期组织开展重点企（事）业单位温室气体排放报告和核算工作，完成 2013—2017 年企业温室气体排放数据报告工作，目前已收集了 3 100 多家重点企业排放数据。部分地方主管部门根据各自管理需求，在满足国家主管部门数据报告要求的基础上，进一步开展了辖区内一般企业温室气体排放数据报告工作。企业温室气体排放直报系统开发建设基本完成，除辽宁、西藏和青海 3 个省（区）外，其余 28 个省（区、市）均建设完成了省级企业温室气体数据报送系统，其中 17 个省级报送系统已投入使用。

推动与各国政府、国际机构的务实合作。与欧盟、法国、德国、意大利、英国、加拿大、日本等多个国家和地区在碳市场、能效、低碳城市、适应气候变化等领域开始了卓有成效的合作。积极开展与世界银行、亚洲开发银行、全球环境基金会等多边机构的合作。参加由联合国基金会、全球清洁炉灶联盟秘书处召开的"全球清洁炉灶联盟"相关会议并开展国内试点活动。参加公约下的绿色气候基金、适应基金、技术执行委员会等相关会议，参与全球甲烷行动倡议、国际区域气候行动组织（R20）等多边组织的活动等。设立 200 亿元人民币的中国气候变化南南合作基金，并于 2016 年启动中国应对气候变化"十百千"项目，即在发展中国家开展 10 个低碳示范区、100 个减缓和适应气候变化项目及 1 000 个应对气候变化培训名额的合作项目，帮助发展中国家能源转型，提升应对全球气候变化的行动力。

6.2.4　我国应对气候变化的形势与挑战

（1）碳达峰面临压力

随着经济的发展，我国 CO_2 排放水平仍呈逐年递增的态势，全国 CO_2 排放量从 2005 年的 57 亿 t 增长到 106 亿 t，占全世界排放量的 30% 左右。从"十二五"末期到"十三五"中期，CO_2 排放增长虽有所放缓，但仍在持续增长，"十三五"时期 CO_2 年均增速约为 2.1%，仍然没有出现"达峰"的迹象。从重点区域来看，京津冀地区从 2016 年开始，排放量一直保持在 10 亿 t 左右，已经进入了平台期。其中，北京市、天津市分别年均下降 1.5%、1.4%，河北省年均增长 0.97%。长三角地区排放还在缓慢增加，"十三五"期间年均增速为 2.4%，其中上海已经处于平台期，年均增速为 0.9%；浙江和江苏 CO_2 排放增长逐渐放缓，"十三五"期间年均增速分别为 1.94% 和 2.1%；安徽省 CO_2 排放仍在高速增长，年均增速达到 4.02%（图 6-2）。

（2）应对气候变化与生态环境管理体系需进一步融合

目前，生态环境保护和应对气候的目标设定、目标分配、年度分解、进度管理等在管理对象和管理思路方面存在较大差异。以大气污染控制为例，我国建立了以空气质量改善为核心的管理体系，国家制定环境空气质量标准，并确定国家层面空气质量改善目标。各级政府是改善地方环境质量的第一责任主体，对辖区实现国家环境质量改善目标负总责，制定规划，采取措施，控制或者逐步削减大气污染物的排放量，使大气环境质量达到规定标准并逐步改善。在温室气体控制方面，我国主要实施分类指导的碳排放强度控制，国家分类确定省级碳排放控制目标，提出温室气体排放控制要求。但在城市、企业层面并无强制性要求，多以自愿承诺形式开展温室气体排放控制工作。从与生态环境保护协调统一的思路出发，实现两者的协同管理。需要在规划目标管理体系上实现统筹，研究如何设定温室气体与大气污染协同控制目标指标，按照国家、省、城市、行业（企业）不同层级，设置自上而下的目标分解机制与考核模式，明确企业、政府、公众、市场各方责任，通过"四元"共治来实现两者协同管理。

（3）应对气候变化法律法规有待进一步完善

控制温室气体排放是为履行国家承诺，国家对各省级人民政府开展目标考核。我国的上位法尚未明确应对气候变化工作的地位，温室气体控制缺乏明确的法律依据，也缺乏稳定性和强制实施保障等法律所具有的特征。与生态环境保护工作相比，应对气候变化工作的强制性、力度较弱。此外，由于气候变化带来影响的时间尺度相对滞后，地域尺度相对广泛，未能引起足够的重视。

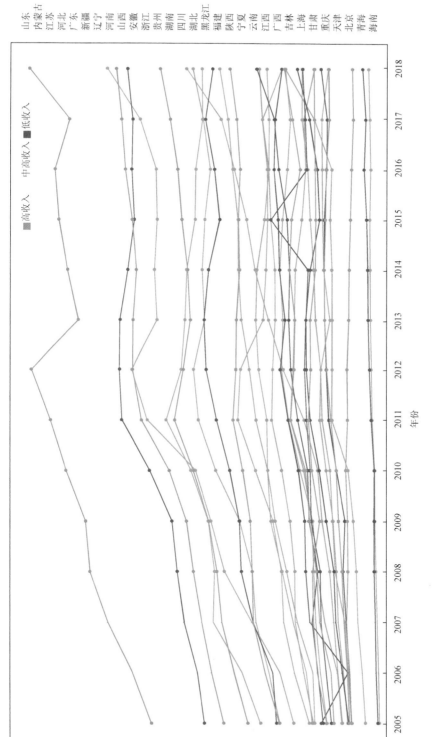

图 6-2　我国各省（区、市）CO_2 排放量

（4）现有管理制度衔接存在较大难度

在目前我国的固定污染源大气环境管理体系中，排污许可制是依法规范企事业单位排污行为的基础性环境管理制度，是规范固定污染源的常规污染物排放种类、排放浓度、排放量，污染防治、监测监控等环境管理要素的基础性、支柱型制度。而碳排放交易作为国内应对气候变化的核心工作，目前覆盖的行业范围也是以固定排放源为主，且与温室气体排放核算、制度建设与排污许可、环境统计、环境监测、评价考核、环境执法等业务工作交集颇多，理论上可为协同监管提供诸多选择。不过，由于碳交易与排污许可制度的制度架构、监管思路、核算方法、测量报告等方面存在较大差异，可直接实现统一管理的环节有限，两项制度的协同推进亟须机制创新、科学评估。此外，对污染物的监测、核算、统计、监督、执法等方面已经形成了完整的工作体系。而温室气体排放仍未纳入国家统计体系，仅针对重点年份开展排放核算，并未形成年度统计制度，在统计标准建设方面也相对滞后。

（5）规划目标、路径和具体任务措施协调性不足

以往的生态环境保护规划在战略方向、目标和路径等方面，没有将应对气候变化与自然生态的各要素进行统筹考虑。以生态保护为例，在谋划生态补偿机制时，可统筹考虑林业碳汇、碳交易等，推动应对气候变化工作。在大气污染防治方面，主要以大气环境质量改善为核心，建立了由空气质量目标、污染物减排战略、主要任务、政策措施等方面组成的架构，但并未考虑温室气体减排的目标；在温室气体减排方面，也没有考虑为了实现温室气体减排目标，相应的手段和措施对大气环境的影响。

6.2.5　"十四五"时期应对气候变化工作思路

推动应对气候变化工作发挥更好协同、融合和创新效应。"十四五"时期重点是推动调整产业、能源、运输、用地"四大结构"的作用，在源头治理上推动生态环境保护和应对气候变化的协同。

落实碳达峰和碳中和的目标。在我国"十四五"经济高质量发展、新旧动能转换的节点，提前规划应对气候变化，将落实我国自主贡献目标作为应对气候变化的核心工作，扎实推进 CO_2 减排，分区域、分部门、分行业、有区别地开展 CO_2 达峰行动。

统筹应对气候变化战略与生态环境高水平保护总体布局。加强"十四五"应对气候变化工作与生态环境保护工作，统筹考虑，综合施策。在监测、统计、报告、核查等管理制度和体系建设方面互相协调，形成源头减排和末端治理相结合的政策措施，形成全国统一的教育监管平台，建立基于综合生态环境绩效的评估考核方法，实现应对气候变化与生态环境立法、规划、环境影响评价、环保督察、执法等领域的融合和衔接。

6.2.6 "十四五"时期应对气候变化主要任务

（1）开展 CO_2 总量控制

借鉴碳排放强度目标分解方法，建议"十四五"期间 CO_2 总量控制按照重点省（区、市）和重点行业开展，其余省（区、市）继续按照强度目标开展。重点是以地级市为总量分配的基本单元，按照自下而上（城市—省—国家）和自上而下（国家—省—城市）分配相结合，同时以重点行业和重点排放源控制为支撑，实现总量目标分解（图 6-3）。

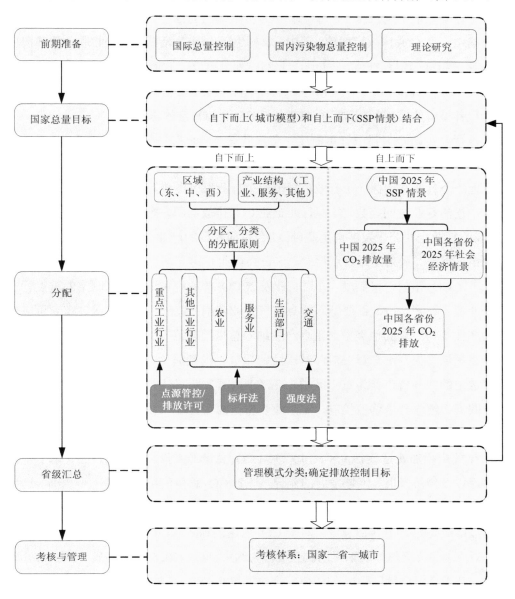

图 6-3 CO_2 总量控制路线

以城市为最小分配单元，以省域为基本考核单元，"自下而上"与"自上而下"相结合，统筹协调，上下联动。国家层面根据历史 CO_2 排放量，综合考虑社会经济发展水平和各地调研等，研判 2025 年 CO_2 排放水平，确定 2025 年 CO_2 排放量的目标区间。在此区间内，以 2015 年为基准年，预设人均 CO_2 和单位工业增加值 CO_2 排放量的标杆值。根据标杆值，以城市为基本分配单元进行预分配。若总量在目标区间内，标杆值为实际分配的标杆值；若 CO_2 排放总量低于目标值，则提高标杆值；若 CO_2 排放总量高于目标值，则降低标杆值。确定最终的标杆值，城市 2025 年 CO_2 排放量根据标杆值、人口以及单位工业增加值确定。其中，每一个 CO_2 贡献部门的标杆值都不相同，同一类城市同一部门确定一个 CO_2 排放标杆值。其中，农村生活/城市生活/交通/农业/服务业部门以人均 CO_2 这一指标确定标杆值，非重点工业部门则以单位工业增加值 CO_2 排放这一指标确定标杆值。标杆值和 2025 年人口总量或者单位工业增加值的乘积为城市 2025 年 CO_2 排放量。各城市的排放量相加，得到省级 2025 年 CO_2 排放总量。

重点行业实施 CO_2 排放许可制度。充分借鉴"一证式"排污许可制度，开展重点行业 CO_2 排放许可制度，并将其打造成固定源碳排放的核心管理制度。按照"核发一个行业，清理一个行业，达标一个行业，规范一个行业"提供政策依据。生态环境部门在核发过程中摸清行业企业底数，掌握行业企业 CO_2 排放问题，把行业内所有企业都纳入监管范围，为行业企业公平发展奠定基础。结合目前我国的产业结构和 CO_2 行业排放情况，选择火电、钢铁、水泥作为重点行业。这三类行业 CO_2 总量分配中，充分借鉴排污许可制度，建立 CO_2 排放许可制度，并对企业发放 CO_2 排放许可证。国家制定的重点行业涉及的企业各省（区、市）都要纳入重点监管企业范围。此外，各省（区、市）可以根据自身的产业结构，将其他类型的重点产业纳入总量控制范围。

重点区域率先开展总量控制。基于脱钩系数、模型演化、趋势检验三种分析方法，取交集选出的共同省市作为重点区域，在"十四五"期间开展总量控制，非重点区域则在"十四五"继续开展强度控制，之后逐步推进总量控制（图 6-4）。在国家的分配体系下，全国 2025 年所有地级城市均设有 CO_2 总量值，该省（区、市）所有地级行政单位 CO_2 排放量相加就是该省（区、市）预期 CO_2 总量最大值。特殊情况下，基于全国的统一考虑以及经济发展、区域发展的差异，该省 CO_2 总量值可能被进一步压缩。这种情况下，在各地级市总量目标分配基础上，对该省所有地级行政单位降低统一百分比，得到各地级市最终的 CO_2 排放总量。对于 CO_2 总量控制区域，同样也要受到碳强度目标的约束。对于非重点区域，仍旧采用碳强度作为约束目标。2025 年，各省（区、市）碳强度目标，基于全国总量目标计算的 CO_2 排放量与 2025 年各省（区、市）GDP 预测值，同 2015 年比较而得到。

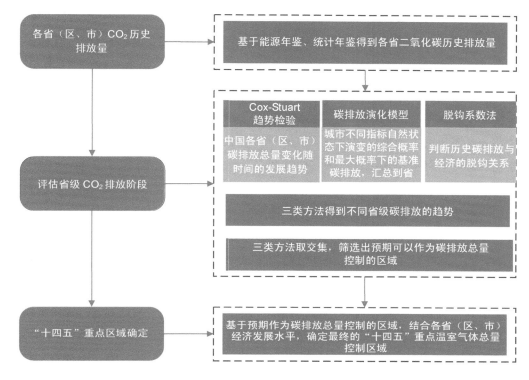

图 6-4　二氧化碳总量控制重点区域筛选框架

（2）开展空气质量目标和温室气体控制目标协同管理

"十四五"协同控制目标分配机制，建议针对重点区域和非重点区域采取差异化的控制思路。筛选"十四五"CO_2总量控制重点区域和大气污染防治重点区域的交集作为协同控制的重点区域，在此区域的省（区、市）既分配更为严格的空气质量改善强化目标，同时实施碳排放总量控制和强度控制双重目标；对于非重点区域，仍旧采用碳强度作为约束目标。基于常规污染物总量控制目标确定的经验和 CO_2 排放强度目标分解方法，"十四五"时期污染物和CO_2总量控制以省（区、市）为基本单元，综合考虑当地经济发展需求、产业和能源结构调整要求、碳排放控制现状等因素，科学预测碳排放新增量。各省（区、市）应基于分区域、分行业的政策、标准、技术等差异化的要求，合理测算减排潜力，确定减排项目清单。在此基础上，按照自上而下（国家—省）和自下而上（城市—省—国家）相结合的原则，统筹考虑国家宏观经济政策、节能减排重大战略、产业布局和结构调整要求，综合平衡，确定"十四五"主要区域的分配指标，最终实现统筹协调、上下衔接、部门联动。

此外，考核评估是大气污染防治和温室气体控制落实到位的关键措施和根本保障，开展两个目标的统一考核可以有效推进大气污染和应对气候变化协同控制。当前，"大气十条"和控制温室气体排放目标的考核评估体系存在一定的相似性，建议统筹整合空气质量指标、污染物排放总量指标、碳排放强度指标、节能目标等，建立一体化的考核指标体系，同时明确相关职能部门的各自职责和问责机制。在考核方式上，延续以目标完成情况为核心导向的考评思路，可考虑采用双百制评分法，空气质量改善目标和碳排放指标完成情况满分均为 100 分，取分值较低者计入。在行业层面，建议针对重点行业，以企业为基本单元，依据企业级监测数据，对照排污许可要求和碳排放指标，进行大气污染物和温室气体减排考核；对于其他行业，以行业为基本单元，依据主要工作任务推进情况和重要社会经济统计数据，对照任务推进目标，自上而下在政府层面进行考核。

（3）完善环境核算统计制度，支撑温室气体排放管理

城市环境统计体系可以分为两类，一类是每年常规的环境统计体系，另一类是全国污染源普查体系。城市常规环境体系是城市每年进行的环境统计报表制度。在全国污染源普查体系中，对于企业的能源消耗有较为详尽的统计，有效支撑了温室气体清单和低碳发展工作的开展。且环境统计体系详细统计了全国所有填埋场的基本信息，对于基于排放源计算填埋场 CH_4 排放具有重要意义。环境统计体系中关于污水处理的统计也相当详尽，包括处理工艺、COD 的去除量以及污泥处理方式和处理量，是污水处理 CH_4 排放评估和减排的重要数据基础。当前环境统计体系中的污水处理统计已经成为国家发展改革委和统计局联合开展《应对气候变化基础统计报表制度》的重要内容之一，建议完善环境核算统计制度，支撑温室气体排放管理。

（4）健全排污许可制度，支撑温室气体排放管理

温室气体的管控可以充分借鉴排污许可制度的管理思路和模式，通过制度的衔接和融合，将温室气体纳入排污许可制度的管理范围，实施综合、一体化、协同的管理战略，在中国推行系统化、精细化、信息化环境管理策略的大背景下，具有重大的现实意义。目前，生态环境部正在积极推进温室气体管控与排污许可制度衔接的相关研究工作，根据这一政策导向，借鉴国家层面的研究成果，积极着手相关的准备工作，建立基于排污许可证的碳排放权交易体系。可从以下几个方面进行协调和整合：一是明确法律基础，为建立基于排污许可证的碳排放交易体系提供依据；二是建立协调统一的技术方法，为制度设计建立衔接方法（包括界定覆盖范围，统一温室气体排污权初始分配技术方法与排污许可允许排放量核定技术方法，明确排污许可证中温室气体排放监测、报告、核算要求和技术方法，更新载明排污权交易结果等）；三是明确相应体制机制改革方向，保障制度的顺利和有效实施；四是从火电等重点行业着手，探索温室气体管控与排污许可制度衔接的可行性。

此外，根据实际管理需要和可能，在《中华人民共和国大气污染防治法》中明确将

重点工业行业排放的 CO_2 与常规污染物进行协同管理。除此以外，制定一部专门的、综合性的控制 CO_2 等温室气体排放的上位法，涵盖除大气法规定的行业外的生产和消费领域一切温室气体排放活动，在节约使用能源、提高能源效率、优化能源结构、减缓气候变化方面统领先行相关立法。

（5）健全环境影响评价制度，支撑温室气体管控

从战略环境影响评价/规划环境影响评价和建设项目环境影响评价，即宏观和微观两个层面考虑纳入气候变化的内容和方式。从宏观引入，即通过将"低碳"引入战略环境影响评价和规划环境影响评价。完善能源分析，引导能源结构调整和提高能源利用效率。在环境影响评价过程中，宏观层面将政策、规划、计划、区域等与能源相关的内容细化，作为一个章节具体分析与评价政策或规划所引起的能源结构和能源消费量的变化和区域能源特点，对能源资源环境承载力进行分析，探索清洁能源的发展潜力；从微观引入，即通过将"低碳"引入建设项目环境影响评价。根据自身承担的低碳发展任务，特别是降低碳排放强度的约束性指标，明确辖区建设项目应当达到的低碳发展指标，并跟踪评估其实施情况，及时修订。同时，环保部门在进行项目环境影响评价审批时，应考虑污染物控制与碳排放控制的协同作用，并注重项目投产后将低碳发展措施纳入环境监察内容。

6.3　大气环境治理研究

6.3.1　"十三五"大气治理成效与面临问题

（1）"十三五"工作进展

"十三五"期间，$PM_{2.5}$ 的治理卓有成效，但 O_3 的浓度在持续升高，呈现恶化趋势。2020 年，337 个城市的 $PM_{2.5}$ 平均浓度较 2015 年下降 29.1%，下降速度明显快于美国（2000—2019 年下降 43%）。337 个城市 PM_{10}、SO_2 较 2015 年分别下降 29.3% 和 56.3%，城市 SO_2 和 CO 浓度已全部达标。2020 年，NO_2、PM_{10} 达标城市比例分别为 98.2%、76.9%；$PM_{2.5}$ 达标城市数量由 2015 年的 31.5% 提高至 2020 年的 62.9%（图 6-5、图 6-6）。

但是 2015 年以来，全国及城市 O_3 浓度年平均值整体呈现上升趋势，京津冀及周边地区、长三角、汾渭平原升幅明显高于我国平均水平。2020 年，京津冀及周边地区、汾渭平原、长三角地区、珠三角地区四个重点区域平均浓度分别是 180 μg/m³、161 μg/m³、152 μg/m³、148 μg/m³，相比 2015 年，增幅分别为 24.1%、32.0%、17.8%、11.3%。除珠三角外，其他重点区域增幅均超过全国平均增幅（图 6-7）。

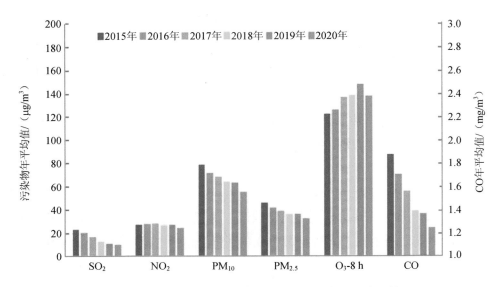

图 6-5　2015—2020 年 337 个城市大气污染物浓度变化情况

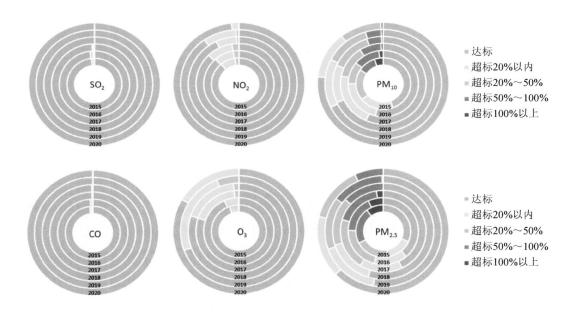

图 6-6　2015—2020 年 337 个城市大气污染物浓度达标情况

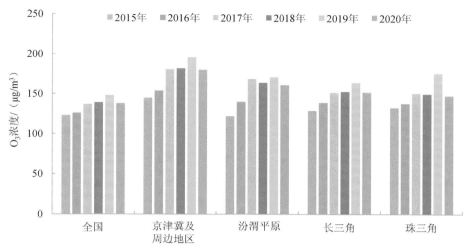

图 6-7　2015—2020 年全国及重点区域 O_3 浓度

当前，$PM_{2.5}$ 仍然是最严重的污染物。因为从超标倍数看，$PM_{2.5}$ 的超标倍数要比 O_3 高。我国 $PM_{2.5}$ 浓度约是世界卫生组织准则值的 3.3 倍，O_3 是 1.4 倍。O_3 导致的污染天气主要是轻微污染。所以，就全国整体而言，特别是北京地区，$PM_{2.5}$ 仍是当前最突出的、首要的短板。但 O_3 的发展态势要引起高度警惕，尤其是部分地区近几年有持续恶化趋势。

（2）面临的突出问题

从"十三五"大气污染防治工作来看，$PM_{2.5}$ 和 O_3 协同控制存在明显不足，主要体现在几个方面：一是对 $PM_{2.5}$ 和 O_3 污染控制目标的协同不足，在 $PM_{2.5}$ 污染显著减轻的同时，O_3 污染持续加重。二是对造成复合型污染前体物的减排协同不足，与颗粒物、二氧化硫（SO_2）和氮氧化物（NO_x）相比，VOCs 排放治理力度还比较弱，成为突出短板；近地面 NO_x 减排相对不足。三是标准政策协同不足，针对 VOCs 污染防治的排放标准、经济政策明显弱于针对其他污染物的标准政策，对减排支撑不够。四是监管执法和能力建设协同不足，各级环保机构用于 VOCs 排放监管和执法的工具和技能远不能支撑管理要求，与其他污染物监管执法差距明显。

6.3.2　"十四五"大气治理重点任务

（1）$PM_{2.5}$ 和 O_3 协同控制

协同开展 $PM_{2.5}$ 和 O_3 污染防治。推动城市 $PM_{2.5}$ 浓度持续下降，有效遏制 O_3 浓度增长趋势。制定加强 $PM_{2.5}$ 和 O_3 协同控制、持续改善空气质量行动计划，明确控制目标、路线图和时间表。统筹考虑 $PM_{2.5}$ 和 O_3 污染区域传输规律和季节性特征，加强重点区域、重点时段、重点领域、重点行业治理，强化分区分时分类差异化精细化协同管控。开展 O_3 形成机理研究与源解析，开展协同治理科技攻关。

推进城市大气环境质量达标及持续改善。各省（区、市）根据 2035 年远景目标，研究提出其行政区域内环境空气质量未达标城市的达标期限。未达标的直辖市和设区城市编制实施大气环境质量限期达标规划，明确空气质量达标路线图及污染防治重点任务，并向社会公开。2020 年 $PM_{2.5}$ 浓度低于 40 $\mu g/m^3$ 且 O_3 浓度低于 165 $\mu g/m^3$ 的未达标城市，"十四五"期间达标；达标期限在 5 年以上的城市，按照前紧后松、持续改善的原则，明确"十四五"空气质量改善阶段目标，加强达标进程管理。已达标城市持续改善大气环境质量。适时启动国家空气质量标准的研究修订。

完善区域大气污染综合治理体系。重点区域编制实施大气污染防治中长期规划。推进区域大气污染联防联控，实现统一规划、统一标准、统一环评、统一监测、统一执法、统一污染防治措施，完善重大项目环境影响评价区域会商机制。健全区域联合执法信息共享平台，实现区域监管数据互联互通，开展区域大气污染专项治理和联合执法。鼓励各地探索建立区域大气环境补偿机制。

优化污染天气应对体系。继续加强国家、区域、省、市四级环境空气质量预测预报能力建设，实现城市 $7\sim10$ d 预报，$PM_{2.5}$、O_3 预报准确率进一步提升。构建"省—市—县"污染天气应对三级预案体系，完善 $PM_{2.5}$ 和 O_3 重污染天气预警应急的启动、响应、解除机制。探索轻、中度污染天气应急响应的应对机制，逐步扩大重污染天气重点行业绩效分级和应急减排的实施范围，推进重污染绩效分级管理规范化、标准化，完善差异化管控机制。完善应急减排信息公开和公众监督渠道。

（2）分区施策，改善区域大气环境

分区分类治理区域大气污染。优化调整大气污染防治重点区域范围。持续发挥京津冀及周边地区大气污染防治领导小组和长三角、汾渭平原协作小组作用，强化 $PM_{2.5}$ 和 O_3 污染协同控制，加强对其他区域指导。强化区域大气污染联防联控，合理确定产业布局，推动区域内统一产业准入和排放标准。重点区域淘汰未完成超低排放改造的钢铁产能，重点区域严禁新增钢铁、铁合金、焦化、电解铝、铸造、水泥、平板玻璃和石化等产能和产量；严格执行钢铁、水泥、平板玻璃等行业产能置换实施办法；出台煤电、石油炼制、煤化工、焦化、铁合金等行业产能控制或产能置换办法；禁止建设生产和使用高 VOCs 含量的溶剂型涂料、油墨、胶黏剂等项目；鼓励重点区域钢铁企业实施域外转移；新（改、扩）建涉及大宗物料运输的建设项目，原则上不得采用公路运输。

显著改善京津冀及周边地区大气环境质量。大力推进重点行业产业结构调整、生活散煤清零、挥发性有机物综合治理、钢铁行业超低排放改造、大宗货运"公转铁"、柴油货车治理、锅炉窑炉综合治理等重大工程。精准有效应对重污染天气，细化企业分类分级管控。持续推动城市建成区重污染企业搬迁改造或关闭退出。采取综合措施，严防散煤复烧。强化传输通道城市大气污染管控。切实做好 2022 年冬奥会空气质量保障。到 2025 年，区域 $PM_{2.5}$ 浓度下降 20% 以上，O_3 浓度稳中有降，北京市 $PM_{2.5}$ 年均浓度达标。

稳步提升长三角地区大气环境质量。以苏北、皖北和沿江沿湾城市为重点，推进 $PM_{2.5}$ 和 O_3 污染协同控制，抓好 NO_x 和 VOCs 协同减排。建立精细化污染源排放清单，联合制定区域重点污染物控制目标。基本完成钢铁、水泥行业和燃煤锅炉超低排放改造。加快淘汰使用高污染燃料的工业锅炉。优先推行生产和使用低 VOCs 原辅材料的源头替代，全面加大工业园区、企业集群和重点企业 VOCs 治理力度。推进"公转铁"以及铁水联运、水水中转、江海直达等多式联运项目，加快重点港区港口集疏运铁路建设和老旧车船淘汰。到 2025 年，区域 $PM_{2.5}$ 浓度总体达标，中心区 27 个城市空气质量力争尽早全面达标。

大力改善汾渭平原大气环境质量。加大产业、能源、交通运输结构调整和散煤治理，有序推进钢铁企业超低排放改造，持续推进大宗货运"公转铁"、柴油货车治理，积极开展水泥、焦化、有色、煤化工等重污染行业提标改造和精细化管控，实现生活散煤清零。按照"淘汰一批、替代一批、治理一批"的原则，深入推进工业炉窑大气污染综合治理，加强无组织排放管控。到 2025 年，区域 $PM_{2.5}$ 浓度下降 15%，O_3 浓度稳中有降。

推进粤港澳大湾区、成渝、东北、天山北坡城市群等地区大气环境治理。将粤港澳大湾区作为空气质量改善先行示范区，积极探索 O_3 污染区域联防联控技术手段和管理机制。针对冬季 $PM_{2.5}$、夏季 O_3 持续污染问题，加强成渝地区污染联合应对。强化东北地区秸秆和散煤秋冬季污染治理，防止因秸秆集中露天焚烧造成区域性重污染天气。推进天山北坡城市群冬季大气污染防控，加强兵地协作，实施钢铁、水泥、焦化等行业季节性生产调控措施。到 2025 年，珠三角 O_3 全面达标，成渝地区 $PM_{2.5}$ 浓度总体达标，东北、天山北坡城市群等地区 $PM_{2.5}$ 浓度显著下降。

（3）推进 VOCs 和 NO_x 协同减排

在 NO_x 和 VOCs 协同减排措施方面，要重点考虑以下几个方面：一是强化结构调整，采取产业结构、能源结构、交通运输结构调整等综合性措施，实现 NO_x 和 VOCs 的同步协同减排；二是强化源头控制，大力推进低 VOCs 含量产品原料替代；三是强调治理工程，实施低氮燃烧、脱氮改造、超低排放以及 VOCs 的治理等，针对大型点源，实施重点治理工程；四是强调精细化管理，各地区要坚持以环境质量改善为核心，加强对 $PM_{2.5}$、优良天数比率、O_3 浓度的调度、管控，有针对性、有目的地开展 VOCs 和 NO_x 污染治理，制定减排措施、保障政策，加强能力建设。这几个方面需要各地区结合自身的产业特点、污染规律和空气质量水平来进行认真分析、充分研究，为实现 $PM_{2.5}$ 与 O_3 污染协同控制，提出符合本地治理特点的系统解决方案。

推进 VOCs 和 NO_x 协同减排的重点任务是实施重点行业深度治理：一是实施重点行业 NO_x 等污染物深度治理。持续推进钢铁企业超低排放改造，2025 年年底前，重点区域企业全部完成改造，全国 80% 以上产能完成改造。研究开展焦化、水泥行业超低排放改造，推进玻璃、陶瓷、铸造、有色等行业污染深度治理。加强自备燃煤机组污染治理设施运行管控，确保按照超低排放运行。针对焦化、水泥、砖瓦、石灰、耐火材料、有色金属冶炼等行业，严格控制物料储存、输送及生产工艺过程无组织排放。重点涉气排放企业逐步取消烟气旁路。因安全生产无法取消的，安装在线监管系统。二是大力推进重点行业 VOCs 治理。石化、化工、包装印刷、工业涂装等重点行业建立完善源头、过程和末端的 VOCs 全过程控制体系，实施 VOCs 排放总量控制。开展原油、成品油、有机化学品等涉 VOCs 物质储罐排查，逐步取消炼油、石化、煤化工、制药、农药、化工、工业涂装、包装印刷等企业非必要的 VOCs 废气排放系统旁路。推进工业园区、企业集群因地制宜推广建设涉 VOCs "绿岛"项目，推动涂装类统筹规划建设一批集中涂装中心。活性炭使用量大的，统筹建设活性炭集中处理中心。有机溶剂使用量大的，建设溶剂回收中心。完善 VOCs 行业和产品标准体系，扩大低（无）VOCs 产品标准的覆盖范围。全面推进使用低 VOCs 含量涂料、油墨、胶黏剂、清洗剂等，建立低 VOCs 含量产品标志制度。加强汽修、干洗、餐饮等生活源 VOCs 综合治理，其中汽修行业应重点加强调漆、喷漆、流平、烘干、清洗等工序以及涂料、稀释剂、清洗剂等含 VOCs 原辅材料贮存、转移和输送过程 VOCs 排放控制；干洗行业推广使用配备溶剂回收制冷系统、不直接外排废气的全封闭式干洗机；城市建成区餐饮企业应安装高效油烟净化设施。

（4）强化大气多污染物协同治理

餐饮油烟、恶臭异味等大气污染问题依然未得到有效解决，成为群众关切的热点问题。2017—2019 年，大气污染举报占比持续下降，但是各类举报中，大气污染仍是最主要问题，2019 年占 50.8%。2020 年全国环境污染问题 44 万件举报中，大气污染、噪声污染位列第一、第二名；大气污染举报中，恶臭异味 9 万余件，餐饮油烟 3 万余件。亟须针对噪声、恶臭异味等突出环境问题集中开展综合整治，积极回应公众关切。

开展餐饮油烟专项治理。各地制定餐饮业大气污染防治工作方案，排查整治油烟污染。城市建成区餐饮企业全部安装油烟净化装置，并保持正常稳定运行和定期维护。探索餐饮油烟净化设施委托第三方集中建设运维，确保油烟达标排放。优化餐饮服务行业布局，严格居民周边餐饮单位准入管理；拟开设餐饮服务的楼宇设计建设专用烟道。加强餐饮油烟监管执法，严肃查处屡被投诉的餐饮油烟超标排放、违法露天烧烤等行为，有效减少油烟扰民问题。

综合治理恶臭污染。结合 12369 等环保投诉举报信息，系统梳理问题清单，拉单挂账，进行分类整治。对石化、化工、工业涂装等行业异味问题，结合 VOCs 防治开展综合治理。对垃圾、污水集中处理设施及橡胶制品行业等加大密闭收集力度，因地制宜采取脱臭除味措施。垃圾转运站推行全过程密闭作业，厨余垃圾破袋集中在转运站进行，减少异味散发；污水处理厂加快预处理、污泥处置等环节的加盖封闭改造；橡胶制品行业加强硫化环节的气体局部高效收集。对恶臭投诉集中的化工园区和重点企业等安装电子鼻设施，实时监测预警。

推进扬尘精细化管控。全面推行绿色施工，将绿色施工纳入企业资质评价、信用评价。对重点区域道路、水务等线性工程进行分段施工。推进低尘机械化湿式清扫作业，加大城市出入口、城乡接合部等重要路段冲洗保洁力度，渣土车实施硬覆盖与全密闭运输，强化绿化用地扬尘治理。城市裸露地面、粉粒类物料堆放以及大型煤炭和矿石码头、干散货码头物料堆场，全面完成抑尘设施建设和物料输送系统封闭改造；鼓励有条件的码头堆场实施全封闭改造。

探索推动大气氨排放控制。探索建立大气氨规范化排放清单，摸清重点排放源。推进养殖业、种植业大气氨减排，加强源头防控，优化肥料、饲料结构。编制修订重点行业大气氨排放标准及监测、控制技术规范，有效控制烟气脱硝和氨法脱硫过程中氨逃逸。在京津冀及周边地区开展大型规模化养殖场大气氨排放总量控制，研究建立养殖行业氨减排技术路线和核算体系，力争到 2025 年，大型规模化养殖场大气氨排放总量削减 5%。

修订有毒有害大气污染物管理名录，对重点排放源开展风险评估，实施分级风险管控，逐步纳入企业排污许可管理。制定大气汞排放清单编制指南，建立大气汞排放清单动态更新机制；以水泥、有色金属冶炼等行业为主要控制对象，通过多污染物协同，采用低（固或无）汞原（燃）料源头替代、脱汞等措施控制大气汞排放。

加强消耗臭氧层物质和氢氟碳化物环境管理。修订《消耗臭氧层物质管理条例》和《中国逐步淘汰消耗臭氧层物质国家方案》。实施含氢氯氟烃（HCFCs）淘汰和替代，到 2025 年，HCFCs 生产和消费量淘汰基线水平的 67.5%。2024 年，将氢氟碳化物（HFCs）生产和消费量冻结在基线水平，建立和实施 HFCs 进出口配额许可制度。研究开发替代技术与替代产品。

加大其他涉气污染物的治理力度。基于现有烟气污染物控制装备，强化多污染物协同控制，推进工业烟气中三氧化硫、汞、铅、砷、镉等多种非常规污染物强效脱除技术研发应用。加强生物质锅炉燃料品质及排放管控，禁止使用劣质燃料或掺烧垃圾、工业固体废物，对污染物排放不能稳定达到锅炉排放标准（重点区域执行特别排放限值）的生物质锅炉进行整改或淘汰。

6.4　协同推进减污降碳的制度与政策

（1）推动法律法规制修订

把应对气候变化作为生态环境保护法治建设的重点领域，加快推动应对气候变化相关立法，推动碳排放权交易管理条例出台与实施。在生态环境保护、资源能源利用、国土空间开发、城乡规划建设等领域法律法规制修订过程中，推动增加应对气候变化相关内容。鼓励有条件的地方在应对气候变化领域制定地方性法规。加强应对气候变化标准制修订，构建由碳减排量评估与绩效评价标准、低碳评价标准、排放核算报告与核查等管理技术规范，以及相关生态环境基础标准等组成的应对气候变化标准体系框架，完善和拓展生态环境标准体系。探索开展移动源大气污染物和温室气体排放协同控制相关标准研究。

（2）完善环境经济政策

将消耗臭氧层物质淘汰和替代资金补贴纳入中央财政资金支持。继续加大中央财政资金对北方地区清洁取暖工作支持力度，扩大试点城市范围，实施运行补贴政策；各地要切实采取措施，多渠道募集资金，确保改造后三年不退坡。推动汽车税费改革，研究建立汽车生产企业领跑者激励机制和新能源货车税收减免政策。延续车购税资金支持集疏港铁路建设政策，将铁路专用线建设纳入国家绿色发展基金支持范围。对柴油货车提前淘汰并换购新能源车的，由中央财政给予资金支持。

加快形成积极应对气候变化的环境经济政策框架体系。以应对气候变化效益为重要衡量指标，推动气候投融资与绿色金融政策协调配合，加快推进气候投融资发展，建设国家自主贡献重点项目库，开展气候投融资地方试点，引导和支持气候投融资地方实践。推动将全国碳排放权交易市场重点排放单位数据报送、配额清缴履约等实施情况作为企业环境信息依法披露内容，有关违法违规信息记入企业环保信用信息。

（3）推动统计评价融合

在环境统计工作中协同开展温室气体排放相关调查，完善应对气候变化统计报表制度，加强消耗臭氧层物质与含氟气体生产、使用及进出口专项统计调查。健全国家及地方温室气体清单编制工作机制，完善国家、地方、企业、项目碳排放核算及核查体系。研究将应对气候变化有关管理指标作为生态环境管理统计调查内容。推动建立常态化的应对气候变化基础数据获取渠道和部门会商机制，加强与能源消费统计工作的协调，提高数据时效性。加强高耗能、高排放项目信息共享。生态环境状况公报进一步扩展应对气候变化内容，探索建立国家应对气候变化公报制度。

（4）完善环境监测体系

加强温室气体监测，逐步纳入生态环境监测体系统筹实施。在重点排放点源层面，试点开展石油天然气、煤炭开采等重点行业甲烷排放监测。在区域层面，探索大尺度区域甲烷、氢氟碳化物、六氟化硫、全氟化碳等非 CO_2 温室气体排放监测。在全国层面，探索通过卫星遥感等手段，监测土地利用类型、分布与变化情况和土地覆盖（植被）类型与分布，支撑国家温室气体清单编制工作。

（5）推进监管执法统筹

在环保基础较好的地区，围绕环保监管能力建设，开展温室气体排放监督管理工作。加强全国碳排放权交易市场重点排放单位数据报送、核查和配额清缴履约等监督管理工作，依法依规统一组织实施生态环境监管执法。鼓励企业公开温室气体排放相关信息，支持部分地区率先探索企业碳排放信息公开制度。

第7章 "三水"统筹陆海统筹改善流域海域生态环境研究

"十三五"时期，碧水保卫战阶段性目标任务圆满完成，地表水环境质量持续改善，但海洋生态环境保护的形势较为严峻。"十四五"时期，要坚持山水林田湖草沙是一个生命共同体的理念，统筹水资源利用、水生态保护和水环境治理，污染减排与生态扩容两手发力，协同推进岸上和水里、陆域与海域保护与治理，"保好水""治差水"，持续推进水污染防治攻坚行动；坚持陆海统筹、河海联动，推动近岸海域生态环境质量持续改善；努力实现"清水绿岸、鱼翔浅底"的美丽河湖和"碧海蓝天、洁净沙滩"的美丽海湾。

7.1 统筹推进流域海域生态环境治理的思路

7.1.1 碧水保卫战阶段性目标圆满实现

经过 20 多年不断努力，特别是"十三五"时期《水污染防治行动计划》和水污染防治相关攻坚战行动计划的发布实施对水污染防治工作的强力推动，我国水环境质量显著改善（图 7-1）。据统计，1995—2020 年，全国地表水Ⅰ～Ⅲ类比例从 27.4%上升到83.4%，劣Ⅴ类比例从 36.5%下降到 0.6%。其中，"十三五"期间，Ⅰ～Ⅲ类比例提升了17.4%，劣Ⅴ类比例下降了 9.1%。

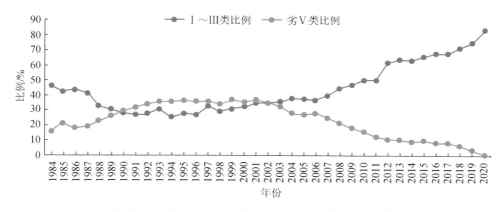

图 7-1　1984—2020 年我国地表水环境质量变化趋势

与《"十三五"生态环境保护规划》提出的"2020 年全国地表水国控断面达到或好于Ⅲ类水体比例大于 70%，劣Ⅴ类水体比例小于 5%"的目标要求相比，Ⅰ～Ⅲ类断面比例、劣Ⅴ类断面比例这两项约束性指标均已提前完成"十三五"目标。长江流域、渤海入海河流劣Ⅴ类国控断面全部消劣，长江干流首次全线达到Ⅱ类水质。

与群众生活关系密切的小河小汊、城乡接合部水体等环境质量较差的黑臭水体得到治理。截至 2020 年 12 月，全国 295 个地级及以上城市（不含州、盟）共有黑臭水体 2 914 个，消除数量 2 863 个，消除比例 98.2%，总体实现城市黑臭水体治理攻坚战目标。其中，重点城市（直辖市、省会城市、计划单列市）有黑臭水体 1 063 个，消除数量 1 058 个，消除比例 99.5%；其他地级城市有黑臭水体 1 851 个，消除数量 1 805 个，消除比例 97.5%。

2020 年，全国地级及以上城市在用集中式生活饮用水水源 902 个监测断面（点位）中，852 个全年均达标，占 94.5%。地表水水源监测断面（点位）598 个，584 个全年均达标，占 97.7%；14 个超标断面中，10 个为部分月份超标，4 个为全年均超标，主要超标指标为硫酸盐、高锰酸盐指数和总磷。地下水水源监测点位 304 个，268 个全年均达标，占 88.2%；36 个超标点位中，5 个为部分月份超标，31 个为全年均超标，主要超标指标为锰、铁和氨氮。

全国重点湖库水环境质量稳中向好，富营养化趋势得到一定程度遏制。2020 年，Ⅰ～Ⅲ类湖库比例为 76.8%，较 2015 年上升 7.4 个百分点；劣Ⅴ类湖库比例为 5.4%，较 2015 年下降 2.7 个百分点。主要污染指标为总磷、化学需氧量和高锰酸盐指数。2020 年，开展营养状态监测的 110 个重要湖泊（水库）中，贫营养状态湖泊（水库）占 9.1%，中营养状态占 61.8%，轻度富营养状态占 23.6%，中度富营养状态占 4.5%，重度富营养状态占 0.9%。

全国近岸海域水质总体稳中向好，优良（一、二类）水质面积比例为 77.4%，同比上升 0.8 个百分点；劣四类为 9.4%，同比下降 2.3 个百分点。2020 年，渤海近岸海域水质优良（一、二类水质）比例达到 82.3%，高于 73% 的目标。沿海 11 个省（区、市）中，辽宁、河北、天津、山东、浙江、福建、广东和广西优良水质比例同比有所上升，劣四类水质比例有所下降；海南优良水质比例和劣四类水质比例均同比基本持平；上海优良水质比例同比有所下降；江苏优良水质比例同比明显下降。

7.1.2　流域海域统筹治理任重道远

海洋和陆地是一个生命共同体，两个生态系统共生共存。立足生态系统完整性，打破区域、流域和海域界限，改变陆海分割的管理模式，实行陆海统筹是解决陆海使用功能不协调、污染防治不统筹、生态保护修复不联动等问题的治本之策，符合系统保护生态环境的客观需要。

陆海生态系统的共生性决定了单独地开展陆域污染防治或者海域环境保护，难以消除环境污染和生态破坏的根本问题，必须坚持陆海统筹，准确把握陆域、流域、海域生态环境治理的整体性、系统性、联动性和协同性特征，实行从山顶到海洋总体布局，从源头有效控制陆源污染物入海排放，进行水陆同治、河海共治，重点抓好海岸线向海向陆两侧的生态空间管控、污染治理、生态保护修复及风险防控等。

（1）海洋生态环境保护的形势依然严峻

半封闭海域等自然地理特征一定程度上决定了海洋治理的复杂性。海洋污染治理不仅是攻坚战，也是持久战。受自然地理条件影响，重点海湾治理周期长。我国四大海域中渤海、黄海及南海均为半封闭海域，海洋生态系统整体上具有明显的地区性和封闭性特征，对沿岸原始生境条件的高度依赖性造成生态系统脆弱性明显，极易受陆域排污及开发建设行为影响，造成生态系统受损。目前，海洋生态环境处于污染排放和环境风险的高峰期、生态退化和灾害频发的叠加期，累积性的海洋污染尚未得到根除，产业布局造成的结构性风险短时间内难以消除，陆域入海的污染尚未得到有效管控，受损滨海湿地恢复周期长、净化功能不能得到充分发挥，海洋生态环境质量短时期内要有明显改善，难度比较大。

《2019 年中国海洋生态环境状况公报》显示：全国近岸海域水质总体稳中向好，水质级别为一般，主要污染指标为无机氮和活性磷酸盐。全国 44 个主要海湾中有 13 个还存在劣四类水体，有 6 个海湾生态系统长期处于亚健康和不健康状态，污染严重的海域集中在沿海经济最发达及大江大河入海河口邻近海域，包括辽东湾、渤海湾、莱州湾、长江口、杭州湾、珠江口等。

（2）陆域污染是近岸海域污染严重的主要原因

海洋污染问题表现在海洋，根源在陆地，是陆域开发建设过程中过度利用海洋环境容量与忽视海洋自净能力的体现，不仅损害海域使用者权益，也影响国家生态安全。资源、环境、生态和风险等问题共存、相互叠加、交互影响，是陆地和海洋生态环境保护面临的共性问题。而且，陆域的各种开发建设行为以及环境污染和生态破坏等最终都会在海洋上有所体现。根据《2019 年中国海洋生态环境状况公报》，448 个污水日排放量大于 100 m³ 的直排海污染源污水排放总量约为 801 089 万 t，再加上入海河流的通量以及各大流域入海口的通量，是海域的陆域污染部分。

长期以来，中国沿海城市沿袭了以黄土文明为主的发展理念，重陆域、轻海域，向海发展多停留在向海索取，包括围填海造地、油气开发等海洋工程建设，以及利用海洋自净能力进行污染排放等。全国约 10%的海湾受到严重污染，全国大陆自然岸线保有率不足 40%，17%以上的岸段遭受侵蚀，约 42%海岸带区域的资源环境超载，均与沿海陆域资源超载以及不合理的开发建设活动相关。

（3）陆海统筹的生态环境治理格局尚未形成

有关法律对入海河流的要求较为严格。从当前各入海河流水质状况看，《中华人民共和国海洋环境保护法》中"使入海河口的水质处于良好状态"的表述过于笼统、对部分入海河流的治理要求过高、目标要求界定不清楚、在实际管理中可操作性不强，导致对地方政府的治理要求不明确。而《中华人民共和国水污染防治法》对入海河流未作特别强调。虽然重点流域、《水污染防治行动计划》、渤海综合治理攻坚战行动计划等逐步强化了近岸海域和入海河流的治理要求，但流域和海域联动治理制度尚未形成，入海河流污染治理缺乏以海定陆的倒逼机制。

海水水质标准与地表水环境质量标准不统一。"咸淡"环境质量标准存在衔接不统筹、河口区"左右为难"。一是水质功能类别不一致，《地表水环境质量标准》划分为五类，《海水水质标准》根据海域的不同使用和保护目标，划分为四类（表 7-1、表 7-2）。二是水质指标不统一，地表水以氨氮、总磷、总氮评价，其中总氮根据《地表水环境质量评价办法（试行）》（环办〔2011〕22 号）不参与评价，海水以无机氮和活性磷酸盐为指标。三是指标标准值不统一，达到《地表水环境质量标准》但无法保证达到《海水水质标准》。从 2018 年水质数据来看，194 条入海河流总氮年均浓度 4.85 mg/L，未达到地表水 V 类标准（2.0 mg/L），即使是四大海区的最小值也远超海水水质四类标准（无机氮 0.5 mg/L）（表 7-3）。四是同一指标分析方法不同，氨氮、化学需氧量和石油类的分析方法不统一。

表 7-1　《地表水环境质量标准》总氮、总磷浓度　　　　　　　单位：mg/L

序号	项目	I 类	II 类	III 类	IV 类	V 类
1	总磷（以 P 计）	0.02（湖、库 0.01）	0.1（湖、库 0.025）	0.2（湖、库 0.05）	0.3（湖、库 0.1）	0.4（湖、库 0.2）
2	总氮（湖、库，以 N 计）	0.2	0.5	1.0	1.5	2.0

表 7-2　《海水水质标准》活性磷酸盐和无机氮浓度　　　　　　单位：mg/L

序号	项目	第一类	第二类	第三类	第四类
1	活性磷酸盐≤（以 P 计）	0.015	0.030	0.030	0.045
2	无机氮≤（以 N 计）	0.2	0.3	0.4	0.5

表 7-3　2018 年 194 个入海河流总氮、总磷浓度状况　　　　单位：mg/L

海区	总氮			总磷		
	平均值	最大值	最小值	平均值	最大值	最小值
渤海	7.805	83.300	1.546	0.180	0.619	0.037
东海	2.934	4.728	1.011	0.148	0.321	0.058
黄海	5.737	24.350	1.151	0.243	1.431	0.008
南海	2.889	17.275	0.880	0.199	1.941	0.036
全国平均	4.849	83.300	0.880	0.200	1.941	0.008

　　入海河流水质目标和近岸海域水质目标不统一。《水污染防治目标责任书》近岸海域水质根据一类、二类比例进行考核，考核目标未落实到具体的点位。《水污染防治目标责任书》和渤海综合治理攻坚战行动计划的入海河流水质目标主要考虑努力可达原则，对 195 条入海河流按照"只能变好、不能变差"和消除劣 V 类的原则确定水质目标，基本未考虑近岸海域水质改善需求。总体上，入海河流水质目标和近岸海域水质目标的制定缺乏衔接。

　　流域污染防治和近岸海域污染防治任务不衔接。近岸海域海水主要超标指标为无机氮和活性磷酸盐，而地表水控制的主要指标为氨氮和化学需氧量。现有的污水处理技术往往是将氨氮转化为其他形态的氮。因此，虽然陆源氨氮总量大幅削减，但入海的总氮排放量并未得到有效削减。入海污染物治理缺乏以海定陆机制，海洋固定源排污许可制度尚未建立。重点海域排污总量控制制度长期空转，未形成区域、流域和海域衔接联动的有效模式。

陆域与海域输入响应关系的基础性支撑不足。对陆域污染物入海通量进行合理的测算是海域污染控制的前提和基础，建立起入海通量与海域水环境间的响应关系，是合理制定海域污染防治对策的关键。目前，在陆域通过《重点流域水污染防治规划（2016—2020 年）》中的"流域—水生态控制区—控制单元"三级分区管理体系，在控制单元层面已基本可以建立污染源—排污口—断面的输入响应关系，但对近岸海域，由于水文水动力学条件复杂，初步判断，建立陆域污染与海域水质的输入响应关系难度非常大，目前还没有成熟的科学研究支撑。

此外，流域、区域和海域衔接联动的治理模式尚未完全形成，陆海污染治理的标准不统筹等问题尚未得到解决，区域间、部门间的联动机制尚待完善。

7.1.3 推进流域海域生态环境治理思路

（1）陆海统筹生态环境治理总体思路

立足生态环境部统一政策规划标准制定、统一监测评估、统一监督执法、统一督察问责四项职能，推进海洋生态环境保护系统化、科学化、法制化和责任化；重点推进五个统筹，即陆海规划统筹、陆海功能协调、陆海标准衔接、陆海治理同步、陆海督察考核执法协同。陆海统筹推进海洋生态环境保护的总体思路见图 7-2。

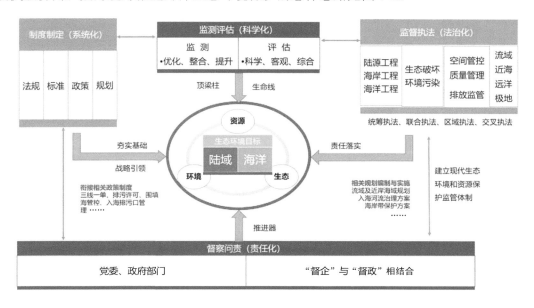

图 7-2 陆海统筹推进海洋生态环境保护的总体思路

一是鼓励在流域海区、省级以及地市层面，统筹编制和实施流域环境和近岸海域综合治理规划，强化入海污染物的联防联控，实现流域海洋保护规划目标、任务以及工程的统筹和衔接。坚持以海定陆，严控沿海省市海岸、海洋工程的开发建设行为，严格入海河流、排污口、直排海污染源的整治与监管，从源头减少入海污染物总量。

二是以海岸线两侧一定范围为基础，统筹海岸线两侧功能和需求，实现陆地主体功能区规划与海洋主体功能区规划有效衔接；坚持陆海统筹、以海定陆，研究划定海陆衔接的空间管控单元，优化功能布局及空间管控，明确陆海协同保护的范围、对象、目标指标以及用海方式的行为管控等。

三是加快修订和完善海洋环境质量标准和污染物入海排放标准。制定符合我国水生态环境背景特征和区域经济社会发展差异的水环境质量标准，科学确定符合当前经济社会发展状况的地表水和海水中的总氮、总磷等指标标准限值。开展河口区水质基准和标准研究，实现地表水和海水水质标准的有效衔接，制定能够满足水体使用功能并有效维护水体生态系统健康的河口水环境质量标准。

四是以美丽海湾建设为统领，统筹推进入海不达标河流、入海排污口及直排海污染源治理；坚持陆域海域、以海定陆原则，强化工业、农业、生活及航运污染等在达标基础上进行深度治理，推动区域间、部门间协同治理，使生态环境保护的各项措施同频共振，实现陆海治理同步、环境效益叠加。

五是整合中央生态环保督察与海洋督察，实现国土领域督察全覆盖。拓宽中央生态环保督察范围，督察领域涵盖海域使用管理、海岛开发保护、海洋生态环境保护以及权益维护等领域。发挥流域海域局生态环境监督管理职能，推动流域海域管理工作的统筹衔接。按照陆海统筹的管理思路，探索建立多要素、跨领域、全方位、立体化的综合监管体系，加强规划、标准、环评、监测、执法、应急等统一衔接，构建流域海域统筹、区域履责、协同推进的管理格局。

（2）流域海域治理统筹的衔接重点

陆海统筹目标指标体系的衔接。重点流域水生态环境保护"十四五"规划按照水环境、水生态、水资源"三水"统筹的思路确定地表水优良（达到或优于Ⅲ类）比例等指标；国家海洋生态环境保护"十四五"规划按照"污染防治、生态修复"并举的思路确定近岸海域和重点海湾优良水质比例等指标；近岸海域和重点海湾的海水质量与重点流域、入海河流等水质密切相关，根据海洋环境质量倒推确定流域和入海河流的水质目标时，既要考虑可达性，又要考虑可行性，既不能盲目强调以海定陆、加严管理要求，也不能放松管理要求。建议结合海域、流域及入海河流现状水质及历年水质变化关联分析，对氮、磷等指标提出差异化的、逐步加严的管控目标要求。

陆海统筹任务体系的衔接。近岸海域无机氮指标普遍超标，氮的来源比较复杂，包括涉氮行业排放、城镇生活污水排放、化肥农药流失、大气氮沉降等。氨氮、硝酸盐氮以及氮气等之间存在相互转化关系，总氮污染防控难度比较大。借鉴长江"三磷"专项排查整治行动经验做法，对化工、纺织、农副食品加工、造纸、城镇污水处理、农业源等行业及领域制定专项整治行动方案，减少入海氮污染通量，改善近岸海域水质。

陆海统筹治理体系的衔接。按照《关于构建现代环境治理体系的指导意见》的要求，积极推进和构建党委领导、政府主导、企业主体、社会组织和公众共同参与的现代环境治理体系。加强流域海洋污染防治与生态保护修复的统筹谋划和顶层设计，推进规划、标准、环评、监测、执法、应急、督察、考核等领域的统筹衔接，建立陆海生态环境保护一体化设计和实施的工作机制，达到立治有体、施治有序的目的。

陆海统筹法律体系的衔接。随着生态文明体制改革持续推进，海洋生态环境保护的一些法规制度和规定已不能满足新时期海洋生态环境保护工作的需要，迫切需要推进《中华人民共和国海洋环境保护法》及其配套法律法规制度的修订和完善，需要加强与《中华人民共和国环境保护法》《中华人民共和国水污染防治法》等法规制度的衔接，重点在流域和海域联动治理、污染防治和保护修复统筹监管、污染事故和生态灾害防范应急联合处置制度等领域进行修订和完善，奠定依法治海的法律基础。

7.2　流域水生态环境治理思路与任务

美丽中国对水生态环境的要求不仅是良好的水质状况，还包含充足的生态流量、健康的水生态，需要保护和恢复能持续"提供优质生态产品"的完整的水生态系统。因此，"十四五"需要在"十三五"强化水环境质量目标管理、推进我国环境管理逐步由总量控制向环境质量目标管理转型的基础上，进一步向水生态系统功能恢复、进而实现良性循环的方向转变。既要巩固碧水保卫战成果，又要服务美丽中国，努力实现水环境质量持续改善、水生态系统功能初步恢复，水环境、水生态、水资源统筹推进格局基本形成。

"十四五"水生态环境保护总体思路，概括起来就是"一点两线""三水"统筹。其中，"一点"是指水生态环境质量状况，"两线"是指污染减排和生态扩容。单纯从水质来看，表征水环境指标浓度中的污染物量"分子"和水量"分母"需要同时控制，在强调控源减排的同时，也要强调生态流量保障。推而广之，水生态环境质量状况也受人类活动干扰和生态环境容量所制约。因此，需要污染减排和生态扩容同时发力。其中，"生态扩容"主要依赖水生态保护和水资源管理。因此，有必要加强"三水"统筹，即水资源、水生态、水环境统筹保护。要充分发挥机构改革的效用和优势，坚持"山水林田湖草沙"是一个生命共同体的科学理念，将"三水"统筹贯穿于全过程。按照"一点两线"框架性思路分析和解决重点流域水生态环境保护问题，系统推进工业、农业、生活、航运污染治理，河湖生态流量保障，生态系统保护修复和风险防控等任务。

（1）实施流域空间管控

经历了"十三五"时期，我国流域治理的空间布局已变得更为清晰，大江大河生态环境保护修复思路更加明确。长江经济带"共抓大保护、不搞大开发"，沿江省市推进生态环境综合治理，促进经济社会发展全面绿色转型，力度大、规模广、影响深，生态环境保护发生了转折性变化，经济社会发展取得历史性成就。黄河流域共同抓好大保护，协同推进大治理，高水平保护和高质量发展的思想共识进一步凝聚。总体来讲，流域生态环境保护工作要坚持"山水林田湖草（海）"系统治理的理念，从生态系统整体性和流域系统性出发，加强生态环境综合治理、系统治理、源头治理。

充分发挥机构改革的效用和优势，打通岸上水里，坚持水陆统筹、以水定岸。完善流域生态环境保护空间管控体系，有机融入国土空间开发保护新格局。"问题在水里，根子在岸上。"因此，要为每一个需要保护治理的水体找到对应的陆域汇水空间，并按照"流域统筹、区域落实"的思路，落实行政辖区水生态环境保护责任。在"十三五"流域水生态环境分区，即 1 784 个控制单元划分的基础上，进一步优化实施地表水生态环境质量目标管理，以保护水体生态环境功能、明晰各级行政辖区责任为目的，优化水功能区划与监督管理，以国控断面对应汇水范围为基础，推进分级、分类管理，建立责任管理体系；按照"十四五"3 646 个国控断面布设，将全国划分为 3 442 个汇水范围。明确各级控制断面水质保护目标，逐一排查达标状况。未达到水质目标要求的地区，应依法制定并实施限期达标规划。

在汇水范围内，将入河排污口管理作为打通水陆的重要环节，实施入河排污口溯源整治，依托排污许可证信息，建立"水体—入河排污口—排污管线—污染源"联动管理的水污染物排放治理体系，落实企事业单位治污主体责任。

（2）深化污染减排

从当前水环境质量来看，虽然"十三五"时期水质改善成效显著，但我国水质不平衡不协调问题突出。2020 年，全国"十四五"国控断面中，仍存在 1.9%的劣 V 类断面，主要集中在海河、黄河、辽河、松花江等流域。另外，总磷问题日益凸显。在水环境质量不断改善的同时，影响水质的主要污染指标发生了一定的变化。根据历年《中国环境状况公报》，2006 年全国主要污染指标为高锰酸盐指数、氨氮和石油类，2010 年转变为高锰酸盐指数、五日生化需氧量和氨氮，2015 年转变为化学需氧量、五日生化需氧量和总磷。2020 年，全国总磷指标定类因子占比最大，为 40.6%。十大流域中，黄河、松花江、淮河、海河、辽河耗氧型指标定类因子占比最大；长江、珠江、东南诸河、西北诸河、西南诸河总磷定类因子占比最大（图 7-3）。

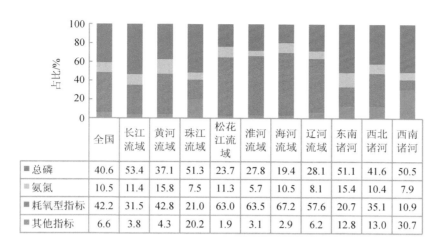

	全国	长江流域	黄河流域	珠江流域	松花江流域	淮河流域	海河流域	辽河流域	东南诸河	西北诸河	西南诸河
■总磷	40.6	53.4	37.1	51.3	23.7	27.8	19.4	28.1	51.1	41.6	50.5
■氨氮	10.5	11.4	15.8	7.5	11.3	5.7	10.5	8.1	15.4	10.4	7.9
■耗氧型指标	42.2	31.5	42.8	21.0	63.0	63.5	67.2	57.6	20.7	35.1	10.9
■其他指标	6.6	3.8	4.3	20.2	1.9	3.1	2.9	6.2	12.8	13.0	30.7

图 7-3　2020 年全国及十大流域断面定类因子占比情况

注：耗氧型定类因子指标包括化学需氧量、高锰酸盐指数、生化需氧量。

此外，在"十三五"地级及以上城市黑臭水体整治基础上，2020 年开展全国县级城市的黑臭水体排查工作，对管网质量等影响黑臭水体治理成效的主要瓶颈问题予以重点解决。全国城镇生活污水集中收集率仅为 60%左右，城乡环境基础设施欠账仍然较多，特别是老城区、城中村以及城郊接合部等区域，污水收集能力不足，管网质量不高，大量污水处理厂进水污染物浓度偏低，汛期污水直排环境现象普遍存在；农村生活污水治理率不足 30%。

根据《第二次全国污染源普查公报》，2017 年化学需氧量排放量为 2 143.98 万 t，总氮为 304.14 万 t，氨氮为 96.34 万 t，远超环境容量。"十四五"期间，仍要深化污染减排，实现主要污染物排放总量持续减少，重点是：

加强入河入海排污口排查整治。制定工作方案，开展排污口排查溯源工作，逐一明确入河入海排污口责任主体。按照"取缔一批、合并一批、规范一批"的要求，实施入河入海排污口分类整治。建立排污口整治销号制度，形成需要保留的排污口清单，开展日常监督管理。2025 年年底前，完成七大流域、近岸海域范围内所有排污口排查；基本完成七大流域干流及重要支流、重点湖泊、重点海湾排污口整治。

狠抓工业污染防治。推动重点行业、重点区域绿色发展，指导地方制定差别化的流域性环境标准和管控要求。加强农副食品加工、化工、印染等行业综合治理，加快推进流域产业布局调整升级。实施工业污染源全面达标排放计划。推进玉米淀粉、糖醇生产、肉类及水产品加工企业、印染企业等清洁化改造。加大现有工业园区整治力度，全面推进工业园区污水处理设施建设和污水管网排查整治，推进工业集聚区朝着全过程控制、全链条绿色化方向迈进。

推进城镇污水管网全覆盖。大力实施污水管网补短板工程，开展进水生化需氧量浓度低于 100 mg/L 的污水处理厂收水范围内管网排查，实施管网混错接改造、破损修复。加快提升新区、新城、污水直排、污水处理厂长期超负荷运行等区域生活污水处理能力。鼓励城市开展初期雨水收集处理体系建设，建设人工湿地水质净化工程，对处理达标后的尾水进一步净化。污水处理厂出水用于绿化、农灌等用途的，合理确定管控要求，以达到相应污水再生利用标准。各地根据实际情况，因地制宜确定污水排放标准。推广污泥集中焚烧无害化处理。到 2025 年，基本实现地级及以上城市建成区污水"零直排"，污泥无害化处理处置率超过 90%。

持续推进农业污染防治。在七大流域干流和重要支流氮、磷超标河段、重点湖库、重要饮用水水源地等敏感区域，优先控制农业面源污染。鼓励有条件的地方先行先试，将规模化农田灌溉退水口纳入环境监管，开展规模化水产养殖退水治理。针对当前丰水期水质相对较差的问题，要按照"源头防控—过程防控—末端治理"思路，以农业面源污染影响突出的流域或区域为重点，由农业部门牵头、生态环境部门参与，完善农业农村污染防治政策制度。源头防控方面，推进有机肥替代化肥，推广秸秆还田、绿肥种植等技术，采用价格补贴补助方式提高有机肥施用比例。过程防控方面，推广"种养平衡""桑基鱼塘""截污建池，收运还田"等生态循环发展模式，以用促治，采用经济适用的生物转化处理工艺，推动畜禽养殖污水资源化利用；推广测土配方施肥，把无序施肥变为按需施肥、精准施肥，提高化肥利用率；对有机肥施用、对种养大户采用农牧结合、种养循环模式给予奖补，加大补贴力度；对区域位置、人口居住集聚度高的农村，采用单户处理、联户处理和纳入城镇污水管网等处理模式，推广工程、生态相结合的模块化工艺，推动农村生活污水就近就农就地资源化利用。末端治理方面，采取人工湿地、生态沟渠、污水净化塘、地表径流集蓄池等工程措施，净化农田排水及地表径流。针对城市和农村水生态环境治理不平衡不协调问题，"十四五"期间，不仅要在地级、县级城市推进城镇污水管网全覆盖，治理城乡生活环境，基本消除城市黑臭水体，还要深入农村，因地制宜推进农村改厕、生活垃圾处理和污水治理，实施河湖水系综合整治，改善农村人居环境。

加强船舶废水排放监管。推进沿海与内河港口码头船舶污染物接收、转运及处置设施建设，落实船舶污染物接收、转运、处置联合监管机制。400 总吨以下小型船舶生活污水采取船上储存、交岸接收的方式处置。强化长江、淮河等水上危险化学品运输环境风险防范，严厉打击化学品非法水上运输及油污水、化学品洗舱水等非法排放行为。到 2025 年，港口、船舶修造厂完成船舶含油污水、化学品洗舱水、生活污水和垃圾等污染物的接收设施建设，做好船、港、城转运及处置设施建设和衔接。

（3）保障生态流量

我国人多水少，水资源时空分布不均，供需矛盾突出，部分河湖生态流量难以保障，河流断流、湖泊萎缩等问题依然严峻，成为当地生态环境顽疾。黄河、海河、淮河、辽河等流域水资源开发利用率远超 40% 的生态警戒线，京津冀地区汛期超过 80% 的河流存在干涸断流现象，干涸河道长度占比约 1/4。作为高耗水行业的煤化工，全国 80% 的企业集中在黄河流域。2019 年，我国农田灌溉水有效利用系数 0.559、万元国内生产总值用水量和万元工业增加值用水量为 60.8 m^3 和 38.4 m^3，用水效率远低于先进国家水平。

据遥感监测，我国河流湖泊断流干涸或生态流量不足的现象普遍存在。根据《2018年全国水利发展统计公报》，全国已建成流量为 5 m^3/s 及以上的水闸 104 403 座，其中大型水闸 897 座。依据生态环境部卫星环境应用中心《环境遥感监测专报》（表 7-4），2018年秋季，京津冀有卫星影像的 352 条河流中，292 条存在干涸断流现象，占河流总数的 83.0%；干涸河道长度为 5 413.63 km，占河道总长度的 24.4%。2018 年丰水期，辽河流域有效影像覆盖的 265 条河流中，有 183 条存在干涸断流现象，占河流总数的 69.1%；干涸河道长度为 3 573.75 km，占河道总长度的 17.7%。

表 7-4　京津冀地区和辽河流域存在干涸断流的河流统计

类别	京津冀地区（2018 年秋）		辽河流域（2018 年丰水期）	
	条数	长度/km	条数	长度/km
总监测河流	352	22 185.68	265	20 186.35
存在干涸断流现象的河流	292	5 413.63	183	3 573.75
占比/%	83	24.4	69.1	17.7

另外，污水再生利用是缓解水资源短缺的重要途径，但我国污水再生水利用率仅为 8.5%，远低于以色列等发达国家 70% 的利用率。从各省（区、市）来看，除北京等地区规模化利用再生水外，天津、陕西、宁夏等大部分缺水地区再生水利用率均不足 20%。从各城市来看，约 85% 的城市还未实现《"十三五"全国城镇污水处理及再生利用设施建设规划》中再生水利用率达到 15% 的最低要求，其中有近 1/4 的城市尚未开展污水再生利用。我国污水资源丰富，污水处理厂尾水是污水资源化的重要来源。据统计，2018 年我国共有污水处理厂 8 200 座，全年处理水量 679.8 亿 m^3，其中生活污水量达 588.8 亿 m^3，如全部再生利用，可填补我国正常年份缺水量。但我国再生水利用率偏低，大量的污水资源尚未得到有效利用，因而发展潜力巨大。

"十四五"期间，实施国家节水行动，优先保障生活用水，适度压减生产用水，增加生态用水。制定江河流域水量调度方案和调度计划，加强生态流量保障工程建设和运行管理，推进水资源和水环境监测数据共享，开展生态流量监测预警试点。缺水地区要逐步推进恢复断流河流"有水"。统筹实施南水北调工程和北方地区节约用水。根据水利部《关于做好河湖生态流量确定和保障工作的指导意见》（水资管〔2020〕67号），到2025年，生态流量管理措施全面落实，长江、黄河、珠江、东南诸河及西南诸河干流及主要支流生态流量得到有力保障，淮河、松花江干流及主要支流生态流量保障程度显著提升，海河、辽河、西北内陆河被挤占的河湖生态用水逐步得到退还；重要湖泊生态水位得到有效维持。探索开展生态流量适应性管理。

此外，还要加快推进区域再生水循环利用。建议以黄河、海河、淮河、辽河等流域，长江流域部分重要支流、重点湖泊为重点，选择水生态退化、水资源紧缺、水污染问题较为突出的典型城市开展区域再生水循环利用试点工程，实施污水再生利用设施、再生水输送管网、人工湿地水质净化工程等，推进提升污水再生利用水平。开展区域再生水循环利用试点。推动建设污染治理、循环利用、生态保护有机结合的综合治理体系。指导有条件的地方在重要排污口下游、支流入干流等流域关键节点因地制宜，建设人工湿地水质净化等生态设施。对处理达标后的尾水和微污染河水进一步净化改善后，作为区域内生态、生产和生活补充用水，纳入区域水资源调配管理体系。选择黄河流域和京津冀地区等缺水地区开展区域再生水循环利用试点示范，推进"截、蓄、导、用"并举的区域再生水循环利用体系建设，建设一批示范工程。到2025年，地级及以上缺水城市污水资源化利用率超过25%。

（4）推进水生态保护修复

我国水生态破坏现象十分普遍。一方面是重点湖库暴发蓝藻水华风险较大。2015年以来，总磷与化学需氧量交替成为全国地表水首要污染物。2018年，全国总氮平均浓度比2012年上升13.8%（2019年比2012年上升1.9%），见图7-4。开展营养状态监测的重要湖泊（水库）中，富营养状态湖库由2016年的23.1%上升为2020年的29.0%，太湖、巢湖、滇池最大水华面积分别增加57.9%、17.4%、85.9%。另一方面，水生态功能退化严重。受城镇开发建设、拖网捕捞、非生态型水利工程建设等不合理的生产、生活方式影响，我国河流、湖库水生植被普遍遭到破坏，部分河流生物多样性锐减。2015年发布的《中国生物多样性红色名录—脊椎动物卷》显示，我国受威胁鱼类295种，占总数的20.3%；受威胁两栖动物176种，占总数的43.1%。长江流域水生生物多样性正呈现逐年降低的趋势，上游受威胁鱼类种数占总数的27.6%，白鳍豚已功能性灭绝，江豚面临极危态势；黄河流域水生生物资源量减少，北方铜鱼、黄河雅罗鱼等常见经济鱼类分布范围急剧缩小，甚至成为濒危物种。

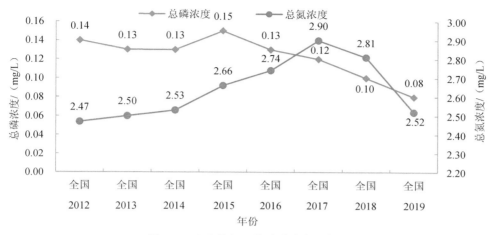

图 7-4　全国总氮、总磷浓度变化趋势

　　发达国家水环境治理历程表明，水环境治理是一个长期的过程，用时 30～40 年水质状况才有较大幅度改善，而部分污染严重水体治理可能需要更长时间。在进一步强化水质改善的同时，通过强化水资源、生态和水环境治理，来实施河湖水生态保护修复，保障生态流量。例如，在基本解决水质等污染问题基础上，欧盟在 2000 年《水框架指令》中进一步明确了水生态目标要求和改善计划，提出到 2015 年基本恢复水生态状况。但从实践来看，水生态的恢复是一个长期的过程，目前欧盟已经把目标推迟到 2027 年实现。

　　"十四五"期间，水生态保护修复措施具体有：坚持保护优先、自然恢复为主。加强源头治理，优先对水源涵养区、河湖生态缓冲带等产水、护水、净水的国土生态空间实施保护修复，开展植树造绿、水土保持，恢复河湖自然岸线；在重要河流干流、重要支流和重点湖库周边划定生态缓冲带，强化岸线用途管制。对不符合水源涵养区、河湖生态缓冲带等保护要求的生产生活活动进行清理整治。严格控制和有效化解主要干支流涉危险化学品等项目环境风险，让这些生态空间把发展重点放到保护生态环境、提供生态产品上，构筑水生态安全屏障。让河流湖泊休养生息，保护和合理利用河湖水生生物资源，科学划定河湖禁捕、限捕区域，实施好长江十年禁渔，并探索实行重点水域合理期限内禁捕的禁渔期制度。因地制宜恢复水生植被，探索恢复土著鱼类和水生植物。推进受损水生态系统恢复，对水生生物生境、生物群落受损的河湖，开展天然生境和水生植被恢复，采取"三场"和洄游通道保护修复、增殖放流、生境替代保护等措施，有针对性地实施一批重大生态系统保护修复项目，重构健康的水域生态系统。加强重点河湖保护和综合治理力度。鼓励各地在统一框架下制定符合地方流域特色的水生态监测评价指标和标准。建设一批美丽河湖，恢复水清岸绿的水生态系统。

7.3 海洋生态环境保护治理任务

（1）建立陆海统筹的生态环境治理体系

重陆地、轻海洋，流域、河口、近岸海域联防联控的思想不统一、目标指标不衔接、行动不一致等，是陆海生态环境治理效益不叠加、效益不突出的主要原因。"十四五"期间，统筹建立流域—河口—近岸海域相衔接的目标管理体系，以沿海地市和主要海湾河口等为基本单元，统筹推进污染防治、生态保护修复以及风险防范应急联动。建立和完善"湾长制"管理体系，强化与"河长制"管理体系衔接，落实海湾生态环境保护与治理的责任。加强沿海地区、入海河流流域及海湾（湾区）生态环境目标、政策标准衔接，实施区域流域海域污染防治和生态保护修复的责任衔接、协调联动和统一监管。以美丽海湾为统领，突出补短板、强弱项，全面提升海湾品质和生态服务功能，建设"水清滩净、沙鸥翔集、人海和谐"的美丽海湾。建立健全"美丽海湾"规划、建设、监管、评估和宣传等管理制度，实施美丽海湾建设评估和考核奖励机制。

（2）推进入海排污口的溯源整治和全链条管理

自 2018 年 11 月《渤海综合治理攻坚战行动计划》印发以来，生态环境部会同有关部门和环渤海三省一市，聚焦核心目标任务，开展了入海排污口三级排查工作，按照"应查尽查"的原则，渤海共发现了 1.8 万余个入海排污口，为打好渤海攻坚战奠定了坚实的基础。"十四五"期间，要在总结渤海综合治理攻坚战入海排污口排查整治的经验做法基础上，继续在重污染海域积极开展各类入海排污口的全面排查，建立入海排污口动态台账和全国一张图，组织开展入海排污口溯源整治，并严格分类监管。坚持"水陆统筹、以水定岸"，逐步完善入河（海）排污口设置管理长效监管机制，推进"排污水体—入河（海）排污口—排污管线—污染源"全链条管理。2025 年年底前，建立省、市两级入海排污口监管平台，提升信息化管理水平，建立健全责任清晰、设置合理、管理规范的长效监管机制。

（3）强化陆源海源污染的协同治理

陆地上人类活动产生的污染物质通过直接排放、河流携带和大气沉降等方式输送到海洋，是海洋污染和生态退化的主要原因。海域水质状况与入海污染物总量基本呈现同步变化趋势，陆源营养盐对近岸海域的贡献占 70% 以上。"十四五"期间，要坚持陆、岸、海协同治理，陆域持续开展入海河流消劣行动，加强重污染海湾入海河流整治。沿海城市加强总氮排放控制，实施入海河流氮磷削减工程。推动近岸主要海湾的劣四类水质面积持续减少，实现海湾环境质量持续改善。加强岸线生态整治，提升大型港口环境治理水平,分批分类开展渔港码头环境综合整治;加强岸滩和海漂垃圾清理,沿海市县建立实施海上环卫机制。各海域要优化水产养殖布局,合理调控养殖种类、养殖强度和养殖密度,积极发展生态养殖,压缩围海养殖总量,推动海水养殖环保设施建设与清洁生产。严格管控海水养殖尾水排放,推行海水养殖尾水集中生态化处理,强化废弃物集中收储处置和资源化利用。加快推进辽东湾、渤海湾、莱州湾、大亚湾、北部湾等重点海湾海水养殖污染综合治理。开展海洋微塑料污染现状调查及对海洋生态环境、海洋生物和人类健康影响风险评估,实施南海海域海洋微塑料污染专项调查。

(4)全面加强海洋生态保护修复和监管

加强海洋生物多样性保护和重点河口海湾保护修复。开展海洋生物多样性调查和监测,建立健全海洋生物生态监测评估网络体系。划定海洋生物多样性优先保护区,对未纳入保护地体系的珍稀濒危海洋物种和关键海洋生态区开展抢救性保护。促进海洋生物资源恢复和生物多样性保护,加大"三场一通道"(产卵场、索饵场、越冬场和洄游通道)和重要渔业水域等保护力度,加强候鸟迁徙路线和栖息地保护。开展近岸主要海湾(湾区)标志性关键物种及栖息地的调查、监测和保护,积极防控和整治外来物种入侵。坚持保护优先、自然恢复为主,通过退围还滩、退养还湿、退耕还湿工程,加强岸线岸滩修复、滨海湿地修复和生态扩容工程,推进重点海湾(湾区)红树林、珊瑚礁、海草床等受损海洋生态系统保护修复。

强化海洋生态保护监管。建立健全海洋生态保护红线监管制度,强化海洋自然保护地和生态空间等保护监管。严格围填海管控,落实自然岸线保有率制度,清理整治非法占用自然岸线、滩涂湿地等行为,开展生活和生产岸线整治与改造,强化对海洋生态修复恢复区的评估和监管,恢复修复岸线生态功能。

(5)提升海洋生态监测执法监管能力

海洋生态环境保护工作涉及领域广、风险高、专业性较强、能力要求高、监管难度大,迫切需要在四个方面加强支撑:一是管理支撑,需要构建涉及陆源污染防治、海上工程防治、倾废监督管理、生态保护修复等多领域的管理体系、治理措施和协调机制;二是能力支撑,需要构建海洋环境监测、海洋应急处置等配套业务体系,具备船舶、码头等基本硬件条件;三是执法支撑,需要一支能在岸上、近岸、近海、远海等区域统筹实施监管执法的队伍;四是技术支撑,需要有一支统筹国际和国内、熟悉专业和管理的技术队伍。"十四五"期间,建议从以下几方面着手提升监管能力:

一是加强陆海统筹的海洋环境监测管理,建立全覆盖、立体化、高精度的监测体系,实行海岸分段、海域划片、定期巡查、突击检查、督察到位、责任到人的监察模式。做好流域—河口—海域一体化的监测和对接,利用卫星遥感监测海岸线及生态系统变化状况，实现生态环境监测全覆盖。逐步建立区域重点污染源信息、水环境信息、重大项目环境影响评价信息披露机制，实现信息交换互通，同时强化区域间工作会商，及时就生态保护修复情况进行沟通协商，建成多级入海河口及直排口监控系统，并加大区域联合执法力度。建立海洋重大污染事件风险预警、应急响应、通报制度，建立区域潜在环境风险评估、预警及信息共享机制，完善区域突发海洋环境事件应急处置体系，构筑海上应急救助体系，建立健全海事、海洋、渔业和海上搜救力量之间的协调合作与应急通报制度。

二是按照统一规划、统一标准、统一开发、统一实施的原则，分级建设国家、海区和地方相衔接的海洋生态环境监督管理系统，形成集信息获取、传输、管理、分析、应用、服务、发布于一体的信息平台。集成海洋环境监测与评价、海洋污染监控与防治、海洋环境监督与保护、海洋生态保护与建设等业务子系统，整合海洋监测数据和最新的海洋基础数据，实现海洋生态环境保护信息的采集、传输和管理的数字化、智能化、可视化。同时按照"陆海统筹"的管理理念，整合水源地水质、入海河流、入海排污口等实时数据资源，强化多部门和业务化在线协同，实现对海域生态环境全覆盖、立体化、常态化的监督管理。建立和完善严格监管所有入海污染物的环境保护管理制度，进行独立的海洋环境监管和行政执法。建立陆海统筹的生态环境保护修复和污染防治区域联动机制。

（6）深度参与全球海洋治理

切实履行海洋生态环境保护国际公约，积极参与全球海洋生态环境治理体系建设。积极参加联合国海洋大会，推动构建"蓝色伙伴关系"和"海上丝绸之路"交流合作，深化与联合国、国际政府间组织和非政府组织的交流与合作。围绕国际热点环境问题和新兴海洋环境问题，开展海洋温室气体、海洋微塑料、新型海洋污染物、西太平洋放射性监测等海洋专项监测，推进构建覆盖近岸近海并向极地大洋延伸的海洋生态环境监测体系，维护我国管辖海域、大洋、极地等海洋生态环境权益。2025年年底前，海洋生态要素监测内容和指标体系基本成型，海洋微塑料等新型污染物专项监测成果接近或达到国际先进水平。

7.4　"三水"统筹、陆海统筹的制度与政策

（1）建立"三水"统筹制度

以习近平生态文明思想为制度设计遵循，以"党政同责""一岗双责"为制度实施前提，以河湖长制为制度落实抓手，以生态环境监管为制度保障，系统设计"三水"统

筹保护治理制度。一是突出"三水"之间的内在关联，提高保护治理目标的一致性和措施的协同性，促进水环境质量持续改善，水生态系统功能逐步恢复，形成水资源、水生态、水环境统筹推进的新型治理格局。二是考虑"三水"各自特征，体现保护治理的差异，明确水资源利用上线、水环境质量底线、水生态保护红线等要求。

（2）加强地表水—地下水污染协同防治

着眼于地表水与地下水交互影响，一方面要减少重污染河段侧渗和垂直补给对地下水的污染；另一方面要强化污染地下水排泄进入地表水的风险管控。特别是针对地表水、地下水共性污染因子，在完善环境本底研究基础上，加强总磷、重金属、硫酸盐、氟化物等污染物的协同防治。

一是积极推动地下水管理条例的制定，针对地下水生态环境监管体系进行顶层设计，进一步明确地下水目标责任制、调查评估、监测评价与考核、污染防治分区划分等基本制度要求。二是统筹建立区域—"双源"的地下水环境监测体系，客观反映区域和"双源"周边的地下水质量变化趋势，为地下水质量目标的制定提供依据。三是科学制定区域—"双源"地下水质量及任务考核目标，考核目标应能有效体现污染防治工作成效，满足监管需求，推动任务落实，坚决遏制地下水污染加剧趋势；区域尺度，强化地表水—地下水协同防治；"双源"尺度，强化土壤—地下水协同防治。四是进一步增加财政预算经费，优化和整合污染防治专业队伍，提高专业人员素质和技能，满足当前地下水污染防治工作需求。

（3）建立陆海统筹的污染防治联动机制

健全流域污染联防联控机制。编制实施重点流域水生态环境保护规划，实施差异化治理。完善流域协作制度，流域上下游各级政府、各部门加强协调，定期会商，实施联合监测、联合执法、应急联动、信息共享。建立健全跨省流域上下游突发水污染事件联防联控机制，加强研判预警、拦污控污、信息通报、协同处置、纠纷调处、基础保障等工作，防范重大生态环境风险。加强重点饮用水水源地河流、重要跨界河流以及其他敏感水体风险防控，编制"一河一策一图"应急处置方案。鼓励流域、区域制定统一的污染防治法规标准。

按照"陆海统筹、以海定陆"原则，根据近岸海域水质改善要求，上溯落实沿海地市、入海河流流经地市、沿海省份及上游省份共同保护海洋生态环境的责任。在干流沿线各省、市出境断面考核中，增加分阶段加严的总氮等指标浓度限值，真正形成从山顶到海洋的保护机制。基于重污染海湾和美丽海湾建设要求，拓展入海污染物排放总量控制范围，保障入海河流断面水质，探索"河海共治"的陆海统筹的污染防治联动机制。逐步完善入河（海）排污口设置管理长效监管机制，推进"排污水体—入河（海）排污口—排污管线—污染源"全链条管理，倒逼污染源治理，改善排海水体的环境质量。

（4）健全海洋生态环境损害赔偿制度

按照"保护者受益、损害者赔偿"原则，根据沿海各省、市海洋生态环境质量和同比变化情况，建立涵盖海域水质补偿（赔偿）资金、入海污染物赔偿资金和海岸带生态系统保护补偿资金的生态补偿资金，实行达标奖励和未达标惩罚的激励约束机制。生态补偿资金主要用于入海陆源污染防控、海洋生态监测与调查、海洋生态保护修复、海洋生态环境监测监管能力建设等与海洋生态环境保护相关的支出。建立健全溢油、危化品泄漏等突发事故对海洋生态环境损害的鉴定评估技术与标准体系，完善相应配套文件。建立海洋环境生态损害赔偿强制责任保险制度，将沿海高风险企业纳入环境污染强制责任险企业名录，将海洋环境风险因素纳入承保前的环境风险评估，探索构建"风控—保险—理赔"全过程风险管理模式。探索建立海洋生态环境损害赔偿磋商协议与司法强制执行的衔接机制。

第 8 章 严守环境安全底线研究

污染减排、质量改善、风险防范是我国生态环境治理的三大任务，在不同发展阶段，我国生态环境保护的重点具有明显阶段性。"十三五"以来，污染防治攻坚战阶段性目标任务圆满完成，我国生态环境质量明显改善，解决了一大批环境风险隐患问题。"十四五"期间，统筹安全与发展的任务更加艰巨，突发性、累积性环境风险问题依然突出，严守环境安全底线依然是规划重点任务。

8.1 加强环境风险防控

8.1.1 现状评估

随着我国以国内大循环为主体、国内国际双循环相互促进的新发展格局加快形成，我国资源开发利用、产业结构、企业布局等都可能发生深刻变化，对生态环境带来不确定性。环境风险管理工作面临的形势依然严峻，突发环境事件应对能力不足的矛盾突出。

结构性、布局性环境风险形势依然严峻。我国正处于工业化转型升级阶段，产业结构偏重、能源结构偏煤、危险化学品交通运输结构不够合理等问题短期内难以根本改变。沿江、沿河区域高风险行业企业集聚。根据第二次全国污染源普查数据，全国三级以上河流沿线 5 km 范围内共有风险工业企业 9 000 多家，沿线 10 km 范围内近 16 000 家。此外，人居活动与高风险工业活动区域密集交织，约 1.1 亿人居住在涉危涉重企业周边 1 km 范围内，约 1.4 亿人居住在交通干道 50 m 范围内。此外，油气管道总里程达 13.31 万 km（截至 2017 年），尾矿库近万座，不确定性因素持续增长。这种结构性和布局性环境风险隐患容易导致突发环境事件，而且事件发生后危害大、很敏感、处置难。

环境风险管控面临能力不足的严重挑战。面对突发环境事件多发频发的高风险态势，对标落实习近平总书记对突发环境事件应对的重要指示批示精神，以及党中央、国务院的要求和建设美丽中国的发展愿景，目前我国环境风险管控能力还很不足，土壤、地下水环境安全管理基础依然薄弱，固体废物、重金属、新污染物等领域安全法规标准体系仍然滞后，核与辐射安全管理中部分关键技术、材料、设备存在"卡脖子"问题，环境应急管理基础能力与面临的严峻形势不相适应。

8.1.2　思路任务

坚持总体国家安全观，以降低环境风险水平、控制突发事件影响、基本实现环境风险管理体系和能力现代化为目标，以强化环境风险管理能力为抓手，着力问题精准、时间精准、对象精准、区域精准、措施精准，补齐土壤、地下水环境安全管理短板，完善固体废物、重金属、新污染物安全法规标准体系，深化核与辐射安全关键技术、材料、设备研发，强化环境应急管理基础能力建设。推动从被动应对向主动防范转变，在守好生态环境安全底线中发挥兜底作用。具体来说，在土壤、固体废物、重金属、化学品、核与辐射等方面，都要加强底线思维，把环境风险与安全利用放在更加突出的位置。

一是继续实施土壤污染防治行动计划，从源头控制新增土壤污染。用好调查普查和土壤环境监测体系，进一步摸清家底，实施农业污染土壤和城市污染地块土壤安全利用。选择典型地区和地块，开展土壤污染修复试点示范工程。加快补齐危险废物、医疗废物处置能力短板。

二是推动化学物质环境风险管控，重点防范持久性有机污染物、汞等化学物质的环境风险，严格履行化学品环境国际公约要求。

三是坚持"从事核事业必须确保安全"的方针，确保核设施、放射源安全可控，运行核电机组安全保持国际先进水平，确保在建核电机组建造质量，新建核电机组满足国际最新核安全标准，确保核与辐射安全。

8.2　保障土壤环境安全

8.2.1　现状评估

"十三五"期间，按照"打基础、建体系、防风险、守底线"的总体思路，紧密围绕保障农产品质量安全和人居环境安全，扎实推进净土保卫战，土壤污染防治工作取得显著成效。完成农用地土壤污染状况详查和重点行业企业用地土壤污染状况调查，基本摸清土壤污染底数；出台《中华人民共和国土壤污染防治法》《农用地、建设用地土壤污染风险管控标准》，以及《污染地块、农用地、工矿用地土壤环境管理办法》等部门规章，土壤污染防治法规标准与规章制度从无到有，框架体系初步建立；紧扣农用地和建设用地两大重点，实施农用地分类管理和建设用地准入管理，有序推动污染土壤风险管控和修复，基本防控土壤污染风险；土壤污染源头防控力度不断加强，建立重点监管单位全过程监管机制，土壤污染防治工作支撑体系初步建立。

但是，我国土壤污染防治工作起步较晚、工作基础依然薄弱，土壤环境管理制度仍不健全，土壤污染风险管控和治理技术体系尚不完善，所以土壤污染源头防控压力较大，部分地区土壤污染问题突出。根据各省份发布的土壤污染重点监管单位名录，截至 2020 年年底，31 个省（区、市）纳入名录的企业共 1.3 万余家，其中江苏、浙江、山东 3 个省超过 1 000 家（图 8-1）。随着经济转型升级，各地落后产能淘汰、退城入园、"十五小"整治等腾退企业数目较多，特别是城镇人口密集区危险化学品生产企业搬迁改造、长江经济带化工污染整治等产业结构调整中，腾退土地的环境风险管控压力较大。截至 2020 年年底，各省份纳入建设用地土壤污染风险管控和修复名录的地块总数共 831 块。经风险管控和修复后移出 173 块，名录内仍有地块 658 块。其中，重庆、江苏、浙江等省（市）名录内地块数较多（图 8-2）。有色金属矿采选及冶炼、黑色金属矿采选及冶炼等行业周边农用地土壤污染风险较高，涉镉等重金属重点行业企业与农田交织分布，没有足够的缓冲空间，企业污染排放对周边耕地土壤环境影响较大。详查结果表明，部分区域土壤污染风险突出，超筛选值农用地安全利用和严格管控的任务依然较重。

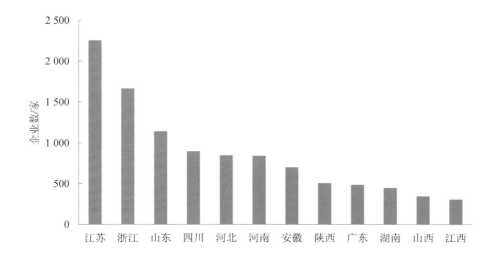

图 8-1　部分省份土壤污染重点监管单位名录企业数目（截至 2020 年年底）

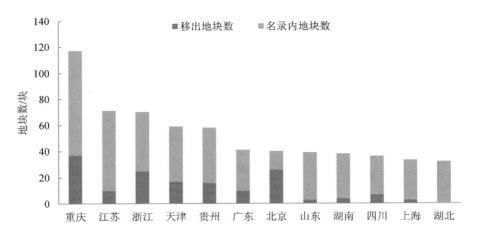

图 8-2   部分省（市）建设用地土壤污染风险管控和修复名录（截至 2020 年年底）

8.2.2   思路任务

（1）基本思路

根据国外土壤污染防治经验，采取以风险管控为主的措施，既可实现受污染土壤安全利用目标，又可大大降低资金投入成本，符合我国国情和现阶段经济技术发展水平。中长期内，我国土壤环境管理仍以风险管控为总体思路，坚持"预防为主、保护优先、分类管理、风险管控、污染担责、公众参与"的原则，逐步探索建立土壤污染预防体系、土壤生态保护体系、土壤资源永续利用体系，推进土壤环境质量改善和土壤生态系统良性循环。

总体思路为：以土壤污染状况详查结果为基础，以土壤污染防治重大政策创新为抓手，以严守农产品质量安全和人居环境安全为底线，以重点区域、重点行业、重点污染物为着力点，以全面提升各级土壤环境监管能力为基础支撑，重落实、抓重点、见实效，有序推进土壤风险管控和修复，实施一批针对源头预防、风险管控、治理修复的优先行动，解决一批历史遗留的突出环境问题，保障公众健康，保护和改善土壤生态环境，推进土壤资源可持续利用，确保国家和区域土壤环境安全，为建设美丽中国奠定坚实土壤基础。

（2）重点任务

"十四五"期间，坚持强基础、控源头、防风险、守安全，健全土壤污染防治监管体系，全面防控土壤源头污染，加强农用地安全利用和建设用地风险管控，严守农产品质量安全和人居环境安全，保障人民群众吃得放心、住得安心。

一是完善土壤污染防治监管体系。针对土壤污染防治薄弱环节，以强化土壤环境监管为核心，完善符合中国国情的土壤环境管理与修复模式、技术规范和标准体系。以贯彻落实《中华人民共和国土壤污染防治法》为抓手，健全土壤污染防治法规标准体系，完善土壤环境质量评价、监测、污染控制等相关标准和技术规范，研究农用地钝化、替代种植、农艺调控，以及污染地块风险管控等相关技术规范，探索和完善土壤污染趋势分析评估方法，完善土壤污染风险管控和修复项目管理政策。根据农用地土壤污染状况详查和重点行业企业调查结果，开展重点区域加密调查，进一步摸清土壤污染情况；完善全国土壤环境监管网络，开展土壤污染状况调查。

二是系统实施土壤污染源头防控。健全土壤污染重点监管单位管理制度，动态更新土壤污染重点监管单位名录。进一步明确土壤环境重点监管单位土壤和地下水自行监测、污染隐患排查、拆除活动污染防控、"零渗漏"改造等管控措施和具体要求。以铅、锌、铜等有色金属采选及冶炼，镍镉电池生产等涉重金属重点行业为重点，完善行业大气等排放标准。开展历史遗留矿区环境风险排查，以重有色金属矿采选、冶炼行业为重点，解决一批历史遗留采选废物和冶炼废渣环境风险，加强矿洞涌水治理。加强大气重点重金属沉降及灌溉用水重金属监测、趋势分析和评估。以产粮（油）大县、重有色金属矿山，以及安全利用类和严格管控类耕地集中区等为重点，开展土壤污染成因排查和分析，启动涉镉等重金属重点行业企业整治、农田"断源行动"等行动，切断污染进入土壤的途径。实施农药、化肥、农膜等农业投入品减量行动。

三是巩固提升农用地安全利用成效。在农用地详查基础上，进一步查明农用地污染具体情况和地块边界，为农产品安全生产提供基础数据和决策依据。加大优先保护类耕地保护力度，加强耕地质量保护和提升，开展高标准农田建设。探索建立农用地安全利用与修复技术体系，针对人为活动影响区、地质高背景和人为活动影响叠加区、地质高背景影响区，以及不同污染物类型、不同区域等，实施污染耕地安全利用示范工程，提出土壤重金属钝化修复、低富集植物选育、农艺调控等安全利用具体措施。针对严格管控类耕地，结合退耕还林还草、农产品严格管控区划定、不同区域农业发展特色等，提出针对性管控措施。建立安全利用后期管理体系，对已实现安全利用的受污染耕地，分别从农产品临田检测、超标粮食处置机制、农产品安全追溯体系等方面，提出后期管理具体要求，防止超标粮食进入口粮市场。探索建立农用地安全利用长期监测基地，开展土壤、农产品长期监测，评估安全利用措施对土壤结构、功能等的影响。

四是推动建设用地分类分级管控。健全建设用地土壤污染风险管控和修复名录制度，完善建立、管理、退出等监管流程，明确各级部门、相关企业等具体责任。根据重点行业企业用地土壤污染状况调查结果，建立建设用地优先管控名录；对纳入名录的地块，优先开展详细调查评估。补齐污染地块部门联动监管短板，推动国土空间规划等相关数据共享。探索建立适合我国国情的土壤污染绿色可持续修复的制度保障、全过程各环节绿色可持续修复效果评估指标体系和技术方法。以化工、有色金属矿采选及冶炼等为重点，探索建立重点行业污染地块风险管控技术模式。针对大型化工行业污染地块，结合城市景观设计、市政工程管理、再开发利用，探索形成不同土地利用模式下的风险管控与修复技术、管理、工程评估、资金筹措等综合管控策略，强化全过程规范化监管和修复工程引领示范作用。针对存在土壤污染的在产企业，开展"边生产、边管控"试点。加强污染土壤修复后资源化利用监管、二次污染防控和长期监管，研究出台相关技术规范。探索工矿企业"环境修复+开发利用"模式。加强土壤修复从业单位和个人监管。

五是全面提升土壤环境监管能力。将土壤作为环境治理体系和治理能力现代化建设的重要内容，全面提升各级土壤环境监管执法能力。加强土壤环境监管机构组建、人员编制和基础能力建设，提高人员队伍、软硬件条件。创新监管手段和机制，探索使用卫星遥感、大数据等实用高效的高科技手段，加强违规开发和污染环境监管工作，构建市县两级一线执法监管标准体系。强化部门联动，建立各职能部门土壤污染防治责任清单，加强相关部门、各级政府土壤环境信息共享及应用。加强土壤污染状况详查、第二次污染源普查、涉重金属全口径清单建立、排污许可管理、重点行业企业调查等多源数据融合，建立完善我国土壤污染源数据库。构建基于土壤类型、污染类型、区域特性和土地功能的多维度、多尺度和全过程的土壤环境基础信息系统，推动全国土壤环境监管数据利用。

8.3　实施地下水污染风险管控

8.3.1　现状评估

"十三五"以来，我国地下水生态环境保护稳步推进。修订《中华人民共和国水污染防治法》等，强化地下水污染防治。实施《全国地下水污染防治规划（2011—2020年）》《地下水污染防治实施方案》《华北平原地下水污染防治工作方案》，制定了地下水环境状况调查、监测评估、风险管控和修复等多项技术标准规范。持续开展地下水环境调查评估，初步建立我国地下水型饮用水水源和重点污染源的"双源"清单，掌握城镇1 862个集中式地下水型饮用水水源和16.3万个地下水污染源的基本信息。初步构建地下水环境监测网络，实施"国家地下水监测工程"，建成国家地下水监测站点20 469个。地下水污染防治初见成效，全国 1 170 个国家级地下水考核点位质量极差比例控制在15%左右，地级及以上城市集中式地下水型饮用水水源达标率85%左右，全国加油站地下油罐完成双层罐更换或防渗池设置。

但是，地下水环境质量改善任务较为艰巨。部分地下水型饮用水水源环境保护问题突出，2019 年地级及以上城市地下水型饮用水水源水质约 15%不达标，县级城镇地下水水源水质约 20%不达标。地下水环境风险管控水平有待巩固提升，地下水污染源周边地下水环境状况底数不清，部分地下水污染源周边地下水特征污染物超标，污染状况未得到有效控制，氯代烃、六价铬等迁移性强的污染物风险管控技术尚未探索、集成、验证。深地资源（如油气资源等）开发地下水污染风险管控缺乏技术支撑。此外，地下水污染防治信息共享机制不健全，部门联动监管有待完善。地下水资源评价及管理、环境状况调查评估、污染防治分区、矿山生态修复等管理机制尚未有机衔接。地下水生态环境监测能力薄弱、监测网络和应急体系有待进一步健全，土壤和地下水污染防治统筹需要进一步强化。

8.3.2 思路任务

"十四五"期间，地下水污染防治重点以保护和改善地下水环境质量为核心，充分结合我国地下水污染防治工作基础薄弱、力量分散、科技支撑不足等实际，以"强基础、建体系、控风险、保安全"为工作思路，加快监管基础能力建设，健全法规标准体系，推进污染防治分区划分，加强污染源源头防治和风险管控，确保地下水环境安全。

一是基于全过程管控的思路，建立地下水污染防治法规标准体系。为构建完善的地下水污染防治法规标准体系，美国、欧盟、日本等国家和地区，均针对地下水或结合土壤出台了一系列法规标准文件，涉及调查评价、监督监测、风险评估和修复防控等。我国地下水污染防治相关工作起步较晚，相关法规、政策制定于机构改革前，《中华人民共和国水污染防治法》《中华人民共和国土壤污染防治法》涉及地下水污染防治条款分别仅有 9 条、8 条，对地下水污染防治总体考虑不足，无法满足新形势下防治工作的总体要求。地方工作开展缺少上位法支撑，工作推进难度较大。目前，已发布的地下水污染防治相关标准规范共计 20 余项，但大部分技术文件以生态环境部办公厅函印发，文件约束性、推广性弱于行业标准和国家标准。"十四五"期间，亟须细化落实《中华人民共和国土壤污染防治法》《中华人民共和国水污染防治法》《地下水污染防治实施方案》等文件要求，积极推动地下水管理条例出台，并在调查评价、监督监测、风险防控、治理修复等方面，积极推动地下水污染"源头预防—过程防控—治理修复"的全过程管控，完善地下水污染防治标准体系，全面提升地下水污染防治保障水平。

二是建立健全区域—"双源"全覆盖的地下水环境监测体系，稳步提升我国地下水环境监测水平。发达国家和地区如美国、欧盟等的地下水环境监测体系较为完善。美国目前拥有 5 年以上数据的监测井 4 万余个，除德国外的其他欧洲国家均根据国家需要和水文地质条件在全国范围内建设了地下水监测网。我国台湾地区建成了兼顾监测环境质量的区域监测井与控制污染的重点污染源监测井，形成了地下水环境监测网。我国的地下水监测工作是由水利部、自然资源部和生态环境部共同开展，自然资源部门和水利部门相关工作起步较早，已基于国家地下水监测工程建成 20 469 个监测站点，组成区域地下水监测网络，并拥有较为庞大的地下水监测队伍，开展了逐年地下水动态监测。生态环境部门的地下水监测工作起步较晚，仅基于全国地下水基础环境状况调查评估项目，初步掌握了我国"双源"周边地下水环境监测信息。"十四五"乃至 2035 年，还需要完善地下水环境监测技术体系，按照统一规划、分级分类的思路，构建全国统一的地下水环境监测信息平台，构建重点区域质量监管和"双源"监控相结合的全国地下水环境监测体系。

三是亟待开展常态化地下水环境调查评估工作，防范地下水污染风险。地下水环境调查评估是开展地下水环境监管的重要基础性工作。美国区域地下水环境调查评价 10 年轮回、滚动实施，重点污染源地下水环境调查评价每年定期开展。我国台湾地区 30 多年来分阶段、有计划、持续地推进调查评估工作，针对不同程度污染实施分级控制。我国对地下水污染调查已于 2005 年起由自然资源部门组织开展了 10 年，生态环境部门基于全国地下水基础环境状况调查评估项目，建立了全国 17 万条"双源"清单，并在 2011—2017 年，扭住"双源"，基于水文地质代表性、风险较大原则，选择了 1 862 个集中式地下水型饮用水水源和 430 个重点污染源，开展地下水环境状况调查评估，但重点污染源调查数量仍不足污染源总数的百分之一。机构改革后，自然资源部门不再牵头开展地下水污染调查工作，生态环境部门亟须有计划、分阶段地系统部署"双源"周边地下水环境调查评估工作，防范地下水污染风险，为地下水污染防治工作奠定基础。

四是持续推进地下水污染防治分区划分工作，推行基于空间管控的地下水环境管理措施。地下水环境作为受体受到污染源污染风险，不仅与地下水脆弱性有关，还与污染源分布密切相关，需要将人类活动因素和污染特征纳入地下水污染风险评估体系，支撑地下水污染防治分区管理。在"十二五"前，未将地下水污染风险分区，也未将地下水污染分布与地下水环境管理相结合，基于空间管控的地下水污染防治和环境管理实践相对缺乏。"十二五"初期，《全国地下水污染防治规划（2011—2020 年）》提出"建立地下水污染防治区划体系，划定地下水污染治理区、防控区及一般保护区"，标志着我国地下水环境空间管控思路初具雏形。2019 年，《地下水污染防治实施方案》提出"各省（区、市）全面开展地下水污染分区防治，提出地下水污染分区防治措施，实施地下水污染源分类监管"，意味着地下水分区环境管理步入实践阶段。同年，生态环境部印发

《地下水污染防治分区划分工作指南》，基于地下水环境空间管控的思路，建立了保护区、治理区以及防控区划分方法，全面指导各地推进地下水污染防治分区划分工作。"十四五"期间，亟须基于分区结果及提出的环境管理对策，全面落实"以防为主，防治结合"的地下水污染防治思路，提出不同区域的环境管理目标及针对性的管理策略，使地下水污染防治措施落到实处，大力提升地下水环境管理水平。

五是以试点推动地下水污染修复和风险管控工作，实现对地下水污染源环境风险的有效管控。发达国家在长期的地下水环境保护过程中，形成了较为完备的地下水环境保护法律体系和管理机制，制定了完善的地下水污染修复和风险管控技术体系。20 世纪80 年代以来，美国根据地下储油罐污染清理计划、超级基金清理计划和棕色土地清理计划等，对污染地块开展了大量的修复工作，尤其是对84%的超级基金地块都开展了地下水修复工作，目标污染物以氯代烃为主，还包括重金属、苯系物和高氯酸等。我国污染地块地下水修复开始于"六五"科技攻关，目前在基础技术理论研究和修复技术集成应用方面取得了较大进展。《水污染防治行动计划》明确要求"公布京津冀等区域内环境风险大、严重影响公众健康的地下水污染场地清单，开展修复试点"。2019 年发布的《污染地块地下水修复和风险管控技术导则》规范了地下水修复和风险管控工程实施。但目前开展地下水修复和风险管控的污染地块数量较少，与欧美等国家相比，在修复技术、设备及规模化应用上还存在较大差距。"十四五"期间，需要梳理现行修复和风险管控工程技术，针对重点区域石油加工、化工、焦化工业集聚区，开展搬迁遗留场地、在产企业地下水污染风险管控和修复试点研究，探索地下水污染修复和风险管控模式。

8.4 加强固体废物环境管理

8.4.1 现状评估

8.4.1.1 固体废物收集处置回顾

固体废物按照产生源分类，可分为工业固体废物和生活垃圾；工业固体废物按照危害性分类，可分为一般工业固体废物和危险废物。

（1）一般工业固体废物

根据《中国统计年鉴》及《2016—2019 年全国生态环境统计公报》数据（图 8-3），2011—2015 年，我国一般工业固体废物产生量基本维持在 32 亿 t 左右；而在"十三五"期间，工业固体废物产生量表现出平稳增长的趋势，但综合利用量、处置量总体呈现为波动性小幅增长的趋势。"十三五"期间，大宗固体废物部分品种综合利用率达到较高水平：煤矸石综合利用率达 70%，粉煤灰综合利用率达 78%，脱硫石膏综合利用率达 90%，秸秆综合利用率达 86%，累计综合利用各类大宗固体废物约 100 亿 t，减少占用土地 100 多万亩，资源环境和社会效益显著。

图 8-3　2011—2019 年全国一般工业固体废物产生利用处置情况

但从总体统计数据来看，全国大宗固体废物综合利用形势依然严峻。截至 2019 年年底，七品类大宗固体废物综合利用率仅为 40% 左右，由此衍生出一系列资源环境问题及次生灾害，建筑垃圾、赤泥、磷石膏、钢渣等利用能力严重不足。受资源禀赋、能源结构、发展阶段等因素影响，未来我国大宗固体废物综合利用仍面临产生强度高、利用不充分、发展不均衡的严峻形势。

（2）工业危险废物

危险废物是指列入国家危险废物名录或者根据国家规定的危险废物鉴别标准和鉴别方法认定的具有危险特性的固体废物。危险废物主要来源于工业，包括废碱、废酸、石棉废物、有色冶炼废渣、无机氰化物、废矿物油等。根据《2016—2019 年全国生态环境统计公报》，截至 2019 年，全国危险废物产生量为 8 126.0 万 t，以废酸、精（蒸）馏残渣、有色金属冶炼废物、无机氰化物废物和废碱类危险废物为主，综合利用和处置是处理工业危险废物的主要途径。

"十三五"时期，我国危险废物集中处置能力建设显著提升（图 8-4），截至 2019 年年底，全国危险废物（含医疗废物）许可证持证单位核准收集和利用处置能力超 1.2 亿 t/a，比"十二五"期末增长了 1.45 倍。《2020 年全国大、中城市固体废物污染环境防治年报》显示，2019 年，全国 196 个大、中城市工业危险废物产生量达 4 498.9 万 t，综合利用量 2 491.8 万 t，处置量 2 027.8 万 t，贮存量 756.1 万 t。工业危险废物综合利用量占利用处置及贮存总量的 47.2%，处置量、贮存量分别占比为 38.5% 和 14.3%，部分城市对历史堆存的危险废物进行了有效的利用和处置。

图 8-4　2011—2019 年全国危险废物实际产生与综合利用处置情况

随着经济快速发展和环境管理要求不断提高，我国危险废物产生量在近 10 年时间内呈上升趋势，利用处置需求持续扩大。根据历年《全国大、中城市固体废物污染环境防治年报》统计，近 5 年间（2014—2019 年），一般工业固体废物平均每个城市产生量同比下降 1.5%，而工业危险废物产生量同比增长 132%，增速明显。短期内我国以高污染、高排放为主的产业结构难以彻底改变，全国危险废物种类、产生量持续增加的趋势没有改变，而危险废物源头减量、再生利用无法满足需求，末端安全处置设施建设面临较大压力。此外，部分难以利用处置的危险废物在未突破技术瓶颈前，将继续大量堆存，环境风险将长期存在。基于 2011—2019 年危险废物产生量数据推算，预计到"十四五"期末，全国危险废物产生量约为 11 562 万 t，全国危险废物焚烧处置能力缺口为 68 万 t/a、填埋处置能力缺口为 140 万 t；全国医疗废物产生量约为 149.5 万 t，集中处置能力缺口约为 75 万 t/a。"十四五"期间，推动提升危险废物环境监管能力、利用处置能力和环境风险防范能力的任务依然艰巨。

（3）城镇生活垃圾

随着我国城镇化率不断提高，城镇人口近 10 年累计增幅达 22.8%。截至 2019 年年末，我国内地总人口突破 14 亿人，其中城镇常住人口 8.5 亿人，占比为 60.6%，这给城镇生活环境带来了极大压力，尤其是城镇生活垃圾的处理。垃圾产生量的不断增加导致垃圾清运量的不断攀升。《中国统计年鉴》数据表明，2011—2019 年，全国生活垃圾清运量年均增长 5.0%，到 2019 年，全国生活垃圾清运量达到 24 206.2 万 t（图 8-5）。

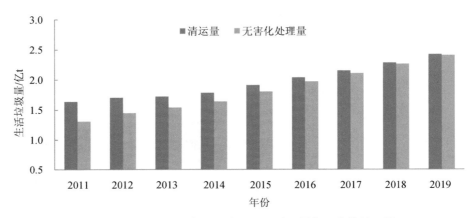

图 8-5　2011—2019 年全国生活垃圾清运量与无害化处理量

8.4.1.2　"无废城市"建设试点进展

从全球范围来看，随着经济社会的发展、废弃物管理水平的提高，建立"无废城市"成为越来越多的国家或城市的目标。国际社会成立了"无废国际联盟"，欧洲国家成立了"无废欧洲网络"，日本成立了"无废研究院"。2015 年，美国市长会议发布了"支持城市无废原则"的决议。2018 年，全球 23 个城市联合发布了"建立无废城市"的宣言。我国从 2018 年开始，筛选了全国"11＋5"个城市和地区作为"无废城市"建设首批试点。"无废城市"建设试点重点面向城市固体废物（"城市矿山"）、乡村废物和工业固体废物（含危险废物）等几大类固体废物。通过创新生产方式和生活方式，不断创新模式，实行精细化管理，最终实现资源、环境、经济和社会共赢。在城市固体废物方面，以源头减量优先，初步建立了分类投放、分类收集、分类运输和分类处理的垃圾回收处理体系，促使产业链条进一步向深加工延伸，初步构建了较为完整的再生资源加工利用产业链条。在工业固体废物方面，将工业固体废物利用处置与工业绿色发展和高质量发展充分融合，不断优化产业结构、提升产业发展水平，同时加快解决历史遗留问题，为推动工业固体废物贮存处置零增长探索路径。在乡村废物方面，将主要农林废弃物和粪污等废弃物利用与美丽乡村建设、现代农业模式建设充分融合，初步建立了乡村废物的多级综合利用模式。

目前，"11＋5"个试点城市和地区将"无废城市"建设与本地经济社会发展有机融合，初步总结出一些具有示范意义的创新模式。例如，包头"传统产业转型升级＋工业余热余压利用＋沉陷区光伏发电相结合的工业固体废物源头减量模式"，瑞金依托特色产业开展种养循环农业示范，推行"种养平衡、绿色生态发展模式"，北京经开区"生态＋绿色＋产业升级打造工业园区绿色发展模式"，西宁"农业残膜废弃物回收利用模式"和"甘河工业园区危险废物循环化利用及闭环式管理模式",盘锦"整县推进畜禽粪污资源化利用模式"和"城乡固体废物一体化、全过程、精细化大环卫模式",徐州"工业源危险废物'闭环式'全覆盖监管模式",许昌"再生资源产业集聚和高质量发展模式"和"水泥窑协同处置固体废物综合利用模式"等。

但是,在"无废城市"建设试点过程中,有些试点城市和地区对本地固体废物情况估计不足,导致其提出的任务或指标匹配性不强,部分试点城市的任务和项目存在不同程度的滞后,导致其对"无废城市"试点建设的信心不足。此外,由于试点城市和地区主要是在地级市或以下的区域进行试点,而有些问题单靠各城市或各部门自身的力量难以有效解决,而各省域范围内城市之间,以及省域之间的固体废物管理协调不足、缺乏联动,各地设施处理能力与再生资源市场难以统筹优化。在多要素协同处理机制方面,"无废城市"试点重在解决固体废物问题,而城市是一个整体,无论固体废物防治、废气防治还是废水防治都只是城市污染治理的一部分,在实际治理中存在很多交叉,在实际工作中需要加以统筹实施。

8.4.2　思路任务

"十四五"期间,坚持以改善环境质量为核心,以有效防范环境风险为目标,突出精准治污、科学治污、依法治污,秉持"打牢基础、健全体系、严守底线、防控风险、改革创新"的工作思路,深化固体废物管理改革,以"无废城市"建设为引领,以加强危险废物、医疗废物收集处理为重点,深入打好固体废物领域污染防治攻坚战。

推广"无废城市"建设,推进地级及以上城市统筹固体废物管理制度改革。"十三五"时期是"无废城市"建设试点探索期,形成了一批具有典型示范作用的"无废城市"综合管理制度和建设模式,"无废"理念初步形成。在此基础上,"十四五"期间应深入推进深圳等"11+5"城市及地区"无废城市"建设,支持粤港澳大湾区、长三角、成渝地区双城经济圈等重点区域,浙江、吉林、江西省全域,以及其他有条件的地区分阶段梯次开展"无废城市"建设,力争到 2035 年实现全国地级及以上城市"无废城市"建设。强化制度体系、技术体系、市场体系和监管体系支撑保障作用;加快构建废旧物资循环利用体系,健全强制报废制度和废旧家电、消费电子等耐用消费品回收处理体系。

加强固体废物源头减量和资源化利用,最大限度减少填埋量。大力推动工农业废物、生活垃圾的资源化能源化梯级综合利用,将工业固体废物环境要素依法纳入排污许可管理。推动大宗工业固体废物贮存处置总量趋零增长,以尾矿和共伴生矿、煤矸石、粉煤灰、建筑垃圾等为重点,支持资源综合利用重大示范工程和循环利用产业基地建设。加快推进生活垃圾源头减量和垃圾分类,加快形成以焚烧为主、其他处理方式为辅的生活垃圾处理模式。城市生活垃圾日清运量超过 300 t 的地区实现原生垃圾零填埋。

聚焦突出和凸显环境问题，加强白色污染治理。"白色垃圾"、海洋垃圾等问题成为《巴塞尔公约》的主要关注内容。"十四五"期间，积极推广替代产品，增加可循环、易回收、可降解的绿色产品供给。有序限制、禁止部分塑料制品生产、销售和使用。持续减少不可降解塑料袋、塑料餐具、宾馆酒店一次性塑料用品、快递塑料包装等的使用。依法查处生产、销售厚度小于要求的超薄塑料购物袋、聚乙烯农用地膜和纳入淘汰类产品目录的一次性发泡塑料餐具、塑料棉签、含塑料微珠日化产品等违法行为。持续开展塑料污染治理部门联合专项行动。

提升危险废物利用处置和环境风险防范能力。"十四五"期间，进一步明确危险废物和医疗废物集中处置设施作为环境保护公共基础设施的属性，统筹危险废物处置能力建设，从"省域内能力总体匹配、省域间协同合作、特殊类别全国统筹"三个维度推动建立危险废物和医疗废物集中处置保障体系。科学制定并实施危险废物集中处置设施建设规划，促进处置设施合理布局，实现处置能力与产废情况总体匹配。推进企业、园区危险废物自行利用处置能力和水平提升，支持大型企业集团内部共享危险废物利用处置设施。加快补齐危险废物和医疗废物处置能力短板，各地级及以上城市建成至少 1 个符合要求的医疗废物集中处置设施并保障稳定运行，对难以稳定运行的处置设施实施升级改造或淘汰后新建。统筹新建、在建和现有危险废物焚烧设施、协同处置固体废物的水泥窑、生活垃圾焚烧设施以及其他协同处置设施等资源，建立医疗废物协同应急处置设施清单，完善处置物资储备体系，保障重大疫情医疗废物应急处置能力。

强化危险废物全过程环境监管能力。健全危险废物收运体系，开展危险废物集中收集贮存试点，提升小微企业工业园区、科研机构等危险废物收集转运能力。建立完善危险废物环境重点监管单位清单。推进区域合作，加快建立危险废物跨省转移"白名单"制度，探索建立危险废物跨区域转移处置补偿机制。加强国家和重点区域危险废物监管能力与应急处置技术支持能力建设，建立健全国家、省、市三级危险废物环境管理技术支撑体系。利用"物联网、大数据"等信息化手段，建设"能定位、能查询、能跟踪、能预警、能考核"的危险废物全过程信息化监管体系。深入开展危险废物规范化环境监督管理，以"清废行动"和危险废物专项整治行动为抓手，开展非正规固体废物堆存场所排查整治，全面禁止进口固体废物，持续保持打击洋垃圾走私高压态势。严厉打击危险废物非法转移倾倒等违法犯罪行为。

8.5　加强重金属污染防控

8.5.1　现状评估

重金属指标准状态下密度大于 4.5 g/cm³ 的金属,既是人们生产和生活中广泛应用的工业产品,也是在环境中不可降解的污染物。重金属污染物排放贯穿其生产、使用、废弃、回收、处置的全过程。由于重金属具有较强的迁移性、富集性、潜伏性和生物毒性,进入环境和人体后可不断累积,威胁生态环境安全和人体健康,因此受到国内外高度关注。当前,我国环境管理和污染防治重点关注的重金属污染物包括镉、汞、砷、铅、铬和铊等生物毒性显著的重金属元素及其化合物,也是我国排放量大或环境事件多发的有毒污染物。

我国不断加强重金属污染防治工作。2009 年以来,国家先后印发实施了《关于加强重金属污染防治工作的指导意见》《重金属污染综合防治"十二五"规划》《关于加强涉重金属行业污染防控的意见》,不断加强重金属污染防治工作,取得积极成效,初步建立起重金属污染防治体系和事故应急体系。但涉重金属行业企业量大面广,重金属污染物排放总量仍处于高位水平,重金属污染防控总体形势依然不容乐观,一些地区重金属污染问题依然严重,威胁群众健康和农产品质量安全。

8.5.2　思路任务

"十四五"期间,以防控重金属环境与健康风险为目标,以固定源排污许可制度为抓手,聚焦重点重金属污染物、重点行业、重点区域,持续深入推进重金属污染防控,不断提升重金属监管能力、污染治理能力和风险防控能力。其中,重点防控的重金属包括镉、汞、砷、铅、铬,兼顾防控铊、锰。重点防控的行业包括重有色金属矿(含伴生矿)采选业(铜、铅、锌、镍、钴、锡、锑和汞矿采选业等)、重有色金属冶炼业(铜、铅、锌、镍、钴、锡、锑和汞冶炼等,含再生冶炼)、铅蓄电池制造业、皮革及其制品业(皮革鞣制加工等)、化学原料及化学制品制造业(电石法聚氯乙烯行业、铬盐行业等)、电镀行业。

主要目标:到 2025 年,涉重金属重点行业产业结构进一步优化,重点行业环境管理水平得到明显提升,全国重点重金属污染物排放量比 2020 年下降 4% 以上,解决一批突出的重金属污染历史遗留问题。围绕该目标,"十四五"期间,主要开展以下五个方面的工作:

　　一是持续推进重点重金属污染物减排。推进重金属减排精细化管理，根据各省分档制定实施差异化减排目标任务，对环境质量重金属超标、重金属排放量大、涉重环境事件多发的重点区域实施"减量替代"、执行特别排放限值等管控政策。完善涉重金属重点行业企业清单，坚持削减存量、严控增量，严格涉重金属企业环境准入管理，以结构调整、升级改造和深度治理为主要手段，将减排任务目标落实到具体企业，推动实施一批重金属减排工程，持续减少重金属污染物排放。

　　二是开展涉镉行业污染综合治理。加大有色金属行业企业生产工艺提升改造力度，锌冶炼企业加快竖罐炼锌设备替代改造，铜冶炼企业积极推进转炉吹炼工艺提升改造。到 2025 年，铜冶炼转炉吹炼产能比例下降到 40% 以下。持续推进耕地周边涉镉等重金属重点行业企业排查整治，污染耕地周边现有铅锌铜冶炼企业执行颗粒物和重点重金属污染物特别排放限值。有色行业严格开展强制性清洁生产审核，全面推进绿色矿山建设。加强企业生产全过程污染管控，实现有色行业水气土固重金属污染协同控制，遏制粮食镉超标环境风险。在重点区域加强农产品临田监测和超标粮食处置，杜绝重金属超标粮食进入口粮市场。

　　三是开展涉铊行业污染综合治理。加强有色、钢铁、硫酸、磷肥等行业企业废水总铊污染问题排查整治，开展废水除铊设施达标改造，加强车间排放口及总排口、雨水排放口铊污染物监测，依法严厉打击超标排放和违法排污，进一步加强地表水及集中饮用水水源地铊超标监测预警，遏制饮用水水源地铊超标环境风险。

　　四是加强汞污染防控工作。加大对无汞催化剂和用汞工艺的研发与应用支持力度，推动电石法聚氯乙烯生产企业单位产品用汞量实现减半目标后，持续稳中有降。加强大气汞和废水汞排放控制，以燃煤电厂、有色金属冶炼、水泥熟料生产等行业为重点，推动重点区域采用最佳可得技术和最佳环境实践，实现对汞等多种污染物的协同控制，进一步减少大气汞和废水汞排放。借鉴履约经验，研究实施铅、镉的全生命周期环境管理。

　　五是推进涉重金属废渣污染治理。加强铅、锌、铜等涉重金属废渣再生企业生产全过程污染管控，提高环境污染治理标准，推动以废渣为原料的有色冶炼、无机化工行业提升改造。以湖南、广西、云南、贵州等省（区）为重点，以保障人体健康为优先目标，有序推进有色金属历史遗留废渣污染排查整治。

8.6　重视新污染物治理

8.6.1　现状评估

　　党的十九届五中全会明确提出"重视新污染物治理"，表明我国生态环境保护工作已逐步从"雾霾""黑臭"等感官指标治理，向以隐藏在"天蓝水清"背后，具有更加长期性、隐蔽性危害的新污染物治理阶段发展。

"新污染物"不同于常规污染物，指新近发现或被关注、对生态环境或人体健康存在风险、尚未纳入管理或者现有管理措施不足以有效防控其风险的污染物。现阶段国际上主要关注的新污染物包括：环境内分泌干扰物、全氟化合物等持久性有机污染物、抗生素、微塑料等。新污染物具有多种生物毒性，体现在器官毒性、神经毒性、生殖和发育毒性、免疫毒性、内分泌干扰效应、遗传毒性等多方面。由于新污染物具有较强的环境持久性和生物累积性，在环境中即使浓度较低，也可能具有显著的环境与健康风险。与常规污染物相比，其危害更为长期、潜在和隐蔽。新污染物的主要来源是化学物质的生产和使用，种类繁多，涉及行业广泛，涵盖工业生产、生活消费、军事消防等众多领域，以及医药、化工、农业种植、水产养殖、纺织、建筑、塑料加工、汽车、航空航天、电子电气、消防泡沫、垃圾焚烧等众多行业。我国是化学物质生产使用大国，大部分新污染物涉及的化学物质产量和使用量均位居世界前列。新污染物在我国环境和生物介质中的分布存在共性规律：一是呈现明显的区域聚集性，与工业化、城市化等人类活动密切相关，如在京津冀、长三角和珠三角等经济发达地区分布更多。二是不同物质的重点分布区域差别较大，与不同行业类型的分布密切相关。三是地表水体和地下水介质是重要载体。四是室内空气、饮用水污染值得关注。五是生物富集和累积效应明显，各类物质在人体中均有检出。

新污染物有别于以往管理的常规污染物，因其自身特性，在防控和管理上存在很多共同挑战：一是新污染物不易降解、易生物累积富集，其危害性短时间内不易显现，毒性、迁移、转化机理研究难度大；二是种类多、数量大、分布广、涉及行业广泛、产业链长，但单位产品使用量小，在环境中含量低、分布分散，隐蔽性强，其生产使用和环境污染底数不易摸清；三是可以远距离迁移，其管理需要宏微结合、粗细结合，既要大尺度区域协同防控，又要有的放矢、精准管理；四是部分为人类新合成的物质，具有优良的产品特性，其替代品和替代技术不易研发；五是部分为无意产生物质或代谢产物，生成机理和减排技术研究难度大。

同时，新污染物也各具特性，需分类分级、分阶段、分区域管理：第一，危害程度、暴露程度不同，需识别优先管控物质；第二，研究和管控基础不同，替代和减排技术发展水平不同，管控产生的经济社会代价不同，需结合实际分阶段部署管控；第三，重点分布地区差别较大，应识别重点管控地区；第四，相关重点行业差异较大，需识别重点管控行业；第五，产生环节和机理不同，有些来自原料和产品的生产使用，有些来自过程的产生和排放，需识别重点管控环节；第六，在环境介质中的归趋不尽相同，需识别重点管控环境介质、完善环境质量管理。

我国在化学物质环境管理制度建设、体制机制、监测与评估、科学研究等方面取得了一系列进展，尤其是建立了较为完善的新物质登记制度、POPs 履约国家协调机制、有毒化学品进出口登记制度、农药管理制度等。已淘汰 20 余种（类）POPs 物质，包括部分多溴二苯醚等环境激素和 PFOS 等全氟化合物。针对微塑料，已开始开展海洋和极地监测，并在 2020 年最新发布的限塑令中，要求禁止生产含塑料微珠的日化产品。

与发达国家相比，我国的化学物质管理起步较晚，整体还面临诸多问题和挑战：一是风险管理理念体现不足，如从源头到末端的全生命周期理念，按物质、区域、行业分级的优先管理理念，风险预防和监控理念体现不够，企业主体、政府监管、公众参与的社会共治理念有待加强；二是没有国家层面的化学物质管理单行上位法，缺少法律依据和根本遵循，配套法律法规不够完善；三是化学物质管理基本制度不够健全，缺少成体系的化学物质风险评估和管理制度，部门间工作流程和职责分工不明，部门内环境风险管理和环境质量管理衔接不够，对地方的化学物质管理缺少考核和激励；四是底数不清，目标不明，缺乏开展风险识别和评估必要的生产使用、环境监测、危害和暴露数据；五是科研技术支撑薄弱，来源、途径、机理不清，毒性、风险评估等基础研究薄弱，替代、减排、治理技术研究不足，新监测方法手段应用较少，新物质识别较为落后，国际谈判和国内工业行业发展易受牵制，监管配套的技术规范和指南不够完善；六是化学物质管理能力不足，缺少各层级协调机制、稳定的专业技术团队、财政资金支持，地方管理能力薄弱。对于新污染物，虽部分纳入优控物质名录，但未纳入环境质量管理体系，在摸清底数、评估风险、识别重点、技术支撑等基础工作方面，短板尤为突出，离精准管控相去甚远。

8.6.2   思路任务

我国化学品种类繁多，各地区分布和管控基础条件差异较大，应精准、科学、依法管控，本着基于风险的原则，在实施科学合理调查监测、风险评估的基础上，聚焦环境风险较大的有毒有害物质，结合各物质特点和管控条件，分类、分阶段、分区域、分行业，进行从源头到末端的全生命周期精准管控。

建议从短线、长线同时开展工作。近期来看，应重视新污染物治理，将探索和示范性工作纳入"十四五"生态环境保护重点。"十四五"期间，制定行动计划，聚焦重点物质，识别重点地区、行业、管控环节、环境介质，结合实际情况，分阶段实施精准管控示范，在重点区域开展探索和示范性工作，打通源头、过程、末端的全生命周期管控路径，形成跨部门的协调联动机制，建立能落地、可实操的管控方法，为实现化学物质环境风险长效管理起好步。远期来看，要建体系、打基础、布网络、补短板，构建化学物质环境风险长效管理体系和机制，将新污染物治理有机纳入。"十四五"期间，重点开展以前五个方面的工作：

一是明确管理目标，制定行动计划。明确近中远期管理目标，确立新污染物环境风险筛查、环境风险评估、分类精准管控的工作原则，融合化学物质风险管理制度和环境质量管理制度，构建新污染物治理各层级协调机制。确定近期、中期重点工作任务和方案。

二是开展调查评估，掌握风险状况。分层次开展生产使用信息调查和危害筛查，摸清化学物质产量用量和危害底数。以长江、黄河、珠江等重点流域和饮用水水源地为重点，重点针对高危害、国内外高关注、高产（用）量的物质，推进环境监测和暴露分析，探索大数据、高通量筛查等新手段运用，建设相关信息数据库。基于调查和监测结果，开展新污染物环境风险评估，开展管控措施的技术可行性和经济社会影响评估，制定《重点管控新污染物清单》和"一品一策"管控措施。

三是发布管控清单，实施精准管控。基于现有研究和评估基础，尽快发布第一批重点管控新污染物清单，综合运用涵盖源头管控、过程控制、末端治理的全过程管控措施，综合考虑工业化品、农药、医药、兽药、化妆品等各类化学物质，综合衔接产业政策、行政许可、排放标准等现行政策体系，实施新污染物全生命周期管理。

四是聚焦重点领域，推动试点示范。在重点园区、水体、场地开展先行先试，探索修订重点行业、污水处理厂排放标准，纳入排污许可；开展淘汰、替代、废物处置和污染修复示范；鼓励试点地区修订大气、室内空气、饮用水等地方环境质量标准。

五是开展能力建设，夯实治理基础。构建基本制度和协调机制，制定基本技术规范，奠定人才队伍和硬件基础。

8.7　加强核安全与放射性污染防治

8.7.1　现状评估

30 多年来，中国核能与核技术利用事业始终保持良好安全业绩，核安全形势稳中向好，核设施、核活动始终保持安全稳定状态，运行核电厂、研究堆、核燃料循环设施、放射性废物贮存和处理处置设施以及放射性物品运输活动中，均未发生国际核与辐射事件分级表（INES）2 级及以上安全事件和事故。我国民用核设施的运行安全和建造质量均处于良好状态，运行核电厂气态和液态流出物排放远低于国家标准限值，商业运行核电机组每堆年发生运行事件数量呈现波动下降趋势（图 8-6）。

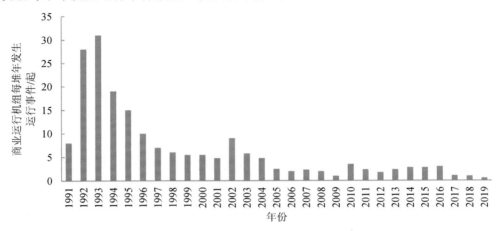

图 8-6　1991—2019 年我国商业运行核电机组每堆年发生运行事件

数据来源：《中国的核安全》白皮书。

同时，放射源辐射事故年发生率持续降低，由 20 世纪 90 年代的每万枚 6.2 起降至 2019 年的每万枚 0.34 起，辐射环境安全风险可控，全国辐射环境水平保持在天然本底水平，辐射环境质量总体良好，环境电离辐射水平处于本底涨落范围内，核设施、核技术利用项目周围环境电离辐射水平总体无明显变化。电磁辐射发射设施周围环境电磁辐射水平总体情况较好，未发生放射性污染环境事件，核安全、辐射安全和公众健康得到有效保障。

此外，核与辐射安全制度体系逐步完善。形成了法律、行政法规、部门规章相衔接，法规要求和技术标准相补充，中央和地方相结合的法规标准体系，基本覆盖核电厂、研究堆、核燃料循环设施、放射性废物、核材料管制等方面核设施与核活动的要求，核安全监管制度化和规范化不断增强，为依法治核夯实了基础。制定核安全相关国家标准和行业标准 1 000 余项，31 个省、自治区、直辖市制定地方性法规文件 200 余个，基本建立起一套起点高、要求严、实用性强、层次分明的法律法规标准体系。核安全管理体系逐步健全，形成了"国家—省—市"三级结构的核与辐射安全监管组织机构体系，成立了专业相对完整、分工较为明确的近万人监管队伍。建立了国家、省和市三级辐射环境监测体系，建成全国辐射环境质量监测、重点核设施周围辐射环境监督性监测和核与辐射应急监测"三张网"。早期核设施退役和放射性废物处理处置取得积极进展，放射性废物处理处置能力持续提升。

随着碳达峰、碳中和行动的不断推进，"十四五"期间，我国绿色低碳发展力度将持续加大，能源行业将进入优化发展结构、提升发展质量、转换增长动力的攻坚期。聚焦绿色低碳转型，能源供给侧结构性改革继续深化，未来核电产业市场空间广阔，核能事业的发展为核安全工作新增了一定压力。

预计"十四五"期间，运行核电机组数量和规模将持续扩大，运行工作增加，放射源与射线装置量大、面广、增长快，安全风险隐患依然存在，核设施安全运行和核技术安全利用压力依然较大，风险监测预警和应对处置难度加大。涉核社会风险仍然存在，公众沟通和舆情应对能力有待加强。此外，早期核设施和铀矿冶设施退役治理进程较慢，环境安全风险隐患依然存在。中低放射性固体废物处置场建设进展滞后，短期内难以缓解核电废物暂存的压力，中低放射性固体废物处置能力与核电发展规模不相适应，放射性废物处置能力亟待提升。核安全技术审评和试验验证能力、监督执法能力、海洋辐射监测能力、区域应急支援能力、监管信息化水平、技术研发能力、基础设施条件等方面仍然存在短板，核安全监管队伍力量有限，距离实现监管能力现代化仍存在差距。

8.7.2　思路任务

"十四五"时期，我国核安全工作要坚持总体国家安全观，贯彻落实理性、协调、并进的中国核安全观，牢固树立底线思维和系统观念，遵循安全第一的方针，落实核安全与放射性污染防治主体责任，严格规范核与辐射安全监管，加快放射性污染治理，确保核设施、放射源安全可控，提高核安全治理体系和治理能力现代化水平，切实保障核能与核技术利用安全，为推动建设美丽中国、平安中国奠定基础。预计到"十四五"期末，我国核电安全达到国际领先水平，研究堆、核燃料循环设施等安全水平进一步提高，放射源辐射事故发生率保持在较低水平，放射性污染治理取得明显成效，放射性废物处理处置能力大幅提升，核安全监督执法、辐射监测、风险预警、事故应急、监管信息化、科技创新等能力全面加强，核安全监管综合效能显著提升，核安全制度体系、文化体系、国际合作体系更加完善，核安全治理体系现代化建设稳步推进。

基于上述核安全与放射性污染防治总体思路和主要目标，"十四五"时期应重点加强以下六个方面的任务措施：

一是持续提升核设施安全水平。继续加强核电厂安全改进、老化与寿命管理，推动对核设施风险指引的分类监管，逐步实现在监管工作中动态有效识别核设施的主要风险点，加强运行核电厂安全风险防范。完善核电厂总体安全状况指标体系。建立健全核电厂人员管理体系，完善操纵人员等重要岗位人员定期心理健康测评制度。推进我国自主知识产权的安全先进核电技术研发，提高新建核电厂安全水平，加强网络和软件安全管理，提升严重事故预防与应对能力。加强在建核电机组质量监督，完善建造事件报告制度和处理程序，确保在建核电机组质量和安全。加强核安全审评监督，推动新设计、新堆型、新项目的审评监督工作。加强新建研究堆安全审评和设计建造监督管理，加强运行研究堆定期安全评价、老化评估、性能评估和安全改进，防范老旧设施核安全风险。提高乏燃料贮存能力，加快核电厂乏燃料干式贮存设施建设，做好乏燃料后处理厂安全审评，加紧研究后处理厂安全技术要求。完善第三方工程监理机制和核安全设备动态管理制度。完善安全、质量举报制度，加强预防弄虚作假、故意违规操作的制度建设。

二是加强核技术利用安全风险防范。优化放射性同位素与射线装置分级分类安全监管制度，加强Ⅱ类和Ⅲ类射线装置的源头管理，研究和完善低风险射线装置豁免管理要求。加强放射源安全监管，完善预防式的放射源管理机制，坚持对放射源的转让、转移实施审批和备案制度。利用信息化手段，全面建立高风险移动放射源实时监控系统，强化对辐射工作单位的监督性监测和现场检查。加强放射源生产、高能加速器、质子重离子治疗装置等重大核技术利用项目及辐照、探伤等高风险活动辐射安全监管，强化测井源运输、使用监督检查。强化废旧放射源安全管理，出台城市放射性废物库管理规范，开展城市放射性废物库风险评估，建立省级放射性废物库定期清运废旧放射源的机制，推动开展废旧放射源回收再利用。加强放射性物品运输安全管理。

三是加快推进放射性污染治理。加快推动放射性废物处理处置能力建设和历史遗留放射性废物治理。推进实施"区域+集中"的核电低放废物处置政策，加快推动重点核电省份开展中低放固体废物处置场选址布局和建设，不断提高放射性废物处理处置水平。加快高放废物处置研究，推进高放废物地质处置工作。推进"两厂三院"等重点单位早期核设施退役，科学规划核设施退役路线图，研究建立我国核电厂退役标准体系，保障退役安全。优化铀矿冶"三废"处理技术及废水排放管理，加强已关停铀矿山监管，加快退役治理。持续开展铀矿冶设施安全隐患排查和整治。加强伴生放射性固体废物处理处置和综合利用研究，推进示范应用。

四是建立健全核安全制度。完善国家核安全工作协调机制，推动省级核安全工作协调机制建设。不断完善核安全法律法规标准体系，落实核安全法"从高从严建立核安全标准"的要求，推动成立核安全标准化委员会，持续完善既接轨国际、又符合国情的核电安全监管法规标准体系。制定出台与《中华人民共和国核安全法》配套的部门规章和规范性文件，有效落实核安全法规定的政策和要求。加强核与辐射安全相关标准体系建设，推进一批重要核与辐射安全标准的制修订和出台，制修订核电厂建造、调试、运行阶段监督检查大纲，提高监管标准化、规范化水平。强化核安全文化培育，在核设施等领域开展核安全文化评估，推进核安全文化示范基地建设。建立健全核安全公众沟通评估机制，推进维护核安全全民行动。完善涉核社会风险预警和舆情管控机制。

五是优化核安全监管机制。进一步优化完善安全审评、行政许可、监督检查、应急响应等监管机制，完善运行经验反馈体系，坚持定期研判会商机制，跟踪、筛选和分析国内外运行事件和重要异常情况，加强核安全管理。推进核安全特种人员资格、核安全设备和放射性物品运输等行政许可改革。完善国家核技术利用辐射安全管理系统，推进辐射安全许可证、放射性同位素审批备案事项线上办理。严格开展各类核动力厂、研究堆、大型乏燃料后处理设施、低放废物处置设施等安全审评，提升安全验证分析能力。常态化开展风险隐患排查，压实核电厂营运单位主体责任，实施核设施、铀矿冶、核技术利用等单位安全隐患排查三年行动，推进核电厂风险指引型监督管理体系建设，加强现场监督执法能力。

六是加强核安全能力建设。推动核安全监管能力提升，拓宽和巩固能力建设经费渠道，强化国家核与辐射安全监管技术研发基地硬件装备配置，重点提升校核计算、试验验证和科研能力、边境及敏感地区事故应急监测和处置能力。加强核与辐射应急响应，提高有关省份和核电集团公司核应急指挥调度能力，提升区域应急救援能力，加强国家、省、核设施营运单位应急设备物资储备，完善核与辐射应急演习情景库。强化辐射环境监测能力，推进国家、区域和省级辐射监测能力建设，建立健全陆海统筹的全国辐射环境监测网络，推进海洋辐射环境监测能力建设，强化重点核设施周边监督性监测，加强应急监测能力建设。加强核安全科技自主创新能力，开展关键技术、装备、材料、软件等研发，推进自主化安全分析软件研发与验证研究、先进堆型核安全相关研究等。

8.8　强化生态环境与健康管理

8.8.1　现状评估

"十三五"期间，生态环境与健康工作扎实推进，生态环境与健康管理制度化建设日趋规范，发布了系列环境与健康相关政策和标准规范，将环境与健康相关要求和规定纳入《"健康中国 2030"规划纲要》等国家层面规划中。环境与健康监测、调查、风险评估工作机制逐步形成，环境与健康专项调查、人群环境暴露行为模式调查、大气污染对居民健康影响调查、环境健康风险哨点监测等项目成果丰富，环境健康风险评估等关键技术方法取得一定突破。环境与健康信息化管理实现与国际接轨，制定了国际化环境与健康信息标准，统筹建立了"环境与健康数据中心"和"数据灾备中心"。国家生态环境与健康管理试点建设工作成效初显，创新和探索了环境与健康管理制度体系建设。

但是，与"把人民健康放在优先发展的战略地位""将健康融入所有政策""要以解决损害群众健康突出环境问题为重点"等新要求相比，生态环境与健康工作还有许多需要完善的地方。主要表现在：一是法律制度和技术规范体系需要进一步健全。现行的法律法规中，环境与健康相关内容偏少，法律效力参差不齐，无法形成监管合力。缺少将环境健康管理融入现有生态环境管理的渠道和路径。现有环境与健康技术标准尚未形成完整体系，不足以满足环境健康风险管理的需求。二是环境健康风险分布情况尚未摸清。现有生态环境监测体系和网络缺少以健康为导向的监测规范、点位和指标。不同应用领域的环境健康风险评估技术体系，重点区域、流域环境健康风险分区分级管理办法尚未建立，缺乏针对性管理依据和目标。三是公众环境与健康素养水平较低，保护环境参与度不高。2018年居民环境与健康素养监测结果显示，我国城乡居民环境与健康素养的总体水平为12%左右。现有生态环境与健康素养相关教育存在主题不突出、覆盖面窄等问题。四是基础能力建设薄弱，专业人才匮乏。生态环境与健康科技人员严重不足，人员结构不合理，队伍分散，难以形成有效的技术支撑力量。

8.8.2　思路任务

"十四五"期间，生态环境与健康工作应紧密结合生态环境管理的需求，突出生态环境与健康对生态环境管理的导向和支撑作用，进一步完善环境与健康监测、调查和风险评估制度，建立健全环境与健康监测、调查和风险评估技术体系，推动环境健康风险管理与生态环境管理制度的融合，提升环境与健康基础能力建设。重点需要开展以下几个方面的工作：

一是完善国家环境健康风险管理制度。围绕生态环境管理需求，探索环境健康风险管理法律制度体系顶层设计研究，研究环境与健康相关立法，促进生态环境与健康工作有法可依，提出健全和完善相关立法的总体方案。以保障公众健康为导向，改革创新环境管理制度，研究环境健康风险管理与环境影响评价、排污许可管理、环境功能区规划等现行环境管理制度的融入机制和技术方法。修订并正式出台《国家环境保护生态环境与健康工作办法》，推动环境健康风险管理立法进程。建立健全环境与健康监测、调查和风险评估技术标准体系。

二是加强环境与健康监测与调查。构建国家环境健康风险监测网络。持续开展环境健康风险哨点监测。筛选和识别重点区域、典型流域及重点行业，确定环境健康高风险地区、敏感区及生态环境脆弱区。强化环境健康风险监测技术方法，构建特征污染物筛选技术体系。优化生态环境监测方案，制定环境健康风险监测技术，开展环境健康风险跟踪监测，掌握环境健康风险水平变化趋势。建立以保障公众健康为导向的属地化、差异性生态环境补充监测技术方法。探索建立环境健康风险监测信息平台，形成国家环境健康风险监测网络，推动构建环境健康风险管理制度。开展环境健康风险识别与排查，建立动态更新的环境健康风险源基础数据库和分级管理体系，发布环境健康高风险行业名录，绘制环境健康风险分布地图，实现精准化与科学化的健康风险管理。对采选冶炼、炼焦、石化、化工、农药、生活垃圾焚烧、水泥等高风险行业开展环境健康风险评估，识别行业环境健康风险因子，制定"环境与健康重点行业高风险特征污染物名录"。针对京津冀、长三角、珠三角、黄河流域等重点地区开展风险源评估，识别环境与健康风险关键因子，摸清突出环境与健康问题，制定区域/流域有毒有害污染物名录。

三是提升环境与健康工作基础能力。①推进科技创新发展。开展环境与健康问题成因机理研究，开展环境与健康基准标准制定理论及技术方法研究，开展环境与健康暴露场景构建、暴露预测、暴露评价和风险评估方法研究。开展有毒有害污染物特异性暴露标志物筛选与识别。②加强应急能力建设。建立突发环境事件环境与健康应急响应机制，包括事件处置、应急救援、损害鉴定、风险交流等。建立突发环境事件生态环境与健康工作组。加强环境与健康监测、风险评估、损害鉴定应急队伍建设，提升环境与健康风险研判、评估、决策和响应等业务能力。③加强信息化建设。建立国家环境与健康数据库，制定"国家环境与健康数据库数据资源目录"。编制数据库整编标准和技术规范。建立环境与健康综合服务平台，开展环境与健康大数据关联分析。建立环境与健康信息共享机制，制定环境与健康综合服务平台运行与管理办法，编制可公开信息目录。鼓励各省（区、市）生态环境部门建立区域环境与健康基础数据库。④加强人才队伍建设。定期开展全国性环境与健康监测、调查、风险评估、风险交流等专业技术人才培训。组织各级领导干部及行政管理人员专项培训，加强行政管理人员对生态环境与健康工作的认识和理解。

8.9　健全环境风险应急管理体系

8.9.1　现状评估

"十三五"期间，及时、妥善处置了 1 300 多起各类突发环境事件，比"十二五"时期下降 49%，其中重大事件 8 起，下降 65%；无特别重大事件发生；较大事件 25 起，下降 50%。积极有序地开展了新冠肺炎疫情防控相关环保工作，坚决守住了生态安全底线。同时，横向到边、纵向到底的环境应急预案体系基本健全，全国重点企业预案备案数已达 8 万多家。其中，长江经济带、黄河流域和环渤海 3 万多家涉危涉重企业环境应急预案备案 100% 全覆盖。上下游联防联控机制初步建立，环境应急物资信息管理取得重大进展，专家队伍、救援队伍建设逐步规范，全国应急专家库近 3 000 人。约 78% 的省份建有专职生态环境应急机构，江苏、广东、重庆、辽宁、陕西等 10 余个省（市）依托社会力量建设了环境应急救援队伍。环境应急指挥平台初步搭建，环境应急管理制度建设积极推进，现代化环境应急治理体系和治理能力已形成了较好的工作基础。"十三五"期间，还总结实践经验，提炼形成"南阳实践"，编制应急响应模板，科学化、规范化管理取得突破，为打赢打好污染防治攻坚战、严守生态安全底线作出积极贡献，圆满完成"十三五"重点工作任务。

然而，环境应急形势依然严峻。据初步统计，全国现有危险品企业约 21 万家，每万家企业发生生产安全事故（次生突发环境事件）约 11 起；近 10 年平均每年交通事故超过 20 万起，每万起交通事故次生突发环境事件约 6 起。跨国界河流面临突发环境事件严重风险。由于对矿产资源长期无序开发，历史欠账多，风险隐患大。社会各界对突发环境事件的容忍度越来越低，环境应急面临着空前的公众监督压力。生态环境问题政治化倾向凸显，往往成为负面舆情发源地、社会不稳定导火索、国际博弈新话题。环境应急面临能力不足的问题。全国约 20% 的省级、40% 的地市级、90% 的县级生态环境部门没有专职生态环境应急机构。集成监控、预测、评估、预警以及处置方案"一体化""智能化"的预警系统较少，事故快速预测模拟和预警响应决策能力不足。环境应急物资的调配使用缺乏区域间、部门间统筹协调。环境应急物资储备库覆盖率低，储备种类针对性不足。不少地方存在对本区域和周边区域可用的环境应急物资底数未完全掌握、环境应急物资动态管理能力严重滞后等问题。应急处置技术储备不足，应急工程、技术仍以通用性措施为主，缺乏场景化、本地化的针对性准备。

8.9.2　思路任务

紧紧围绕"切实防范化解突发性生态环境风险"的整体工作目标，以"遏制突发生态环境事件发生、控制突发生态环境事件影响"为根本任务，在"十二五"时期"建体系""十三五"时期"建制度"的基础上，紧盯高风险领域、区域，规划设定"十四五"时期环境应急工作的各项目标指标和重点任务，大力推动环境应急体系和能力现代化，切实发挥环境应急工作在守好生态环境安全底线中的关键作用。主要是通过着力"五个精准"，实现"五个"转变，聚焦突发水环境事件应急应对，全面提升环境应急能力，确保快速、科学、妥善应对突发环境事件。

着力问题精准，重点针对突发水环境事件突出问题，推广"南阳实践"经验，实现应对重点由点源向高风险流域转变；着力时间精准，提高事件初期预警研判能力，总结固化规范应急响应流程，开展环境应急流程标准化建设，提高信息化水平，实现事件应对由经验主导型向科学规范型的转变；着力区域精准，加强调查评估和形势研判，强化突发环境事件高发区域分类指导，削峰降频，实现全面推进向与重点突破结合转变；着力对象精准，健全分类分级责任体系，突出重点领域、重点目标，保护底线，实现事件应急应对由企业为主向企业—政府—社会齐抓共管转变；着力措施精准，发挥预案在应急准备中的核心引领作用，推动风险评估、物资储备、工程准备、技术措施、队伍建设、培训演练等落实落细，实现应急准备由"框架搭建"向"落地实施"转变。

基于以上情况，重点开展六个方面的能力建设：

（1）强化应急准备能力

一是推广"南阳实践"经验，以北京等大城市水源地，南水北调工程，东北、西北和西南三大片区主要出境河流，环渤海、粤港澳大湾区主要入海河流为重点，深入分析试点流域水环境风险状况，绘制"一河一策一图"，编制试点流域突发水环境事件应急应对方案。二是完善环境应急物资装备储备体系，构建横向纵向联通共享的环境应急物资信息系统，建设国家战略环境应急物资储备库。三是深化上下游联防联控与统筹协调机制建设，继续推进《关于建立跨省流域上下游突发水污染事件联防联控机制的指导意见》，在各省签订协议的基础上，逐步推进联防联控机制纵向延伸。

（2）加强环境风险防范化解能力

一是加强企业环境应急准备和响应能力，加强企业环境应急预案备案监督管理，推荐环境应急预案范例，通过范例示范，切实推动提升企业环境应急预案质量。二是推动交通运输事故次生突发环境事件应急管理，选择高风险区域开展交通运输事故次生突发环境事件风险防控试点示范，推进优化调整危化品运输路线，加强交通运输环境风险联防联控，联合开展应急培训和演练。三是遏制重点区域突发环境事件高发频发态势，针对各省突发环境事件风险特征，分类指导应急应对。重点提升陕西、四川、湖南、湖北、广东、江苏等事件高发区域突发环境事件风险防范水平和应急应对综合能力，加强宁夏、青海、新疆等应急管理能力相对滞后区域人员队伍和信息化建设，建立健全环渤海、长三角、大湾区等涉海洋事件高风险区域监控预警和处置能力建设。

（3）完善应急技术，提高人才支撑能力

一是建设生态环境应急研究所，提升应用基础理论和共性关键技术装备能力，为生态环境应急管理提供技术支持。二是建设国家生态安全保障重点实验室，支持生态环境应急研究所建设国家应急技术实验室，开展环境应急领域重大技术基础研究；充分利用国家环境保护生态环境损害鉴定与恢复重点实验室，为环境应急和事故调查工作提供科技支撑。三是建设国家综合性环境应急实训基地，在江苏南京、广东东莞、四川成都等地先期建设 3～5 个国家综合性环境应急实训基地。四是加快环境应急人才培养，将环境应急作为单独业务领域，在国家层面选拔培养领军人物；强化对政府领导干部的培训。

（4）提升应急信息化决策支撑能力

一是健全国家环境应急指挥平台，基于远程视频、大数据计算以及空间分析等手段，集成基础数据库、预测预警系统，建设集数据分析、远程调度、专家支持以及动态展示于一体的应急决策指挥和响应平台。二是动态更新环境应急数据，逐步摸清流域工业企业、交通运输、管道输送等各类环境风险源和敏感目标分布情况，绘制全国环境风险地图，按年度定期和专项工作不定期进行更新，系统分析环境应急形势。

（5）提升基层环境应急能力

一是推动地方环境应急能力建设，制定环境应急能力建设指导性文件，推进基层环境应急能力不断提升。出台突发环境事件应急响应工作手册，指导地方规范突发环境事件应急应对。二是探索推动建立环境应急专员制度，探索推进省级、市级和重点县生态环境部门建立环境应急专员制度，协助地方政府、部门理顺应急处置工作流程。"十四五"期间，选择长江流域、黄河流域部分地区开展试点。三是探索建立环境应急专项资金制度，向财政部门申请设立环境应急专项资金账户；充分利用市场，设立环境应急基金，通过政府注资、风险企业筹措等方式形成资金池，支撑环境应急专项工作。

（6）推进法制建设能力

一是研究制定环境应急管理条例，组织开展"生态环境应急管理条例"研究工作，从法律层面明确生态环境部门、政府相关部门、企业以及社会公众在环境应急准备、监测预警、响应处置、损害评估赔偿、生态恢复等重点环节的职责定位，理顺综合应急与专业应急、不同层级应急之间的关系，加强各类事故、事件风险防控和应急响应的协调性。二是建立健全环境风险信息披露交流机制，依托 12369 环保举报平台，加强生态环境舆情信息挖掘分析、新闻发布以及舆情引导，及时、有效地对公众迫切关注的环境风险问题作出响应；探索建立突发环境事件舆论风险和生态环境群体性事件预警工作机制；加强对公众参与环境应急管理、应急救援的引导和组织。

第9章 强化生态保护修复及监督管理研究

党的十八大以来，尤其是"十三五"时期，党中央、国务院高度重视生态保护修复工作，先后出台了一系列生态保护修复决策部署，推动实施一大批国家级生态保护修复重大工程，生态保护修复取得积极进展和显著成效。国务院机构改革后，我国生态保护修复的体制机制发生重大转变，生态环境部门统一行使生态监管与行政执法，指导协调和监督生态保护修复工作，为建立统一规划、统一标准、统一监测、统一监管、统一治理的新时期生态保护修复监管体系提供了基础保障。我国生态系统本底脆弱，历史遗留和新生生态问题交织叠加，生态监管治理能力不足等问题依然突出，生态保护修复面临形势仍十分严峻，亟须明确未来一段时期生态保护修复总体思路，开展长效制度设计，加快提升我国生态治理体系和治理能力现代化水平，保障国家生态安全，为美丽中国建设奠定牢固的生态根基。

9.1 生态系统保护监管总体思路

9.1.1 现状分析

推动制度革新，生态保护修复顶层设计不断优化。"十三五"以来，围绕生态保护修复，我国推进了一系列生态文明体制重大变革，创新生态保护理念和修复治理模式，使全国生态保护修复发生了根本性转变。特别是党的十九大以来，国务院完成新一轮机构改革，进一步明确和强化了生态保护修复各方职责。党中央、国务院先后印发《关于深化生态环境保护综合行政执法改革的指导意见》《关于建立国土空间规划体系并监督实施的若干意见》《关于划定并严守生态保护红线的若干意见》《关于建立以国家公园为主体的自然保护地体系的指导意见》《关于构建现代环境治理体系的指导意见》等一系列重要文件，明确了各领域推进生态保护修复的战略部署，切实增强了生态保护修复工作的制度保障。将划定并严守生态保护红线写入新修订的《中华人民共和国环境保护法》，以生态保护红线为底线的国土生态空间管控制度初步建立。2020年，国家发展改革委、自然资源部联合编制印发《全国重要生态系统保护修复重大工程总体规划（2021—2035年）》，在青藏高原、长江、黄河等重要的大江大河生态功能区布局了青藏高原生态屏障区、黄河重点生态区、长江重点生态区、东北森林带、北方防沙带、南方丘陵山地带、海岸带7大区域生态保护和修复工程，以及自然保护地及野生动植物保护、生态保护和修复支撑体系等工程，为近远期我国生态保护修复工作明确了总体布局。

实施一系列重大工程，生态质量总体有所改善。"十三五"时期，以"山水林田湖草是一个生命共同体"的系统思想为指导，财政部、自然资源部、生态环境部联合组织实施了三批山水林田湖草生态保护修复工程试点，在全国选取25个关系国家生态安全格局的重要生态功能区、生态环境敏感脆弱区，打破行政区划和部门界限，探索整体保护、系统修复、综合治理的山水林田湖草生态保护修复一体化路径。持续推进天然林保护、退耕还林、草原封禁保育、湿地修复、水土流失防治、防沙治沙、废弃矿山生态修复、海洋保护修复等工程，重点区域生态系统稳定性得到提升，生态环境质量得到有效改善。森林覆盖率达到23.2%，天然草原综合植被盖度超过55.7%。全国累计新增湿地保护面积24.5万 hm^2，保护修复湿地9.3万 hm^2，湿地总面积稳定在0.53亿 hm^2，湿地保护率达到52.19%，已提前完成2020年湿地保护修复的目标任务[①]。2019年，全国生态环境状况指数为51.3，比2016年的50.7提高了0.6；全国2 583个监测的县域行政单元中，生态环境质量为"优"和"良"的共1 578个，占国土面积的比例达44.7%，分别比2016年的1 458个县和42%，增加了120个县和2.7个百分点[②]，生态质量总体有所改善。

加大资金投入，生态保护修复与监管力度明显提升。"十三五"以来，全国重点生态功能区转移支付覆盖的县（市、区）数量由"十二五"期末的436个增加到676个，占国土面积比例由41%提高至53%；转移支付资金总量从2008年的61亿元增加到2019年的811亿元[③]，较2016年增加了241亿元，增幅达42.3%，支持范围和力度大幅提升，有效改善了经济欠发达、生态功能重要地区的公共服务水平，为促进经济社会绿色高质

---

① 国家林业和草原局. 2019年中国国土绿化状况公报.

② 生态环境部. 2019年中国生态环境状况公报；环境保护部. 2016年中国环境状况公报.

③ 财政部. 关于下达2019年中央对地方第二批重点生态功能区转移支付预算的通知.

量发展提供了有效保障。近年来，中央财政对全国 25 个山水林田湖草生态保护修复工程试点地区累计下达资金 500 亿元。截至目前，实际完成投资将近 1 700 亿元。同时，生态保护修复能力明显提升，截至 2019 年年底，全国共建立以国家公园为主体的各级、各类保护地逾 1.18 万个，保护面积占陆域国土面积的 18.0%、管辖海域面积的 4.1%[①]。全国建成 749 个生物多样性监测样区，设置样线和样点 11 887 条（个）[②]，初步形成了全国生物多样性观测网络。生态保护修复监管执法力度大幅提升，在严厉查处秦岭北麓、重庆缙云山、鄱阳湖、安徽扬子鳄等一批涉及自然保护区典型违法违规活动的基础上，持续推进"绿盾"自然保护地强化督查，有效震慑了各类破坏自然保护区的违法违规行为。

农村环境保护上升为国家战略，农村人居环境改善成效显著。改善农村人居环境，是实施乡村振兴战略的重大任务之一。国家印发了《国家乡村振兴战略规划（2018—2022年）》《农村人居环境整治三年行动方案》等重要文件，"十三五"期间，将农业农村污染治理作为污染防治攻坚战七场标志性战役之一予以推进。据统计，2008 年以来，中央财政累计安排专项资金 537 亿元，支持各地开展农村环境综合整治，累计完成 17.9 万个村庄的环境整治，2 亿多农村人口从中受益；其中，"十三五"以来安排资金 222 亿元，支持各地实现 10.1 万个村庄环境整治；整治后的村庄环境"脏乱差"问题得到有效解决。全国农村生活垃圾收运处置体系已覆盖 90% 以上的行政村，95% 以上的村庄都已结合实际开展清洁行动，约 30% 农户生活污水得到治理[③]。浙江"千村示范、万村整治"工程获联合国"地球卫士奖"，以浙江省为代表的我国农村环境整治成果得到国际社会认可。2020 年，全国畜禽粪污综合利用率和规模养殖场粪污处理设施装备配套率均达到 74%，大规模养殖场粪污处理设施装备配备率高达 86%[④]。自畜牧业绿色发展示范县创建活动以来，全国已全面完成畜禽养殖禁养区划定，已划定禁养区 8.9 万个，禁养区面积 101.0万 km^2，关闭或搬迁禁养区内养殖场（小区）、养殖户 26 万多个。

9.1.2　存在的问题

受我国生态系统敏感脆弱性较高、气候变化等自然因素，以及长期大规模、高强度开发活动影响，部分区域生态系统受损退化问题依然突出，生态系统稳定性差、质量偏低，生态空间遭受挤占现象时有发生，生物多样性保护和生物安全风险防控压力加大，

---

① 生态环境部. 2019 年中国生态环境状况公报；环境保护部. 2016 年中国环境状况公报.
② 生态环境部. 2018 年中国生态环境质量报告.
③ 农业农村部. 8 月份农村经济运行稳定向好：http://www.moa.gov.cn/xw/zwdt/202009/t20200924_6353085.htm.
④ 农业农村部. 关于 2018 年度畜禽粪污资源化利用专项评估结果的通报：http://www.moa.gov.cn/nybgb/2020/202001/202004/t20200413_6341448.htm.

生态保护修复仍面临复杂多变的严峻形势。

生态系统稳定性差、质量偏低。我国次生生态系统多，原生生态系统少，生态系统质量总体不高。森林覆盖率虽呈逐步提高态势，但仍远低于全球 30.7%的平均水平。同时，全国乔木纯林面积占乔木林比例为 58.1%，乔木林质量指数为 0.62，森林结构纯林化、生态系统低质化、生态功能低效化、自然景观人工化趋势加剧，森林生态系统稳定性不强，整体仍处于中等水平。草原作为我国面积最大的陆地生态系统和生态屏障，约占全国国土面积的 41.7%，但是全国人均占有草原资源面积仅为世界平均水平的一半，且草原生态系统整体仍较脆弱，天然草地资源仍处于下降态势，中度和重度退化面积仍占 1/3 以上。全国仍有荒漠化土地面积 2.61 亿 hm^2、沙化土地面积 1.72 亿 hm^2、岩溶地区石漠化土地面积 0.1 亿 hm^2、水土流失面积 2.74 亿 hm^2[①]。部分高海拔地区冰川消融问题突出，生态系统水源涵养、防风固沙、水气净化等功能不强，难以有效实现生态增容。

生态空间侵占问题突出。《2010—2015 年全国生态状况变化遥感调查评估》结果显示，2000—2015 年，全国灌丛、草地等自然生态空间明显减少，减幅分别为 2.8%、2.4%。遥感监测结果显示，2018 年全国沿海 11 个省份的大陆自然岸线长度为 6 860.15 km，自然岸线比例仅为 33%[②]，分别比 2017 年下降了 23.14 km 和 0.2 个百分点，远低于《"十三五"生态环境保护规划》提出的维持在 35%以上的目标。长江自然岸线保有率仅为44%，自然滩地长度保有率仅为 19.4%。特别是近年来连续爆发的祁连山、秦岭、三亚等地侵占破坏重要生态空间问题，充分暴露出当前国土空间开发保护制度建设的严重滞后，以及生态保护监管执法力度的严重不足。

生物多样性保护和生物安全形势严峻。生物多样性数据缺乏、本底不清的问题依然突出，生物遗传资源丧失、流失的趋势尚未得到根本遏制。全国 34 450 种高等植物中，有 29.3%需重点关注和保护，其中受威胁的有 3 767 种、属于近危等级（NT）的有 2 723种、数据缺乏等级（DD）的有 3 612 种；全国 4 357 种已知脊椎动物（除海洋鱼类）中，有 56.7%需重点关注和保护，其中受威胁的有 932 种、属于近危等级（NT）的有 598种、数据缺乏等级的有 941 种；全国 9 302 种已知大型真菌中，有 70.3%需重点关注和保护，其中受威胁的有 97 种、属于近危等级的有 101 种、数据缺乏等级的有 6 340 种[③]。同时，全国已发现 660 多种外来入侵物种，比 2016 年增加了近 100 种，草地贪夜蛾、非洲蝗虫等外来有害入侵物种隐患仍然存在，并对粮食安全造成威胁，使生物安全风险防控压力持续加大。

---

① 数据来源：2018 年水土流失动态监测成果、第五次全国荒漠化和沙化监测结果、第三次石漠化监测结果。
② 数据来源：2018年中国生态环境质量报告。
③ 数据来源：2019年中国生态环境状况公报。

生态保护治理能力和治理体系基础薄弱。近年来，我国生态保护修复和监管力度虽有所提升，但基础依然薄弱，仍存在"政策标准、监管机制、执法能力"三个方面的短板，生态保护全过程统一监管的链条尚未建立。主要体现在：《中华人民共和国环境保护法》《自然保护区条例》有待更新，生态保护综合性上位法缺失，专项领域、重点区域立法仍有空白。生态保护成效评估缺少统一的标准，缺乏生态保护综合决策机制，相关部门各自为政的问题仍然突出。生态资源未能有效地转化为优质的生态产品和公共服务，生态服务价值未能充分显化和量化。各级生态环境部门生态监管职责不清、地面监测能力严重不足，生态环境综合执法队伍生态执法力量薄弱，部门间生态监测网络相对独立，生态信息孤岛问题突出。

农村环境保护长效管理机制创新依然不足。一是地方政府责任有待进一步细化落实。一些地方政府还没有把农村环保工作真正纳入重要议事日程，"重城市、轻农村、重点源、轻面源、重建设、轻管理"的观念还普遍存在。二是村民参与环境整治内生动力不足。各地在推进农村环保工作中，主要依靠政府行政推动，农民群众主体作用未得到充分发挥，村民参与环境治理的主动性仍不强。三是农村环境整治市场机制不完善。由于现阶段农村环境治理技术和市场商业模式尚不成熟，投资回报机制不健全，社会资本参与农村环境治理的积极性不高。四是长效运营机制仍在探索。一些地区由于运营资金短缺、管网配套不同步、专业技术人员缺乏等因素，农村生活污水处理设施"晒太阳"问题突出。五是非规模畜禽养殖量大、面广，存在污染治理设施配套不足、环境监管难度大等问题。

9.1.3　总体思路

"十四五"时期，生态保护修复及监管工作关键是坚持"山水林田湖草沙是一个生命共同体"的治理方略，践行"绿水青山就是金山银山"的发展理念，探索生态保护修复与污染防治"两手抓"的推进路径，坚持保护优先、自然恢复，以提升生态系统服务功能、改善生态环境质量、扩大优质生态产品供给为目标，借鉴基于自然的解决方案（NBS）倡导的方式方法，实施山水林田湖草沙各要素整体保护、系统修复、综合治理。

力争到 2025 年，全国生态质量逐步改善，生态系统整体性、稳定性和服务功能得到提升，生态安全得到有效保障。生态保护红线、自然保护地得到严格保护，以国家公园为主体的自然保护地体系基本建立，重要濒危物种得到有效保护，生物多样性下降趋势得到缓解。生态保护修复监管制度体系初步建立，生态治理能力和治理体系更加完备高效，生态监测与监管执法能力得到大幅提升，生态保护修复与环境治理得到有效结合，生态文明建设水平迈上新台阶。

9.2　加强生态保护修复

9.2.1　优化国土空间开发保护格局

党的十九大报告明确提出"建立统一的国土空间规划体系"的战略部署，以划定并严守"三区三线"为基础，整体谋划新时代国土空间开发保护格局，为实施生态保护修复提供了空间基础。"十四五"时期，应继续强化国土空间规划和用途管控，划定落实生态保护红线、永久基本农田、城镇开发边界以及各类海域保护线，守住自然生态安全边界。

优化国土空间结构和布局。以国土空间规划为依据，基于资源环境承载力评价和国土开发适宜性评价结果，划定并严守生态保护红线、永久基本农田、城镇开发边界以及各类海域保护线，强化底线约束，优化调整各地城镇空间、农业空间、生态空间的结构和布局，制定差异化生态保护修复目标，实施分区分类管控。开展国家生态屏障区生态系统演变规律和驱动机制研究，科学研判未来生态安全格局发展变化趋势，提出国家生态廊道网络体系建设方案，提高自然生态系统的完整性和连通性。

强化生态空间管制。加快推进自然资源统一确权登记，确定森林、草原、湿地、水域、岸线和海洋等各类自然生态空间的用途、权属和分布等情况，定期组织开展动态监测，建立山水林田湖草整体保护与监管制度。推进实施"三线一单"制度，按照允许类、限制类、禁止类的产业和项目类型建立准入清单，严格保护生态空间。全面落实规划环评制度，加强对重大开发建设区域规划的生态影响评价审核。

9.2.2　筑牢生态安全屏障

《全国重要生态系统保护和修复重大工程总体规划（2020—2035年）》（以下简称《双重规划》）以"两屏三带"及大江大河重要水系为骨架的国家生态安全战略格局为基础，突出对国家重大战略的生态支撑，研究提出到2035年统筹山水林田湖草一体化保护和修复的主要目标、总体布局、重要任务、重大工程举措，为当前和今后一段时期推进我国重要生态系统保护和修复重大工程提供了重要指导。"十四五"时期，应落实《双重规划》要求，继续以国家重点生态功能区、生态保护红线、自然保护地等为重点，实施重要生态系统保护和修复重大工程，构建以国家公园为主体的自然保护地体系，筑牢国家生态安全屏障。

加强"三区四带"重要生态屏障区保护修复。以国家重大生态功能区、生态保护红线、自然保护地等为重点，衔接国家京津冀协同发展、长江经济带发展、粤港澳大湾区建设、海南全面深化改革开放、长三角一体化发展、黄河流域生态保护和高质量发展等国家重大战略，优先推进青藏高原生态屏障区、黄河重点生态区、长江重点生态区、东北森林带、北方防沙带、南方丘陵山地带、海岸带"三区四带"生态保护修复重大工程。青藏高原生态屏障区立足三江源等7个国家重点生态功能区，重点保护原生地带性植被、特有珍稀物种及栖息地生态系统。黄河重点生态区科学推进"三化"草场治理、水土流失综合治理、黄河三角洲湿地保护修复。开展长江重点生态区森林质量精准提升、石漠化综合治理，严格保护珍稀濒危野生动植物。推进东北森林带天然林保护修复、重点沼泽湿地和珍稀候鸟迁徙繁殖地保护。实施北方防沙带防护林体系建设、退化森林草原修复、京津风沙源治理。实施南方丘陵山地带森林质量精准提升、水土流失与石漠化综合治理。全面加强海岸带自然岸线保护，整治修复岸线，加强滨海湿地保护修复。

构建以国家公园为主体的自然保护地体系。加快整合归并优化各类自然保护地，解决与自然保护区区域交叉、空间重叠等问题，鼓励依据地形地貌、自然景观等条件进行多样性保护和发展。尽快建成三江源、大熊猫、东北虎豹、祁连山、神农架等一批国家公园，初步构建以国家公园为主体、自然保护区为基础、各类自然公园为补充的自然保护地体系。科学划定自然保护地类型、范围及分区，严格管控自然保护地范围内人为活动，推进核心保护区内居民、耕地、矿权有序退出。自然保护地占陆域国土面积的比例维持在18%以上。

9.2.3 山水林田湖草系统治理

针对当前我国生态系统面临的突出退化问题，应以提升生态系统质量和稳定性为根本目标，从生态系统整体性、系统性出发，统筹推进山水林田湖草沙一体化修复治理，全面加强天然林和湿地保护，推行草原森林河流湖泊休养生息，有序开展退耕还林还草、退田还湖还湿、退围还滩还海。

加强森林保护修复。科学划定天然林重点保护区域，强化天然林保护和抚育，全面停止天然林商业性采伐。健全天然林管护体系，规范国家级公益林和地方级公益林管护，及时进行病虫害防治，防范森林安全风险。严格保护林地资源，分级分类进行林地用途管制。推进森林质量精准提升、"三化"草原治理，开展大规模国土绿化行动，推行林长制。按照"宜封则封、宜造则造、宜灌则灌、宜草则草"的原则，推进退化林修复，优化森林组成、结构和功能。

严格湿地保护修复。强化湿地用途管制，将湿地保护率提高到55%。以国际和国家重要湿地、湿地自然保护区、国家湿地公园等为抓手，保护重要湿地系统。开展湿地生态效益补偿试点、退耕还湿试点，实施湿地保护与修复工程，逐步恢复湿地生态功能，增强湿地保护与管理能力。

推进草原生态修复治理。实行基本草原保护制度，落实以草定畜、草畜平衡、禁牧休牧和划区轮牧等制度，严格草原用途管制，杜绝非法征用草原、开垦草原、乱采滥挖草原野生植物等破坏草原的行为。防治草原鼠虫害，加大退化草原治理力度。

推进江河湖库系统治理。有序推进生态调水补水，实施水系连通及生态修复工程，恢复提升水生态功能。严格保护饮用水水源地，强化集中式饮用水水源地规范化建设，提升管护水平，保障水质达标。推进河湖岸线生态系统保护修复。提高自然岸线保护率。实施河湖基底生态整治与连通性修复，恢复河流廊道的栖息地功能、群落结构和景观系统功能，提升河流净化能力，促进水生生物多样性恢复。

实施国土空间综合整治。健全耕地休耕轮作制度，加快田水路林村综合整治，推进美丽乡村建设，保护自然人文景观和生态环境，推进高标准农田建设，提升耕地质量。针对土地损毁或耕地质量不高的地区，采取土地平整、灌溉与排水工程、田间道路、农田防护与生态保持及其他措施，统筹田、水、路、林等要素，进行土地综合整治，增加有效耕地面积，保障粮食产品供给，提升耕地质量。

9.2.4　受损区域修复

我国自然生态系统较为敏感脆弱，是世界上水土流失、荒漠化最严重的国家之一。受长期矿产开发活动的影响，局部地区历史遗留矿山生态破坏问题也十分突出。"十四五"时期，聚焦我国局部仍存在的水土流失、荒漠化、石漠化、历史遗留废弃矿山等突出生态问题，继续推进生态敏感脆弱区域和生态受损退化区域修复治理，恢复提升受损退化区域生态系统的稳定性，降低生态风险隐患。

加大水土流失治理力度。重点加强西北黄土高原区、东北黑土区、西南岩溶区等重要江河源头区、重要水源地和水蚀风蚀交错区，以及革命老区、民族地区、边疆地区、贫困地区等区域水土流失防护。在水土流失严重区域开展以小流域为单元的山水田林路综合治理，实施清洁小流域建设，加强坡耕地、侵蚀沟及崩岗综合整治。采取植树造林、退耕还林还草、植被自然恢复等生物措施，以及修建梯田、淤地坝、治沟造地、小流域综合治理等工程治理措施，治理坡面土壤侵蚀，提高固碳能力，提升水土保持能力。建立健全水土保持监管体系，强化水土保持动态监测，提高水土保持信息化水平和综合监管能力。

深入推进荒漠化治理。优先将主要风沙源区、风沙口、沙尘路径、沙化扩展活跃区和岩溶石漠化地区"一片两江"作为重点突破区域，以自然修复为主，生物措施与工程措施相结合，增加林草植被，推进沙化土地封禁保护，加强防沙治沙示范区建设，强化风沙源头和水源涵养区生态保护。选取野生荒漠植被的优势物种，建设防风固沙林带，严格水资源管制，引导水资源节约高效利用。

开展石漠化治理。加大防治力度，扩大治理范围，提升治理水平。依法对脆弱的岩溶生态系统及现有林草植被实行严格保护，依托区域良好水热优势，逐步修复岩溶生态系统；继续推进各项重点生态治理工程，不断增加林草植被。

推进矿山废弃地修复。推进重点区域历史遗留矿山、损毁土地的治理与复垦，采取植被重建、基质改良与污染物去除、土地复垦、植物种植与管理等措施，实施生态修复或生态重建，加强矿产资源开发的生态环境监管和地质环境保护，消除塌陷区、沉降区和矿渣堆（尾矿库）等安全隐患，加强重有色金属矿区历史遗留固体废物排查整治。推动绿色矿山和矿山公园建设。

9.2.5　城市生态修复

2016 年以来，住房和城乡建设部发布《关于加强生态修复城市修补工作的指导意见》，启动"生态修复、城市修补"工作，城市自然环境和地形地貌逐步得到修复，城市特色和活力得到有效提升。生态环境部门借助生态文明建设示范市（县）创建载体，全面推进城乡区域生态保护修复工作，取得积极成效。"十四五"时期，为不断满足新时期人民群众对优美生态环境的需求，应继续加强城市生态修复工作，不断提升城市优质生态产品供给能力，保障人居环境健康。

实施城市生态修复。在保障城市生态安全前提下，合理规划城市生态空间，科学布置城市生态廊道、斑块及基质等要素的空间分布，扩大优质生态产品供给。实施城市更新行动，按照居民出行"300 m 见绿、500 m 入园"的要求，加强城市公园绿地、城郊生态绿地、绿化隔离地的建设，完善城市绿色空间体系。加强对城市山体自然风貌的保护，开展城市受损山体、废弃工矿用地修复。实施城市河湖生态修复工程，系统开展城市江河、湖泊、湿地、岸线的治理和修复，高标准推进城市水网、蓝道和河湖岸线生态缓冲带建设，恢复河湖水系连通性和流动性，增强水生态系统功能与承载能力。增加城市生物栖息地规模，加强栖息地恢复及廊道建设，提升对城市生物多样性的管护能力。开发公众休闲、旅游观光、生态康养服务和产品。加快城乡绿道、郊野公园建设，发展森林城市，建设森林小镇，拓展绿色宜人的生态空间。

促进生态产品价值转化。借助国家生态文明建设示范区创建和"绿水青山就是金山银山"实践创新基地建设，持续探索城市生态保护修复新模式，促进生态产品价值实现和转化。对前期的生态文明示范创建成功经验和典型模式加以总结，创新推广多元化、多维度的生态产品价值实现机制，引导部分地区开展生态价值核算、生态产品交易、生态保护绩效评价。以资源权益出让和生态保护补偿等方式，促进物质供给类、文化服务类、生态调节类产品价值实现，形成多种类型、各具特色的"两山"转化典范。系统总结国家山水林田湖草生态保护修复工程试点成果，鼓励各地依托生态资源和优质生态环境本底，开展生态环境协同共治，实现区域生态产品价值综合提升。探索在长江、黄河流域，京津冀、长三角、珠三角等重点区域，开展集中连片生态示范区创建，实施区域协同保护修复，促进生态保护与经济高质量协同发展，为国家重大发展战略的实施夯实生态基础。选取浙江、福建等生态文明建设领先省份，开展美丽中国先行示范区建设，率先形成一批美丽省、美丽城市，为全面建成美丽中国提供路径支撑。

9.3 强化生物多样性保护

生物多样性是人类赖以生存的条件，是经济社会可持续发展的基础。我国是世界上生物种类最为丰富的国家之一，也是最早签署和批准《生物多样性公约》的国家之一。近年来，我国采取有力措施，积极推进生物多样性保护工作，成立生物多样性保护国家委员会，启动生物多样性保护重大工程，持续开展生物多样性基础调查、观测、评估，积极履行《生物多样性公约》，生物多样性保护工作取得积极进展。目前，我国各类陆域保护面积约占陆地国土面积的 18%，提前实现《生物多样性公约》提出的"到 2020年达到 17%"的目标。然而，当前我国生物多样性本底不清，生物遗传资源丧失、流失的趋势尚未得到根本遏制，生物安全形势严峻。"十四五"时期，应以维护生物多样性和保障生物安全为目标，继续加强生物多样性保护工作，实施生物多样性保护重大工程，推进生物遗传资源保护与管理，加强生物安全管理，保障生物安全。

9.3.1 夯实生物多样性保护基础

建立生物多样性保护监管制度。在现行生物多样性法规制度体系下，进一步完善生物多样性保护与可持续利用的政策与法规体系，引导制定有关生物多样性保护的地方性法规条例。健全生物多样性保护国家委员会的统筹领导机制，推动更新《中国生物多样性保护战略与行动计划》(2011—2030 年)。建立生物多样性保护优先区域监管制度体系，完善纵向横向协调沟通机制，将生物多样性指标纳入生态状况监测、质量评价与成效考核体系。构建生物多样性数据库和监管信息系统，定期更新《中国生物多样性红色名录》，加强野生动植物保护监督，严格惩处破坏生态环境事件。探索建立生物多样性保护、应对气候变化制度举措，建设物种迁徙廊道，降低气候变化对生物多样性的负面影响。

提高社会公众参与程度。充分利用互联网、大数据等智能化手段，深入推进生物多样性保护与生物安全宣传教育，提高公众意识和参与程度。鼓励依托国家公园、自然保护区、自然公园等，建设野生动植物保护科普教育基地。拓宽多元化资金投入渠道，引导企业、个人及其他社会组织共同参与生物多样性保护。优化社会各方参与决策的途径与方式，引导社会公众积极参与和监督生物多样性保护规划实施。

9.3.2 实施生物多样性保护重大工程

开展生物多样性调查、评估与监测。持续推进京津冀、长江经济带、黄河流域等国家重大战略区域及生物多样性保护优先区域的生物多样性调查、观测和评估，动态监测鸟类、鱼类以及哺乳动物种群变化规律及趋势，开展生物多样性保护成效评价。优化生物多样性观测网络布局，建立指示生物观测和综合观测相结合的观测站点，完善常态化观测。基于森林资源清查等形式，建立生物多样性动态监测数据库，对植被及群落结构进行分类分析，针对性地提出保护修复措施。定期开展珍稀濒危特有物种及其栖息地、极小种群物种、野生动物疫源疫病等重点领域的监测，收集和储存极小种群的野生生物遗传资源。探索建立生物多样性监测预警技术体系和应急响应机制，实现长期、动态监控。

加大珍稀濒危野生动植物保护力度。统筹就地保护和迁地保护，以生态保护红线、自然保护地、生物多样性保护优先区等为重点，加强国家重点保护和珍稀濒危野生动植物及其栖息地、原生境的保护修复，连通重要物种迁徙扩散生态廊道，构建生态保护网络，提高空间连通性和整体保护能力。建立野生动植物救护繁（培）育中心及野放（化）基地，开展珍稀濒危物种繁育，抢救性保护极度濒危野生动物和极小种群野生植物，恢复提升东北虎、麋鹿、中华鲟、藏羚羊、藏野驴等重要保护物种、指示性物种的野外种群数量。推动野生动植物资源的监测巡护常态化，加大保护执法力度。

开展生物多样性经济价值转化试点示范。探索推进具有较高经济价值和遗传育种价值的水产种植资源保护区价值转化，结合野生动植物科普教育基地建设、特色种质资源保护等，带动生态旅游、生态农业等绿色产业发展，推动生态产品溢价增值。加强生物多样性保护、减贫与可持续利用试点示范建设。

9.3.3 推进生物遗传资源保护与管理

推进生物遗传资源和生物多样性相关传统知识调查、登记和数据库建设，健全生物遗传资源获取与惠益分享管理制度。完善生物遗传资源保存体系，加强国家农作物和水产种质资源库（种质圃）、畜禽及野生动植物基因库建设，开展野生动植物基因材料的收集、保存、研究和开发。在云南、广西、湖南、海南等地开展生物遗传资源及其相关传统知识惠益分享试点。

9.3.4　加强生物安全管理

健全国家生物安全管理和应急处置机制，强化生物安全风险管控。持续开展自然生态系统外来入侵物种调查、监测和预警，及时更新外来入侵物种名录。加强对自然保护地、生物多样性保护优先区域等重点区域外来入侵物种防控工作的监督，开展自然保护地外来入侵物种防控成效评估。加强生物技术的环境安全监管，建立健全生物技术的环境风险评价、检测、监测、预警和安全控制体系。

9.4　加强生态保护监管

"十三五"时期，通过不断完善生态保护修复相关政策标准、开展全国生态状况监测评估、持续推进自然保护区"绿盾"强化监督等手段，我国生态保护修复监管能力有所提升。但总的来说，生态保护监管的基础仍较薄弱，存在"政策标准、监管机制、执法能力"三个方面的短板，生态保护全过程统一监管的链条尚未建立。党的十九届五中全会《建议》中指出"完善自然保护地、生态保护红线监管制度"，对生态保护监管提出了明确要求。"十四五"时期，应立足生态环境部门统一行使生态监管与行政执法职责，不断完善"事前—事中—事后"全过程监管体系，重点从健全标准体系、开展成效监测评估、强化重点领域执法监督、推进绩效考核和督察问责四方面提出生态保护监管措施，同时突出自然保护地、生态保护红线、生物多样性保护等重点领域监管，守住自然生态安全边界。

9.4.1　健全生态保护监管标准体系

修订完善相关法律法规。在《中华人民共和国环境保护法》修订过程中，进一步丰富完善关于自然生态保护修复监管的法律要求。加快生态保护红线、自然保护地等重点领域立法，制定出台生态保护红线管理办法和生态保护红线生态环境监管办法。研究制定生态保护综合性上位法，推动《自然保护区条例》《中华人民共和国野生动物保护法》等专项法规的修订完善。研究制定黄河、青藏高原等区域/流域保护法律法规，加快推进国家公园、河流及海洋自然岸线保护等重点领域法律法规立法进程。

构建生态保护修复标准体系。加快制定覆盖重点项目、重大工程和重点区域以及贯穿问题识别、方案制定、过程管控、成效评估等重要监管环节的生态修复标准，加快制定生态修复评估指南。以生态保护红线、自然保护地、生物多样性保护等领域为重点，统一制定生态保护修复成效监测评估指标体系和技术方法。加快制定生态破坏问题判定及分等定级标准。

9.4.2　开展生态系统保护成效监测评估

构建完善的生态监测网络。加快构建和完善陆海统筹、空天地一体、上下协同的全国生态监测网络，基本覆盖全国典型生态系统、自然保护地、重点生态功能区、生态保护红线和重要水体。根据地理单元特征和生态保护监管需求建设，通过推动部门监测站点资源共享、推进环境监测站点向生态环境监测综合站点改造升级、补充设置新的生态监测站点和生态监测样地（带）等方式，不断完善生态监测网络建设。积极探索开展水生态、土壤生态监测及相关生态脆弱区地下水位监测，不断加大内陆水域、海洋生态监测力度。

完善生态保护修复评估体系。统筹开展全国生态状况、重点区域流域、生态保护红线、自然保护地、县域重点生态功能区五大评估。全国生态状况遥感调查评估，每 5 年开展一次；长江经济带、黄河流域等国家战略区、生态功能重要区和生态敏感脆弱区等重点区域流域生态状况调查评估，原则上每年开展一次；生态保护红线、县域重点生态功能区生态状况遥感调查评估，每年完成一次；国家级自然公园人类活动遥感监测评估，每年开展一次；国家级自然保护区、国家公园人类活动遥感监测评估，每半年完成一次。加强生态干扰高风险的重要生态空间、中央生态环境保护督察关注的热点敏感地区人类活动遥感监测评估。建立分级协同的生态监管评估机制，各地加强对省级及以下自然保护地的监测与评估。定期发布生态质量监测评价报告。

开展生态系统保护成效评估。定期评估生态保护红线保护成效、自然保护地生态环境保护成效和生物多样性保护成效，推进山水林田湖草系统治理以及海域海岛生态修复等工作成效的评估。开展生态保护修复工程，实施全过程生态系统状况、环境质量变化情况监测，加强对生态保护修复工程中违反自然规律的"伪生态、一刀切"等生态形式主义问题的监督评估。

加强监测评估成果综合应用。将生态保护修复评估结果作为自然保护地与生态保护红线生态保护补偿、中央财政重点生态功能区转移支付等政策制定的重要依据。将重要生态保护修复工程区域生态功能提升效果作为优化生态保护修复治理专项资金配置的重要依据。探索生态保护红线保护成效的纵向生态补偿制度，以及实现生态产品价值与生态环境质量"双挂钩"的市场化横向生态补偿机制，提高补偿资金综合绩效，建立体现生态价值与代际补偿的资源有偿使用制度。

9.4.3 强化重点领域生态保护执法监督

完善生态保护监督执法制度。落实中央生态环境保护督察制度，将生态保护工作开展、责任落实等情况纳入督察范畴，对问题突出的开展机动式、点穴式专项督察。完善生态监督执法制度，扎实推进生态环境保护综合行政执法改革，推进《生态环境保护综合行政执法事项指导目录》的实施。完善各领域监管制度措施，依法依规开展生态保护监管。通过非现场监管、大数据监管、无人机监管等应用技术，对破坏湿地、林地、草地、自然岸线和近岸海域等的开矿、修路、筑坝、建设、围填海、采砂和炸礁行为进行监督。强化对湿地生态环境保护、荒漠化防治、岸线保护修复和水产养殖环境保护的监督。坚决杜绝生态修复工程实施过程中的形式主义。

强化生态保护红线、自然保护地执法监督。优化提升国家生态保护红线监管平台，加快建立省级生态保护红线监管平台，实现国家与地方互联互通。开展生态保护红线生态环境和人类活动本底调查，加强生态保护红线面积、功能、性质和管理实施情况监控。加快推进生态保护红线生态破坏问题监管试点，推动建立生态保护红线生态破坏问题"监控发现—移交查处—督促整改—移送追责"的监管机制。加强自然保护地生态环境综合行政执法，严肃查处自然保护地内开矿、筑坝、修路、建设等破坏生态环境的违法违规行为。持续开展自然保护地"绿盾"强化监督，重点加强长江经济带、黄河流域、秦岭、青藏高原等重要区域自然保护地的监督检查。建立健全自然保护地生态环境问题台账，严格落实整改销号制度，督促重点问题依法查处到位、彻底整改到位。

加强生态保护监管综合执法。以自然保护地、生态保护红线为重点，依法统一开展生态环境保护综合行政执法，完善执法信息移交、反馈机制，及时将生态破坏问题线索移交有关主管部门，及时办理其他部门移交的问题线索。强化生态环境保护综合行政执法与自然资源、水利、林业等相关执法队伍的协同执法，形成执法合力。重点开展海洋生态保护、土地和矿产资源开发生态保护、流域水生态保护执法，及时发现查处和跟踪督办各类生态破坏问题。

9.4.4 推进绩效考核和督察问责

推进绩效考核。国家定期对各地区党委和政府开展自然保护地、生态保护红线、生物多样性保护等保护成效考核，加强重要生态系统保护和修复工程实施成效考核，并将考核结果纳入生态文明建设目标评价考核体系，作为党政领导班子和领导干部综合评价及责任追究、离任审计的重要参考。完善领导干部评价考核体系，在政府生态文明绩效考核指标体系中纳入或增加生态保护状况权重，突出生态保护绩效。

强化督察问责。对自然保护地、生态保护红线保护修复和管理情况开展督察，加强对地方政府及有关部门生态保护修复履责情况、开发建设活动生态环境影响监管情况的监督。开展突出生态破坏问题及生态破坏问题突出地区专项督察。落实生态环境损害赔偿和责任追究制度，实行领导干部离任审计和终身责任追究制度，加大对挤占生态空间和损害重要生态系统等行为的惩处力度，对违反生态保护管控要求，造成生态破坏的有关部门、地方、单位和有关责任人员依法追究责任，构成犯罪的移交司法监察部门处理。严肃查处各类生态保护修复工程不尊重自然规律、不坚持自然恢复为主的生态形式主义问题。

9.5　加强农村环境保护

按照实施乡村振兴战略总要求，以改善农村生态环境、推动农业农村高质量发展为主题，强化污染治理、循环利用和生态保护，统筹推进农业面源污染治理和农村环境整治，建立政府负责、社会协同、农民参与、法治保障的共建共治共享新机制。突出重点区域，强化各项举措，深入打好农业农村污染治理攻坚战，建设生活环境整洁优美、生态系统健康、人与自然和谐共生的美丽乡村。到 2025 年，实现"一保两治三减四提升"，即农村饮用水水源保护进一步加强，农村污水和黑臭水体得到有效治理，减少化肥、农药施用量和农业用水量，提升农村环境整治覆盖比例、农业废弃物资源化利用率、农业农村生态环境监管能力和农民参与度。

9.5.1　补齐农村污染治理基础设施"短板"

建立健全地方为主、中央补助、村民参与、企业支持的资金筹措机制。建议国家在"十四五"期间，继续设立中央农村环保专项资金，并不断加大投入规模；结合农村环境保护形势和京津冀、长江经济带、黄河流域、粤港澳等国家重大战略部署，深化"以奖促治"政策，明确"十四五"农村环境整治的重点范围和整治内容。

开展全国农村生活污水和垃圾治理现状和需求调查。全面摸清已治理村庄的设施数量、分布和运行情况，未治理村庄的常住人口、户数、自然条件、生活水平和整治意愿等，建立全国和区域整治台账，全面清理维修不正常运行设施；对长期撂荒不能修复的，根据现状重新规划建设。

结合农村环保基础设施现状与需求调查结果，推动各地开展县域农村生活污水、垃圾治理专项规划编制。按照城乡统筹的思路，设计和落实以县区为单元、村镇分类实施的一体化污染治理模式。

9.5.2　夯实治理体系和治理能力"弱项"

建立农村环境统计制度。以农户为统计对象，以行政村为统计单元，开展行政村、自然村、农户、户籍人口、常住人口、生活污水和垃圾产生量、污水和垃圾处理设施等信息统计，并纳入年度生态环境状况公报予以公布。研究制定农村环境综合整治成效评估实施细则，全面评估近年来农村环境综合整治成效。

建立农业面源污染监测体系。整合现有农业面源污染监测网络和信息，增设和优化监测点位，将实地监测和统计调查有机结合起来，利用物联网、大数据、区块链等技术，构建覆盖全域、要素齐全、布局合理的农业面源监测网络。

完善法律法规政策体系。加快推进农村人居环境治理立法进程，鼓励地方出台农村污水和垃圾治理条例等。研究制定有利于推动农村环境保护的财政、税收、土地、信贷、保险等优惠政策，强化已出台审批招标、用电用地、有机肥等扶持政策的落地性。健全农村生活垃圾污水治理技术、施工建设、运行维护等标准规范。

9.5.3　树立生态循环的农村污染治理"思维"

鉴于农村生活污水处理与农业生产、农民生活息息相关，需要融入农村生态系统的"大格局"，以污水减量化、分类就地处理、循环利用为导向，创新农村生活污水处理设计范式。充分利用坑塘沟渠、湿地、农田等自然处理系统，统筹加强与农田灌溉回用、生态修复、景观绿化等有机衔接，让污水自然净化、循环利用、变废为宝。

加快垃圾治理从"户集、村收、乡镇运、县处理"的传统集中处理模式向"分类投放、分类收集、分类运输、分类处理"的新模式转变，建立农村垃圾分类收集处置体系，规范和引导垃圾填埋场、热解处理装置和设施规范建设。

坚持"源头减量、过程控制、末端利用"的畜禽养殖污染治理原则，以畜牧大县和规模养殖场为重点，以沼气和生物天然气利用为主要处理方向，以农用有机肥和农村能源为主要利用方式，全面推进畜禽养殖废弃物资源化利用。探索建立畜禽粪污集中处理的第三方运营机制，规范和引导非规模畜禽养殖标准化、规范化建设。

9.5.4　创新农村环保工作制度机制

创新农村环境保护的党委负责制。借鉴浙江"千村示范、万村整治"工程建设经验，按照五级书记抓乡村振兴的要求①，压实地方特别是党委主体责任，把农村环境保护纳入乡村振兴战略，作为重点任务优先安排；列入党委主要负责人重点工作，把完成"十

---

① 根据《中共中央　国务院关于实施乡村振兴战略的意见》，五级书记分别为省、市、县、乡、村五级书记。

"四五"治理目标任务作为一项重要政绩考核指标，推动建立强有力的党委领导体制和工作推进机制。

广泛开展农村环保实用技术创新研发。建议在国家和地方各级重大科研项目中，针对农村环保现有技术和设备适用性差的技术瓶颈，研发推广适应不同类型的村庄生活污水和垃圾处理技术和装备。充分利用农村自然生态系统自我消纳能力，以小流域为治理单元，通过调查研究、因势利导、科学设计，加快研发一批农村生活污水生态化、资源化处理技术模式。

创新农村环保投融资机制。可采用整县农村垃圾或污水处理项目打包，委托有资质第三方企业建设运营，也可采用城镇环境基础设施改扩建项目与农村环境整治项目打捆，或与生态旅游、房地产开发项目捆绑等方式，吸引社会资本参与农村环境整治。有条件的地区可实行污水垃圾处理农户缴费制度，建立财政补贴与农户缴费合理分摊机制。

创新环境监管手段。构建"政府监管、村民自治"的监管体系，运用大数据等技术手段，充分利用乡村治安网格化管理平台，及时发现农村环境问题，鼓励村民监督。通过微信平台、App、"12369"电话热线等方式，对农村地区生态破坏和环境污染事件进行举报。可通过开展农村美丽庭院评选、环境卫生光荣榜等活动，进一步发挥农民主体作用，依靠农民群众推动环境整治。

9.5.5　打通农村地区绿水青山向金山银山转化"通道"

充分利用农村地区良好的生态资源优势，探索"两山"转化路径，融合推进农村生态产业发展。引导有条件的地区将农村环境整治与特色农产品种养、休闲农业、乡村旅游、美丽乡村、康养产业等有机结合，把激发村民改善环境的内生动力与增收致富结合起来，实现农村产业融合发展与人居环境改善互相促进。

开展农村环境保护与绿色发展综合示范工程。选取典型市县，以垃圾分类收集、畜禽粪污资源化利用、秸秆农膜回收处理、化肥农药减量增效等为主题，结合当前各部门开展的试点示范工作，如农村环境综合整治样板、畜禽粪污资源化利用试点、果菜茶有机肥替代化肥示范等，总结和推广一批农村环境保护与绿色发展的示范县、示范村、示范户，探索一条百姓富与生态美有机结合的乡村绿色发展之路。

第 10 章　推进区域绿色发展战略
与对策研究

党的十八大以来，党中央先后部署了京津冀、长江经济带、"一带一路"、粤港澳大湾区、长三角一体化、黄河流域、成渝双城经济圈、海南自由贸易港等一系列国家区域发展战略，经济社会发展的空间结构正在发生深刻变化，形成了新的区域发展格局。《纲要》提出：聚焦实现战略目标和提升引领带动能力，推动区域重大战略取得新的突破性进展，促进区域间融合互动、融通补充。在生态环境领域，要把党中央推动区域协调发展的各项决策部署放在更加突出位置，基于区域战略定位和生态环境特征，统筹谋划"十四五"时期重大区域生态环境保护战略及重点任务，健全区域绿色协调发展机制，为构建高水平保护与高质量发展的区域经济布局与国土空间格局体系提供环境支撑。

10.1　促进国家区域绿色协调发展战略布局

我国山地、高原、丘陵占国土面积的 2/3 以上，适宜人类生产生活的仅为 280 万 km^2，适宜工业化、城镇化开发的仅为 180 万 km^2。独特的地理环境加剧了地区间的不平衡，不同区域实施差异化发展战略是优化国土空间布局的重要内容。"十四五"时期，党中央提出要深入推进西部大开发、东北全面振兴、中部地区崛起、东部率先发展，支持特殊类型地区加快发展，在发展中促进相对平衡。要深入贯彻落实国家区域发展战略，以协同推动区域高水平保护、高质量发展为基点，基于区域板块与特殊地区经济发展形势、生态环境特征与生态环境功能定位，着力构建南北互动、东中西联动、优势互补的区域绿色发展布局，加强区域共保性、协同性、系统性生态环境保护，在保护中促进地区间相对平衡的高质量发展。

10.1.1　现状分析

区域绿色协调发展的布局持续调整优化。改革开放以来，先后实施东部沿海率先发展的区域非均衡发展战略、东中西东北四大板块差别化发展的区域发展总体战略，保障了改革开放以来国家经济和社会发展分阶段战略目标任务的顺利完成。党的十九大将区域协调发展战略正式上升为国家发展重大战略。党的十九届四中全会进一步明确：构建区域协调发展新机制，形成主体功能明显、优势互补、高质量发展的区域经济布局。2019年 12 月，习近平总书记在《求是》杂志上发表重要文章，明确推动形成优势互补、高质量发展的区域经济布局的战略重点和任务。"十四五"时期，提出"构建以国内大循环为主体、国内国际双循环相互促进的新发展格局"，并将推动区域协调发展作为扩大内需这一战略基点的空间落实，提出区域协调发展战略要更加注重国内不同类型区域之间的循环与合作。随着区域发展战略的持续深化，从维护重要生态环境功能出发，以促进高水平保护与高质量发展为主导的区域绿色协调发展布局与战略地位更加突出。长江经济带"共抓大保护、不搞大开发"、黄河流域促进生态保护和高质量发展等重大战略相继实施。围绕大江大河、湖泊、湿地、森林等生态功能区，相关地市不断探索流域上下游、生态保护区与受益区之间的生态补偿机制。在重大区域战略规划中，基于区域资源环境承载能力，加强优化国土空间布局、共同推动生态环境保护与治理、促进区域绿色协调发展的需求与任务更加重要。在京津冀、粤港澳、长三角、成渝双城经济圈等重大区域规划中，将生态文明建设、绿色发展、生态环境保护作为重要内容。

四大区域绿色协调发展水平持续提升。西部地区是长江、黄河、澜沧江等大江大河的源头和上游区，是我国重要的生态安全屏障，生态环境敏感脆弱。在国家主体功能区规划中，以生态恢复和保护为主的功能区大多位于西部地区。近年来，西部地区以生态优先、绿色发展为导向，推动生态环境质量持续改善。西部地区 133 个地级及以上城市平均空气质量优良天数比例为 89.6%，Ⅰ～Ⅲ类水体比例为 84.0%，劣Ⅴ类水体比例占3.2%。东北地区是我国重要的工农业基地，是我国北方重要的生态屏障区、水源涵养区和农产品主产区，维护国家国防安全、粮食安全、生态安全、能源安全、产业安全的战略地位十分重要。其中，东北平原是国家"七区二十三带"的重要区域，东北森林带是国家"两屏三带"生态安全战略格局的重要支撑，是北方生态安全的首要防线。中部地区是承接制造业转移、建设内陆地区开发高地的重要区域，武汉、长株潭都市圈等长江中游城市群是我国重要增长极，江汉平原是我国重要的粮食产地。东部沿海发达地区是我国体制机制改革创新、经济高质量发展、率先实现现代化的前沿阵地。近年来，东部地区创新要素快速集聚，经济发展动能强劲。东部地区生态环境质量也持续改善，广东、浙江等省环境经济绿色协调发展水平领先。2014—2020 年，珠三角地区 $PM_{2.5}$ 浓度从 39 $\mu g/m^3$ 下降至 21 $\mu g/m^3$，下降了 46.2%，优于世卫组织第二阶段过渡目标值（25 $\mu g/m^3$）。

10.1.2　存在的问题

区域绿色发展不平衡、不可持续问题依然突出。区域发展特征与自然资源禀赋反差巨大，区域经济社会发展进程不一、梯度差异鲜明，各地区生态环境保护水平参差不齐，环境与经济协调发展难度较大。中西部地区经济增速高于东部地区，但我国区域南北分化凸显，经济增速"南快北慢"、经济占比"南升北降"态势明显。东南沿海地区总体进入工业化后期，生态环境压力持续缓解，环境质量相对领先；中西部地区处于工业化中后期阶段，承接了大量相对落后产业，西部地区资源型、粗放型、不均衡型发展方式未发生根本转变，生态系统受损、环境污染等问题依然突出，环境基础设施建设欠账较多，部分地区仍存在放松生态环境保护要求、保护为发展让路现象，生态环境治理体系和治理能力现代化仍处于起步阶段，环境压力正在加剧。东北地区经济增长放缓态势明显，发展相对滞后。一些城市特别是资源枯竭型城市、传统工矿区城市发展活力不足。同时，受产业结构重化、内生动力不足、体制机制改革速度滞后于生态环保需求等影响，东北地区生态环境保护形势依然严峻。辽河流域、松花江流域优良水质断面比例低于全国十大流域平均水平，空气质量未达标城市占比达到 44%，黑土地退化形势严峻，东北粮仓、国家粮食安全保障压力大。此外，城乡发展不平衡，污染企业"上山下乡"现象突出，出现向城乡接合部、农村转移的趋势，特别是低层次经济业态大量集聚进入农村地区，由此带来的农村环境问题已经非常突出。

统筹区域生态环境保护与治理压力很大。大气方面，京津冀及周边地区 6 省（市）总面积仅占全国 7.2%，却生产了全国 43% 的钢铁、45% 的焦炭、31% 的平板玻璃、22% 的电解铝，原油加工量占全国的 28%，加大了该地区环境压力。水方面，京津冀地区人均水资源量只有 279 m^3，仅为全国平均水平的 13%，京津冀地区以全国 0.93% 的水资源量条件，提供了全国 4% 的供水量，支撑了全国 8% 的人口和 8% 的灌溉面积，产出全国 11% 的 GDP。高耗水产业相对集中，如河北省钢铁、化工、火电、纺织、造纸、建材、食品七大高耗水工业用水量占工业用水总量的 80% 以上。京津冀纺织染整、皮革、造纸、化工、食品和制药六大行业创造的 GDP 占地区工业 GDP 总量的 15%，而废水排放量占京津冀地区废水排放总量的 63%，占化学需氧量的 70%，占氨氮排放量的 73%。

区域开发缺乏空间有效管控。近 40 年的工业化与城镇化发展进程中，城镇空间和工业空间快速扩张，生态空间和农业空间受到蚕食和挤占。区域发展不注重生态环境功能维护,经济产业布局与环境空间格局错位,国土空间资源环境超载现象突出。全国环境承载力评估表明:31 个省(区、市)中,有 22 个省(区、市)超载;京津冀区域 108 个区(县)均超载;长江经济带 1 070 个区(县)中,有 805 个区(县)超载。区域开发目前仍缺乏系统有效的空间管控体系。"三线一单"制度明确了生态保护红线、环境质量底线、资源利用上线和生态环境准入清单的管控要求,但在差异化、精准化落地实施方面还需要加快推动。

10.1.3 思路任务

以四大区域为基点,持续推动区域绿色协调发展。推进西部大开发生态环境保护形成新格局。"十四五"时期,西部地区要突出中华水塔、资源基地和生态屏障的战略地位,牢固树立生态优先、绿色发展导向,保持加强生态文明建设的战略定力,将生态环境保护修复治理列为优先事项,加大对西部地区绿色发展的统筹和支持力度。深入实施一批重大生态工程,开展重点区域综合治理,着力优化和提升西部地区生态环境保护能力,筑牢国家生态安全屏障,守住生态安全边界。同时要细化区分不同自然条件和发展状况,促进西部地区产业和人口向优势区域集中,推动形成优势区域重点发展、生态功能区重点保护的西部大开发新格局,推动西部地区高质量发展。推动东北绿色振兴取得新突破。"十四五"时期,从维护国防、粮食、生态、能源、产业安全的战略高度,统筹谋划推动区域生态环境保护与治理,重点加强大小兴安岭、长白山等生态功能区保护和北方防沙带建设,加大生态资源保护力度,筑牢祖国北疆生态安全屏障,加强黑土地保护,加快发展现代农业,打造保障国家粮食安全的"压舱石",支持发展寒地冰雪、生态旅游等特色产业,大力推动老工业基地绿色振兴。促进中部地区绿色崛起,形成新局面。中部地区产业转移的环境污染排放压力突出,沿江产业布局的环境风险隐患突出,长江流域、淮河及汉江等共保联治需求紧迫。"十四五"时期,要推动中部地区积极有序地承载新兴产业布局和转移,打造先进制造业,巩固绿色发展格局,加快绿色崛起。加强生态环境共保联治,着力构筑生态安全屏障。支持淮河、汉江生态经济带上下游合作联动发展。鼓励东部地区加快提升现代化的绿色底色。东部地区是推动实现绿色生产生活方式转型、碳达峰目标、生态环境质量加快改善的重要地区,东部地区要率先实现高质量发展,资源能源利用效率向国际先进水平靠拢,不断增强绿色竞争力。

以国家重大战略区为重点,形成生态环境同保共享大格局。国家重大战略区域是未来我国推动高质量发展、促进新发展格局的关键区域,也是我国生态环境保护与治理的重点区域。以国家重大战略区为抓手,是推动生态环境系统性、精准性保护与治理,提升生态环保参与国家宏观综合决策,统筹促进区域高质量发展的重要指引。"十四五"

时期，要进一步落实国家重大区域生态环境保护战略与规划，加快推进京津冀地区协同生态环境保护、加强联防联控，粤港澳大湾区建设国际一流美丽大湾区，长江经济带共抓大保护、不搞大开发，黄河流域促进高质量发展与高水平保护，长江三角洲一体化生态环境保护。

支持特殊类型地区加快绿色振兴发展。中西部内陆地区集中分布着革命老区、少数民族地区、边境地区，面积占国土总面积比重分别为 9.0%、63.9%、20.8%。同时，这些地区大多是贫困人口集中区域，很多又属于生态敏感脆弱的退化地区。"十四五"时期，要加快推动贫困地区、革命老区、民族地区、边境地区、老工业地区、资源型地区、生态退化地区等特殊类型地区绿色振兴发展，实现生态富民。推进生态退化地区综合治理和生态脆弱地区保护修复。

10.2　长江和黄河流域绿色发展

10.2.1　长江流域绿色发展

长江经济带覆盖上海、江苏、浙江、安徽、江西、湖北、湖南、重庆、四川、贵州、云南 11 省（市）[以下简称 11 省（市）]，面积约 205 万 km^2，人口和生产总值均超过全国的 40%，是我国经济重心所在、活力所在，也是中华民族永续发展的重要支撑。

党中央、国务院高度重视长江经济带生态环境保护工作。2016 年 1 月，习近平总书记在重庆主持召开推动长江经济带发展座谈会时指出：当前和今后相当长一个时期，要把修复长江生态环境摆在压倒性位置，共抓大保护，不搞大开发，努力把长江经济带建设成为生态更优美、交通更顺畅、经济更协调、市场更统一、机制更科学的黄金经济带，探索出一条生态优先、绿色发展新路子；2018 年 4 月，习近平总书记在武汉主持召开深入推动长江经济带发展座谈会时指出：新形势下，推动长江经济带发展，关键是要正确把握整体推进和重点突破、生态环境保护和经济发展、总体谋划和久久为功、破除旧动能和培育新动能、自身发展和协同发展等关系，坚持新发展理念，坚持稳中求进工作总基调，加强改革创新、战略统筹、规划引导，使长江经济带成为引领我国经济高质量发展的生力军；2020 年 11 月，习近平总书记在南京主持召开全面推动长江经济带发展座谈会时指出：要贯彻落实党的十九大和十九届二中、三中、四中、五中全会精神，坚定不移贯彻新发展理念，推动长江经济带高质量发展，谱写生态优先、绿色发展新篇章，打造区域协调发展新样板，构筑高水平对外开放新高地，塑造创新驱动发展新优势，绘就山水人城和谐相融新画卷，使长江经济带成为我国生态优先绿色发展主战场、畅通国内国际双循环主动脉、引领经济高质量发展主力军。

10.2.1.1 现状分析

"十三五"期间，长江经济带生态环境保护修复工作取得积极成效。在党中央、国务院的高位推动下，《重点流域水污染防治规划（2016—2020 年）》《长江经济带发展规划纲要》《长江经济带生态环境保护规划》《长江保护修复攻坚战行动计划》等文件相继印发实施，各部门组织开展了一系列专项行动，解决了一大批历史遗留问题，沿江城镇污水垃圾处理、化工污染治理、农业面源污染治理、船舶污染治理以及尾矿库污染治理"4+1"工程进展良好，进一步强化了沿江各级人民政府对长江大保护的共担意识。2019年，自然资源部在长江经济带 8 省（市）18 个地区开展了国土空间用途管制和纠错机制试点；工业和信息化部会同有关部门严格控制高耗水、高排放等行业新增产能；水利部在岷江、沱江等 5 条开发利用中等强度的重点河流组织编制了生态流量保障实施方案，不断探索解决能源用水和生态用水之间的矛盾；中央农办、农业农村部等部门在长江经济带区域 52 个县推进农村生活污水治理示范；交通运输部在长江干线 24 个地市实施了船舶污染物接收转运处置联单；推动长江经济带发展领导小组办公室联合水利部，印发了《长江干流岸线利用项目清理整治工作方案》，基本完成了第一批违法违规岸线利用项目清理整治；生态环境部通过开展劣 V 类国控断面整治、入河排污口排查整治、"绿盾""三磷""清废"、饮用水水源地保护、城市黑臭水体整治、工业园区污水处理设施整治 8 个专项行动，积极推进长江生态环境保护修复。在各地各部门的共同努力下，长江生态环境明显改善。

一是流域水环境质量明显改善。截至 2020 年，长江经济带 I ～Ⅲ类断面比例为87.6%，较 2014 年增加 19.6 个百分点；劣 V 类断面比例为 0.4%，较 2014 年减少 6.6 个百分点。

二是污染源治理成效显著。城镇生活污水处理效能明显增强，2019 年，长江经济带城市污水处理率达 96.8%，较 2014 年提高 2.8 个百分点；截至 2020 年，地级及以上城市建成区 1 372 个黑臭水体消除比例达 96.7%；省级及以上工业园区污水集中处理设施应建尽建，截至 2020 年 6 月，1 065 个应当建成污水集中处理设施的省级及以上工业园区中，1 064 个园区已建成，完成率达 99.9%，共 1 101 家排污企业已实现在线监测，并与生态环境部联网；截至 2020 年 10 月，排查存在问题的 281 家"三磷"（即磷矿、磷化工企业、磷石膏库）企业（矿、库）均已完成整治①。

三是强化入河排污口排查整治。摸清长江入河排污口底数，实地排查长江干流及 9

---

① 数据来源：2021 年全国生态环境保护工作会议材料——长江保护修复攻坚战工作总结。

条主要支流岸线 2.4 万余 km，排查入河排污口 60 292 个，比之前掌握的数量（1 973 个）增加约 30 倍。试点地区已基本完成长江入河排污口监测和溯源①。

四是开展饮用水水源地综合整治。长江经济带乡镇级集中式水源地 10 130 个（含已废弃的 100 个），完成保护区划定 8 390 个，划定比例 83.6%；千吨万人以上水源地 5 383 个（含已废弃的 16 个），完成保护区划定 4 849 个，划定比例 90.3%②。

五是强化生态流量保障。实施三峡等上中游控制性水库及洞庭湖、鄱阳湖支流水库联合调度，适当增加枯水期下泄流量，保障长江中下游河湖生态用水。以长江干流以及雅砻江、大渡河、岷江、涪江等 24 条主要支流 58 个控制断面的生态环境需水量和生态基流管理为抓手③，通过实施一批河湖水系连通工程，有效增加了河道内生态用水。

六是强化生态保护修复。分区分类推进岸线保护和利用，截至 2020 年，已对 8 311 km 干流岸线 5 700 多个项目开展全覆盖现场核查，发现的 2 441 个违法违规项目中，已完成整改 2 414 个，其中拆除取缔 827 个，共腾退复绿岸线 158 km；沿江各省市开展湿地保护与恢复、退耕还湿、湿地生态效益补偿等工程项目，其中实施湿地保护与修复工程 20 个④。

七是加强珍稀濒危水生动物保护。人工繁殖规模取得连续突破，组织放流中华鲟 11 次共计 7 万余尾，先后建立 4 个长江江豚迁地保护群体，迁地群体总量超过 100 头；探索重建长江鲟野外种群，已放归成体和亲本达 500 余尾，放归幼鱼已超过 20 万尾；长江口中华绒螯蟹蟹苗资源量恢复到 50 t 左右规模，达到 20 世纪七八十年代时的最好状态⑤。

10.2.1.2　存在的问题

对标 2035 年美丽中国建设目标，长江水生态环境保护存在不少突出问题和短板。"十四五"期间，需要结合深入打好污染防治攻坚战加以解决。

一是水环境治理任务艰巨。湖北四湖总干渠、天门河，四川釜溪河，云南龙江川等部分河段水质尚不能稳定达标。太湖、巢湖、滇池等湖泊水体富营养化问题依然突出，长江口及其邻近海域赤潮频繁发生。部分地区发展方式比较粗放，城市建成区、工业园区以及港口码头等环境基础设施欠账较多，城市黑臭水体治理任务艰巨。氮、磷上升为首要污染物，城乡面源污染防治瓶颈亟待突破。

---

① 数据来源：2021 年全国生态环境保护工作会议材料——长江保护修复攻坚战工作总结。
② 数据来源：2021 年全国生态环境保护工作会议材料——长江保护修复攻坚战工作总结。
③ 数据来源：2020 年长江经济带发展报告。
④ 数据来源：2020 年长江经济带发展报告。
⑤ 数据来源：2020 年长江经济带发展报告。

二是生态用水难以保障。近 10 年来，长江天然径流分布及水文情势产生了较为明显的变化，长江干流宜昌段年径流比多年平均减少 11%。长江上游共规划了近百个水电站，共分布水库 13 000 余个，水电站和水库隔断河道，显著改变了天然径流的分布，导致长江中下游水文情势发生新变化。洞庭湖、鄱阳湖面积减少了近四成，湖泊调蓄能力降低，江湖关系紧张。

三是水生态破坏问题比较普遍。2016 年发布的《中国脊椎动物红色名录》显示，长江流域受威胁鱼类达 90 余种，其中极危 22 种、濒危 41 种、易危 32 种。21 世纪初，长江主要渔业水域捕捞产量下降至不足 10 万 t。长江干流岸线开发利用率为 35.9%，长江中下游岸线资源开发利用强度较高。水源涵养区空间过度开发，水源涵养功能严重受损。一些地方生产、生活方式粗放，河湖水域及其缓冲带水生植被退化，水生态系统严重失衡。

四是水环境风险不容忽视。磷矿资源主要分布在贵州、云南、四川、湖北、湖南等省份，其磷矿石储量 135 亿 t，占全国的 76.7%，磷矿资源储量 28.7 亿 t，占全国的 90.4%，环境风险形势依然严峻；高环境风险工业企业密集分布，与饮用水水源犬牙交错，企业生产事故引发的突发环境事件频率居高不下。太湖、巢湖、滇池等重点湖泊蓝藻水华发生频率居高不下，成为社会关注的热点和治理难点。长江干流及主要支流危险化学品运输量持续攀升，航运交通事故引发的环境污染风险增加。

五是治理体系和治理能力需进一步加强。水生态环境保护相关标准规范仍需进一步健全，流域环境管理体系需要进一步完善。经济政策、科技支撑、宣传教育、队伍和能力建设等还需进一步加强。

10.2.1.3 思路任务

"十四五"时期，长江经济带应贯彻落实习近平总书记关于长江经济带发展系列重要讲话精神，把修复长江生态环境摆在压倒性位置，以持续改善长江生态环境质量为核心，从生态系统整体性和流域系统性出发，加强生态环境综合治理、系统治理、源头治理，强化国土空间管控，统筹水环境、水生态、水资源、水安全，推进精准治污、科学治污、依法治污，推进长江上中下游、江河湖库、左右岸、干支流协同治理。强化河湖长制，加强大江大河和重要湖泊湿地生态保护治理，实施好长江十年禁渔，改善长江生态环境和水域生态功能，提升生态系统质量和稳定性，构建综合治理新体系，谱写生态优先、绿色发展新篇章，确保一江清水绵延后世、惠泽人民。

（1）明确长江流域不同区域保护治理重点

构建"一干、十支、六湖、四区、三群"的水生态环境保护空间布局。

"一干"：保障长江干流水质达到Ⅱ类；推进以三峡水库为核心的长江上中游水库群联合生态调度，保障下泄流量；结合"十年禁渔"，逐步恢复水生生物生境，恢复珍稀鱼类种群资源；加强重点城市江段水环境治理，优化沿江产业布局，强化工业园管理；推进港口码头及航运污染风险管控。

"十支"：雅砻江、岷江、沱江、赤水河、嘉陵江、乌江、汉江、湘江、沅江、赣江加强水工程、水资源调度，保障泄放生态流量；推进岷江、乌江、沱江水系"三磷"治理；重点在岷江、沱江、乌江、嘉陵江等流域实施水系联通工程；加强支流小水电站清理整顿，保护和恢复上游珍稀鱼类资源，因地制宜开展鱼类恢复工作；推进城镇污水处理设施提标改造及管网改造；加快推进赤水河流域治理跨省协同长效机制；严格落实嘉陵江上游、汉江上游、湘江、沅江、赣江等流域尾矿库综合整治，推进湘江、沅江、赣江等流域遗留重金属污染问题的妥善处置。

"六湖"：重点控制滇池、洪湖、洞庭湖、鄱阳湖、巢湖和太湖湖体水体富营养化，加强沿线截污管网及生态缓冲带建设，开展内源污染治理，强化农业面源及水产养殖污染防治，加强水生态保护与修复，优化水资源配置，推进水系联通，改善湖泊水生态环境系统。

"四区"：长江源区以水源涵养和生物多样性保护为重点，加强对高原河流、湖泊、沼泽等自然生境和水生态系统的保护修复；加强三峡库区及南水北调中线工程水源区城乡基础设施建设，提高污水处理厂和垃圾处理设施运行效率，加强农业面源污染治理，开展消落区保护与修复，推进生态缓冲带及湿地建设，进行水工程优化调度，保障河流生态流量；重点开展长江口水生态系统保护与修复，推进湿地恢复与建设、河湖生态建设、水生生物完整性恢复；推进港口码头及航运污染风险管控。

"三群"：提升成渝城市群、长江中游城市群、长三角城市群城镇污水厂处理能力及配套管网基础设施建设，推进入河排污口排查整治，实施城市面源污染控制，防止黑臭水体反弹；推进产业结构优化调整，以水定人、以水定产、以水定城；加强城市群企业风险监测与管控，完善跨区域突发性水污染事件应急联动工作机制和信息共享机制。

（2）强化污染源治理，减少污染物排放

一是狠抓工业污染防治。优化产业结构布局，加快重污染企业搬迁改造或关闭退出，严禁污染产业、企业向长江中上游地区转移；全面实现工业废水达标排放，强化工业集聚区工业废水集中处理，完善工业园区污水集中治理设施及自动在线监控装置建设，到2025年年底，省级及以上开发区中的工业园区（产业园区）完成集中整治和达标改造；巩固流域"三磷"排查整治专项行动成果，持续强化湖北、四川、贵州、云南、湖南、重庆等省市"三磷"综合整治，分类施策。

二是强化城镇污染治理。着重提高污水处理率低、污水超负荷运行地区的污水处理能力；加大城镇污水管网建设力度，推进城中村、老旧城区、城乡接合部污水管网建设，对年久失修、漏损严重、不合格的老旧污水管网、排水口、检查井进行维修改造；推进污泥稳定化、无害化和资源化处理处置设施建设；建立健全城镇垃圾收集转运及处理处置体系，推动生活垃圾分类；持续推进城镇建成区黑臭水体治理并建立长效管理机制，全面排查县级及以上城镇建成区黑臭水体，制定整治方案。

三是防治农业农村污染。持续开展农村人居环境整治行动，采用污染治理与资源利用相结合、工程措施与生态措施相结合、集中与分散相结合的建设模式和处理工艺，统筹农村污水处理设施布局；持续推进化肥、农药减量增效，引导和鼓励农民使用生物农药或高效、低毒、低残留农药，发展生态农业、绿色农业，鼓励建立节肥减药示范基地，推广增质提效实施经验；加大畜禽、水产养殖污染控制力度，强化长江、汉江、湘江、赣江、京杭运河等河道及太湖、巢湖、鄱阳湖、洞庭湖等湖泊周边畜禽禁养区管理。

四是加强移动源管控。积极治理船舶污染，加快淘汰不符合标准要求的高污染、高耗能、老旧落后船舶，推进现有不达标船舶升级改造；提高港口码头污水收集转运处理能力，加快港口码头岸电设施建设；开展非法码头整治，推进砂石集散中心建设。

五是推进流域入河排污口排查整治。重点推进工业企业排污口、城镇污水处理设施排污口及其他污水排放量较大、水质较差、环境影响较大的排污口整治，安装自动监控设施。推进入河排污口规范化建设，统一规范排污口设置，开展入河排污口设置审核工作。到 2025 年，基本完成规模以上入河排污口整治任务和规范化建设。

（3）优化水资源配置，保障生态用水需求

一是切实保障生态流量。合理确定流域主要控制断面的生态流量（水位）底线，长江干流及主要支流主要控制节点生态基流占多年平均流量比例在 15% 左右，其他河流生态基流占多年平均流量比例不低于 10%[①]。加强流域水量统一调度和大中型水利水电工程生态水量泄放管理，针对"四大家鱼"产卵繁育等敏感期需水要求，落实生态调度。研究洞庭湖、鄱阳湖、巢湖等重要湖泊生态水位要求和保障措施。加快跨省江河流域水量分配方案的制定和落实。

二是实行水资源消耗总量和强度双控。严格用水总量指标管理，健全覆盖省、市、县三级行政区域的用水总量控制指标体系，加快完成跨省江河流域水量分配，严格取用水管控。严格用水强度指标管理，建立重点用水单位监控名录，对纳入取水许可管理的单位和其他用水大户实行计划用水管理。

三是推进重点领域节水。进一步完善区域再生水循环利用体系，促进解决长江口、

① 参考《长江经济带生态环境保护规划》。

平原河网等局部地区缺水问题，坚持节水优先，强化农业节水、工业节水、城市节水措施落地。到 2025 年，农田灌溉水有效利用系数达到 0.55 以上，公共供水管网漏损率控制在 8% 以内。

四是严格控制小水电开发。严格控制长江干流及主要支流小水电、引水式水电开发，对现有小水电实施分类清理整顿，依法退出涉及自然保护区核心区或缓冲区、严重破坏生态环境的违法违规建设项目，进行必要的生态修复。对保留的小水电项目加强监管，完善生态环境保护措施。

（4）加强生态空间管控，维护生态系统健康

一是强化生态空间管控。以"三线一单"为手段，引导区域资源开发、产业布局和结构调整、城乡建设、重大项目选址。严格控制与长江生态保护无关的开发活动，积极腾退受侵占的高价值生态区域，大力保护修复沿河环湖湿地生态系统，提高水环境承载能力。

二是严守生态保护红线。建立和完善生态保护红线监管相关规范制度和标准体系，指导开展生态保护红线监管，确保生态保护红线面积不减少、功能不降低、性质不改变，守住自然生态安全边界。配合自然资源部推进生态保护红线评估调整，推动完成生态保护红线划定和勘界定标。建立生态保护红线监管平台。

三是实施生态保护修复。加大上游地区水土流失治理力度，大力实施封育保护。制定金沙江下游、赤水河流域、三峡库区、丹江口库区、汉江中下游、鄱阳湖、洞庭湖、长江口等重点区域生态保护修复专项规划，按照水源涵养、截污控源、生境修复、水系连通、生态调度、物种恢复等措施落实要求，推进上下游、跨区域、多部门协同治理，力争重点区域治理取得明显成效。

四是加强生物多样性维护。选择部分重点水体开展水生生物完整性评价。加强金沙江下游、嘉陵江、乌江、汉江流域梯级电站群的生态累积效应与减缓对策研究，全面落实重点涉水工程生态环保措施。逐步恢复长江中下游重点江湖水系的连通性，提升水体自净能力，打通水生动物洄游通道。持续开展长江"十年禁渔"成效评估，强化以中华鲟、长江鲟、江豚为代表的珍稀濒危物种保护工作，加快土著鱼类的种群恢复工作，实施鱼类产卵场、索饵场、越冬场和洄游通道等关键生境的保护修复。

五是强化岸线管理。推动河湖岸线的生态修复，在重点城市江段的排污口下游、主要入河（湖）口等区域建设生态缓冲带，消减污染负荷，降低营养盐水平，促进生态系统自我恢复。

（5）强化突发事件应对，有效防范环境风险

一是严格保护水源地。着力解决县级及以上水源地不达标问题以及农村水源地保护

薄弱问题，推进县级及以上水源地规范化建设，继续以千吨万人水源地为重点，大力推进"划、立、治"整改工作和农村饮水安全工程巩固提升工作，确保广大人民群众喝上放心水。

二是强化环境风险源头防控。推进土壤污染风险管控和修复，以化工污染整治等专项行动遗留地块为重点，加强腾退土地污染风险管控和治理修复，保障建设用地土壤环境安全。强化土壤污染源头防控，以江西、湖北、湖南、四川、贵州、云南等铅、锌、铜采选、冶炼等产业集中地区为重点，持续推进耕地周边涉镉等重金属行业企业排查整治。持续开展化学物质环境风险评估，重视新污染物治理，推动化学物质环境风险管控。持续推进涉重行业企业全口径排查，加强重点地区重点行业重金属污染治理。建立尾矿库分级分类环境监管制度。强化丹江口水库及上游历史遗留矿山污染整治，推动嘉陵江上游开展尾矿库污染治理。

三是强化监测和应急能力建设。构建并完善水质自动监测网，推进水质监测质控和应急平台（一期）建设。选取重点水域，开展污染物通量、生物毒性监测试点。强化排污单位自动监控，提升非现场监管执法效能。加强水生态监测，组织开展长江流域水生态调查监测，监测水质理化指标、水生生物指标和物理生境指标等，掌握长江流域水生态状况及变化趋势。开展生物多样性调查观测评估，优化和完善监测网络，建立监管信息系统，及时掌握生物多样性动态变化趋势。

10.2.2　黄河流域绿色发展

黄河发源于青藏高原巴颜喀拉山北麓，呈"几"字形流经青海、四川、甘肃、宁夏、内蒙古、山西、陕西、河南、山东 9 省（区），全长 5 464 km，是我国第二长河和世界第五长河。黄河流域横跨西中东部，连接青藏高原、黄土高原、华北平原与东部渤海，拥有黄河天然生态廊道和三江源、祁连山等多个重要生态功能区，是我国重要的生态屏障。流域也是人口活动和经济发展的重要区域，分布有黄淮海平原、汾渭平原、河套灌区等农产品主产区，煤炭、石油、天然气和有色金属资源储量丰富，是我国重要的能源、化工、原材料和基础工业基地，在我国经济社会发展和生态安全方面具有十分重要的地位。

党中央、国务院高度重视黄河生态环境保护工作，习近平总书记多次对黄河保护和治理提出明确要求，强调治理黄河，重在保护、要在治理，要坚持生态优先、绿色发展，以水而定、量水而行，因地制宜、分类施策，上下游、干支流、左右岸统筹谋划，共同抓好大保护，协同推进大治理，着力加强生态保护治理，保障黄河长治久安，促进全流域高质量发展，让黄河成为造福人民的幸福河。2019 年 9 月 18 日，习近平总书记在郑州主持召开黄河流域生态保护和高质量发展座谈会，将黄河流域生态保护和高质量发展提升为重大国家战略。2020 年 1 月，习近平总书记在主持中央财经委第六次会议时强调，黄河流域必须下大力气进行大保护、大治理。2019 年以来，习近平总书记先后 6 次考察黄河流域省区，对黄河保护和治理提出明确要求。2020 年 4—6 月，总书记在考察陕西、山西、宁夏 3 省（区）时，强调要推动黄河流域从过度干预、过度利用向自然修复、休养生息转变；强调要抓好流域生态修复治理，扎实实施黄河流域生态保护和高质量发展国家战略；强调要把保障黄河长治久安作为重中之重，统筹推进生态保护修复和环境治理。2020 年 8 月 31 日，中共中央政治局召开会议，正式审议通过《黄河流域生态保护和高质量发展规划纲要》。2020 年 10 月底，五中全会通过的《中共中央关于制定国民经济和社会发展第十四个五年规划和二〇三五年远景目标的建议》提出，推动黄河流域生态保护和高质量发展。2020 年 12 月 10 日，国务院召开推动黄河流域生态保护和高质量发展领导小组会议，强调推动黄河流域生态保护和高质量发展要坚持以水定城、以水定地、以水定人、以水定产，合理规划人口、城市和产业发展。2021 年 3 月，十三届全国人大四次会议通过的《中华人民共和国国民经济和社会发展第十四个五年规划和 2035 年远景目标纲要》提出，扎实推进黄河流域生态保护和高质量发展。

10.2.2.1　现状分析

党的十八大以来，党中央着眼于生态文明建设全局，明确"节水优先、空间均衡、系统治理、两手发力"的治水思路，黄河流域经济社会发展和群众生活发生了显著变化，黄河流域生态环境明显向好。

一是水环境质量明显改善。黄河流域达到或优于Ⅲ类水质的比例提高，劣Ⅴ类水质的比例降低，主要污染物浓度降幅明显。2020 年，黄河流域Ⅰ～Ⅲ类断面比例较 2015 年提高 28.1 个百分点，劣Ⅴ类断面比例较 2015 年降低 16.7 个百分点；相比 2015 年，流域国控断面高锰酸盐指数、生化需氧量、氨氮、化学需氧量、总磷浓度分别降低了 26.7%、49.8%、83.2%、31.5%和 61.9%。

二是大气环境有所改善。黄河流域大气主要污染物浓度有所下降，2015—2020 年，流域 $PM_{2.5}$ 浓度由 51 μg/m³ 下降到 38 μg/m³，降幅为 25.5%；PM_{10} 浓度由 94 μg/m³ 下降到 69 μg/m³，降幅为 26.6%。

三是土壤环境保护工作全面开展。截至 2020 年年底，黄河流域 9 省（区）共公布土壤污染重点监管企业 4 368 家，约占全国的 32.4%；开展涉镉等重金属重点行业企业排查工作，建立污染源整治清单，整治完成率为 96.0%；积极开展农用地分类管理工作，推动轻中度污染耕地安全利用和重度污染耕地严格管控；强化建设用地准入管理，累计完成近 2 800 个地块土壤环境调查，并对 150 多个地块开展了土壤污染风险评估。

四是生态保护与修复成效明显。三江源、祁连山国家公园试点积极推进,以国家公园为主体的自然保护地体系初步建立。截至目前,流域已建立国家级自然保护区 59 处,划定了羌塘—三江源区、祁连山区等生物多样性保护优先区域。积极实施了三江源保护、三北防护林建设、天然林保护、防沙治沙、湿地保护恢复、退耕还林还草、退牧还草等重大工程,山水林田湖草沙生态保护修复工程试点工作全面推进。

五是水土流失综合防治初见成效。黄河流域累计治理水土流失面积 22.56 万 km²,水沙治理取得显著成效,水土流失实现面积强度"双下降"、水蚀风蚀"双减少"。2011—2019 年,以风力侵蚀为主的青藏高原、三江源国家公园年际水土流失面积减幅分别为 0.55%、1.27%,水源涵养能力得到有效提升;以水力侵蚀为主的黄土高原年际水土流失面积减幅约为 1.91%,蓄水保土能力显著增强。

六是生态用水保障持续加强。开展龙羊峡、刘家峡、万家寨、三门峡、小浪底等骨干水利工程的联合调度,到 2019 年,黄河干流实现连续 20 年不断流[①]。自 2010—2019 年年底,刁口河累计生态补水 2.43 亿 m³,有效促进了黄河下游河道、河口三角洲及附近海域生态系统的自然修复。

10.2.2.2　存在的问题

当前,黄河流域生态环境保护仍存在一些突出困难和问题。究其原因,表象在黄河,根子在流域,既有先天不足的客观制约,也有后天失养的人为因素。

一是流域经济发展模式仍然偏重偏粗。黄河流域社会经济发展同东部地区及长江流域相比存在明显差距,全国 14 个集中连片特困地区有 5 个涉及黄河流域,资源开发、乡村振兴与生态环境保护矛盾突出。流域地区间发展差距明显,上中游 7 省区发展不充分,以能源、化工、原材料和牧业等传统产业为主导特征明显,新旧动能转换缓慢,转型升级步伐滞后,化工、焦化、有色金属、钢铁等"两资一高"企业沿黄干支流集中布局,产业同构现象突出;下游 2 省社会经济发展较快,传统产业含绿量、含金量、含新量少,缺乏有较强竞争力的新兴产业集群,发展质量有待提高。

二是流域水资源过度开发利用。黄河多年平均天然径流量 461 亿 m³,仅为长江的 5%;流域水资源量仅占全国 2%,居全国十大流域第八位。流域集中了全国 12% 的人口、15% 的耕地,人均水资源量不足 500 m³,属于水资源相对匮乏区域;水资源开发利用率高达 80%,开发强度在全国十大流域中排第二位,远超 40% 的生态警戒线。流域农业用水量占用水总量的 66.8%,为全国的 1.1 倍、长江流域的 1.4 倍;生态环境用水占比仅为 6.2%,部分支流生态流量不足,生态环境功能受到严重影响。近年来,流域面积

---

① 河南省人民政府门户网站,2019-08-13。

1 000 km² 以上的支流中有 21 条出现过断流，13 条主要一级支流中有 7 条出现过断流。

三是流域生态环境脆弱。黄河一直"体弱多病"，生态本底差，生态脆弱区分布广、类型多、易退化，整体性、系统性生态问题突出，恢复难度大且过程缓慢。流域 3/4 以上区域属于中度以上脆弱区，高于全国平均水平（55%）。在全国十大流域中，黄河流域水土流失面积占流域土地面积比例最大（33.3%），中度及以上水土流失占比最高（37.4%）。上游三江源地区天然草地退化严重，下游黄河三角洲自然湿地近 30 年来面积萎缩了 52.8%。

四是部分地区污染严重。一是黄河流域整体空气质量与全国平均水平有明显差距，部分区域污染严重。2020 年，黄河流域 $PM_{2.5}$ 浓度比全国平均值高出 15.2%，空气质量优良天数比率比全国平均值低 7.4 个百分点。汾渭平原污染严重，$PM_{2.5}$ 浓度为 48 μg/m³，PM_{10} 浓度为 83 μg/m³，重污染天气比例为 3.1%，均与京津冀及周边地区的污染水平接近。二是部分流域水污染问题突出。黄河流域水环境污染相对较重，水质总体差于全国平均水平，特别是黄河中游汾渭平原、黄土高原区的汾河、三川河、都思兔河、黄甫川等主要支流缺少基流且污染物排放强度高，水质为重度污染。三是局部地区土壤污染较重。黄河上游甘肃白银，中游河南三门峡、济源等地存在不同程度的土壤重金属超标，部分工业园区及重污染企业周边耕地、有色金属矿区及重点行业企业遗留地块土壤污染问题突出。

五是生态环境风险隐患突出。黄河流域是我国重要的能源、煤化工基地，煤化工行业企业数量约占全国的 80%，干支流沿河 1 km 范围内有风险源 1 800 多个，企业治污设施、环境监管及沿河污染预警应急能力建设等尚未完全达到绿色发展的要求。甘肃、陕西、河南等省部分有色金属矿区重金属污染历史遗留问题多，解决难度大。

10.2.2.3　思路任务

以习近平总书记关于黄河流域生态保护和高质量发展的重要讲话精神为根本遵循，全面贯彻党的十九大和十九届二中、三中、四中、五中全会精神，深入贯彻习近平生态文明思想，紧紧围绕统筹推进"五位一体"总体布局，协调推进"四个全面"战略布局，立足新发展阶段，贯彻新发展理念，构建新发展格局，坚持以人民为中心，坚持"绿水青山就是金山银山"的理念，按照"共同抓好大保护，协同推进大治理"的要求，坚持以水定城、以水定地、以水定人、以水定产，严格控制流域开发利用强度，统筹谋划黄河流域当下及未来生态环境保护和绿色低碳转型，实现流域主要污染物排放总量持续减少、CO_2 排放强度持续降低、生态环境持续改善、生态安全屏障更加牢固，努力开创黄河流域高水平保护和高质量发展的新局面，让黄河成为造福人民的幸福河。

（1）构建"一带五区多点"生态安全格局

以国家重点生态功能区、生态保护红线、国家级自然保护地等为重点，加强流域生态安全建设，基本建成以沿黄河生态带、水源涵养区、荒漠化防治区、水土保持区、重点河湖水污染防治区、河口生态保护区、重要野生动植物栖息地为框架的生态安全格局。加强沿黄河生态带河湖滨岸生态廊道建设，发挥河流水系连通作用；有效恢复水源涵养区高寒草甸、草原、湿地、森林等重要生态系统，强化水源涵养功能；重点推进荒漠化防治区沙漠防护林体系建设，开展中幼林抚育，增加植被碳汇能力，科学实施固沙治沙防沙工程；持续开展水土保持区退耕还林还草，加大水土流失治理综合力度；精准实施重点河湖水污染防治区河湖保护和综合治理工程，改善水体水质，努力恢复水清岸绿的水生态体系；加大河口生态保护区湿地生态系统修复力度，改善入河口生态环境质量；保护、修复和扩大野生动植物栖息地，实施珍稀濒危野生动物保护繁育行动，提高生物多样性。

（2）加强生态空间管控

落实以水定城、以水定地、以水定人、以水定产。城镇建设和承接产业转移区域不得突破水资源环境承载能力。水资源超载地区暂停审批新增取水许可，水环境超载地区暂停审批新增排污许可。以水资源环境承载能力为刚性约束，合理规划人口、城市和产业发展。强化城镇开发边界管控，防止城市无序扩张，严格限制水资源严重短缺地区城市发展规模，优化中心城市和城市群发展格局，统筹沿黄河县城和乡村建设。优化国土空间开发格局，根据水资源承载状况确定土地用途，提高土地集约、节约利用水平。促进人口科学合理布局，充分考虑人民群众用水需求和水资源约束状况，支持生态功能区人口逐步有序转移。从实际出发，宜粮则粮、宜农则农、宜工则工、宜商则商，构建与水资源环境承载力相适应的现代产业体系。

实施水资源环境承载力管控。城镇建设区域和承接产业转移区域不得突破水资源环境承载能力。水资源超载地区暂停审批新增取水许可，水环境超载地区暂停审批新增水重点污染物排放总量的建设项目环评。水资源环境超载地区应制定超载治理方案，报省级人民政府批复后实施。抑制不合理用水需求，减少污染排放，推动用水方式转变和产业结构升级，推动黄河流域高质量发展。国务院有关部门每 3 年组织一次水资源环境承载情况系统评估，经治理后已转变为不超载的，解除对其新增取水许可和水重点污染物排放总量的建设项目环评审批限制。超载地区经治理，自评估后确认不超载的，可提前向有关部门申请解除，经组织核验通过后予以解除。

（3）强化水资源刚性约束

科学配置流域水资源。坚持以水而定、量水而行，优化、细化"八七"分水方案，优先保障生活用水，切实保障基本生态用水需求，合理配置生产用水。制定黄河干流及大黑河、窟野河、汾河、渭河、无定河、沁河等主要支流的生态流量(水量)目标与保障方案与机制,逐步建立和实施全流域河湖流量动态管理制度。确定地下水取用水总量、水位管控指标,加快确定各地区可用的地表水量、地下水量、外调水量、非常规水量,建立明确具体的水资源刚性约束指标体系。

严格取用水管理。建立黄河流域各区域取用水总量管控台账,严格水资源论证和取水许可管理,对水资源超载地区全面实行取水许可限批,探索实行取水许可承诺制。

转变高耗水生产方式。以大中型灌区为重点,推进灌溉体系现代化改造,优化农业种植结构,扩大低耗水、高耐旱作物种植比例,选育推广耐旱农作物新品种。大力推广水肥一体化和高效节水灌溉技术,完善节水工程技术体系。以沿黄省会城市及工业用水占比高的城市为重点,实施高耗水行业生产工艺节水改造,完善高耗水行业用水定额管理,优先控制山西钢铁、煤化工行业,陕西和内蒙古等地煤化工行业,甘肃石化、有色、冶金行业,宁夏煤炭、电力、化工等高耗水产业发展,推进工业节水和循环用水增效。

推进区域污水资源化与再生水循环利用。以山东、四川、陕西、甘肃、青海、宁夏等省(区)城市为重点,大幅提升生活及工业污水资源化与再生水循环利用水平。在流域地级及以上城市建设污水资源化利用示范城市,规划建设配套基础设施,实现再生水规模化利用,提升城市高质量发展水平。因地制宜实施区域再生水利用体系建设工程,构建"截、蓄、导、用"并举的区域再生水循环利用体系。积极推动再生水、雨水和苦咸水等非常规水源利用,逐步普及城镇建筑中水回用技术。

(4)推进产业绿色低碳转型

严格生态环境准入。建立健全以"三线一单"(生态保护红线、环境质量底线、资源利用上线和生态环境准入清单)为关键载体和主要内容的生态环境分区管控体系,强化国土空间规划和用途管控。加快"三线一单"落地应用,严守生态保护红线、环境质量底线、资源利用上线,落实生态环境准入清单。编制印发《黄河流域"三线一单"生态环境分区管控方案》,加强对沿黄9省区"三线一单"落地应用指导。推动建立跟踪评估、动态更新和调整工作机制,指导各地因地制宜完善生态环境分区管控方案,强化生态环境底线约束,大力提升生态环境治理能力。完善能源消费总量和强度双控制度,重点控制化石能源消费。禁止新建《产业结构调整指导目录》中限制类产品、工艺或装置的建设项目。严格管控"两高一资"项目、过剩产能以及高耗能高排放项目。严控高耗能高排放行业新增产能规模,探索向部分重点行业分配能源消费总量,加强节能、节水和环保等标准修订,对高耗能高排放行业提高市场准入要求,严格实施节能审查制度、环评审批和排污许可制度,从源头严控新建项目能效水平和清洁生产水平,加强事中事后监管。支持地方制定投资负面清单,抑制高碳投资。

优化产业空间布局。严格限制水资源严重短缺地区高耗水项目建设。以供给侧结构性改革为契机，倒逼钢铁、火电、煤化工等高耗水行业化解过剩产能，严禁新增产能。加强高耗水行业用水定额管理，严格限制高耗水产业发展，重点控制山西的钢铁、煤化工行业，陕西和内蒙古等地的煤化工行业，甘肃的石化、有色、冶金行业，宁夏的煤炭、电力、化工行业，山东的石化等行业规模。淘汰不符合产业政策的技术、工艺、设备和产品，实施生态化、循环化改造，将布局分散的企业向园区集中，补齐和延伸产业链，推进能源资源梯级利用、废物循环利用和污染物集中处置。城市建成区内现有钢铁、有色金属、造纸、印染、原料药制造、化工等污染较重的企业，应有序搬迁改造或依法关闭。严格控制黄河干流石化、化工、医药、纺织、印染、化纤、有色金属等项目环境风险。清理整顿黄河岸线内工业企业。黄河干流及主要支流 1 km 范围内严禁新建"两高一资"项目及相关产业园区，沿黄河 1 km 范围内高耗水、高污染企业分期分批迁入合规园区。煤制气等企业防护距离范围内的土地不得规划居住、教育、医疗等功能；现状有居住区、学校、医院等敏感保护目标的，必须确保在项目投产前完成搬迁。有色、电镀、制革等行业新建、搬迁项目应在现有合法设立的涉重金属工业园区或工业集聚区内选址建设。

推进产业绿色转型升级。加快产业结构转型升级，建设清洁低碳现代能源体系，推动煤炭等化石能源清洁高效利用。延长和优化煤炭、石油、矿产资源开发产业链，推进资源产业深加工，逐步完成能源产业结构调整和升级换代。发挥可再生能源、矿产资源、生物资源、自然和文化景观等优势，壮大太阳能、风能、水能等可再生能源开发规模，加快矿产资源绿色开采和加工技术升级改造，培育绿色基础产业体系。重点推进水资源节约集约利用和尾矿资源利用，限制"两高"工业，鼓励科技含量高的绿色工业发展，努力实现低端制造业向高端制造业的跨越升级。推进钢铁、石化、建材等行业绿色化改造，推动汾河流域和汾渭平原化工、焦化、铸造、氧化铝等产业集群化、绿色化、园区化发展。

开展重点行业清洁化生产改造。对传统资源能源消耗型行业加大节水减排和清洁生产推进力度，实施沿黄区域清洁化改造。各省区要以能源、有色金属、焦化、建材、有色、化工、印染、造纸、原料药、电镀、农副食品加工、工业涂装、包装印刷等产污强度高、排放量占比大的行业为重点，全面落实强制性清洁生产审核要求。在有条件地区，适时推进地方清洁生产标准或指标体系颁布。推进重点行业清洁生产改造的"十百千"工程示范建设。以青海、甘肃、陕西、河南等省为重点，开展有色行业综合整治和清洁生产改造，推动产业升级与技术革新。

强化工业园区（工业集聚区）绿色发展。按照生态文明理念开展工业园区生态化建设和改造。建立以"一园一策"和第三方综合托管为主要技术手段的工业园区环境治理新模式。加快黄河流域各级各类工业园区主导产业与上下游相关产业和配套产业的融合与集聚发展，引进、整合和强力发展名优产业，带动其他相关产业的发展。

加快重点领域和行业低碳转型。实施以碳强度控制为主、碳排放总量控制为辅的制度，支持重点行业、重点企业率先达到碳排放峰值。加强煤电、钢铁、建材、有色、石化等高耗能行业 CO_2 排放总量控制，严格管控内蒙古、宁夏、陕西、山西等省区新增煤电和煤化工项目 CO_2 排放强度和排放总量。深入推进工业、建筑、交通等领域低碳转型。严格控制《产业结构调整目录》中高耗能行业项目准入，淘汰 CO_2 排放量较高的落后产能。合理控制煤电建设规模和发展节奏，推进"煤改气""煤改电"进程，实施工业用煤减量替代，提高工业电气化水平。鼓励有条件的企业自主开发利用可再生能源，开展工业园区和企业分布式绿色电网建设，持续推进绿色建造体系，推动产业绿色低碳转型。依托北方地区清洁采暖等重大工程，深入推进黄河流域北方城市建筑用能清洁改造。推动可再生能源在建筑领域的大规模应用。探索建立零碳建设评价标准体系，在新建大型公共建筑进行零碳建筑试点。着力构建绿色交通运输体系，加快大宗货物和中长途货物运输"公转铁"，推进航空、铁路、公路的清洁能源替代，逐步实现铁路电气化，城市公共交通和物流配送车辆全部实现电动化、新能源化。完善低碳出行基础设施建设，提高城市绿色车型比例；在物流园区、客运枢纽等范围内构建智能化、信息化基础交通设施，强化低碳管理运营，形成智能化、低碳化、立体互联的综合城市交通网络。

积极推进绿色矿业发展。建立分地域、分行业的绿色矿山建设标准和评价制度，构建绿色矿山建设的长效机制，将建设绿色矿山要求贯穿于矿山规划、设计、建设、运营、闭坑全过程。在中游地区煤炭矿区及下游地区石油、天然气矿区，以矿山分布相对集中、矿业秩序良好、管理创新能力强、绿色矿山建设有一定基础的地区为核心，打造绿色矿业发展示范区，引领和带动全流域传统矿业的转型升级。

10.3　重点区域绿色高质量发展

10.3.1　推动京津冀区域协同生态环境保护

10.3.1.1　现状分析

京津冀区域协同发展是党中央、国务院在新的历史条件下作出的重大国家战略。加强生态环境保护是推动京津冀区域协同发展的重要基础和重点任务，是实现京津冀区域经济可持续发展的重要支撑，也是提升京津冀三地民生福祉的最直接体现。2014 年 2月，习近平总书记在听取京津冀区域协同发展专题汇报时强调，实现京津冀区域协同发展，必须着力扩大环境容量生态空间，加强生态环境保护。

5 年来，各有关部门在生态环境保护方面开展了一系列工作，京津冀区域环境质量得到明显改善。2020 年 1—11 月，京津冀区域 $PM_{2.5}$ 年均浓度为 44 $\mu g/m^3$，比 2013 年下降 58.5%。京津冀区域地表水考核断面中，Ⅰ～Ⅲ类水质断面比例为 62.8%，同比上升了 5.8 个百分点；劣Ⅴ类水质断面比例为 1.7%，同比下降 3.3 个百分点。各级党委和政府环保责任意识显著提高，区域联防联控实现重大创新，生态环境监察执法更加有力，生态环境制度政策不断完善，京津冀生态文明建设和生态环境保护工作取得积极成效。

一是区域生态环境保护顶层设计基本形成。2015 年 12 月，国家发展改革委和环境保护部共同编制印发《京津冀协同发展生态环境保护规划》，划定京津冀区域资源、环境、生态三大红线，确定了生态环保重点任务和重大工程项目，明确体制机制改革的重点领域，为京津冀协同发展在生态环保方面率先突破指明了方向。按照中央要求，2013年和 2016 年分别成立京津冀及周边地区大气和水污染防治协作小组。2018 年，大气污染防治协作小组升级为京津冀及周边地区大气污染防治领导小组，生态环境部组建京津冀及周边地区大气环境管理局。2018 年 8 月，生态环境部联合北京市、天津市和河北省人民政府共同印发《关于促进京津冀地区经济社会与生态环境保护协调发展的指导意见》。该指导意见是在区域战略环评工作基础上制定的，提出了分区环境管控要求，对推动区域协同发展，促进经济社会与生态环境保护协调发展有重要意义。2013 年 9 月以来，北京市、天津市、河北省陆续出台了"十三五"生态环境保护规划以及落实"三个十条"的行动计划或工作方案，基本形成了"自上而下、共同协作"的污染防治格局。

二是建立健全区域生态环境保护协作机制。全面落实《京津冀区域环境保护率先突破合作框架协议》，以大气、水、土壤污染防治为重点，以协作机制、联合执法、统一标准、协同治污等十个方面为突破口，加强区域协作，全力打造京津冀生态环境支撑区。初步建立京津冀区域环保标准合作机制，在机动车、生物质成型燃料锅炉、污水处理厂等多个标准编制过程中实现成果共享和借鉴。2014 年，京津冀三地生态环境部门联合签署《京津冀水污染突发事件联防联控机制合作协议》，定期开展突发水环境污染事件联合应急演练。2017 年，京津冀三地环境保护和质量监管部门正式联合发布首个京津冀区域环境保护标准《建筑涂料与胶黏剂挥发性有机化合物含量限值标准》。2020 年 5 月 1日，三地同步实施《机动车和非道路移动机械排放污染防治条例》。深入落实《京津冀区域环境保护率先突破合作框架协议》，京津冀三地签署《通宝唐战略合作发展框架协议》《北京市通州区天津市武清区河北省廊坊市贯彻落实京津冀协同发展重大国家战略推进区域环境保护合作框架协议》《通武廊区域生态环境保护协同机制》，编制《廊坊北三县生态建设专项规划》，推动建立了"静廊沧""通武廊""京东黄金走廊"生态环境保护协同共商机制。京津冀三地会同国家有关部委，每年联合发布实施大气污染治理年度方案、秋冬季大气污染综合治理方案。北京会同周边各省市，组织开展《京津冀及周边地区深化大气污染控制中长期规划》编制。大气污染防治协作、水污染突发事件联防联控、机动车排放控制等协作机制逐步建立健全。京津冀生态环境联合执法联动、流域横向生态补偿、区域重大科技攻关等机制逐步完善。

三是坚决打好京津冀区域污染防治攻坚战。开展京津冀及周边地区秋冬季大气污染综合治理攻坚行动，各项重点任务稳步推进，实现京津冀区域大气环境质量的持续改善。在同步施行《机动车和非道路移动机械排放污染防治条例》基础上，制定《京津冀三地新车抽检抽查协同机制（试行）》，联合开展新车协同抽检等协同治理工作。组织编制《京津冀及周边地区深化大气污染控制中长期规划》，谋划区域大气污染防治任务和措施。印发《重点流域水污染防治规划（2016—2020年）》《潮河流域生态环境保护综合规划（2019—2025年）》，推进京津冀地区水污染防治网格化、精细化管理。京冀两地签订《密云水库上游潮白河流域水源涵养区横向生态保护补偿协议》，津冀两地签订《关于引滦入津上下游横向生态补偿的协议（第二期）》，调度京津冀三省（市）生态补偿涉及断面水质情况和协议执行情况。推进近岸海域综合整治，印发实施《渤海综合治理攻坚战行动计划》及其配套文件，压实地方责任，细化目标任务。近5年来，京津冀地区水环境质量有所好转，黑臭水体明显减少，饮用水安全保障水平进一步提升，地下水超采得到有效遏制，河湖和海洋生态功能得到逐步修复。积极落实《土壤污染防治行动计划》，加强京津冀区域固体废物污染防治，推动开展危险废物集中处置区域合作。2020年，进行涉镉等重金属重点行业企业排查整治行动，完成133个污染源整治，完成农用地土壤环境质量类别划分工作，累计实施受污染耕地安全利用48.8万亩，更新发布建设用地土壤污染风险管控和修复名录，涉及地块130块，更新发布土壤污染重点监管单位名录共1 016家[①]。支持雄安新区、北京经济技术开发区及中新天津生态城开展"无废城市"建设试点工作，深化固体废物综合管理改革，总结经验做法，辐射京津冀地区。

四是大力强化生态保护与空间管控。完成生态保护红线划定，构建"三线一单"生态环境分区管控体系。京津冀三地按照《区域空间生态环境评价工作实施方案》，成立省级协调小组，组建技术团队，全力推进"三线一单"编制工作。加强自然保护区综合管理，加强生态保护与修复，推进生物多样性保护，相继签订《北方地区大通关建设备忘录》《京津风沙源治理工程》等一系列区域合作协议。推进张家口"两区"建设，推

---

① 数据来源：京津冀协同发展领导小组办公室. 京津冀协同发展报告（2020年）[M]. 北京：中国市场出版社，2021.

动张承地区绿色、可持续发展。开展京津冀地区山水林田湖草生态保护修复工程试点，促进白洋淀地区环境治理和生态修复、京津冀水源涵养区生态系统保护修复。

五是加强能力建设，严格生态环保督察执法。提升生态环境监测能力，京津冀国控空气自动监测站和京津冀大气污染传输通道"2+26"城市空气自动监测站均与中国环境监测总站实现数据联网。对京津冀三省（市）开展中央环境保护督察，并对河北省开展了中央环境保护督察"回头看"。2013 年以来，每年组织开展京津冀及周边地区秋冬季大气污染防治专项督察和重污染天气应急督察，严厉查处环境违法行为。加强在线监控系统建设，京津冀及周边"2+26"城市辖区内 1 532 家高架源的 2 945 个监控点，已全部安装自动监控设备，并与生态环境部门联网。开展燃煤锅炉淘汰、钢铁产能压减、小火电关停淘汰、清洁车用油品、"公转铁"重点铁路项目等专项核查。

六是稳步推进雄安新区和北京城市副中心生态环境建设。印发《关于近期推进雄安新区生态环境保护工作的实施方案》《2019—2020 年推进雄安新区生态环境保护工作方案》，编制《白洋淀生态环境治理和保护规划》《雄安新区生态环境保护规划》，出台《雄安新区及白洋淀流域水环境综合整治工作方案》，推进新区绿色低碳建设，加强环境治理模式创新，提升生态环境治理能力和治理体系现代化。北京城市副中心绿色空间"两带、一环、一心"正在加快推进，2019 年年初，北京市级行政中心正式迁入北京城市副中心。支持北京深化环评"放管服"改革，继续开展公共服务类建设项目投资审批改革试点。

10.3.1.2　存在的问题

一是区域性、结构性污染问题依然突出。区域大气环境质量、海河流域水环境质量、渤海近岸海域水质，在全国区域、流域、海域中仍相对较差，资源能源消耗、污染排放远远超出区域资源环境承载能力，产业结构、产业布局仍缺乏区域统筹，污染"环城围市"、交互影响明显。流域上下游水资源分配统筹不够，开发利用强度偏高。秸秆露天焚烧跨界污染、劣质煤跨界销售等问题时有发生。O_3 治理需要三地协同控制挥发性有机物和氮氧化物排放。

二是大气协同治理亟待深化拓展。整体上，区域规划、标准、政策衔接不充分，大气污染治理设施建设不统筹，治理水平参差不齐，直接影响着三地协同治污效果。部分地区重污染应急响应实施的时间和要求不一致，造成区域之间不平衡，传输影响较为严重。唐山市丰南区在津冀交界处建设特大型钢铁联合企业纵横钢铁，距天津市宁河区 26 km，对天津市大气污染防治极为不利。北京市延庆区散煤替代效果一定程度上受到张家口怀来县污染传输影响。

三是各管一段的治水困局尚未打破。污染物排放标准不统一。北京市、天津市执行标准较严，而河北省则相对较松。潮白河为北京市通州区与北三县界河，潮白河水体规划水质类别为Ⅳ类（COD 为 30 μg/L）。通州区污水处理厂出厂水执行地方标准，COD 出口浓度为 30 μg/L。但潮白河东侧河北燕郊临时污水处理厂出厂水执行国家标准，COD 出口浓度为 100 μg/L，两地排放标准差别巨大。水质目标不衔接。北三县重点河流均为过境河流，境内潮白河承接北京地区大量城市尾水，下游天津地区闸坝长期关闭，河流水质受上下游影响，无法稳定达标，经常出现富营养化现象。跨界河流上下游、左右岸水污染治理工程不统筹。

四是环境监管执法仍存壁垒。三地交界处及"飞地"（如位于天津市宁河区的芦台经济开发区）一般较偏远，"执法互认"相关法律依据尚不完善，执法效率不高，地方"保护主义"仍然突出。行政交界处、城乡接合部的大气环境质量监测点位缺失，不利于研究污染"源发"、传输渠道和污染影响，难以有效支撑精准治污、科学治污。水环境质量监测断面尚不能完全涵盖重点河流跨界断面，不利于促进上下游协同治理。仍然存在"散乱污"企业重点区域内转移情况。调研发现，有"散乱污"企业从北京、天津转到河北、山东等地的情况，且新建企业依然为"散乱污"。

五是"一亩三分地"固化思维仍然没有彻底打破。京津冀三地经济发展水平差距大，受政治地位、财税体制、政绩考核等因素影响，生态环境保护的动力各不相同，三地生态环境保护在人员队伍、技术装备、资金保障等方面存在较大差距，尚未走出"现有行政区"藩篱，区域层面的环境与发展综合决策机制尚未形成，城乡布局与产业发展缺乏整体统筹规划，产业准入、污染物排放标准、生态补偿、环保执法力度、污染治理水平存在差异，环境管理协调不足、缺乏联动。

10.3.1.3 思路任务

"十四五"时期，京津冀地区以改善生态环境质量为核心，以解决区域内生态环境突出问题为重点，深入打好污染防治攻坚战，进一步完善生态环境协同保护体制机制，深化生态环境协同立法，加强生态环境联建联防联治，建立清洁能源统筹调配机制，加强首都水源涵养功能区和生态功能区建设，打造雄安新区绿色高质量发展的"样板之城"。

进一步落实区域污染防治方案，督促指导京津冀三地加大工作力度，严格考核问责。优化布设三地行政区域交界处的空气质量监测点位，加强空气微站点位建设，为区域大气污染联防联控、精准治理提供支撑，推动交界地区统一重污染天气预警分级标准和行动。

推动潮白河、北运河、大清河等跨界河流水环境协同治理。推动京津冀三地定期互通上下游河流水量管控、水污染防治等工作，保障下游水生态基流，加强上下游水质目标衔接，共同推进流域水生态环境保护，建立环渤海联动治理机制，加强岸线利用、码头统一规划。

突出重点区域、行业和污染物的重点管控，共同将危险废物系统处置作为保障首都安全运行的区域协同发展措施，纳入京津冀协同发展重点任务。

强化生态共保，切实筑牢区域重要生态屏障。支持京津冀三地共同推进永定河、北运河、潮白河等河流的生态河流廊道治理。共同实施河湖连通工程，打造环湖生态圈。依托环首都森林湿地公园等区域性生态工程建设，继续推进绿化造林等生态保护共建工作。

强化能力共建，精准科学解决突出问题。继续支持雄安新区、北京城市副中心、冬奥会区域绿色发展和生态环境领域的改革创新。不断完善京津冀联合执法工作机制，妥善解决跨界、"飞地"环境执法障碍，推进三地生态环境信息一体化系统的建立，逐步推动实现省市县三级跨区域生态环境质量、污染源管理、固体废物管理、监管执法等信息的共享。

10.3.2　推动粤港澳建设国际一流美丽大湾区

10.3.2.1　现状评估

建设粤港澳大湾区，是习近平总书记亲自谋划、亲自部署、亲自推动的国家战略。2018 年 10 月，习近平总书记视察广东时指出，粤港澳大湾区建设一开始就要把生态保护放在优先位置。近年来，粤港澳深入贯彻习近平生态文明思想，坚定践行绿色发展理念，全面加强生态环境保护，推进制度创新和先行先试，生态文明理念、制度领先。大湾区是我国生态环境空间分区管治，大气污染联防联控、陆海统筹，区域生态环境保护交流合作，绿色发展示范等多项生态环境保护政策制度的策源地，是蓝色国土、绿色发展的试验田。大湾区生态环境品质基础优良，绿色发展水平处于全国领先地位，生态环境治理、生态系统保护和修复、绿色产业体系构建成绩斐然。香港率先实现碳排放达峰。珠三角九市推进国家绿色发展示范区建设成效显著，"十三五"期间碳强度累计下降超过 20%。粤港澳大湾区已具备建成国际一流湾区和美丽湾区的基础条件。

但是，粤港澳大湾区生态环境质量与建设国际一流美丽湾区目标仍有差距，$PM_{2.5}$ 和 O_3 协同控制手段尚不成熟，实现碳排放率先达峰面临一定压力，黑臭水体和河口海湾、近岸海域水质问题仍待改善，土壤环境状况、生态系统质量和稳定性受到挑战。同时，大湾区供水安全、海滩海漂垃圾、新污染物、生态环境基础设施等方面存在短板，生态环境治理体系和治理能力建设尚需加强。特别是生态文明建设系统性不足，生态环境监测和污染防治联动体系尚未建立起来，资源环境共建共享机制尚不健全，生态环境大数据、绿色金融和财税、碳市场等多样化支撑手段亟须强化，生态环境保护合作机制和创新平台建设仍需深化。

10.3.2.2 思路任务

"十四五"期间，粤港澳大湾区要深化三地生态环保合作机制，加强政策规则衔接，推动绿色金融改革创新，设立绿色发展基金，共建国际一流美丽湾区。大湾区绿色发展的主要战略和任务包括以下几个方面：

积极应对气候变化，在达峰行动中走在前列。制定碳排放达峰行动方案，实施低碳发展战略，制定城市和重点行业碳达峰目标和达峰方案。推进应对气候变化与生态环境保护相关政策、规划协同融合，构建大气污染物与温室气体协同控制政策体系。建立大湾区应对气候变化统计核算体系，率先建立企业温室气体排放定期披露制度。控制温室气体排放，加快能源、建材、化工等重点行业，交通、建筑等重点领域低碳发展。深化完善碳排放权交易，以广东省、深圳市碳排放权交易试点为基础，依托香港国际金融中心优势，加强粤港澳碳市场相关交流合作。加快推进低碳试点示范，推广碳普惠制试点经验，引导全社会低碳行动，探讨成立广泛的绿色低碳普惠发展联盟，开展低碳技术研发与示范，打造一批近零碳排放示范工程项目。提高适应气候变化能力，加强大湾区气候变化风险评估与适应能力建设，识别湾区气候敏感行业、脆弱群体及高风险区域，提升湾区城市生命线的气候变化防护水平，重点保障粤港澳城市水资源、能源电力、农产品供应的安全持续稳定。提升城市极端事件下的灾害预警及应急能力，加强大湾区气候灾害监测、预警及应急管理信息平台一体化机制建设。

加强大气污染治理，打造空气质量改善先行示范区。强化粤港澳大湾区 $PM_{2.5}$ 和 O_3 污染协同控制先行示范效应，积极探索 O_3 污染区域联防联控。完善粤港澳三地大气污染联防联治合作机制，深化粤港、珠三角空气质量管理计划。推进粤港澳三地空气质量预报预警合作，建立大气环境预报预警体系和空气质量预报预警信息发布的联动机制，联合发布空气质量预报预警信息。加强高污染燃料禁燃区管理，推动珠三角九市全覆盖。实施多污染物协同减排，强化 VOCs 和 NO_x 减排，深化工业炉窑和锅炉排放治理。优化大湾区空气监测网络。推动车油路港联合防控。

全面保障重要河湖水质，率先全面消除城市黑臭水体。强化东江流域水质保护，推进珠江—西江"黄金水道"污染防治，协同整治跨界河流及重污染水体。加强水生态系统修复。科学划定湿地、水源涵养区、河湖生态缓冲带等水生态空间，强化用途管制，推动滨河带生态建设，加强水源涵养林建设，加大退耕还湖力度，研究探索退耕还湿机制。开展粤港澳大湾区水生生物资源养护、保育和保护，将水生生物重要栖息繁衍场所纳入生态保护红线体系。深入推进美丽河湖建设。采取控源截污、内源治理、生态修复、活水循环等措施，加强黑臭水体综合整治，加快推进城市黑臭水体全面消除和农村黑臭水体治理。

加强河口海洋生态系统保护，加速"美丽海湾"先行示范区建设。对标国际湾区先进治理监管水平，建立健全珠江流域—粤港澳大湾区—近岸海域生态环境保护治理协调联动机制。珠三角九市全面开展各类入海排污口排查，组织开展入海排污口溯源整治，严格分类监管，持续开展入海河流消劣行动。珠三角九市实施东江、西江、北江、增江、流溪河和潭江流域入海氨氮、总磷和总氮污染的排放总量控制工程。严格海水养殖环评准入机制，规范海水养殖尾水排放和生态环境监管。提升大型港口环境治理水平，加强石油勘探开发、海上溢油风险防范。在珠三角九市全面建立"湾长制"并与"河长制"衔接。加快美丽海湾保护与建设，以海湾（湾区）为基础管理单元，优化构建陆海统筹、整体保护、系统治理的海洋生态环境分区管治格局。打造特色鲜明、代表性突出的生态型、景观型和旅游型美丽海湾。率先将考洲洋、范和港、水东湾等生态型海湾，汕头港、品清湖、滨海湾、情侣路、金沙湾等景观型海湾以及青澳湾、靖海港、大鹏湾、东澳岛等旅游型海湾建成"美丽海湾"样板，探索"美丽海湾"建设路径及经验推广，加快建立和完善"美丽海湾"建设和管理制度。

加强土壤污染防控，逐步管控地下水环境风险。实施土壤分级分类管理，推动农用地按优先保护类、安全利用类和严格管控类实施分类管理。建立土壤污染重点监管单位规范化管理机制，落实土壤污染防治要求。加强建设用地土壤环境分级管理，将建设用地土壤环境管理要求纳入国土空间规划和供地管理，严格土壤环境准入。健全建设用地土壤污染风险管控和修复名录制度，建立污染地块修复后再利用长期监管制度，加强建设用地全生命周期管理。实施土壤污染治理与修复行动，加强土壤污染源头预防、风险管控、治理修复、监管能力建设，开展土壤治理修复技术交流合作，引进先进技术，开展土壤治理修复。加强矿产资源开发集中地区及损毁山体、矿山废弃地修复，开展工业污染地块风险管控和治理修复示范工程。组织地下水环境状况调查评估，制定并实施地下水污染防治方案，开展地下水污染防治试点示范。加强农产品安全保护与合作，推进农业面源污染调查和评估监测，以供港、供澳农产品生产基地为试点示范，创建一批现代农业产业园。

加强生物多样性保护，实施生物多样性保护重大工程。开展粤港澳大湾区生物多样性调查、监测和评估，建立大湾区生物多样性监测管理平台，共建生物多样性保护网络体系。以南岭山地、典型河口海湾为重点，实施珍稀濒危野生动植物抢救性保护工程。

重点加强南岭山地中亚热带常绿阔叶林带，云开大山、云雾山、莲花山、罗浮山南亚热带季风常绿阔叶林带，雷州半岛热带季雨林带等地带性森林植被保护。加强对勺嘴鹬、黑脸琵鹭、中华凤头燕鸥、黄胸鹀等全球受威胁物种，以及英德睑虎、中华穿山甲、中华白海豚、绿海龟等特有珍稀濒危物种及其栖息地的协同保护。建立大湾区珍稀动植物保育、人工救护繁（培）育中心及野放（化）基地和水鸟生态廊道。加强生物安全风险防控，加强遗传资源保护，建立生物遗传资源获取与惠益分享机制，完善生物物种资源出入境管理制度，严防外来物种入侵。加强陆生野生动物疫源疫病监测防控，防范陆生野生动物疫病传播和扩散，加强生物安全防治，共同建立针对外来入侵物种的监测预警及风险管理机制。加强转基因生物环境释放的风险评估和环境影响研究。

建设粤港澳大湾区"无废"试验区。深入实施深圳"无废城市"建设战略，推动广州等有条件的城市开展"无废城市"建设，探索建立迈向"无废城市"的制度、技术、市场和监管体系，推动建设"无废"试验区。健全危险废物协同管理制度，完善危险废物协同管控标准技术体系，加强跨境转移监管能力建设，开展危险废物安全共同执法。强化危险废物和医疗废物集中处置设施建设和运行管理，加快推进广州、中山等市危险废物焚烧处置以及东莞等市危险废物填埋设施建设，推进区域危险废物收集、中转、贮存网络建设，提升社会源危险废物规范化收集处置水平。推进垃圾焚烧飞灰配套处置设施建设，加快垃圾焚烧灰渣、飞灰资源化利用技术研发。全面推进生活垃圾分类，统筹城市和农村垃圾分类工作，扩大垃圾分类覆盖面，积极构建生活垃圾大分流体系。推进澳门垃圾焚化中心扩建，推动生活垃圾综合处理园区建设。广州、深圳、珠海、惠州等市继续扩大污泥无害化处理能力。探索 5G 技术在生活垃圾分类领域的应用，全面加强垃圾分类宣传教育，探索生活垃圾按量收费机制，对违反生活垃圾分类管理相关规定的行为进行监督。

深化生态环境保护交流合作，建设生态环保科技协同创新平台。健全生态环境保护合作机制，推动粤港澳三地政府签订合作备忘录，在大湾区率先试行与国际接轨的生态环境管理体系。完善三地既有合作小组、合作会议等平台，探索建立粤港澳大湾区生态环境保护协调机制。深化海洋生态环境联防联控机制建设、大湾区生态系统共同保护、绿色低碳发展交流合作等重点领域生态环境保护合作。围绕生态文明建设、生态环境保护重大战略需求、美丽湾区建设、主要污染物成因与控制策略、海洋生态环境动态监测与生物资源开发利用、低碳技术研发、清洁能源材料研究与测试等领域和方向，鼓励粤港、粤澳机构合作进行有关生态环境保护前沿科学研究，建立生态环境前沿科学研究平台。建立低碳环保产业合作平台。推进泛珠三角区域联防联治，积极参与绿色丝绸之路建设。

开展生态环境监测能力现代化示范建设，打造现代化生态环境监管体系。围绕深—港、珠—澳、广—佛都市圈，构建生态环境质量精细化测控体系，完善生态环境质量定期会商制度，强化 $PM_{2.5}$ 与 O_3 协同控制监测，加强流域和饮用水水源水质预警，完善生态环境质量定期会商制度，推动大气、水污染联防联控，推进大湾区生态环境治理深度一体化。以沿海经济带为重点，整合提升广州、深圳、惠州、东莞、江门、香港、澳门等湾区沿海城市海洋生态环境监测能力，优化配置监测资源，构建湾区海洋生态环境监测体系，建立海洋监测评估预警联动机制，推进粤港澳海洋生态环境监测领域深度合作。推进"广州—深圳—香港—澳门"生态环境监测技术创新走廊建设，共建粤港澳大湾区生态环境监测大数据中心和国际化技术创新平台。推动建立"三圈、一带、一走廊"生态环境监测区域发展新格局。加强生态环境预警平台建设。鼓励珠三角九市政府购买监管辅助服务，推广使用卫星遥感、移动走航、无人机（船）、特种机器人等智能监控技术，应用大数据和"互联网+"手段，提升生态环境监督执法效能。创新生态环境监管模式，建立大湾区环境污染"黑名单"制度，完善珠三角九市生态环境监督执法正面清单常态化工作机制。

10.3.3　推动长三角一体化生态环境保护

10.3.3.1　现状评估

长三角区域区位条件优越，发展水平高、活力强。以不到全国 4%的国土面积，聚集了全国 16%的人口，集中了约 1/4 的科研力量，产生了约 1/3 的有效发明专利，占据了近 1/4 的经济总量。

近年来，有关部门和三省一市根据中央关于生态文明建设的有关部署，积极推动区域生态环境共保联治，促进高质量发展与高水平保护，取得积极成效。"绿水青山就是金山银山"理念深入人心，"千村示范、万村整治"开创美丽中国典范，"五水共治"、新安江流域生态补偿深入实施，国家生态文明示范区、生态城市、森林城市、环保模范城市集中建设，形成了生态文明建设的浓厚氛围、有效机制和典型模式。2019 年，41个城市 $PM_{2.5}$ 平均浓度为 41 $\mu g/m^3$，优良天数比率为 76.5%；333 个地表水国考断面中，水质III类及以上占 82.0%；22 个跨省界河流断面水质良好，III类及以上断面占 72.7%；区域单位 $GDPCO_2$ 排放、能耗显著低于全国平均水平。

但是，在全球城市群竞争、区域一体化发展和生态环境保护方面，长三角区域也面临一些突出的问题。主要表现为：一是区域开发强度高，河湖水体及沿海滩涂被占用，自然湿地萎缩明显，水环境质量改善效果不稳固，生物多样性保护面临威胁；二是资源能源消耗量大，结构性污染突出，以 $PM_{2.5}$、O_3 为特征的区域性大气污染明显，CO_2 排放达峰压力大；三是地区之间生态环境差异大，解决跨界环境问题、实施生态补偿、协同推进生态环境共同保护的机制手段还有待完善；四是部分城市环境质量与经济社会发展水平不匹配，生态环境形势依然严峻。

10.3.3.2 思路任务

"十四五"时期，长三角一体化生态环境保护要紧扣区域一体化高质量发展和生态环境共同保护，把保护修复长江生态环境摆在突出位置，共推绿色发展，共保生态空间，共治跨界污染，共建环境设施，共创协作机制。突出精准治污、科学治污、依法治污，完善生态环境共保联治机制，夯实长三角地区绿色发展基础，共同建设绿色美丽长三角，着力打造美丽中国建设的先行示范区。主要考虑有：

一是推动绿色发展，加强源头防控。长三角区域生态环境保护的关键是协同推进区域绿色发展布局、结构调整、生活方式转变。要加快推进高污染高排放高风险产业转型升级和布局调整，优化能源结构，加强"三线一单"协调，推动部分地区和部分行业率先实现碳排放达峰。

二是紧扣关键环节，解决突出问题。长三角区域生态环境保护问题，既与各省市社会经济发展与生态环境治理进程紧密相关，也与区域相互影响、密切相连。要站在区域一体化的角度，统筹解决这些系统性、区域性、跨界性生态环境重点问题。

三是创新区域协作机制，强化"四个统一"。要坚持和完善促进区域协调发展行之有效的机制，同时根据新情况新要求不断改革创新，强化统一规划、统一标准、统一监测评价、统一执法监督。

四是落实保护责任，健全工作机制。建立健全区域生态环境保护的责任机制，中央统筹、省负总责、市县落实的工作机制，生态环境保护的投入、运行和管护机制，政府引导、社会参与和公众监督的多元共治机制。

五是完善政策措施，激发内生动力。将引导性、激励性措施与强制性、惩罚性措施相结合，增强三省一市地方政府生态空间共保、推动环境协同治理的内生动力。积极解决区域生态环境保护资金投入不足、政策支持不够、监测监管能力不强的问题。基于此，开展以下几个方面的重点任务：

共推绿色低碳发展。加强三省一市"三线一单"边界地区管控单元及管控要求衔接，统筹构建长三角区域生态环境分区管控体系。加强"三线一单"在环境准入、园区管理、环境执法等方面的应用，引导长三角区域产业布局优化调整。强化沿江沿海绿色发展，加强沿河环湖生态经济带建设，加快苏北、皖北地区绿色转型，促进浙西南、皖南、皖西地区特色绿色产业发展。打造绿色化、循环化产业体系，推进长三角中心区钢铁、石化、有色金属、建材、船舶、纺织印染、酿造等传统产业绿色转型，依法淘汰落后产能，加强"散乱污"企业整治。统筹上海、南京、连云港、宁波、舟山炼油石化产业发展规模，优化上海沿杭州湾石化产业结构，加快推进中心区 27 个城市钢铁、水泥、化工、焦化等行业落后产能淘汰。深化长三角"互联网+"环保合作平台建设，建设一批跨区域绿色产业园，发展壮大节能环保装备制造等产业。强化能源消费总量和强度"双控"，进一步优化能源结构。合理控制煤炭消费总量，实施煤炭减量替代，推进煤炭清洁高效利用，提高区域清洁能源在终端能源消费中的比例。推动制定 CO_2 排放达峰目标与行动方案，开展 CO_2 排放达峰行动。鼓励上海、南京、杭州、合肥等低碳试点城市采取积极有效措施控制温室气体排放，率先实现达峰。探索开展行业 CO_2 排放总量管理，推动火电、水泥、钢铁等行业和交通、建筑等领域温室气体排放控制，力争火电、水泥、钢铁等行业尽早达峰。加强应对气候变化体制机制创新，推进长三角生态绿色一体化发展示范区"双达"。践行绿色低碳生活，倡导绿色低碳出行、绿色消费，推进节约型机关、绿色家庭、绿色学校、绿色社区、绿色酒店、绿色商场、节水型高校等建设。

　　共保自然生态系统。切实加强生态环境分区管治，强化生态红线区域保护和修复，确保生态空间面积不减少，保护好长三角可持续发展生命线。统筹山水林田湖草系统治理和空间协同保护，加快长江生态廊道、淮河—洪泽湖生态廊道建设，加强环巢湖地区、崇明岛生态建设。以皖西大别山区和皖南—浙西—浙南山区为重点，共筑长三角绿色生态屏障。加强自然保护区、风景名胜区、重要水源地、森林公园、重要湿地等其他生态空间保护力度，提升浙江开化钱江源国家公园建设水平，建立以国家公园为主体的自然保护地体系。共同保护重要生态系统，强化省际统筹，加强森林、河湖、湿地等重要生态系统保护，提升生态系统功能。加强天然林保护，建设沿海、长江、淮河、京杭大运河、太湖等江河湖岸防护林体系，实施黄河故道造林绿化工程，建设高标准农田林网，开展丘陵岗地森林植被恢复。实施湿地修复治理工程，恢复湿地景观，完善湿地生态功能。推动流域生态系统治理，强化长江、淮河、太湖、新安江、巢湖等区域的森林资源保护，实施重要水源地保护工程、水土保持生态清洁型小流域治理工程、长江流域露天矿山和尾矿库复绿工程、淮河行蓄洪区安全建设工程、两淮矿区塌陷区治理工程。

　　共治跨界环境污染。共同实施 $PM_{2.5}$ 和 O_3 浓度"双控双减"，建立固定源、移动源、面源精细化排放清单管理制度，联合制定区域重点污染物控制目标。加强涉气"散乱污"和"低小散"企业整治，加快淘汰老旧车辆，实施国Ⅵ排放标准和相应油品标准。扎实推进水污染防治、水生态修复、水资源保护，促进跨界水体水质改善。继续实施太湖流域水环境综合治理。共同制定长江、新安江—千岛湖、京杭大运河、太湖、巢湖、太浦河、淀山湖等重点跨界水体联保专项治理方案，开展废水循环利用和污染物集中处理，建立长江、淮河等干流跨省联防联控机制，全面加强水污染协作治理。持续加强长江口、杭州湾等蓝色海湾整治和重点饮用水水源地、重点流域水资源、农业灌溉用水保护，严格控制陆域入海污染。严格保护和合理利用地下水，加强地下水降落漏斗治理。协同推进三省一市土壤污染防治地方立法工作。研究制定电镀、印染、化工等重点行业企业土壤污染防治相关技术规范。规范土壤污染重点监管单位管理，落实有毒有害物质排放报告、土壤污染隐患排查、土壤和地下水自行监测等法定要求。实施农田"断源行动"，以苏州、阜阳、铜陵等地为重点，强化涉镉等重金属行业企业整治，持续推进重金属减排。开展农用地土壤污染分类管控，实施建设用地风险管控和修复，推进上海宝山、南京、杭州、铜陵等土壤污染风险管控与修复示范区建设。

　　共建环境基础设施。加快完善城镇污水管网修复改造，填补城中村、老旧城区、新建小区、城乡接合部污水收集管网缺失，清除空白区，实现城镇污水管网全覆盖，污水收集率显著提高。推广浙江"千村示范、万村整治"经验，全面实施农村人居环境整治。统一固体废物、危险废物防治标准，建立联防联治机制，提高无害化处置和综合利用水平。推动固体废物区域转移合作，完善危险废物产生申报、安全贮存、转移处置的一体化标准和管理制度，严格防范工业企业搬迁关停中的二次污染和次生环境风险。统筹规划建设固体废物资源回收基地和危险废物资源处置中心，探索建立跨区域固体废物、危险废物处置补偿机制。全面运行危险废物转移电子联单，建立健全固体废物信息化监管体系。严厉打击危险废物非法跨界转移、倾倒等违法犯罪活动。深入推进绍兴、徐州、铜陵"无废城市"建设试点。支持浙江省全域"无废城市"建设，分步推进长三角区域"无废城市"建设。严格落实新建码头（油气化工码头除外）按标准同步规划、设计、建设岸电设施，全面推进现有码头岸电设施改造，推动船舶靠港后优先使用岸电。持续推进港口作业机械和车辆清洁化改造，加强港口船舶污染物接收、转运及处置设施的统筹规划建设。严格执行船舶污染物相关排放控制标准，加快淘汰不符合标准要求的老旧船舶，推进现有不达标船舶升级改造，大力推动绿色智能内河标准化船型的示范应用。强化长江、淮河、钱塘江、京杭大运河等水上危险化学品运输环境风险防范，严厉打击化学品非法水上运输及油污水、化学品洗舱水等非法排放行为。强化环境突发事件应急管理，建立重点区域环境风险应急统一管理平台，提高突发事件处理能力。发挥区域空气质量监测超级站作用，建设重点流域水环境综合治理信息平台，推进生态环境数据共享和联合监测，防范生态环境风险。

　　共创生态环境协作机制。统筹构建长三角区域生态环境保护协作机制，协同推动区域生态环境联防联控。完善区域法治标准体系，建立三省一市地方生态环境保护立法协同工作机制，统一区域生态环境执法裁量权，加大对跨区域生态环境违法、犯罪行为的查处侦办、起诉力度，加强排放标准、产品标准、技术要求与执法规范对接。强化市场手段，健全区域环境资源交易机制。完善差别电价政策，加快落实和完善生活污水、生活垃圾、医疗废物、危险废物等领域全成本覆盖收费机制。推动设立环太湖地区城乡有机废弃物处理利用产品价格补贴专项资金。建立健全多元化投融资机制，研究利用国家绿色发展基金，支持大气、水、土壤、固体废物污染协同治理等重点项目。围绕主要污染物成因与控制策略、跨界重要水体联动治理、海洋生态环境保护、低碳发展等跨区域、跨流域、跨学科、跨介质重点问题开展研究，加快推进污染防治科技创新研发。建立健全开发地区、受益地区与保护地区横向生态补偿机制，积极开展重要湿地生态补偿，深化生态产品价值实现机制试点，开展污染赔偿机制试点，总结新安江生态补偿机制试点经验，推进长三角区域建立以地方补偿为主、中央财政给予支持的省（市）际流域上下游补偿机制。共推长三角生态绿色一体化发展示范区生态环境制度创新。

10.3.4　推动成渝双城经济圈共建生态网络

成渝双城经济圈以成都和重庆两大中心城市为核心，包括四川省的成都、自贡、泸州、德阳、绵阳（除北川县、平武县）、遂宁、内江、乐山、南充、眉山、宜宾、广安、达州（除万源市）、雅安（除天全县、宝兴县）、资阳 15 个市，以及重庆市的渝中、万州、黔江、涪陵、大渡口、江北、沙坪坝、九龙坡、南岸、北碚、綦江、大足、渝北、巴南、长寿、江津、合川、永川、南川、潼南、铜梁、荣昌、璧山、梁平、丰都、垫江、忠县 27 个区（县）以及开州、云阳的部分地区，总面积 18.5 万 km^2。成渝地区双城经济圈山岭相连，水脉相通，生态相系，人文相亲，地理位置优越，自然资源丰富，是长江上游重要生态安全屏障，人口和经济总量均居西部地区首位，城镇和产业高度集中，正处于工业化、城镇化加速期，生态环境保护工作面临诸多问题和压力。但鉴于生态环境地位突出，"十四五"期间，成渝双城经济圈更应重视生态环境保护工作。

10.3.4.1　现状分析

生态屏障建设逐步推进。2020 年，成渝地区森林覆盖率达到 47.65%。对比 2015 年，森林资源数量和质量实现双提升，湿地保护率均超过全国平均水平，生态脆弱和退化地区生态状况得到改善，生态环境状况指数不断提高；区域内拥有 28 个国家级自然保护区和 40 个省级自然保护区，是我国动植物种类最多、最齐全的区域。

生态环境质量持续提升。成渝地区持续推进污染防治行动，"十三五"期间，生态环境保护考核指标全面完成。2020 年，区域内水质断面优良比例达到 93.1%，劣 V 类水质断面全部消除，川渝跨省界水体达标率达 89.3%。区域内城市集中式饮用水水源地水质均保持稳定达标，黑臭水体全面消除。主要城区空气优良天数比率达 88.3%，$PM_{2.5}$ 年均浓度降至约 34 $\mu g/m^3$。城市功能区声环境质量，昼间、夜间达标率逐步提升。

10.3.4.2 存在的问题

生态系统退化较为明显。区域人口密度较大，农用地面积占比高，人地关系较为紧张，不合理的水电、工矿、旅游资源开发等造成部分区域生态环境退化明显。由于山地丘陵多、地形破碎，加之农业开发活动强烈，水土流失较为普遍，川渝水土流失总面积约为 14.16 万 km^2，强烈和强烈以上侵蚀面积占水土流失总面积比重分别高达 16.42%、32.62%。三峡水库枯水期和汛期水位差较大，产生长距离、大面积消落带，威胁三峡库区生态景观完整性和生态环境安全。

资源、环境承载力不足。区域内水资源总体较为丰富，但时空分布不均。随着城镇化加速推进，部分地区资源性缺水、水质性缺水和工程性缺水并存。成都水资源开发强度大，高达 80%，远远超过国际公认的 40% 水资源开发警戒线；内江、自贡等城市水源供给结构单一，水资源禀赋不足，缺水问题更为突出。不合理的资源开发利用造成保护与开发矛盾突出。由于较好的能源资源禀赋，区域传统资源型产业占比大，经济 "高碳锁定" 特征明显。能源资源规模化开发起步晚，利用效率偏低，循环型社会建设较为缓慢，能源利用效率与中部地区存在较大差距。川渝两地污染物排放总量较大，年均排放 SO_2、NO_x、$PM_{2.5}$、VOCs 分别占全国的 3.8%、3.6%、3.9%、3% 和 2.44%、3.99%、1.94%、3.14%。

环境质量持续改善压力较大。部分河流、河段水质不达标、部分湖库达不到水域功能要求，三峡水库库区 36 条一级支流部分存在富营养化现象。川渝部分跨界河流水质超标，跨界水质监测薄弱，水环境监管和治理不足。乡镇污水处理设施建设滞后，部分已建成的污水处理设施未达到排放标准。污泥无害化处理处置设施建设进度缓慢。农耕面积大，农村面源污染突出。由于特殊的盆地地形，在风速小、静风频率高、相对湿度大、逆温出现概率大等不利气象条件下，春夏季易出现 O_3 污染，秋冬季易出现 $PM_{2.5}$ 污染。区域固体废物产生量大，垃圾焚烧、危废处置、固体废物综合利用等设施建设短板突出，城镇生活垃圾产生量持续上升，但城镇垃圾分类进展滞后，部分城市垃圾综合处置能力不足，农村地区垃圾无害化处理率低，污泥、垃圾填埋场渗滤液、危险废物等处置设施建设滞后。受土壤高环境背景值、矿产开发、工业原材料供应、金属冶炼加工、化工燃煤、农业施肥等因素影响，土壤污染问题比较突出。

川渝合作机制不够健全、标准亟须统一。两地之间、城乡之间产业准入标准、环保执法力度、污染治理水平存在较大差异，一些环境基础设施因缺乏统筹规划而难以发挥最大效益，加之城市之间环境管理协调不足、缺乏联动，体制机制和政策措施难以适应区域环境保护需要，环境污染"交叉感染"问题更加突出。同时，两地标准管控的行业类别、污染物种类、排放限值也存在差异，如 VOCs 排放标准纳入行业范围不同、重污染天气应急预案启动标准不一致等，在一定程度上制约着生态共建、环境共保。

此外，成渝地区生态环境问题的区域同源同质特征较为显著，环境污染呈现叠加效应。随着工业化、城镇化的新一轮加速，形势更加复杂严峻，亟须加大治理和保护修复力度。同时，川渝之间环境管理协调联动仍处于初级阶段，现有体制机制和政策措施难以适应区域生态环境共建共保的新要求，需进一步打破"行政壁垒"和"区域鸿沟"。

10.3.4.3　思路任务

成渝地区双城经济圈与京津冀、长三角及粤港澳大湾区等其他 3 个重大国家战略发展区域相比，经济发展较为落后，但是环境本底、资源禀赋存在差异，生态环境相对较好。推动成渝双城经济圈生态共建、环境共保，要按照习近平总书记"统一谋划、一体部署、相互协作、共同实施"要求，强化一体化思维、一盘棋思想，坚持共抓大保护、不搞大开发，坚持生态优先、绿色发展，坚持问题导向、目标导向、结果导向，在绿色上做文章，在联动上下功夫，以"共奏巴蜀生态曲，同唱成渝双城记"为主基调，以"生态共建、环境共保"为主抓手，共同筑牢长江上游重要生态屏障，为成渝双城经济圈崛起注入绿色动能。

在绿色发展方面，要坚持一张负面清单管两地。严格执行国家制定的长江经济带发展负面清单，统一"长江支流""沿江 1 千米""合规产业园"等管控对象的界定标准，统一管控尺度和管控细则。协调开展"三线一单"实施，加强区域重点产业发展布局研究，对川渝两地现行的工业项目环境准入规定等准入政策进行清理评估，对可能造成跨区域环境影响的产业园区、流域综合开发等规划及石化、化工、火电、钢铁、铁路、水库等重大项目，加强环境影响评价会商，共同推进重大规划实施和重大项目落地。

生态保护修复方面，强化生态共建，筑牢长江上游重要生态屏障，加强风险共防，全力保障三峡库区环境安全。以维护提升生物多样性保护、水土保持和水源涵养等生态系统服务功能为核心，加强天然林公益林建设，加强长江两岸造林绿化，全面完成宜林荒山造林，加强森林质量精准提升，打造长江绿色生态廊道。深入推进水土流失综合治理，建设沿江、沿河水资源保护带和生态隔离带，加强坡耕地水土流失治理，增强水土保持和水源涵养能力。统筹土地综合整治，推进农用地整理，提高耕地质量，推进退耕还林还草还湿，增加生态用地。

水生态环境保护方面，针对特有的区位、资源环境、问题成因等，坚持以资源环境承载力为刚性约束，合理确定发展布局、结构与规模，将生态环境保护有效融入经济圈建设与发展中，在保护中发展，在发展中保护；同时，坚持节约优先、保护优先、自然恢复的方针，统筹水环境、水资源、水生态，有针对性地实施水污染防治，突出强化水生态保护修复及水环境风险防控，确保水生态环境质量持续改善。

大气污染防治方面，以全面改善大气环境质量为核心，以减少重污染天气和解决人民群众身边的突出大气环境问题为重点，聚焦 PM$_{2.5}$ 和 O$_3$ 污染协同控制，着力推进大气多污染物协同减排，加快补齐 VOCs 和 NO$_x$ 污染防治短板；强化区域大气污染协同治理，系统谋划，整体推进，完善成渝地区双城经济圈大气污染联防联控机制；突出精准治污、科学治污、依法治污，完善大气环境管理制度，推进治理体系和治理能力现代化；统筹大气污染防治与温室气体减排，扎实推进产业、能源、交通绿色转型和高质量发展，实现环境效益、经济效益和社会效益多赢。

10.4　其他重点地区绿色协调发展对策

10.4.1　推进海南"双一流"自贸港建设

10.4.1.1　现状评估

海南省是国家生态文明试验区，生态环境和资源优势突出，承担着"生态环境质量只能更好、不能变差"的责任和打造"展示美丽中国建设的靓丽名片"的使命。习近平总书记高度关注海南省生态环境保护工作，多次作出重要指示批示，提出明确具体要求，强调"海南要牢固树立和全面践行绿水青山就是金山银山的理念，在生态文明体制改革上先行一步，为全国生态文明建设做出突出表率"。《中共海南省委关于进一步加强生态文明建设谱写美丽中国海南篇章的决定》《海南自由贸易港建设总体方案》《国家生态文明试验区（海南）实施方案》等文件强调要牢固树立社会主义生态文明观，像对待生命一样对待生态环境，实行最严格的生态环境保护制度，还自然以宁静、和谐、美丽，提供更多优质生态产品，以满足人民日益增长的优美生态环境需要，谱写美丽中国海南篇章。

目前，海南省生态环境保护面临一些主要问题。一是生态环境保护欠账较多，对标自由贸易港建设要求存在一定差距。具体表现为：生态空间侵占现象较为普遍，生态环境基础设施短板较为突出，生态环境治理领域仍有较多存量，人民群众生态环境满意度面临挑战，违建别墅整治、围填海项目整改、工业园区绿色化规范化发展、城市黑臭水体治理等工作仍需持续推进。二是与自由贸易港相适应的生态环境管理机制建设仍有差距，顶层设计、绿色发展、生态安全、海洋环境、基础设施等领域机制建设较为滞后。三是生态环境监测和评估体系建设仍需加大力度。四是发展与保护的矛盾仍然存在，工业以石化、化工、造纸等高耗能、高污染物排放等行业为主，绿色发展水平较低，产业结构和产业链延伸的局限性明显，升级难度大，洋浦等主要产业集聚区剩余环境容量较为有限，统筹生态环境高水平保护和经济高质量发展面临一定压力。

10.4.1.2　思路任务

"十四五"期间，要进一步加快推进国家生态文明试验区（海南）建设，创新生态文明体制机制，建设生态环境质量和资源利用效率"双一流"的自由贸易港，主要战略举措和重点任务如下：

科学引领高质量发展，推动形成绿色内生动能。深化"多规合一"改革，将"三线一单"生态环境分区管控制度融入国土空间规划布局，强化底线约束，引领全省按照生态环境要素空间差异性特征和资源环境承载力限值，科学布局产业发展和项目准入，推进产业空间绿色化转型。建设生态循环农业示范省，打造现代化海洋牧场，推动生态农业提质增效。推动旅游业向生态化、绿色化发展，创建一批特色生态旅游示范村镇。发展低碳循环经济，培育壮大节能环保、清洁生产、清洁能源产业。

高位推动碳达峰，积极应对气候变化。编制实施碳达峰行动计划，建设清洁能源岛。大幅减少化石能源使用，充分发挥海南资源优势，加快能源结构绿色化调整，提升可再生能源消费占比，构建安全、绿色、集约、高效的清洁能源供给体系。推动现有制造业绿色低碳转型，严格控制重点行业、重点领域温室气体排放。强化绿色创建示范引领，高质量创建低碳发展实践园区、示范市县等。提升城市应对气候变化能力，完善基础设施建设，充分考虑气候承载力，打造适应气候变化的海岸线，开展适应气候变化等重大示范工程。积极参与全国碳市场建设，探索建立应对气候变化国际交流平台。

实施高标准环境污染治理，保持环境质量全国标杆。调整优化水源布局，推动全岛同城化水源供给体系建设。统筹推进长期不达标河流水环境治理。统筹水陆、海陆、地表地下水环境治理和水生态保护，整体提升水生态功能，构筑亲水空间。提升大气污染防治精细化管理水平，推进石化、化工等行业综合整治，全面整治 O_3 前体污染物，持续控制臭氧层物质消耗。建立多污染物协同控制机制，推进 $PM_{2.5}$、O_3 等协同控制及大气污染物与温室气体协同减排。强化源头防控，划定全省土壤环境功能区。严格用地环境准入，完善土壤用地分类管理，强化污染场地治理修复，提升污染耕地和污染地块安全利用率。

开展陆海联动生态保护与修复。开展近岸海域海洋生态资源环境承载能力评价，建立流域海域生态环境管理机制和基于海洋资源环境承载能力的海洋生态环境监测预警机制。建立健全以国家公园为主题的自然保护地体系，按照自然生态系统整体性、系统性及内在规律实行整体保护、系统修复、综合治理，理顺各类自然保护地管理体制。实施"山水林田湖草海"系统修复，实施重要生态系统保护和修复重大工程。针对退化生态系统，因地制宜配置保护和修复、自然和人工、生物和工程等措施，不断强化生态系统质量提升和生态风险应对。实施天然林保护和重点河口、海湾、海岛、珊瑚礁、红树林、海草床等典型生态系统修复重大工程。全面清查入海排污口，加强海水养殖污染综合治理，建立海湾保护责任体系，推进"美丽海湾"建设。全面开展退塘还林（湿）。实施生物多样性保护战略行动，构建生态廊道和生物多样性保护网络，建立陆地和海洋生物多样性基础数据库，在生物多样性保护优先区域进行生物多样性调查、观测和评估，开展生物遗传资源及相关传统知识惠益分享试点。

高标准落实环境风险防控，提升生态环境监管能力。加强南繁育种基地外来物种环境风险管控和基因安全管理，建立生态安全和基因安全监测、评估和预警体系。健全完善现有生态环境监测网络，统筹新污染物指标，将其纳入常规监测。构建生态安全监测体系，持续提升生态环境状况基础评价的精准性、风险预警的科学性和应急监测效率。拓展监测指标，逐步涵盖与人民群众健康相关的有毒有害物质和生物、生态指标，推动监测目标从浓度监测到成因机理解析监测的升级。推动生态环境监测手段向天地一体、自动智能、科学精细、集成联动升级，推进监测方向向预测预警、风险评估、生态健康发展。建设生态环境大数据一体化监管平台，打造"绿色智慧岛一张图"，建设全省生态环境数据资源中心。

10.4.2　着力打造青藏高原生态文明高地

10.4.2.1　现状评估

青藏高原江河纵横、湖泊密布，是我国以及南亚、东南亚地区的"江河源""亚洲水塔"，是亚洲乃至北半球气候变化的"感应器"，珍稀野生动物的天然栖息地和高原物种基因库，对全球气候具有重要影响。同时，西藏也是生态环境脆弱敏感的地区，一旦破坏，修复难度较大。习近平总书记在中央第七次西藏工作座谈会上强调，保护好青藏高原生态就是对中华民族生存和发展的最大贡献。要牢固树立"绿水青山就是金山银山"的理念，坚持对历史负责、对人民负责、对世界负责的态度，把生态文明建设摆在更加突出的位置，守护好高原的生灵草木、万水千山，把青藏高原打造成为全国乃至世界生态文明高地。

近年来，西藏实施大规模国土绿化行动、高海拔生态搬迁等项目，推动区域生态环境保护。2019 年，西藏有 4 058 人搬出极高海拔生态保护区。西藏全区 45% 的区域被列入最严格保护范围，建立了 47 个各类自然保护区，总面积 41.22 万 km²，包括 11 个国家级自然保护区。但是，当前青藏高原地区经济发展质量不高，保护与发展的不平衡、不协调性突出，青藏高原环境变化机理复杂，科研基础不足，地区生态环境监测、监察、应急、信息基础薄弱，生态环境治理体系与治理能力明显滞后。

10.4.2.2　思路任务

坚持生态保护第一，以对历史负责、对人民负责、对世界负责的态度，扎实推进生态安全保护地、人与自然和谐共生示范地、绿色发展试验地、自然保护样板地、生态富民先行地建设，打造全国乃至世界生态文明高地。

加快补齐生态环境基础设施短板，提高生活污水、垃圾、固体废物收集处置能力和水平，加强生态环境监测监管能力建设，强化科技支持、依法治理、严格监管。

深入推进青藏高原科学考察工作，揭示环境变化机理，准确把握全球气候变化和人类活动对青藏高原的影响，研究提出保护、修复、治理的系统方案和工程举措。

加大对青藏高原生态工程项目、生态环境保护能力的支持力度，完善补偿方式，将促进生态保护与民生改善相结合，更好地调动各方面积极性，形成共建良好生态、共享美好生活的良性循环长效机制。

加强边境地区建设，采取特殊支持政策，帮助边境群众改善生产生活条件、解决后顾之忧。

10.4.3　推进内蒙古生态环境保护

10.4.3.1　现状评估

内蒙古地跨"三北"，疆域辽阔，土地面积占全国总面积的 12.3%，草原、森林面积均居全国之首，水面、湿地和沙漠、沙地面积也位居全国前列。它不仅有我国北方面积最大、种类最全的生态系统，而且是众多江河水系之源、北方大陆性季风必经之地和国家主要的林业、农牧业基地。内蒙古生态状况不仅关系到自身的可持续发展，也关系到东北、华北、西北乃至全国的生态安全。当前，内蒙古加快经济发展，加大生态环境保护力度，但环境保护形势依然严峻。内蒙古自治区处于干旱半干旱地区，生态系统脆弱，草原压力大，农牧交错带农业的发展受气候影响，湿地面积也在萎缩，生态监管上还有些功能待恢复。采暖季节的空气质量下降态势明显，气候受干旱、降雨少、水资源禀赋差影响，地表水断面持续改善压力大。受产业结构、能源结构、交通结构等影响，能源消费量大，单位 GDP 能耗及 CO_2 减排压力突出。

2019 年，习近平总书记在十三届全国人大二次会议内蒙古代表团审议时强调，内蒙古生态状况如何，不仅关系全区各族群众生存和发展，而且关系华北、东北、西北乃至全国生态安全。把内蒙古建成我国北方重要生态安全屏障，是立足全国发展大局确立的战略定位，也是内蒙古必须自觉担负起的重大责任。构筑我国北方重要生态安全屏障，把祖国北疆这道风景线建设得更加亮丽，必须有更大的决心，付出更为艰巨的努力。

10.4.3.2 思路任务

"十四五"时期，内蒙古要继续保持加强生态文明建设的战略定力，不动摇，不松劲，不开口子。坚持"绿水青山就是金山银山"的理念，探索以生态优先、绿色发展为导向的高质量发展新路子，开展大生态，共抓大保护，共推大整治，共筑国家北方重要生态安全屏障，守护好祖国北疆这道亮丽风景线。

习近平总书记强调，要保护好内蒙古生态环境，筑牢祖国北方生态安全屏障。坚定不移走生态优先、绿色发展之路。要继续打好污染防治攻坚战，加强大气、水、土壤污染综合治理。

要贯彻新发展理念，统筹好经济发展和生态环境保护的关系，努力探索出一条符合战略定位，体现内蒙古特色，以生态优先、绿色发展为导向的高质量发展新路子。要强化源头治理，推动资源高效利用，加大重点行业、重要领域绿色化改造力度，发展清洁生产，加快实现绿色低碳发展。

要坚持底线思维，以国土空间规划为依据，把城镇、农业、生态空间和生态保护红线、永久基本农田保护红线、城镇开发边界作为调整经济结构、规划产业发展、推进城镇化不可逾越的红线，立足本地资源禀赋特点，体现本地优势和特色。

要加大生态系统保护力度。内蒙古有森林、草原、湿地、河流、湖泊、沙漠等多种自然生态系统，是一个长期形成的综合性生态系统，生态保护和修复必须进行综合治理。

保护草原、森林是内蒙古生态系统保护的首要任务。必须遵循生态系统内在的机理和规律，坚持自然恢复为主的方针，因地制宜，分类施策，增强针对性、系统性、长效性。要统筹山水林田湖草沙系统治理，实施好生态保护修复工程，加大生态系统保护力度，提升生态系统稳定性和可持续性。

深入打好污染防治攻坚战。继续保持攻坚力度和势头，坚决治理"散乱污"企业，继续推进重点区域大气环境综合整治，加快城镇、开发区、工业园区污水处理设施建设，深入推进农村牧区人居环境整治，持续改善城乡环境。抓好内蒙古呼伦湖、乌梁素海、岱海的生态综合治理，对症下药，切实抓好落实。

第11章 推进生态环境治理体系和治理能力现代化研究

推进治理体系和治理能力现代化是国家治理体系现代化的重要内容，是推进生态文明建设、加快实现美丽中国目标的重要保障。自1978年改革开放以来，我国生态环境治理体系总体上随着国家经济社会发展、生态环境演变，以及对生态环保工作认识的不断深化而逐步发展完善起来，从最初的政府直控型治理转向社会制衡型治理，实现了从单维治理到多元共治的根本转变。尽管我国生态文明建设在制度建设和治理效果方面均取得积极进展，但是依然面临诸多挑战和问题。"十四五"时期，应当依据生态文明体制改革进展和试点情况，明确坚持和完善生态文明制度体系的总体思路、总体目标、实施途径和重大举措，构建权责清晰、集中统一、多元参与、激励约束并重、系统完整的生态治理长效机制，推进国家治理体系和治理能力现代化，助力高质量发展，促进生态环境持续改善，建设美丽中国。

11.1 推进现代环境治理体系的总体思路

11.1.1 发展历程

改革开放的40年里，根据我国环境治理体系的发展、变化、特征等因素，可将其历史演变粗略划分为三个阶段：

（1）第一阶段（1978—1992年）：政府行政主导的单维环境治理体系建设阶段

政府行政主导的单维环境治理体系，政府采用"命令-控制"型管理策略和工具对污染企业进行严格规制。1978年年底，党的十一届三中全会明确了国家工作重心转移到

"以经济建设为中心"上来，我国进入了一个新的发展时期。工农业的快速粗放式发展造成污染不断加剧。在这种背景下，我国把污染治理作为技术问题，重点围绕工业"三废"，大力开展点源治理。此时，我国尚处于计划经济时期，因此环境治理体系具有明显的外在制度特征，忽视了政府以外如企业、组织以及社会公众等环境行为主体的参与，仅把他们视为规制的对象。可以说，"环境行政规制"是这一时期环境治理体制的核心特征。

1979 年 9 月 13 日，第五届全国人民代表大会常务委员会审议通过并颁布《中华人民共和国环境保护法（试行）》，提出了"谁污染谁治理"的原则。1982 年，国家设立城乡建设环境保护部，内设环保局，从而结束了国务院环境保护办公室的临时状态。1984 年，成立国务院环境保护委员会，领导和组织协调全国环境保护工作。1988 年，环保局从城乡建设环境保护部分离出来，建立了直属于国务院的国家环保局。至此，环境管理机构成为国家的一个独立工作部门。与之对应的是，地方各级政府也陆续成立了环境保护机构，这极大地强化了国家对于环境治理工作的管理。1989 年 12 月，第七届全国人民代表大会常务委员会第十一次会议通过了《中华人民共和国环境保护法》。其"总则"部分指出：一切单位和个人都有保护环境的义务，县级以上地方人民政府环境保护行政主管部门对本辖区内的环境保护工作实施统一监督管理。虽然提出企业和公众都有保护环境的义务，但没有明确指出企业和公众应当如何履行保护环境的义务，环境保护工作的主体仍然是各级政府。

（2）第二阶段（1993—2012 年）：以政府、市场为主体的二元环境治理体系建设阶段

以政府、市场为主体的二元环境治理体系是一元环境治理体制向多元环境治理体系的过渡。在这一体系中，政府角色由之前单纯的管制逐渐转向放权给市场，但是政府仍主导着环境治理。这一阶段，我国环境治理体系的转变动力既来自内部——环境治理的现实需要，也来自外部——可持续发展理念在国际环境治理领域的兴起。通过市场途径化解经济发展与环境保护的矛盾与冲突，可以有效地治理环境。因此，市场机制手段被越来越广泛地用于环境治理，促成政府、市场为主体的新型环境治理体系的构建。为了有效防范外部不经济性问题，政府既要利用环境规划、公共财政等行政手段促进环境治理，又要运用市场手段促进环境治理，内部化环境外部问题，增强企业环境治理的自觉性和创造性。

1992 年年初，邓小平发表南方谈话后，我国开启了社会主义市场经济体制。同年，召开的党的十四大明确提出，我国经济体制改革的目标是建立社会主义市场经济体制。以此为起点，过去单纯由政府采取行政规制手段治理环境的模式发生了一定变化，利用

财政直接投资、财政补贴、押金返还制度、排污权交易、税收手段、排污收费和许可证交易等经济手段保护环境得到重视。1992 年，开始以太原、柳州、贵阳、平顶山、开远和包头作为试点城市，开展大气排污交易政策试点工作。2004 年，南通泰尔特公司与如皋亚点公司进行的排污权交易是我国第一例水排污权交易的成功案例。1994 年，全国环境保护工作会议提出建立和推行环境标志制度，主要目的是确立绿色产品的市场准入机制。此后，2006 年，国家环保局、财政部发布了《关于环境标志产品政府采购实施的意见》和《环境标志产品政府采购清单》，强调政府建立绿色采购制度，从而更好地利用市场机制对全社会的生产和消费行为进行引导。另外，通过投资政策、产业政策、价格政策、财税政策、进出口政策等的实施，使那些节约利用资源的企业获益，从而进一步激发企业主体参与环境治理的积极性。

（3）第三阶段（2013 年至今）：初步探索以政府、市场与社会共治为核心的多元环境治理体系

随着我国社会治理理念的逐渐转变，国家环境治理理念也由过去的二维治理向多元共治方向发展，并且具有较为坚实的顶层设计基础。多元环境治理体系是指政府、市场与社会多元主体基于共同的环境治理目标进行权责分配，采取管制、分工、合作、协商等方式持续互动对环境进行治理所形成的体系，属于社会制衡性环境治理模式。2012年召开的党的十八大开启了我国环境治理的新时代。党的十八届三中全会发布的《中共中央关于全面深化改革若干重大问题的决定》提出"创新社会治理体制""推进国家治理体系和治理能力现代化""必须切实转变政府职能，深化行政体制改革，创新行政管理方式，增强政府公信力和执行力""使市场在资源配置中起决定性作用并更好地发挥政府作用"和"鼓励和支持社会各方面参与，实现政府治理和社会自我调节、居民自治良性互动"。十八届四中全会提出，要推进多层次、多领域依法治理，发挥人民团体和社会组织在法治建设中的积极作用。2015 年 5 月，国务院印发的《2015 年推进简政放权放管结合转变政府职能工作方案》为企业、公众与政府在环境治理中的协同合作提供了依据。十八届五中全会强调"加大环境治理力度"和"实行最严格的环境保护制度，形成政府、企业、公众共治的环境治理体系"。2015 年 11 月出台的《中共中央关于制定国民经济和社会发展第十三个五年规划的建议》提出有关构建多元共治环境治理体系的要求，进一步从国家政策层面明确了新时期多元共治环境治理体系中的治理主体构成。党的十九大进一步明确指出，应加快生态文明体制改革，建设美丽中国，构建政府为主导、企业为主体、社会组织和公众共同参与的生态环境共治体系。2018 年 5 月，习近平总书记在全国生态环境保护大会上强调指出，要加快构建以治理体系和治理能力现代化为保障的生态文明制度体系。2020 年 3 月，《关于构建现代环境治理体系的指导意见》

正式公布，提出"以坚持党的集中统一领导为统领，以强化政府主导作用为关键，以深化企业主体作用为根本，以更好地动员社会组织和公众共同参与为支撑"。在政府、企业、公众三个生态环境治理者的基础上，将党委和社会组织纳入环境治理体系。这标志着我国生态环境治理形成了"党委领导，政府主导，企业主体，社会组织和公众参与"的多元共治格局，不同角色分别发挥着领导、主导、主体、参与的作用。

11.1.2　现状分析

构建源头严防、过程严管、后果严惩的制度体系。包括以"三线一单"、环境影响评价、禁止"洋垃圾"和环境标准等为主的管空间、管发展、管结构、管总量、管准入的源头严防制度；以排放许可制为核心的过程严管制度，既管固定污染源，又打通监管的全过程，既作为主要的守法、执法及监督依据，又衔接环评制度、融合总量制度，同时成为税费、统计和交易的数据源；针对破坏生态和污染环境的责任主体的损害赔偿制度；针对企事业单位环境违法行为，以法律法规为依据的责任追究制度；针对党政领导干部，以考核、党纪政纪处分、离任审计等为主体的责任追究制度。特别是在习近平总书记亲自倡导、亲自推动下，全面开展中央生态环境保护督察。中办、国办印发《中央生态环境保护督察工作规定》，重新组建高规格的中央生态环境保护督察领导小组。第一轮督察及"回头看"累计解决群众身边的生态环境问题 15 万余个，第二轮第一批督察共交办群众举报问题约 1.89 万个，达到了"中央肯定、地方支持、百姓点赞、解决问题"的显著效果，成为贯彻落实习近平生态文明思想、全面加强生态环境保护的重要平台、机制和抓手。积极探索形成排查、交办、核查、约谈、专项督察"五步法"工作模式，开展强化监督、定点帮扶，推动落实"党政同责、一岗双责"。在环境基础制度改革中，以绿色金融、环境责任保险、环境税和环境信用为代表的市场机制与手段也得到了加强。

生态环境法律法规标准体系持续完善。自 2014 年 4 月，全国人大常委会修订《中华人民共和国环境保护法》后，我国的生态环保法律体系进入以生态文明为指导的全面升级时代。"十三五"期间，制定土壤污染防治法、长江保护法、生物安全法，修订水法、大气污染防治法、水污染防治法、固体废物污染环境防治法、野生动物保护法、森林法等法律，积极推进海洋环境保护法、环境噪声污染防治法、环境影响评价法的修订。现行国家生态环境标准总数达到 2 140 项，包括 17 项环境质量标准、186 项污染物排放（控制）标准、1 231 项环境监测类标准、42 项环境基础标准、648 项环境管理规范以及 16 项应对气候变化相关标准。同时，在生态环境部备案的地方生态环境标准有 266 项，其中现行有效标准 243 项。我国生态环境标准体系越来越完善。党的十九大以来，围绕蓝天保卫战，发布 83 项标准；围绕碧水保卫战，发布 42 项标准；围绕净土保卫战，发布 68 项标准。生态环境基准管理体系"从无到有"，水生态环境领域率先实现基准"零的突破"。环境与健康监测、调查、风险评估制度建设和数据调查不断夯实，环境与健康工作已经被纳入《中华人民共和国环境保护法》等国家法律和《健康中国行动（2019—2030 年）》等重要文件中。

生态环境监管体制不断健全。组建生态环境部，统一行使生态和城乡各类污染物排放监管与行政执法职责，强化了政策规划标准制定、监测评估、监督执法、督察问责"四个统一"，实现了地上和地下、岸上和水里、陆地和海洋、城市和农村、一氧化碳和二氧化碳"五个打通"，以及污染防治和生态保护贯通。在污染防治上改变了九龙治水的状况，在生态系统保护修复上强化了统一监管。整合组建生态环境保护综合执法队伍，设立 7 个流域海域生态环境监督管理局及其监测科研中心，基本完成省以下生态环境机构监测监察执法垂直管理等改革，生态环境监测监察执法的独立性、统一性、权威性和有效性不断增强。中办、国办印发《关于构建现代环境治理体系的指导意见》《中央和国家机关有关部门生态环境保护责任清单》。国办印发《生态环境保护综合行政执法事项指导目录（2020 年版）》。31 个省级政府和新疆生产建设兵团均印发《生态环境保护综合行政执法改革实施方案》，执法职责整合基本到位。初步构建生态环境损害赔偿制度。2020 年，全国共办理赔偿案件 2 700 余件，涉及赔偿金额超过 53 亿元。实现固定污染源排污许可全覆盖，核发排污许可证 33.77 万张，下达排污限期整改通知书 3.15 万家、排污登记表 236.52 万家。

生态环境监测监管能力持续提升。我国已基本建成陆海统筹、天地一体、全面设点、联网共享的生态环境监测网络。截至 2020 年年底，全国建成城市空气监测站点约 5 000 个、地表水监测断面约 1.1 万个、土壤环境监测点位约 8 万个、声环境监测点位约 8 万个，具备 2～3 天对全国覆盖一次的环境遥感业务化监测能力，建成"国家—区域—省级—城市"四级重污染天气预报网络。全国重点排污单位污染物排放实现在线监测和联网共享。基本建成生态环境监测信息发布平台。完成黄河流域试点地区排污口排查，共发现各类入河排污口 12 656 个。全国 490 家垃圾焚烧厂全部完成"装、树、联"并公开自动监测数据，率先实现全行业稳定达标排放。全面推行"双随机、一公开"，开展执法检查 58.74 万家次。全国下达环境行政处罚决定书 12.61 万份，罚没款数额总计 82.36 亿元。推动印发《综合行政执法制式服装和标志管理办法》。全面实施举报奖励制度。组织开展 2020 年全国生态环境保护执法大练兵。成立部信访投诉举报工作领导小组，整合投诉举报管理机构，2020 年共为各类专项行动转交提供线索近 20 万条。加强科研能力建设。大气重污染成因与治理攻关项目圆满收官，水专项深入推进，深入开展长江生态环境保护修复联合研究。加快推进生态环境综合管理信息化平台建设，初步构建"一张图"大数据信息系统。圆满完成第二次全国污染源普查工作。配合财政部下达 2020 年中央生态环境资金 523 亿元。国家绿色发展基金正式揭牌成立。

11.1.3 存在的问题

（1）生态环境保护机制体制政策有待完善

"党政同责""一岗双责"尚未完全到位。生态文明建设明确"党政同责""一岗双责"运行实施效果显著。然而，一些地方党委主要负责同志还是习惯于将生态环保工作全盘托付政府，亲自谋划、主动参与、靠前指挥的意识与工作要求、现实需求相距较远。因为环保问题对政府部门进行追责的案例并不鲜见，但因为环保问题被追责的地方党委主要负责同志少之又少。政府主要负责地方生态环境质量目标与治理、生态环境监督检查、将生态环保要求融入地方经济社会发展规划等，政府履行生态环境职责多为应急导向、问题导向、责任导向，对于事关长远、源头的生态环保发展战略规划关注不足。

中央与地方事权划分不清，事权和支出责任不匹配。在中央和地方的行政决策和执行机制中，各级地方政府主要领导决策权力和执行权力过大，在地方政府的体制框架内，地方各级政府的生态环境部门难以形成独立监管的体制机制，"不能管，管不了，不敢管"和"环境保护为经济发展保驾护航"的情况比比皆是。很多情况下，资源与生态环境保护机构很难正常履行法律规定的管理职责。中央政府有关部门对地方政府的引导和监督能力不足。

生态环境法治标准体系建设尚不到位。随着《环境保护法》的贯彻落实，系列生态环境法律在逐步制定、修订，但是体系仍不完善，执法、司法不健全等问题依然存在，需要进一步严织生态环境法网。部分法律、部分条文规定可操作性不够，过于原则，缺乏配套的法规、规章和实施细则。生态环境保护行政主导化倾向严重，自由裁量权规范不够，一些地方出现环保"一刀切"问题。环境质量、健康、生态健康、环境基准体系、环境风险等领域标准制定仍处于起步阶段，部分标准制修订项目进展滞后，与排污许可等新型管理制度的协同配套亟待加强，标准制（修）订的科学基础需夯实强化，标准工作的效率和质量需着力提升。环境司法保护功能发挥不足，生态保护领域存在司法与行政的功能错位等。

生态环境管理制度不健全。这导致一些地方企业宁愿罚款也不愿参与环境治理；企业环境信息披露机制与信用评价机制不健全，企业环境信息披露提供非对称的环境治理信息，没有充分践行环境治理和信息公开责任；国家出台了很多激励政策，但由于激励政策实施与监管机制不完善，极大地降低了资金的使用效率以及企业真正参与环境治理的积极性。

生态环境市场经济长效政策供给不足。财税、补贴、补偿、金融等环境经济政策在生态环境保护工作中发挥的作用越来越显著，生态环境开发、利用保护和改善的市场经济政策长效机制在逐步健全，但是与结构调整、质量改善、多元治理等需求还存在政策供给不足的问题，经济政策未充分实现对生态环境开发利用、保护和改善的全方位调控，没有涵盖经济体系环境影响的全流程。环境经济政策在我国环境管理制度与政策体系中仍处于从属与辅助地位，市场机制还未成为调控与配置环境资源的基础性手段。

（2）监测监管能力尚不足以有效支撑深入打好污染防治攻坚战的需求

对精准治污支撑尚显不足。生态环境监测广度、深度和精度仍有不足，难以支撑新时期污染防治问题精准、时间精准、区位精准、对象精准和措施精准的需要。统一生态环境监测网络有待整合优化，各要素领域监测网络覆盖范围不全、代表性不足、监测项目有限，对特征污染物、有毒有害物质、新型污染物等监测不足，监测自动化程度低，环境质量实时联网监测监控和数据深度应用水平不高，对重点区域、重点流域、重点领域、重点行业和重点问题的精细化支撑水平有待提升。

监测评价技术标准体系有待完善。新时期生态环境问题复杂多变，环境污染和生态系统退化问题依然突出，污染排放种类增多，排放过程和成因机理更加复杂，支撑各要素领域质量监测的标准方法体系、评价体系和技术体系有待健全。国家—区域—省—市—县不同尺度的生态质量监测评价方法和指标体系尚未形成，生态质量评价体系亟待完善。生态环境监测技术创新不足，高精尖及新型污染物监测技术设备研发能力薄弱，针对新领域、新项目的监测技术规范体系不健全，研究性监测、调查监测和环境健康风险监测技术体系有待完善。

监管监测体制机制尚未完全理顺。省以下生态环境监测垂直管理改革尚未完全落实到位，各地模式和进展差异较大。地方监测与执法协同联动机制尚未真正形成，对排污单位自行监测行为、社会化监测机构行为的监督检查和调查取证等环节，监测人员与执法人员的协同联动机制不健全，缺乏统一规范要求。部门间沟通协商壁垒尚未完全打通，部门间信息共享不充分。随着生态环境监测领域不断拓展，在近岸海域、生态状况、地下水、农业面源、排污口等监管领域，中央和地方的生态环境监测事权与主要责任划分仍不清晰，市县监测能力建设资金保障有待加强。

生态环境保护综合执法制度尚不健全。生态环境执法涉及部门多，职责分割严重，缺乏协调，分散执法观念根深蒂固，整合难度较大。生态环境监管执法保障能力普遍较弱。生态环境监管执法能力呈现"倒金字塔"特征，越到基层，力量不足的问题越突出，"小马拉大车"现象未得到根本改观，需要在生态环境保护综合执法改革中着重考虑。

社会基层的资源与生态环境保护治理体系和能力薄弱，在社会基层出现比较严重的生态环境治理失效。

先进信息技术融合应用不充分。生态环境信息化应用水平难以支撑生态环境保护智慧监管需要，大数据、移动互联网、遥感、物联网、生物传感器、人工智能等先进技术在监测领域融合应用不足，天地一体监测业务融合体系尚未完全形成。监测数据壁垒和信息孤岛尚未实质性打通，海量监测数据深度挖掘分析和应用亟须加强。

（3）社会组织和公众参与的渠道、作用和积极性有待进一步拓展与发挥

公众和社会组织在环境治理中的作用与激发其真实参与意愿尚有较大差距，参与的深度与广度有待加强。公众的绿色生活、绿色出行、绿色消费等意愿较强，但是相关绿色产品与服务的市场供给不足、质量较低，尤其是寓教于乐、形式多样的绿色文化产品供给更是基本为零。公众环境治理参与意愿强，但是基本知识与技能有待提升。公众组织力量有待进一步发掘。环保组织分布不均且数量较少，基本集中在北上广等东部沿海地区；部分环保组织专业性较弱且组织资金较少，参与能力与专业度有待提升，参与形式较单一。法律制度中关于公众参与民主决策、参与政府管理的机制尚未建立。由于是在政府倡导下的参与，很多时候公众很难有自己的独立立场，形式上参与多，实质性参与少。主要集中在末端参与，即在环境遭到污染和生态遭到破坏之后，公众受到污染影响之后，才参与到环境保护之中，源头参与、全过程参与和主动参与不足。

11.1.4　总体思路

以习近平新时代中国特色社会主义思想为指导，深入贯彻习近平生态文明思想，坚定不移贯彻新发展理念，以坚持党的集中统一领导为统领，以强化政府主导作用为关键，以深化企业主体作用为根本，以更好动员社会组织和公众共同参与为支撑，实现政府治理和社会调节、企业自治良性互动，完善体制机制，强化源头治理，形成工作合力，为推动生态环境根本好转、建设生态文明和美丽中国提供有力制度保障。到 2025 年，建立健全环境治理的领导责任体系、企业责任体系、全民行动体系、监管体系、市场体系、信用体系、法律法规政策体系，落实各类主体责任，提高市场主体和公众参与的积极性，形成导向清晰、决策科学、执行有力、激励有效、多元参与、良性互动的环境治理体系。总体来说包括以下内容：

在健全体制机制政策方面，完善中央统筹、省负总责、市县抓落实的工作机制，明确中央和地方财政支出责任，开展目标评价考核，深化生态环境保护督察。完善法律法规，完善环境保护标准，全面实行排污许可管理制度，完善污染物总量控制制度，健全环境治理信用体系，发挥市场机制激励作用，发挥财政、补贴、税收优惠的激励作用。

在健全监测监管能力方面，加快提升生态环境监测体系与监测能力现代化水平，强化生态环境保护综合执法体系和能力建设，提升基层环境监管能力，完善污染源和应急监测体系，提升生态环境信息化建设水平。

在全民行动体系方面，深入开展"美丽中国，我是行动者"活动，倡导简约适度、绿色低碳的生活方式，以绿色消费带动绿色发展，以绿色生活促进人与自然和谐共生，全民动员、人人参与，形成文明健康的生活风尚。

在共建清洁美丽世界方面，推进气候变化、生态安全、固体废物与化学品、海洋环境治理等领域国际环境合作，加大引进国际先进环境治理经验和技术，参与引导国际环境治理体系变革和全球议事规则、话语权博弈，坚定维护我国发展中国家地位，履行好国际环境公约责任和义务；积极倡导和践行多边主义，丰富绿色丝绸之路建设内涵，讲好"中国故事"。

11.2　健全生态环境保护体制机制与政策体系

11.2.1　健全生态环境管理体制机制

党的十八大以来，我国生态环境管理体制机制不断完善。组建生态环境部，统一行使生态和城乡各类污染物排放监管与行政执法职能，强化了政策规划标准制定、监测评估、监督执法、督察问责"四个统一"，实现了地上和地下、岸上和水里、陆地和海洋、城市和农村、一氧化碳和二氧化碳"五个打通"，以及污染防治和生态保护贯通，在污染防治上改变了"九龙治水"的状况，在生态系统保护修复上强化了统一监管。整合组建生态环境保护综合执法队伍，设立7个流域海域生态环境监督管理局及其监测科研中心，基本完成省以下生态环境机构监测监察执法垂直管理等改革，生态环境监测监察执法的独立性、统一性、权威性和有效性不断增强。但是，也要看到我国生态环境职能机构在横向与纵向的体制机制设计和职能分工方面还存在着不足。在横向上，各部门间权限不清、责任不明，导致环境治理过程中出现职能交叉、效率低下等问题。目前，国家推行机构改革，重组形成了自然资源部及生态环境部，力图将相关部门分散的职责集中统一起来，实现权责明确清晰，能够更好地管控自然资源和生态环境，消除各自为政的弊端。但是，现在机构改革还未完成，还应继续深化。在纵向上，生态环境部门缺乏权威性，受地方政府的局限。在贫困地区，相较于环境保护，地方政府更加注重经济发展，生态环境部门权威性不够，执法权力得不到有效保障。

基于上述考虑，"十四五"时期健全生态环境管理体制机制重点需做好以下几个方面的工作：

完善中央统筹、省负总责、市县抓落实的工作机制。党中央、国务院统筹制定生态环境保护大政方针；省级党委和政府对本地区环境治理负总体责任，贯彻执行党中央、国务院各项决策部署，组织落实目标任务、政策措施，加大资金投入；市县党委和政府承担具体责任，统筹做好监管执法、市场规范、资金安排、宣传教育等工作。全面实行政府权责清单制度，落实各级政府生态环保责任。

合理划分环境治理事权。横向上理顺各政府部门事权。坚持管发展必须管环保、管生产必须管环保、管行业必须管环保，落实相关部门责任。推进落实中央和国家机关有关部门生态环境保护责任清单及其他相关规定，指导地方加快制（修）订责任清单，推动职能部门做好生态环境保护工作，进一步完善齐抓共管、各负其责的大生态环保格局。纵向上明确中央与地方事权。强化中央政府在生态环保中的宏观调控、综合协调和监督执法职能，制定国家法律法规、规划、标准和政策，应对重特大环境突发事件，负责全国性重大生态环境保护和跨区域、跨流域保护以及国际环境事项。地方政府对辖区环境质量负责，重点强化法律法规政策标准执行职责，监督处理辖区内相关违法问题，统筹推进辖区内生态环境基本公共服务均等化。落实好《生态环境领域中央与地方财政事权和支出责任划分改革方案》，除全国性、重点区域流域、跨区域、国际合作等环境治理重大事务外，主要由地方财政承担环境治理支出责任。按照财力与事权相匹配的原则，在进一步理顺中央与地方收入划分和完善转移支付制度改革中，统筹考虑地方环境治理的财政需求。

完善环境保护、节能减排约束性指标管理。环境质量、节能减排等指标作为国民经济和社会发展约束性指标，已成为推进生态环境保护的有力抓手。"十四五"时期，要继续将环境质量、主要污染物排放总量、能耗强度、碳排放强度、森林覆盖率等纳入约束性指标管理，分解到省（区、市），建立科学合理的考核评价体系，考核结果作为各级领导班子、领导干部综合考核评价和奖惩任免的重要依据，促进环境质量改善和相关工作落实。各地区应科学合理制定落实方案。

完善中央生态环境保护督察制度。中央生态环境保护督察是习近平总书记亲自倡导、亲自部署的重大改革举措和重大制度安排，推动解决了一大批长期想解决而没有解决的生态环境"老大难"问题，已成为推动落实生态环境保护"党政同责""一岗双责"的硬招实招。"十四五"时期，要坚持以解决突出生态环境问题、改善生态环境质量、推动经济高质量发展为重点，完善中央和省级生态环境保护督察体系，不断健全工作程序、工作机制和工作方法，推动生态环境保护督察向纵深发展。将应对气候变化、生物多样性保护、长江"十年禁渔"、黄河流域以水定城、以水定地、以水定产以及省以下生态环境机构监测监察执法垂直管理制度改革等重大决策部署贯彻落实情况纳入督察范畴。持续开展例行督察，完成对省级党委和政府、国务院有关部门以及有关中央企业第二轮督察，启动第三轮督察。适时开展督察"回头看"，针对生态环境问题突出地区开展专项督察。继续组织制作长江经济带生态环境警示片。切实推动督察整改，完善并落实督察整改调度、盯办、督办机制，压实整改责任，推动问题解决。进一步加强对省级生态环境保护督察的指导和推动，提出指导意见，形成督察合力。

11.2.2　完善生态环境法律法规

11.2.2.1　推动完善生态环境法律法规

习近平总书记在中共中央政治局第六次集体学习时强调，只有实行最严格的制度、最严密的法治，才能为生态文明建设提供可靠保障。"十三五"期间，我国积极推动生态环境法规体系建设，先后完成了环境保护税法、水污染防治法、核安全法、土壤污染防治法、固体废物污染防治法、生物安全法、长江保护法7项生态环境领域的法律制修订工作。环境噪声污染防治法、海洋环境保护法和环境影响评价法正在抓紧修订中。生态环境法治建设取得了一定成绩，但是与贯彻落实习近平法治思想的要求相比，仍存在一定不足。"十四五"期间，必须坚持用最严格的制度、最严密的法治保护生态环境，以习近平法治思想为指导，持续完善生态环境法律法规。

一方面，要继续推进生态环境法律制定实施。推动制（修）订黄河保护、海洋环境保护、环境影响评价、环境噪声污染防治、应对气候变化等方面法律，碳排放权交易管理、生态环境监测、生态保护红线监管、生物遗传资源获取与惠益分享、危险废物许可证管理、有毒有害化学物质环境风险等行政法规。推动国际环境条约的国内配套立法，支持生态环境领域的法典化研究。

另一方面，要加强对地方环境法律法规、标准的指导和规范。鼓励各地综合考虑环境质量、发展状况、治理技术、经济成本、管理能力等因素，制（修）订地方污染物排放标准，建立与辖区生态环境承载能力相适应的标准体系。积极支持和推动地方制定环保法规或规章，突出地方特色，注重针对性和可操作性，以适应地方环保工作的实际需要。加强地方环保立法的调研，将立法条件比较成熟、应当用法律规范来调整、具有普遍适用意义、各方面意见比较一致的地方立法及时上升为适用全国的环保法律法规，鼓励地方在生态环境保护与治理领域先于国家进行立法。指导开展区域性、流域性环境立法。

11.2.2.2　完善生态环境标准体系

"十三五"期间，我国制（修）订并发布国家生态环境标准 551 项。但是，我国生态环境质量标准未充分体现不同流域区域环境特征差异，污染物排放标准在满足不同流域区域环境质量改善需求上存在不足。应大力提升环境质量标准和污染物排放标准体系的精细化水平。

"十四五"时期，需要进一步加强标准体系的完整性和协调性。制（修）订温室气体、海洋、农业农村、排污口、生态监管、固体废物与化学物质环境管理、生态环境损害鉴定评估等生态环境标准与规范。研究制定与现场执法相匹配的污染源监管标准。构建国家生态环境基准体系，制定并发布一批国家生态环境基准，建立国家生态环境基准数据库。鼓励地方依法制定更严格的地方法规标准。做好环境保护标准与产业政策衔接配套，健全标准实施信息反馈和评估机制。鼓励开展涉及环境治理的绿色认证。

11.2.2.3　推进环境司法联动

2017 年以来，生态环境部联合或会同最高检、公安部等部门，先后出台《环境保护行政执法与刑事司法衔接工作办法》《关于在检察公益诉讼中加强协作配合依法打好污染防治攻坚战的意见》《关于办理环境污染刑事案件有关问题座谈会纪要》等一系列重要规范性文件，从解决工作中的普遍性问题出发，细化健全了案件移送标准、程序和法律监督、线索通报、联合办案及其过程中的责任分工、联合挂牌、联席会议、案件咨询、信息共享等制度机制，进一步统一了对单位犯罪、犯罪未遂、主观过错、案件管辖等问题的理解和把握，对打击污染环境犯罪案件提供了有力制度保障。

针对当前环境污染类案件行刑衔接存在"行政处罚多、刑事处罚少""有关衔接配合制度发挥作用有限"等问题，要继续做好以下工作：

加强涉生态环境保护的司法力量建设。创新惩罚性赔偿制度在环境污染和生态破坏纠纷案件中的适用，完善生态环境审判机制和程序。推动在高级人民法院和具备条件的中级与基层人民检察院和法院调整设立专门的环境检查和审判组织，推动生态环境整体保护、系统修复、区域统筹、综合治理。创新体制机制，完善裁判规则，通过专业化的环境资源审判落实最严格的源头保护、损害赔偿和责任追究制度。

改革和完善环境司法制度。大力推进环境司法专门化，强化环境司法实践，更多地使用司法途径解决环境纠纷。完善生态环境损害赔偿和刑事责任追究制度，加大造成生态环境损害的企业和个人，尤其是企业的违法违规成本。健全环境公益诉讼制度，推动环境和司法部门之间的协调，为环境公益诉讼扫清程序、组织和技术等方面的障碍。加强环境法庭和环境法官队伍建设，提高环境司法实践能力。

大力推进环境司法。健全环境行政执法和环境司法衔接机制，完善程序衔接、案件移送、申请强制执行等方面规定，加强环保部门与公安机关、人民检察院和人民法院的沟通协调。健全环境案件审理制度。积极配合司法机关做好相关法律的制（修）订工作。强化公民环境诉权的司法保障，细化环境公益诉讼的法律程序。

11.2.2.4　完善生态环境损害赔偿制度

生态环境损害包括三类内容：一是因为污染环境、破坏生态导致环境要素损害，二是造成动物、植物、微生物等生物要素的损害，三是上述环境要素、生物要素构成的生态系统功能的损害。对生态环境损害进行鉴定评估后，政府及其指定的部门或机构提起索赔，要求责任者承担损害赔偿责任。作为一项探索性制度，在全国部署试行生态环境损害赔偿制度改革，将生态环境损害责任写入了民法典，生态环境损害赔偿制度初见成效。但是，生态环境损害赔偿制度在实施过程中存在一些困难和问题，表现在以下几个方面：

机构、人员配置严重不足。目前，全国各地均未设置负责生态环境损害赔偿工作的专门机构，且基本未配备专门负责相关工作的人员。生态环境损害赔偿制度改革是一项探索性工作，缺乏可供借鉴的经验。但是，改革涉及专业的技术问题和复杂的法律问题，对地方生态环境部门工作能力提出了很高的要求。《民法典》通过后，生态环境损害赔偿案件数量预计将大幅增加。随着未来生态环境损害赔偿工作由专项改革转入常规化业务工作，将对基层工作人员的配置和能力提出更高的要求。

生态环境损害鉴定评估基础研究薄弱。尽管目前已经初步构建了覆盖全环境要素的生态环境损害鉴定评估技术体系，但由于生态环境损害范围广泛、问题复杂，目前部分领域的技术体系还有待加强，特别是因果关系分析方法、生态服务功能价值量化等关键技术的研究基础相对薄弱，与生态环境损害的"精准评估"仍有差距。

生态环境损害赔偿立法仍有缺失。目前，我国法律已明确了生态环境损害赔偿的责任范围和承担方式，对部分损害情形也从实体权利上确定了行政机关的生态环境索赔权，初步形成了生态环境损害赔偿制度。但是，作为一项涵盖追责情形、赔偿范围、索赔主体、职责分工、责任人范围、责任承担、调查与磋商、鉴定评估、诉讼程序、执行监督、资金管理等实体和程序体系全面的改革制度，生态环境损害赔偿的程序和要求需要进一步明确细化。对生态环境、自然资源等多个索赔部门的职责分工及衔接，生态环境损害赔偿责任多样化的执行方式，生态环境损害社会化承担等重点内容缺少具体规定，需要对环境保护法及有关环境保护单行法、资源管理类法律进行修改完善。

为此，需要进一步深化改革，加强顶层设计，建立长效机制，推动专门立法，建设更为完备的生态环境损害赔偿制度。

加强顶层设计，建立生态环境损害赔偿的长效机制。在实践的基础上，出台指导下一步改革工作的规范性文件，将改革成果进一步上升为国家法律，将生态环境损害赔偿纳入《中华人民共和国环境保护法》和有关环境保护单行法；完善各地赔偿工作机制，促使生态环境损害赔偿工作规范化、精确化、科学化，推动建立适应制度化、常态化的生态环境损害赔偿工作形势的中央和地方索赔机构和人员队伍。

加强鉴定评估技术基础研究，完善生态环境损害赔偿的技术保障。通过组建国家重点实验室等形式，加强生态环境损害鉴定评估技术基础研发；重点攻克基线确定、因果关系分析、损害量化等关键技术和难点问题，完善鉴定评估技术方法；建设生态环境损害赔偿与评估基础数据平台，开发配套模型工具，提升生态环境损害赔偿工作技术支撑能力。

研究专门立法，建设相对完备的赔偿制度和方案。从长远来看，生态环境损害赔偿专门立法是建设更为完备制度的最优方案，能够构建涵盖生态环境损害赔偿的实体和程序规定，从赔偿权利人的组织机构和职责分工、赔偿责任范围、赔偿方式与修复途径、磋商与诉讼要求、资金使用和管理、修复与效果评估等方面进行系统规定。

11.2.3　完善生态环境管理制度

11.2.3.1　全面实行排污许可制

排污许可制是依法规范企事业单位排污行为的基础性环境管理制度。随着环境治理基础制度的逐步完善和排污许可制度的实施，排污许可制将逐步衔接、融合和统领现有各项固定污染源管理制度，成为排污单位生产运营期间排污行为的唯一行政许可。排污许可证载明法律法规规定排污单位应当承担的所有义务，成为企业的守法文书、政府的执法依据、社会的监督平台。现行的排污许可制度体系中主要的刚性许可要求是许可排放限值，包括许可排放浓度和许可排放量。除此之外，还要求企业通过实施自行监测、台账管理和执行报告等，落实固定源管理的相关要求。

2016 年 11 月 10 日，国务院办公厅发布《关于印发控制污染物排放许可制实施方案的通知》，提出"将排污许可制建设成为固定污染源环境管理的核心制度"，表明我国的排污许可制度改革正式启动。2021 年 1 月 24 日，国务院公布了《排污许可管理条例》，为我国全面实行排污许可制，规范制度、加强监管、强化责任提供了依据。排污许可制度自 2016 年深化改革和实施以来，紧紧围绕"以环境质量改善为核心，将排污许可制度建设成为固定污染源环境管理的核心制度"的目标，已取得积极成效，有效提高了企业环境管理水平，促进了企业污染深度治理，为打好污染防治攻坚战奠定了坚实基础。"十三五"期间，我国排污许可管理开启了新局面。生态环境部发布了《固定污染源排污许可分类管理名录》《排污许可管理办法（试行）》，并组织起草了《排污许可管理条例（草案征求意见稿）》。同时，制定了 70 多项排污许可申请与核发技术规范，构建了较为完整的技术体系。在此基础上，固定污染源排污许可证核发工作快速推进，已将379.16 万家排污单位纳入排污许可管理，固定污染源环境管理工作迈出了一大步。

从目前来看，我国排污许可制改革仍然存在四大突出问题：一是固定污染源排污许可管理尚未实现全覆盖；二是与其他管理制度融合进展缓慢，尚未发挥固定污染源监管核心制度作用；三是排污许可技术体系与环境质量需求关联度不强；四是排污许可制度的整个管理体制不够具体，任务清单和责任分工不明晰，监管执法精度不足。

"十四五"时期，应全面贯彻落实党中央、国务院决策部署，构建以排污许可制度为核心的固定污染源环境监管体系，推动实现生态环境治理体系和治理能力现代化。建立系统、科学、法治、高效的现代生态环境监管体系，深入推进排污许可制度改革，充分发挥环评管准入、许可管排污、执法管监管的固定污染源管理模式。以排污许可制度为核心，提出固定污染源全覆盖、制度全联动、监管全周期的总体目标。重点关注固定污染源排污许可全覆盖、生态环境监管制度全联动、排污许可证全周期等重点内容，强化部门合作，细化具体分工。需重点做好以下几个方面的工作：

全力推进固定污染源全覆盖。实现排污单位全覆盖，以第二次污染源普查的重点行业排污单位清单为基础，摸排 2018 年以来新增投运的排污单位，结合工商、税务、电力以及生态环境监管企业名单、排污费征收企业名单等信息，形成固定污染源基础信息清单。按照摸、排、分、清的工作步骤，在全国范围内全面开展固定污染源清理整顿，"核发一个行业，清理一个行业"，将固定污染源全部纳入监督范畴。对暂不能达到许可条件的企业开展帮扶、督促整改，实现"规范一个行业，达标一个行业"。推动海陆环境要素全覆盖，依法逐步将水、大气、土壤、固体废物、噪声、温室气体、海洋工程等纳入排污许可管理。开展温室气体纳入许可体系协同管理的可行性及实施路径研究，强化与温室气体协同管理，从而实现固定污染源多污染物协同控制。

优化排污许可制度顶层和关联制度设计。从国家层面做好制度融合的顶层设计，尽快开展排污许可制度与环评、环境统计、环境标准、环境执法、总量控制等制度融合改革的试点研究，在许可制度实施较好的省市先行先试相关的排污许可制度融合改革工作。结合生态环境部机构改革、综合执法改革和环保垂直管理改革，改革排污许可管理体制，厘清许可证各层级（国家、省、市、县）以及各环节的管理部门权责关系，进一步明确申报、清查、审批、发证、企业自评估、证后监管等许可证实施各环节所属的生态环境管理部门权责，并分类分级审核管理权限，建立责任清单。建议地方生态环境部门将有关行政许可和排污许可证管理的职能统一归口到一个处（科），设立排污许可证一站式服务大厅，专门用于排污许可证申请、审核、发放、管理等相关工作，进一步简化发证程序，一个窗口对外，真正实现一站式服务。

以环境质量改善为核心，完善污染物排放许可的差异化精准化管理。围绕环境质量改善，逐步完善污染物排放许可制。排污许可立法、技术规范、监督管理等过程中，要将达标区与非达标区、重点行业与非重点行业区别对待。在管理范围上，除大气和水环境质量管理外，尽快将固体废物、噪声、CO_2 等纳入排污许可的试点工作。在污染因子上，区分常规污染物和有毒有害特征污染物，提出排放限值要求。在许可排放限值上，考虑法律规定的重污染天气应急预案等情景下的最大排放量和相关管理要求。逐步建立基于区域大气、流域水环境质量达标与非达标、重点行业与非重点行业以及动态最佳适宜（BAT）技术的排放限值计算体系。

强化固定污染源"一证式"执法监管。充分利用全国排污许可证管理信息平台提供的排污许可证执行报告、环境管理台账、自动监测数据等材料，重点实施持证企业许可排放量、自动监测数据等执法检查，执行报告、台账记录等质量抽查。积极探索新型环境监管模式，实施污染防治设施在线视频监控系统试点，抓紧完善移动执法 App。积极探索基于排污许可证的监管、监测、监察"三监"联动试点，开展在线视频监控试点，统筹实施强化帮扶、成效考核、中央环保督察等综合监管手段。强化监管信息公开，建立环境守法和诚信信用共享机制，通过曝光，严惩排污许可违法行为。

强化综合基础保障能力建设。深化"放管服"改革，继续完善许可平台功能，针对基层生态环保部门和排污单位反映的信息平台问题和不足之处，尽快优化和完善平台的功能和模块，并编制平台操作手册，在保证功能完备的前提下简化操作环节，降低基层在实际应用中的操作难度。建立健全平台应用单位与设计部门的反馈机制，推动固定污染源大数据应用水平。加强队伍、技术、资金保障，鼓励开展固定污染源前沿性科学研究。发挥微博、微信、报纸、网络平台作用，做好对外宣传与培训。

11.2.3.2　完善污染物排放总量控制制度

总量控制是我国环境保护的一项重要制度。《中华人民共和国环境保护法》《中华人民共和国水污染防治法》《中华人民共和国大气污染防治法》都规定，国家实行重点污染物排放总量控制制度。我国污染物排放总量控制制度发展至今已近 30 年，总量控制制度在污染减排、打赢污染防治攻坚战、改善生态环境质量中发挥了重要作用。经过六个五年计划的不断修改完善，形成了一套以各级人民政府为主、自上而下、行之有效的主要污染物总量控制制度体系。"十三五"时期，随着生态文明体制改革的深化，对地方政府进行生态环境目标考核时，更加强调大气环境质量目标完成情况，总量控制制度随之做了较大调整优化。自党的十八大以来，《关于加快推进生态文明建设的意见》《中共中央关于全面深化改革若干重大问题的决定》等国家生态文明建设和生态环境保护领域的重要文件都明确提出，实行企事业单位污染物排放总量控制制度，我国总量控制责任落实主体从以各级人民政府为主逐步转变为以企事业单位为主。

从目前来看，我国总量控制制度、配套法规标准和政策执行仍然存在四大突出问题：一是制度设计与固定污染源其他管理制度衔接不够紧密；二是配套法规标准体系不够健全，对挥发性有机物（VOCs）等影响日益严峻的因子控制力度不够；三是未能将主要大气污染物排放总量指标分解落实到具体企业；四是总量减排考核结果认定标准方法不统一，地方对减排工作的认定结果争议较大。在"十四五"时期，应抓住生态文明体制改革新机遇，不断完善总量控制制度，优化总量控制的定位，充分发挥污染物总量控制在实现环境质量改善过程中的关键性作用，建立以排污许可证为核心的企事业单位总量控制制度。一方面，我国主要污染物排放总量控制制度长期关注国家和区域层面的主要污染物排放总量管理。基本都采取国家—省—地市—区县四级分解模式，从上自下开展区域总量管理，主要污染物总量控制考核也停留在地方政府层面，操作基本局限于地区层面的减排重点工程调度等。另一方面，从环境污染防治管理需求出发，对于污染排放的基本单元——企事业单位等固定污染源层面的总量控制基本只限于新建、改建项目总量指标管理，迫切需要开展总量控制制度和管理体系改革。需重点做好以下几个方面的工作：

推动企事业单位总量控制制度改革。起草"十四五"企事业单位污染物排放总量控制制度指导性文件，明确企事业单位污染物排放总量控制法定义务，改革完善建设项目主要污染物总量指标审核管理办法。组织有条件的地区开展企事业单位污染物排放总量制度改革试点，将生态环境统计认可的排污许可证执行报告数据作为企事业单位实际排放量，开展重点减排项目的调度管理。全面推行企事业单位污染物排放总量控制制度，依托许可排放量、实际排放量实施总量指标管理，完善主要污染物实际排放量核查核算技术方法，推动固定污染源精准、科学、依法治污减排。

推进总量制度与其他固定源管理制度相融合。开展总量控制制度与排污许可、环境影响评价、环境标准、环境监测、环境统计等制度融合衔接，明确总量控制制度作为固定污染源管理基础制度的基本定位。理顺排污许可、总量控制、生态环境统计不同指标和数据管理流程。探索建立"环评、总量管准入，许可、标准管排污，监测、执法管落实，统计、考核管效果"的固定污染源生态环境管理体系。开展重点行业总量、环评、许可、执法全闭环管理体系试点，探索建立固定污染源事前、事中、事后全流程监管体系，建立以企事业单位总量控制为核心的"十四五"污染物排放总量控制制度。

实施主要污染物分区分类管理。开展主要污染物排放重点领域、重点行业、重点区域范围识别，结合各地生态环境质量改善情况，建立总量控制重点领域、行业、区域的动态调整机制，找准找对总量控制关键范围，将挥发性有机物纳入主要污染物排放总量管理。开展不同领域、不同行业、不同区域污染物排放总量目标制定技术方法研究，以产业结构调整、运输结构调整、能源结构调整为核心，科学制定企事业单位污染物总量控制目标，建立以企事业单位总量控制为基础、自下而上的固定污染源总量控制管理体系。开展空气质量达标区域和非达标区域污染物排放分类施策，研究水功能区和流域生态环境质量相关许可排放量核定方法，建立污染物排放量、生态环境质量指标管理体系。优先选择排放量大、治理技术成熟、减排潜力客观的重点行业和重点区域，开展区域层面主要污染物总量排放控制。

建立自下而上和自上而下相结合的主要污染物总量控制监管机制。企业层面，按证排污，落实企事业单位总量控制要求。通过排污许可信息公开及严格执法，建立以企业实际排放总量和污染排放浓度双达标的企事业单位总量控制监管体系，落实企业和地方的减排目标责任。鼓励有条件的地区通过构建排污指标二级交易市场，采取市场手段调动企业减排积极性，加速行业产业升级与结构优化。地区层面，政府通过向企业分配总量指标落实国家下达的固定污染源总量控制要求。在考核期内，若辖区内全部企业许可排放量的实质性削减量不低于该区域固定污染源排放总量的削减目标，则认定该地区完成固定污染源总量控制目标。国家和行业层面，统筹工业、农业、生活、交通、建筑等不同领域污染物排放总量控制要求，科学制定国家和行业总量控制指标，结合地区环境质量改善需求，开展自上而下和自下而上相结合的总量控制指标管理。

明确各级政府和企事业单位总量控制主体责任。各级政府作为污染物排放总量控制的责任主体，通过制定政策和减排措施，落实污染物排放总量控制目标。将总量控制管理的重心逐步下移，提高地方政府的自主权，强化企事业单位主体责任。国家负责根据全国环境质量改善、污染防治水平提升需求，制定全国总量控制目标，并分解至各省（区、市、兵团），从宏观层面加强调度和考核。各省（区、市、兵团）根据环境质量现状和改善需求，结合国家分解的固定污染源总量控制目标，制定本地区污染物排放总量控制落实方案，并对其完成情况负责。企事业单位是固定污染源污染物排放总量控制目标的实施者与责任主体，各持证企业通过持证排污、按证排污，落实其污染物排放总量控制责任。

11.2.3.3 健全环境治理信用体系

加强政务诚信建设。建立健全环境治理政务失信记录体系，将地方各级政府和公职人员在环境保护工作中因违法违规、失信违约被司法判决、行政处罚、纪律处分、问责处理等信息纳入政务失信记录，并归集至相关信用信息共享平台，依托"信用中国"网站等平台，依法依规逐步公开。

健全企业信用建设。完善企业环保信用评价制度，依据评价结果实施分级分类监管。建立排污企业黑名单制度，将环境违法企业依法依规纳入失信联合惩戒对象名单，将其违法信息记入信用记录，并按照国家有关规定纳入全国信用信息共享平台，依法向社会公开。上市公司和发债企业应当按有关规定披露其环保信用评价等级信息。

11.2.4 发挥市场机制激励作用

"十三五"期间，我国重视经济手段在生态环境保护领域的创新与应用，初步形成以市场手段推动生态环境保护的动力机制。在财政支出方面，持续加大投入力度，2016—2019 年，全国节能环保财政支出 2.4 万亿元。近年来，国家在财政支出方面，把生态环保、绿色发展作为重要的领域，每年都在增加投入。同时，引导和撬动大量社会资本参与到各地生态环境保护工作中。在价格税费方面，环境保护税全面开征，2019年全年收入 221 亿元。将电池、涂料列入征收消费税范围，从事污染防治的第三方企业按 15%税率征收企业所得税，脱硫脱硝除尘环保电价补贴持续推进。在生态补偿机制方面，跨省流域上下游生态补偿机制建设继续推进，2018—2020 年，中央财政安排 180亿元生态补偿资金，推动长江经济带建立生态补偿机制；2020 年，安排 10 亿元引导资金推动黄河流域生态补偿。在绿色金融方面，政策体系日益完善，截至 2020 年上半年，绿色信贷余额已超 11 万亿元，居世界第一位；绿色债券存量规模达 1.2 万亿元，居世界第二位；全国 31 个省份均已开展环境污染强制责任保险试点。"十四五"时期，要更加注重发挥市场机制在生态环境保护中的作用，加快国家经济政策与生态环境政策融合，运用经济政策推进结构调整、改善生态环境质量。

11.2.4.1 完善生态环境财政制度

落实生态环境领域中央与地方财政事权和支出责任。按照《生态环境领域中央与地方财政事权和支出责任划分改革方案》（国办发〔2020〕13 号），跨国界水体污染防治为中央财政事权；放射性污染防治，影响较大的重点区域大气污染防治，长江、黄河等重点流域以及重点海域、影响较大的重点区域水污染防治等事项，为中央与地方共同财政事权；土壤污染防治、农业农村污染防治、固体废物污染防治、化学品污染防治、地下水污染防治以及其他地方性大气和水污染防治、噪声、光、恶臭、电磁辐射污染防治等事项，为地方财政事权。各级财政要统筹运用一般公共预算、政府性基金、专项债等多种资金渠道，保障本级政府生态环境领域支出责任得到落实。发挥中央财政环保专项资金引导作用，带动地方财政、金融机构以及社会资本投入。

建立生态环境质量改善绩效导向的财政资金分配机制。按照"生态质量改善目标引导、奖惩双向激励结合、资金分配绩效导向"，建立基于中央财政转移支付的国家生态环境质量改善的激励机制，对于水、大气、土壤环境质量改善显著以及生态系统修复保护成效显著的地区，加大财政转移支付激励。

继续发挥补贴政策的引导推动功能。补贴从生产端为主逐步调整到消费端为主，引导助推绿色消费；补贴方向调整为针对生态环境技术创新应用。推进对储气调峰设施建设、柴油货车和老旧货车淘汰、再生水利用、畜禽粪便资源化利用、有机肥还田等补贴；对企业购买环境保护设备装置的，进行投资减免，加快折旧形式补贴；加大财政资金对长江、京津冀等重点流域、区域的生态环境 PPP 项目运营补贴。

健全生态环境保护投资统计制度。改革现有生态环境统计口径，进一步扩大生态环境保护投资统计范围，全面涵盖生态环境保护领域。推进将非工业企业大气污染防治、流域环境综合整治、农村连片整治、土壤污染防治、环境监管能力建设、生态系统修复与保护、船舶污染防治、医疗（危险）废物处置、非生产噪声污染防治、核安全以及非核辐射治理等纳入统计范围。

11.2.4.2　深化绿色税费价格政策机制改革

继续推进绿色税收政策改革。完善绿色税收优惠、环境保护税、资源税、机动车税等生态环境保护相关税收政策，制定委托治理项目增值税即征即退政策，制定有利于绿色发展的结构性减税政策。调整环境保护税征收范围，推动将挥发性有机物等特征污染物纳入征收范围，研究将二氧化碳纳入环境保护税征收范围，研究完善固体废物、污水处理厂环境保护税政策。推进将生态环境外部成本纳入资源税改革，资源税征收范围扩大到石油、天然气、煤炭、金属矿产、其他非金属矿产品及盐等。基于资源稀缺程度确定税额水平，适度提高部分矿产品资源税税率，建立体现生态环境价值及资源稀缺性的税收制度。扩大水资源税改革试点地区，将地表水和地下水纳入征税范围，实行从量定额计征，对高耗水行业、超计划用水以及在地下水超采地区取用地下水的企业，适当提高税额标准。鼓励各地区统筹考虑本地水资源状况、经济社会发展水平和水资源节约保护要求，分类确定具体适用税额。优化机动车相关税收政策，将机动车油耗、排放标准作为车辆购置税、车船税和机动车消费税改革的依据，提高使用环节成本。依据燃油品质，对汽油、柴油产品设置低质高税、高质低税的差别税率，将征收环节逐步向消费端转移。

完善环境基础设施公共服务供给收费政策。推动建立全成本覆盖的污水处理费政策。按照补偿污水处理和污泥处置设施运营成本并合理盈利的原则，完善污水处理收费标准。根据东、中、西部经济发展水平和财力情况，建立差异化动态调整机制，做到应收尽收，减轻财政环保支出压力。京津冀、长三角、珠三角等区域结合污染防治形势等，进一步提高污水处理收费标准。总结全国"无废城市"试点经验，全面建立有利于促进垃圾分类和减量化、资源化、无害化处理的税费激励机制，研究建立健全覆盖成本并合理盈利的固体废物处理收费机制。

实施超低排放环保电价补贴政策。综合考虑燃煤电厂的污染减排成本，鼓励企业技术创新，调整目前环保电价，研究完善燃煤电厂环保电价政策，推动深化脱硫脱硝除尘超低排放环保电价政策，研究将脱汞纳入环保电价。继续推进非电行业超低排放，并予以补贴激励。

推动农村污水处理设施用电执行居民用电或农业生产用电价格。将农村污水处理设施用电标准由现有的一般工商业用电标准调整为居民生活用电或农业生产用电标准，且只能低于调整前用电电价。具体价格，可由各省份根据实际情况确定。同时，执行特殊的峰谷分时电价政策，高峰时段电价不上浮，低谷时段正常下浮。

11.2.4.3 健全生态环境权益市场交易机制

完善排污权交易政策法规体系。通过法律进一步明确排污权的概念、权属及内涵，确立排污权交易的地位、作用和政策边界，通过立法规范初始排污权的核定和交易行为。将排污权纳入法律调整的范围，进行合理的分配和管制，改变由生态环境主管部门通过颁发排污许可证确认排污权这一行政性权利，赋予该权利可自由交易的市场性权利。出台具有全国指导性意义的排污权交易管理规定，为排污权初始分配和二级市场流通作出实体性和程序性的规定，为规范全国市场提供统一的法律依据。编制系列技术导则，规定排污权初始核定与分配、有偿使用、回购收储、搭建平台、实施交易、统筹监管等重点环节流程与技术要点，实施监管。完善监测和核算技术导则，提高排污权分配、排污总量核定、实际排放量确定等核算环节的计量准确性与效率。

理顺政策关联，推动与排污许可、企事业单位总量控制制度的衔接。结合试点工作经验以及排污许可制度、总量控制制度的改革思路，加速出台排污权交易政策的规范性文件，明确规定许可量核定方法、期限、二级市场、富余排污权、政府储备等关键环节。

以排污许可制作为排污权有偿使用和交易的政策载体。除了与许可排放量衔接外，还应从申请核发许可证、许可排放量登载、年度执行报告与台账管理等政策实施方面进行深度衔接，将排污单位排污权交易管理纳入排污许可证管理，实现以排污许可证作为排污单位排污权交易的唯一凭证。各地以污染物排放总量控制目标为约束，以排污许可证为载体，核定现有排污单位和建设项目所在排污单位初始排污权。对接国家排污许可证管理信息系统，建立区域及排污单位两个层级的排污权交易管理台账。

建立健全排污权二级市场与储备机制。完善排污权交易规则，划定排污权交易范围。鼓励各级地方政府建立排污权回购与储备制度，建设排污权储备机构。协同开展排污权交易与碳排放交易，共享排污权交易与碳交易平台数据资源，整合排污权交易与碳交易的交易制度。以排污许可证为载体，整合排污单位的排污权记录与碳交易记录，核定排污单位是否达标排放。构建统一的信息管理平台，通过构建并逐步完善省、市、县多级统一联网的交易平台，及时收集并公布排污权相关信息，保证交易的公平与可持续性。

健全排污权交易综合保障体系。深入开展环境监测体制改革，完善企业污染物排放监测报告制度，对重点企业实行在线自动监测。加强监测网络建设，开展计量设备质量认证工作，提高监测和统计数据的有效性、真实性和准确性。深入开展环境执法体制改革，统一执法标准，提高环境执法的频次和力度，加强污染源监督性监测，加大对排污单位环境监测数据作假的打击力度。构建排污权交易数据信息管理系统，收集汇总各地的排污权交易登记、管理等相关信息。通过与国家排污许可证管理信息系统的数据对接与信息共享，实现对排污权交易工作的组织和监管。鼓励有条件的地区开展跨行业、跨区域、跨领域的排污权交易机制研究。

此外，在全国范围内推广碳交易市场。继续推进碳排放总量和强度"双控"，推动全国碳市场的建设运转，推进碳交易机制成为碳排放 2030 年达峰的重要手段。在发电行业率先启动碳排放权交易的基础上，逐步扩大参与碳市场的行业范围，拓展到钢铁、水泥、化工等其他重点行业。进一步拓展交易主体范围，增加交易品种，全面建立环境权益交易的 MRV（监测—报告—核查）能力，完善全国碳交易平台和市场。积极推动试点省市在立法规范、政策体系、能力建设、平台运营以及碳金融方面的深入探索，"自下而上"积累经验，进一步健全国家碳交易市场。将粤港澳大湾区和长三角区域打造成全国碳减排率先达峰区域，推进区域碳交易市场建立。

推进资源权益交易。探索资源使用权市场化交易，完善水资源合理配置和有偿使用制度，加快建立水资源取用权出让、转让和租赁的交易机制。进一步加快推进节能量、用能权、用水权和绿色电力证书等交易制度探索，不断扩大试点的区域、行业或交易主体。继续推动自然资源产权制度改革，建立健全归属清晰、权责明确、流转顺畅、保护严格、监管有效的自然资源产权制度。

11.3 加强监测监管能力建设

11.3.1 完善生态环境监测体系

11.3.1.1 现状分析

（1）我国生态环境监测事业进展与成效

生态环境监测基础能力显著增强。当前，我国已形成国家—省—市—县四级生态环境监测架构，共有监测人员约 6 万人，另有各行业及社会机构监测人员约 24 万人，为我国生态环境监测事业发展提供了坚实的人力保障。中央和地方全力推进生态环境监测网络建设，截至 2020 年年底，全国建成城市空气监测站点约 5 000 个、地表水监测断面约 1.1 万个、土壤环境监测点位约 8 万个、声环境监测点位约 8 万个，具备了 2～3 天对全国覆盖一次的环境遥感业务化监测能力。环境质量监测预报预警水平大幅提高，建成"国家—区域—省级—城市"四级重污染天气预报网络。全国重点排污单位污染物排放实现在线监测和联网共享。基本建成生态环境监测信息发布平台，全国地级及以上城市空气质量监测、重要河流流域和生活饮用水水源地水质监测、重点污染源监测等各类信息均已实现统一发布。总体上，我国已基本建成陆海统筹、天地一体、全面设点、联网共享的生态环境监测网络。

生态环境监测体制机制改革不断深化。按照国务院机构改革要求，将海洋、地下水、入河（海）排污口、水功能区、农业面源、温室气体等要素纳入全国生态环境监测体系，进行通盘谋划。同时，认真落实生态环境监测管理体制改革要求，1 436 个国家城市空气监测站、2 000 余个国家地表水监测断面、4 万余个国家土壤监测点位监测事权完成上收。31 个省（区、市）和新疆生产建设兵团均制定省级以下监测机构垂直管理改革方案，基本理顺了省市生态环境监测机构的职能和管理体制，改革任务稳步推进，逐步实现"谁考核、谁监测"，地方干预明显减少，强化了生态环境质量监测数据保障。广东、甘肃、湖南、河南等部分省份设立了区域生态环境监测机构，进一步优化整合辖区内的监测资源。落实"放管服"改革要求，引导社会力量有序参与监测服务，全面建立生态环境监测市场化运行机制。全社会生态环境监测从业人员达 30 万人，生态环境监测市场得到快速发展，政府、企业、社会多元参与的监测格局基本形成。

生态环境监测质量管理体系逐步完善。建立内部质控和外部监督相结合的质量管理体系，构建国家—区域—机构三级质控体系并有效运转，以中国环境监测总站为源头的国家网量值溯源体系基本形成，确保监测活动有章可循。国家编制出台了《加强环境空气自动监测质量管理工作方案》《国家环境空气质量监测网运行管理实施细则》《地表水环境手工监测数据质量检查办法（试点）》《地表水环境自动监测数据质量检查办法（试点）》等一系列管理制度文件。国家和地方积极开展环境监测质量专项检查，通过强化培训、质控考核、能力验证、飞行检查等手段，不断提升监测数据质量。不断加强对社会化监测机构的监管力度，国家制定印发了《关于加强生态环境监测机构监督管理工作的通知》《检验检测机构资质认定生态环境监测机构评审补充要求》等文件，为监测市场健康有序发展提供了制度保障。北京、江苏、山西、湖南、重庆、云南、广西等部分省（区、市）出台了社会化环境检测机构能力认定申办指南、认定程序、技术审核细则、管理办法等相关文件，指导企业依法依规参与环境监测服务。近年来，我国严厉打击和防范环境监测数据弄虚作假行为，生态环境部配合最高人民法院、最高人民检察院出台"两高司法解释"，逐步完善生态环境监测违法违规行为发现、查处、移送机制，对地方不当干预和监测数据弄虚作假形成有力震慑，监测数据的独立、权威、公正得到保障。

生态环境监测支撑服务效能日益凸显。近年来，生态环境监测在考核评价、生态补偿、监管执法、风险防范、公共服务等方面的支撑服务作用逐步凸显。强化城市空气、地表水环境质量评价与考核支撑，定期开展城市空气和地表水环境质量排名及达标情况分析，为污染防治行动计划实施考核提供数据支持。开展全国生态状况监测与评价，支撑国家重点生态功能区县域评价与考核，评价结果作为重点生态功能区转移支付参考依据。深化污染源监测，基本实现全国重点污染源排放自行监测与监督性监测数据统一采集、处理、分析和评价，推动测管协同联动，服务生态环境监管执法。环境空气污染预警体系不断完善，区域重污染过程预报准确率接近 100%。建立全国大气污染物排放清单编制与分析系统，为重污染天气预警应急、污染溯源解析、大气污染联防联控、重点风险源监控预警等提供支持，有效支撑环境风险防范管理。监测信息服务水平逐步提高，每年发布《中国生态环境状况公报》，实时公开空气、地表水自动监测数据，通过广播电视、报纸杂志、网络、新媒体等渠道，向社会公众提供生态环境信息服务，为公众提供健康指引和出行参考。

（2）我国生态环境监测存在的主要短板

对精准治污支撑尚显不足。生态环境监测广度、深度和精度仍有不足，难以支撑新时期污染防治问题精准、时间精准、区位精准、对象精准和措施精准的需要。统一生态环境监测网络有待整合优化，各要素领域监测网络覆盖范围不全、代表性不足、监测项目有限，对特征污染物、有毒有害物质、新型污染物等监测不足，监测自动化程度低，环境质量实时联网监测监控和数据深度应用水平不高，对重点区域、重点流域、重点领域、重点行业和重点问题的精细化支撑水平有待提升。

监测评价技术标准体系有待完善。新时期生态环境问题复杂多变，环境污染和生态系统退化问题依然突出，污染排放种类增多，排放过程和成因机理更加复杂，支撑各要素领域质量监测的标准方法体系、评价体系和技术体系有待健全。国家—区域—省—市—县不同尺度的生态质量监测评价方法和指标体系尚未形成，生态质量评价体系亟待完善。生态环境监测技术创新不足，高精尖及新型污染物监测技术设备研发能力薄弱，针对新领域、新项目的监测技术规范体系不健全，研究性监测、调查监测和环境健康风险监测技术体系有待完善。

监测体制机制尚未完全理顺。省以下生态环境监测垂直管理改革尚未完全落实到位，各地模式和进展差异较大。地方监测与执法协同联动机制尚未真正形成，对排污单位自行监测行为、社会化监测机构行为的监督检查和调查取证等环节，监测人员与执法人员的协同联动机制不健全，缺乏统一规范要求。部门间沟通协商壁垒尚未完全打通，部门间信息共享不充分。随着生态环境监测领域不断拓展，在近岸海域、生态状况、地下水、农业面源、排污口等监管领域，中央和地方的生态环境监测事权与支出责任划分仍不清晰，市县监测能力建设资金保障有待加强。

监测质量管理和控制仍需加强。环境监测数据是支撑环境质量评价考核、督促企业落实主体责任的基本依据，目前我国自动监测质控、量值溯源/传递技术、质控标准物质配套等方面仍有不足，对监测机构能力、人员、活动的备案、监督、信用评价与责任追溯制度尚未建立，社会化监测质量监管体系仍不健全，存在监测数据不准确、监测数据弄虚作假、监测机构水平良莠不齐等情况，数据质量问题时有发生。

先进信息技术融合应用不充分。生态环境监测信息化应用水平难以支撑生态环境保护智慧监管需要，大数据、移动互联网、遥感、物联网、生物传感器、人工智能等先进技术在监测领域融合应用不足，天地一体的监测业务融合体系尚未完全形成。监测数据壁垒和信息孤岛尚未实质性打通，海量监测数据深度挖掘分析和应用亟须加强。

11.3.1.2 形势要求

当前和今后一段时期，我国进入生态文明建设进程加快、经济结构优化调整、绿色转型持续推进、信息技术加速变革的关键时期，产业结构、能源结构和消费方式逐渐向绿色转型，生态环境保护面临利好形势，生态环境监测事业发展面临的机遇与挑战并存。主要体现在：①随着生态文明体制改革的持续深化，生态环境治理领域不断扩大，地下水、水功能区、入河（海）排污口、海洋、农业面源、气候变化等新增职能被纳入生态环境保护监管范畴，对统一生态环境监测评估职能、扩大生态环境监测领域范围提出迫切要求。②2020 年中办、国办印发的《关于构建现代环境治理体系的指导意见》，为推进生态环境监测体系与监测能力现代化提供了重要指引，对构建现代生态环境监测体系提出了内在要求。③我国生态环境质量改善成效还不稳固，部分地区、部分行业、部分领域环境问题仍然突出，生态系统服务功能退化局面尚未扭转，环境风险隐患依然存在，我国仍处于生态环境质量改善的爬坡过坎阶段。深入打好污染防治攻坚战，对强化生态环境监测支撑提出更高要求，亟须加快推进生态环境监测业务深化、指标拓展、技术研发、标准制定和数据深度应用。④社会公众对健康环境和优美生态的迫切需求与日俱增，环境风险防范意识日益增强，对环境污染事件愈加关注，环境维权意识与参与意识逐渐增强，对生态环境监测信息的可得性、时效性、全面性提出更高要求，对加强有毒有害物质监测与评估提出更多诉求，对有效防范生态环境风险、提升突发环境事件应急监测响应水平提出更高期待。⑤全球环境问题日益凸显，积极应对温室气体减排、臭氧层保护、生物多样性保护、持久性有机污染物减排、汞污染治理、危险废物和化学品管理等环境问题，是践行履约责任、彰显大国担当、提升国际话语权的重要体现。需借鉴发达国家生态环境监测方法标准体系、技术研发体系和质量管理体系，加快形成相关领域监测支撑能力，更好应对全球环境问题。

11.3.1.3　思路任务

"十四五"期间，我国生态环境监测发展应遵循"统筹谋划、系统融合、明晰权责、协同高效、科技引领、均衡发展"的原则，着眼于环境污染治理、生态保护修复、群众环境权益维护的需要，坚持系统观念，从整体和全局谋划全国生态环境监测事业，协同推进各领域生态环境监测网络、政策制度、体制机制、技术装备、队伍能力等方面工作；全面落实放管服改革、垂直管理改革和综合执法改革的要求，明确部门职责边界，厘清中央地方事权，明晰政府、企业、社会等各类主体权责，健全政府主导、企业履责、社会参与的多元协同监测机制；注重先进信息技术应用，监测技术手段向天地一体、自动智能、科学精细、集成联动的方向发展，提高监测的自动化和智能化水平，实现快速、精准监测；优化全国生态环境监测资源配置，因地制宜，分类施策，加强监测资源共建、共享、共用，实现东中西部地区间、省市县层级间、城市与农村间生态环境监测公共服务的基本均衡。重点推进以下几个方面的任务：

优化完善生态环境监测网络。结合全国污染防治攻坚战和管理要求，全面深化各领域环境质量监测和生态监测。中央和地方根据事权划分，统一规划、优化调整大气（含温室气体）、地表水、地下水、海洋、土壤、辐射、噪声、生态状况等生态环境监测站点设置和指标项目，建成高质量的生态环境智慧感知监测网络，实现环境质量、生态质量、污染源监测全覆盖，逐步形成完善的环境质量和生态质量评价体系，全方位支撑精细化管理。优化自动为主、城乡统筹的大气环境监测网络，健全 $PM_{2.5}$ 和 O_3 协同控制的监测网络，建立温室气体监测体系。完善"三水"统筹、陆海统筹的水生态环境监测网络，开展自动监测为主、手工监测为辅的地表水水质监测，建立覆盖重点海域流域和重要水体的水生态监测网络，优化海洋环境质量监测网络，布设全国地下水环境质量考核点位。完善土壤、辐射、噪声等环境质量监测网络，开展重点区域调查性与研究性监测。建立天地一体的生态质量监测体系，加快生产全方位、高精度、短周期生态遥感监测产品，建立覆盖重要生态空间和典型生态系统的生态质量监测网络，完善不同尺度、不同频次的生态质量监测评估机制。构建覆盖全部排污许可发证行业和重点管理企业的污染源监测体系，规范排污单位和工业园区自行监测，完善污染源执法监测机制。融合运用5G、大数据、物联网、人工智能等先进信息技术，加强生态环境监测站点全国联网和大数据整合利用、深度挖掘和智慧应用。

完善预报预警和应急监测体系。健全国家—区域—省级—城市四级预报体系，重点提升中长期预报能力，国家层面具备未来 15～45 天空气污染趋势预报能力，区域层面具备未来 15 天空气污染趋势预报能力，省级和城市层面具备未来 10 天空气质量级别预报能力。充分发挥空气背景监测站、区域（农村）空气质量监测站作用，为空气质量预测预报提供支撑。深化生态环境部门与气象部门空气质量预报会商合作机制。加快推进空气质量预报自主模型研发与应用。完善"分区分级、属地管理、区域联动"的环境应急监测响应体系，充分利用现有资源，在全国设立若干区域性应急监测基地，提升跨省区应急监测支援效能；地方层面，分级分区加强应急监测装备配置。全国范围内，力争形成陆域 2 h、近海（50 海里以内）6 h 应急监测响应圈。探索应急监测物资储备和现场支援社会化机制，增强应急监测队伍实战能力。

健全生态环境监测制度机制。健全生态环境监测法规制度，加快出台《生态环境监测条例》，完善监测网络管理、活动备案、质量监督、信息共享公开等配套制度，鼓励各地制定生态环境监测地方性法规、规章，强化依法监测。完善大气、水、土壤、物理、生态、污染源等领域监测标准体系，支撑环境质量、污染物排放和风险管控标准实施。建立部门间沟通协作机制，生态环境部加强与自然资源部、水利部、农业农村部、气象局、卫健委等协商沟通，实现部门间信息共用共享。建立健全环境监测数据质量保障制度，完善社会化监测机构惩戒和市场退出机制，建立监测数据造假行为曝光平台，营造公平竞争的市场环境。根据生态环境领域央地事权与支出责任改革要求，明晰生态环境监测领域中央和地方事权划分，明确中央财政重点支持领域，鼓励地方因地制宜制定省以下生态环境监测事权清单。优化监测业务运行机制，加快省以下监测机构垂直管理改革全面落地见效，适度扩大省级环境质量监测事权，理顺驻市监测机构为属地政府提供监测服务的实施机制，加强区县生态环境监测机构能力建设。深化生态环境监测领域"放管服"改革，进一步扩大社会监测机构服务领域，丰富生态环境监测服务供给，促进形成规范开放的生态环境监测市场。

11.3.2　健全生态环境综合执法体系

"十三五"时期，我国生态环境综合执法体系建设取得重要进展。加强党的领导，持续推进党建与业务深度融合，为全面做好监督执法工作提供坚强的政治保障。深化改革创新，统筹推进综合执法改革与省以下生态环境机构监测监察执法垂直管理制度改革，生态环境监督执法体系实现根本性变革。坚持严格执法，畅通行政执法和刑事司法"两法"衔接，确保生态环境法律法规有效执行。聚焦核心任务，紧盯突出问题，助力打赢打好污染防治攻坚战标志性战役。夯实基础能力，切实提升生态环境保护执法规范化、标准化、信息化水平，广泛开展执法大练兵与业务培训，生态环境保护执法队伍建设迈上新台阶。下一步，要坚持方向不变、力度不减，突出精准治污、科学治污、依法治污，优化执法方式，完善执法机制，规范执法行为，全面提高生态环境执法效能，切实改善生态环境质量。

11.3.2.1　加强监管执法能力建设

加强队伍管理制度化建设。主要体现在三个方面：首先，要建立执法人员持证上岗和资格管理制度。此项制度的建立，不仅是国家依法治国方略在生态环境执法领域的基本体现，也是对生态环境执法人员执法主体资格的明确，可以说是从源头上规范执法程序。其次，要建立教育培训制度。在教育培训方面，各级生态环境部门均开展了不同类别、不同层次的培训，生态环境部要求环境执法人员每 5 年全部轮训一次。最后，要建立考核奖惩制度。近年来，生态环境保护工作一直保持高压态势，生态环境执法工作日益繁重，广大执法人员克服困难、甘于奉献，为打赢污染防治攻坚战奉献自己的力量，涌现了一大批敢担当、善执法的执法队伍和先进个人。为激励执法队伍和人员，凝心聚力，打赢污染防治攻坚战，要建立考核奖惩制度，实行立功表彰奖励机制。

加强执法程序规范化建设。加强行政执法程序建设，规范行政执法行为，是依法行政的基础性工作和关键性环节。要全面推行执法全过程记录制度、重大执法决定法制审核制度，积极落实执法案卷评查和评议考核制度。要强化执法程序建设，制定具体执法细则、裁量标准和操作流程，并对证据收集、执法裁量规则提出规范。要针对部分执法程序缺乏以及程序不规范的现实问题，鼓励各地进行积极探索，切实解决执法中长期存在的"重实体、轻程序"的问题。

加强执法能力标准化建设。长久以来，执法经费不足、装备老化、没有服装或者服装五花八门，成了环境执法人员难以言说的痛。公车改革时，因为不在执法序列，执法车辆没有保留的情况比比皆是。此类情况，已经严重制约了生态环境执法队伍履职尽责，与当前生态环境保护工作严重不适应。《关于省以下环保机构监测监察执法垂直管理制度改革试点工作的指导意见》在加强市县环境执法工作和加强环保能力建设章节，对环境执法机构列入政府行政执法部门序列已经予以明确，对标准化建设也有所提及。所以，仍需进一步明确综合执法队伍的建设方向，推动综合执法队伍进入快速发展的轨道。按照机构规范化、装备现代化、队伍专业化、管理制度化的要求，全面推进执法标准化建设，统一执法制式服装和标志以及执法执勤用车（船艇）配备，按中央统一规定执行。应当尽快制定完善标准化建设指标，确保能力与承担的任务相适应，打造生态环境保护执法铁军。

11.3.2.2   强化基层生态环境执法能力建设

建立与事权相匹配的基层环保能力，增强基层执法力量保障。执法重心下移，区县实行"局队合一"，加强基层执法职能，强化执法机构标准化建设，按照统一标准配备执法用车辆、设备仪器、服装等，充实一线生态环境执法力量。同时在跨区域、跨流域执法方面，建议整合设置跨市辖区生态环境监察和生态环境监测机构，加大跨区域、跨流域生态环境执法监管。

进一步强化乡镇生态环境机构能力建设。通过垂改不断加强县级生态环境机构的环境执法职能，并强调向一线下移，充实基层生态环境执法力量。因此，进一步完善乡镇街道生态环境机构，并强化执法职能显得十分重要。建议成立乡镇街道片区生态环境所，为生态环境局派出机构，以乡镇街道生态环境办为基础建立，两至三个乡镇街道为一个片区所，确定专门编制和人员，专干其事，切实履行生态环境保护工作职责。明确乡镇街道生态环境办工作人员执法权，让乡镇街道生态环境办人员能够参与执法，延伸基层执法"触角"，确保第一时间赶往执法现场开展工作。加大乡镇街道生态环境办人员配置数量，至少能够保障出现场时最少两名执法人员的要求，参与企业巡查与处理生态环境信访等工作。参与企业人员培训工作，强化对生态环境方面法律法规的学习，及时掌握最新要求，提升业务水平。

11.3.3　提升生态环境信息化水平

11.3.3.1　以打通企业环境数据信息为抓手加强政策协同

现阶段，以排污许可、达标排放、监察执法等行政手段为主的企业环境监管政策体系初步形成，全国已经核发完成 24 个重点行业 4 万余张排污许可证（截至 2019 年 4 月），行政处罚案件 18.6 万件，罚款数额 152.8 亿元（2018 年）。核发排污许可证的 15 个重点行业污染排放日均值达标率为 61.3%～95.4%（2017 年），环境税共征收 206 亿元（2018 年）。上市公司中，涉污染排放的 377 家企业环境信息披露率为 69.8%（2017 年），21 家主要银行绿色信贷合计 82 956 亿元（2017 年上半年）。但是，目前各个部门、各项政策还多处于单项实施状态，信息和数据不对称、不互通等问题突出，行政手段、市场手段等各项政策间机制不畅通，企业的生态环境信用评价体系及联合惩戒激励制度尚未建立，政策间难以形成合力。因此，应利用生态环境大数据平台统一企业环境管理信息，推动形成企业环境管理制度链条。对于企事业单位开发资源、排放污染物造成生态破坏的，按照"谁污染谁治理、谁破坏谁恢复"的原则，落实企业主体责任，打通相关政策链条，形成政策合力。通过生态环境大数据平台，将企业的排污许可、监督性监测、在线监测、达标排放、环境处罚、环境税、企业环境信息强制性披露、环境污染责任保险、绿色信贷、绿色债券、企业生态环境信用评价等各类信息和数据打通，强化各项政策制度间的无缝衔接，形成企业制度链条，推动企业落实责任。

11.3.3.2　加强环境信息系统建设

利用新一代信息技术，提升精细化服务感知、精准化风险识别、网络化行动协作的智慧环保治理能力。依托数字社会、数字政府建设，建立社会经济与资源环境数据要素资源体系。深入开展系统整合协同，加快建设生态环境综合管理信息化平台。完善全国固定污染源统一数据库建设，加强与全国一体化在线政务服务平台对接，推动电子证照、一网通办、跨省通办改革进程，全面推广线上线下相融合的生态环境政务服务模式，加强数据共享。推进生态环境大数据智能算法和业务模型研发，深化大数据创新应用。建立自主可控的网络安全防护体系，加快推进重点业务系统和重要设备的国产化替代。

11.4　加快构建全民行动体系

11.4.1　现状分析

近年来，国家推进顶层设计，构建生态环境全面行动体系，各地也积极实践，引导各类社会团体参与环境治理，强化国民环保教育与宣传，践行绿色生活。主要体现在以下三个方面：

（1）畅通渠道，充分发挥社会监督机制

生态环境部印发《关于统一使用全国生态环境信访投诉举报联网管理平台的通知》，优化升级全国生态环境信访投诉举报管理平台，对于来电、微信、网络、来信、来访举报形式采取"一网整合"措施，实现"一网登记、一网转办、一网处理、一网回复"的统一平台。印发了《关于实施生态环境违法行为举报奖励制度的指导意见》，进一步指导地方各级生态环境部门将群众视为守护生态环境的"同盟军"，使群众成为生态环境保护有力有效的帮手，成为生态环境部门的千里眼和顺风耳，激励人民群众积极参与社会监督。各地积极推进生态环境信访举报工作，优化投诉受理机制。浙江、北京、上海、新疆、山西、黑龙江、吉林、广西、海南等地发布环境违法行为有奖举报办法，激发公众参与环境监督的热情。

> **专栏 1　生态环境信访举报成效**
>
> 　　2020 年，全国生态环境信访投诉举报管理平台共接到公众举报 441 472 件，12369 人工接听群众来电 21 839 个，登记转办有效举报件 2 505 件，并且运用"抽查—督办—预警"三级督办机制，解决了群众身边一大批突出的生态环境问题。全方位支援污染防治攻坚战，先后为打赢蓝天保卫战，打好柴油货车污染治理、城市黑臭水体治理等 7 场标志性重大战役，以及打击固体废物及危险废物非法转移和倾倒、垃圾焚烧发电行业达标排放、"绿盾"自然保护区监督检查 4 个专项行动，转交提供投诉举报线索近 20 万条。

（2）积极引导各类社会团体参与环境治理，强化服务能力建设

生态环境部印发《环保社会组织社会风险舆情防控与化解工作指南》《关于推动环保社会组织积极参与生态环境保护社会宣传工作的通知》，引导环保社会组织积极参与生态环保工作；同时，推选百名最美生态环保志愿者，推动地方面向学校、企业、社区、农村，组织开展"美丽中国，我是行动者"主题实践活动，引导社会各界参与。共青团

中央社会联络部聚焦助力污染防治攻坚战，出台并实施《"美丽中国，青春行动"实施方案（2019—2023 年）》，青少年参与生态文明工作呈整体推进态势。社会组织及公众参与渠道不断拓展。我国积极推动社会关切度高的大气、水、土壤环境质量和突发环境事件等信息的公开工作，推进引导社会组织参与，积极推进环境公益诉讼，环境公益诉讼成绩斐然。截至 2019 年，环境资源领域公益诉讼案件达 20.4 万件，占总公益诉讼案件的 54.9%。环境公益诉讼主体范围不断扩大，环境公益诉讼的社会组织增加到 22 家，所提起的公益案件涵盖全国大部分地区，基本实现了对生态环境保护重点地区的全覆盖。

专栏 2　引导各类团体及社会组织参与环保的地方实践

　　各地积极引导各类团体及社会组织参与环保，强化志愿服务。广西印发实施《广西壮族自治区生态环境社会公众链接制》，加快整合全区生态环境系统现有信息公开渠道、新闻发布平台和公众教育资源。江苏引导社会各界参与生态保护和环境治理，推出"美丽江苏，七彩约定"，引导行业协会和地方自觉履行环保责任，全省环保社会组织和高校环保公益社团联盟成员增加到 81 家，环保同盟军空前壮大。甘肃建立"河小青"环保志愿者队伍，全省"志愿汇"生态环保注册志愿服务组织达 31 个，参与生态环保志愿服务活动的组织 550 个，累计活动场次 2 292 次，参与者达 176 704 人次，服务时长 5 952 352 小时。

　　（3）强化国民环保教育与宣传，积极践行绿色生活

　　教育部发挥制度引领作用，要求各地各校全面开展以节约资源和保护环境为主要内容的生态文明教育，加强节约教育和环境保护教育。生态环境部牵头印发《"美丽中国，我是行动者"提升公民生态文明意识行动计划（2021—2025 年）》，进一步加强生态文明宣传教育工作，引导全社会牢固树立生态文明价值观念和行为准则；同时，深入做好《公民生态环境行为规范（试行）》传播，指导开展公民生态环境行为调查。国家发展改革委牵头印发《绿色生活创建行动总体方案》，通过开展节约型机关、绿色家庭、绿色学校、绿色社区、绿色出行、绿色商场、绿色建筑等创建行动，广泛宣传推广简约适度、绿色低碳、文明健康的生活理念和生活方式。各地也积极强化宣教，践行绿色生活。河北省在《2018—2022 年全省干部教育培训规划》中，将生态环境保护纳入干部教育培训体系。发挥党校（行政学院）主阵地作用。山东省开设了《环境教育》必修课程，由省级财政免费向学生提供《环境教育》教科书。福建省把生态环境保护融入大中小学教育教学计划，纳入《海西家园》等地方课程教材，推进生态环境保护教育全覆盖。重庆、海南、贵州、安徽、福建等多地发布绿色创建行动方案。江苏省出台《江苏生态文明 20 条》，引导公众从"按需点餐要光盘"等具体的小事做起，践行绿色生活方式。

> **专栏3   公民绿色消费生活方式逐渐形成**
>
> 　　居民践行习近平生态文明思想、推进绿色消费的意识不断加强，绿色消费规模稳步提升。阿里等多个零售平台数据显示，绿色消费者人数近年来成倍增长，《中国公众绿色消费现状调查研究报告（2019版）》显示，绿色消费的概念在公众日常消费理念中越来越普及，83.34%的受访者表示支持绿色消费行为，其中46.75%的受访者表示"非常支持"。新冠肺炎疫情发生后，公众对人与自然关系的反思比以往任何时期都普遍和强烈，这会进一步提升绿色消费的意愿。通过财政补贴方式推广、免征车辆购置税、实施"双积分"政策、提高贷款发放比例等，促进了新能源汽车消费，引导新能源汽车产业高质量发展。共享出行是共享经济模式下的一种新型绿色出行方式，主要包括共享单车、共享汽车、顺风车、拼车等。自2019年7月1日《上海市生活垃圾管理条例》正式实施以来，整整半年时间，上海湿垃圾的日均分出量9 200 t，这个数字比没有强制分类的6月份足足多了3 000 t，充分说明老百姓对生活垃圾分类的普遍接受和认真执行。

11.4.2　存在的问题

　　当前，公众绿色生活和绿色消费的意识和理念仍不够强，价值观和文化还未形成；公众绿色生活的相关制度和支持机制还不完善；政府、企业、社会及公众共同参与的全民行动体系尚未完全形成，社会组织和公众参与的渠道、作用和积极性有待进一步拓展与发挥。

　　公众的绿色生活、绿色出行、绿色消费等意愿有所增强，但是生态文明教育产品、绿色产品与服务的市场供给不足、质量较低，尤其是寓教于乐、形式多样的绿色文化产品供给更是基本为零。公众环境治理参与意愿逐步增强，但是基本知识与技能还有待提升，生态文明国民教育体系亟待加快建立。

　　公众和社会组织在环境治理中的作用与激发其真实参与意愿仍有差距，参与的深度与广度有待深化，环保组织分布不均且数量较少，基本上仅集中在北上广等东部沿海地区；部分环保组织专业性较弱且组织资金较少，参与能力与专业度有待提升。

　　公众参与形式较单一。法律制度中关于公众参与民主决策和政府管理的机制尚未建立。由于是在政府倡导下进行参与，很多时候公众很难有自己的独立立场，形式上参与多，实质性参与少，主要集中在末端参与，即在环境遭到污染、生态遭到破坏、公众受到污染影响之后才参与到环境保护之中，而源头参与、全过程参与和主动参与不足。

11.4.3　思路任务

《中华人民共和国国民经济和社会发展第十四个五年规划和 2035 年远景目标纲要》中，明确提出"完善公众监督和举报反馈机制，引导社会组织和公众共同参与环境治理""建立统一的绿色产品标准、认证、标识体系，完善节能家电、高效照明产品、节水器具推广机制""深入开展绿色生活创建行动"，为"十四五"构建全面行动体系提供了思路与方向。"十四五"时期，要从增强全社会生态环保意识、践行简约适度绿色低碳生活、推进生态环保全民行动三大方面，倡导绿色生活方式，以绿色消费带动绿色发展，以绿色生活促进人与自然和谐共生。全民动员，人人参与，形成文明健康的生活风尚。

11.4.3.1　增强全社会生态环保意识

强化宣教制度建设，将生态文明、环境保护纳入国民教育体系。学校是青少年培养生态文明及绿色发展意识与能力最主要的"战场"，是获取和学习生态环境保护理论与知识最重要的"摇篮"，所以必须发挥课堂教学的主渠道作用、校园文化的熏陶作用、社会实践的培养作用，通过修订幼儿、小学、初中、高中、大学各阶段的课程标准，把生态文明教育内容和要求纳入国民通识教育体系，在不同教育阶段开设生态文明教育必修课程，有序纳入各阶段教学计划。幼儿园开设生态环境启蒙课程，编制课程教材与课外读本，强化生态环境保护师资队伍建设；鼓励各地各校根据本地历史文化和地方特色，编制地方教材和校本教材，培养广大青少年垃圾分类、爱护动植物、节约资源、过低碳生活的生态环境保护意识。同时，要将生态文明教育贯穿全社会，纳入成人教育、职业教育体系和党政领导干部培训体系，在各级党校、行政学院、干部培训班开设生态文明教育课程，推动各类职业培训学校、职业培训班积极开展生态文明教育。加强生态环境保护学科建设，加大生态环境保护高层次人才培养力度，推进环境保护职业教育发展。开展生态环境全民科普行动，开展"我是生态环境讲解员"等科普活动，创建一批"国家生态环境科普基地"。

繁荣生态文化。生态文化是指以崇尚自然、保护环境、促进资源永续利用为基本特征，能使人与自然协调发展、和谐共进，促进可持续发展的文化。生态文化的形成意味着人类统治自然的价值观念的根本转变，所以繁荣生态文化，就是通过文化熏陶与渲染，向着人与自然和谐发展的价值取向发展与过渡。"十四五"时期，首先要加强生态文化基础理论研究，丰富新时代生态文化体系。其次要加大生态环境宣传产品的制作和传播力度，各地方结合地域特色和民族文化打造生态文化品牌，研发推广生态环境文化产品。再次要鼓励文化艺术界人士积极参与生态文化建设，加大对生态文明建设题材文学创作、影视创作、词曲创作等的支持力度，开发体现生态文明建设的网络文学、动漫、有声读物、游戏、短视频等。

专栏 4　开展生态文化传播行动

实施生态文化精品工程：各省（自治区、直辖市）生态环境部门紧密围绕污染防治、生态保护、无废城市建设、垃圾分类、限塑减塑、杜绝餐饮浪费等生态文明建设重大任务、重点工作，组织文艺工作者深入基层，创作反映生态环境保护工作实际、承载生态价值理念、思想精深、艺术精湛、制作精良的生态文化作品。各省级生态环境部门每年制作宣传产品不少于 5 件，地市级每年制作至少 1 件。生态环境部每年面向各地征集优秀作品，并组织开展征文，摄影、书法和绘画大赛等活动，精品可向"五个一工程"推荐。

建立文化宣传小分队：鼓励和引导地方以习近平生态文明思想为题材，开展艺术创作和演出。2025 年年底前，各地级及以上城市生态环境部门会同宣传部门牵头组建生态文化宣传小分队，推动优秀作品省内巡演，群众反响良好的作品可推荐组织全国巡演。

打造生态文化活动品牌：各省（自治区、直辖市）生态环境部门会同相关部门结合本地实际，突出地方特色，牵头开展"生态环境宣传周"等系列活动，唱响《环保人之歌》《让中国更美丽》等主题歌曲，用好用活中国生态环境保护吉祥物，打造本地生态文化活动品牌。

——内容来自《"美丽中国，我是行动者"提升公民生态文明意识行动计划（2021—2025 年）》

11.4.3.2　践行简约适度绿色低碳生活

积极推进绿色生活创建活动，推动全民绿色生活绿色消费。我国公民衣、食、住、行（及通信）、用（生活用品及服务）占居民消费的 76%，这一消费结构在未来 15 年内不会有明显变化，这 5 个领域也是居民消费中资源环境影响较大的领域；同时，在这些领域，一个单位的绿色产品消费对经济拉动和资源环境绩效改进作用明显。为此，基于衣、食、住、行、用这 5 大领域，政府要统筹引导，各地要按照《绿色生活创建行动总体方案》及各地实施方案的要求，积极组织开展节约型机关、绿色家庭、绿色学校、绿色社区、绿色出行、绿色商场、绿色建筑等创建活动，健全绿色生活创建的相关制度政策，大力推行《公民生态环境行为规范（试行）》，系统推进，广泛参与，突出重点，分类施策。要加大宣传力度，组织开展各类环保实践活动，引导全社会从少浪费一粒粮食和一口饭菜做起，坚决制止餐饮浪费行为，积极践行"光盘行动"。鼓励宾馆、饭店、景区推出绿色旅游、绿色消费措施，严格限制一次性用品、餐具使用。在机关、学校、商场、医院、酒店等场所全面推广使用节能、节水、环保、再生等绿色产品。开展绿色生活、绿色消费统计，定期发布城市和行业绿色消费报告。

全面推进绿色产品供给与绿色设施建设。绿色产品与服务是绿色消费的基础，加快环境标志、节能、节水、绿色建筑等绿色产品与服务的标准建设和加大相关认可认证力度是当务之急。绿色产品与服务的标准与认可认证，一端连着消费者，另一端连着生产者，可以同时撬动绿色消费和绿色生产，不断扩大绿色产品与服务供给。此外，围绕着绿色出行、绿色社区、绿色建筑等创建活动，强化绿色生活基础设施建设，以直辖市、省会城市、计划单列市以及城区人口在 100 万以上的城市为重点，大力推进绿色出行，带动周边中小城镇全面参与，深化公交都市建设。到 2025 年，力争 70%以上的绿色出行创建城市绿色出行比例达到 80%以上。推进城市社区基础设施绿色化，采用节能照明、节水器具，强化社区垃圾分类的宣传与推进，全面建设分类投放、分类收集、分类运输、分类处理的生活垃圾处理系统。合理划定社区、办公楼、学校、医院等建筑物与交通干线、工业企业等噪声源的防噪声距离，完善高架路、快速路、城市轨道等交通干线隔声屏障等降噪设施。

11.4.3.3　推进生态环保全民行动

率先垂范，发挥政府机关带头作用。党政机关要厉行勤俭节约，反对铺张浪费，推进信息系统建设和数据共享共用，积极推行无纸化办公，带头减少一次性用品使用。健全节约能源资源管理制度，强化能耗、水耗等目标管理。使用政府资金建设的公共建筑全面执行绿色建筑标准，凡具备条件的办公区要安装雨水回收系统和中水利用设施。加大绿色采购力度，可通过修改《政府采购法》、建立大型活动碳中和制度等，让政府等公共机构率先在绿色采购和碳中和等方面发挥示范引领作用。到 2025 年，政府采购绿色产品比例达到 30%，全面实行垃圾分类，县级以上各级党政机关要率先创建节约型机关。

落实企业生态环境责任，提供更多更优的绿色产品及服务。企业要从源头防治污染，依法依规淘汰落后生产工艺技术，积极践行绿色生产方式，减少污染物排放，履行污染治理主体责任。积极引导企业主动披露产品和服务的能效、水效、环境绩效、碳排放等信息，推动实施企业产品标准自我声明公开和监督制度。鼓励企业建立绿色供应链系统，促进绿色采购，加大对生命周期中环境影响较小、环境绩效较优企业所提供的产品与服务的采购力度。引导和支持企业加大对绿色产品研发、设计和制造的投入，加快先进技术成果转化应用，不断提高产品和服务的资源环境效益，落实生产者责任延伸制度。鼓励企业设立企业开放日、环境教育体验场所、环保课堂等，组织开展生态文明公益活动。

积极引导各类社会团体参与环境治理，强化信息公开，提升参与服务能力。当前，社会组织及各类团体既需要发展，也需要规范。生态环境部要加强对社会组织的业务指导和行业监管，积极配合民政部门定期对环保社会组织进行专项监督抽查。引导社会组织联合建立生态环境保护服务标准、行为准则、信息公开和行业自律规则。要坚持政社分开、管办分离，进一步转变部门职能，把能够由社会组织做的事情，通过委托、公助民办、购买服务等方式，交给社会组织，提高社会资源利用效率和公共服务质量。畅通和规范市场主体、新社会阶层、社会工作者等参与环境社会治理的途径，搭建平台和载体，例如，工会、共青团、妇联等群团组织要积极动员广大职工、青年、妇女参与生态环境保护，行业协会、商会要发挥桥梁纽带作用。全国性的环境宣传教育机构、环保社会组织应该把重点放在全国性环保公众参与行动的策划上，继续发起全国性的环保参与行动，积极引导具备资格的环保组织依法开展生态环境公益诉讼等活动，鼓励公益慈善基金会助推生态环保公益发展，鼓励建立村规民约、居民公约，加强生态环境保护。

强化信息公开，搭建更完备的信访投诉举报平台，充分发挥人民群众“千里眼”“顺风耳”的作用。继续推进环境政务新媒体矩阵建设，完善例行新闻发布制度和新闻发言人制度，加大信息公开力度。完善公众监督和举报反馈机制，推进信访投诉工作机制改革，借鉴浙江省、北京市环境违法行为举报奖励机制，探索从环境行政处罚金中拿出一部分作为奖励基金。利用大数据、互联网+、物联网、云计算等多种方式引导公众参与，利用“12369”环保举报热线，便捷公众参与方式，降低公众参与成本，激发公众参与环境共治、环境监督的积极性，形成自上而下的生态环境全民监督体系，更好地发挥公众监督的效能。大力宣传生态环境保护先进典型，鼓励新闻媒体设立“曝光台”或专栏，对各类破坏生态环境问题、突发环境事件、环境违法行为进行曝光和跟踪。健全环境决策公众参与机制，保障公众的知情权、监督权和参与权。

11.5 共建清洁美丽世界

“十三五”时期，我国生态环境保护国际合作取得积极进展，在全球环境事务中发挥了一定的引领作用，但与重要参与者、贡献者、引领者的目标尚有差距，生态环境保护国际合作与交流的能力和水平尚有较大不足。“十四五”时期，是我国推动国家治理体系与治理能力现代化的历史机遇期，深度参与并开展国际环境合作与交流是国家治理体系与治理能力现代化的重要组成部分。

11.5.1　现状分析

（1）积极参与国际环境治理

全面部署落实 2030 年可持续发展议程。2016 年 3 月，举行的第十二届全国人民代表大会第四次会议审议通过了"十三五"规划纲要，将可持续发展议程与国家中长期发展规划进行有机结合。2016 年 4 月，我国发布《落实 2030 年可持续发展议程中方立场文件》，系统阐述了中国关于落实发展议程原则、重点、举措的主张。2016 年 9 月，李克强总理在纽约联合国总部主持召开"可持续发展目标：共同努力改造我们的世界——中国主张"座谈会，并宣布发布《中国落实 2030 年可持续发展议程国别方案》（简称《国别方案》）。2017 年，发布全球首个落实 2030 议程国别进展报告——《中国落实 2030 年可持续发展议程进展报告》。同时，中国积极推进落实 2030 议程创新示范区建设，试图探索一批可复制、可推广的可持续发展现实样板。2018 年 3 月，太原市、桂林市、深圳市获准成为首批国家可持续发展议程创新示范区。

积极探索南南环保合作模式。积极参与全球层面的多边"南南"环境合作。在"里约+20"峰会上宣布，我国向联合国环境署信托基金捐赠 600 万美元，用于组建信托基金，支持发展中国家的环境保护能力建设。在区域层次，中国"南南"环境合作依托相关区域机制稳步推进。在大湄公河次区域环境合作框架下，我国积极参与生物多样性走廊核心项目，主动提出并推动农村环境治理项目和环境友好型城市伙伴关系概念。在双边"南南"环境合作方面，签订双边环境保护协定，明确双方环境合作的优先领域。

环境国际公约履约成效明显。国务院批准的《中国逐步淘汰消耗臭氧层物质国家方案》以及《中国履行斯德哥尔摩公约国家实施方案》，在发展中国家中均为首创。《关于消耗臭氧层物质的蒙特利尔议定书》方面，累计淘汰的消耗臭氧层物质占发展中国家淘汰总量的 50% 以上。《斯德哥尔摩公约》方面，全面淘汰了滴滴涕等 17 种持久性有机污染物的生产、使用和进出口；重点行业二噁英排放强度降低超过 15%；清理处置了历史遗留的上百个点位近 5 万 t 含持久性有机污染物的废物，解决了一批严重威胁群众健康的持久性有机污染物环境问题。《生物多样性公约》方面，我国各类陆域保护地面积达 170 多万 km^2，约占陆地国土面积的 18%，提前达到《生物多样性公约》要求的到 2020 年达到 17% 的目标；超过 90% 的陆地自然生态系统类型、89% 的国家重点保护野生动植物群落以及大多数重要自然遗迹在自然保护区内得到保护。

（2）推动绿色丝绸之路建设

加强顶层设计。2016 年 11 月，环境保护部、发展改革委、商务部支持多家企业联合发布《履行企业环境责任、共建绿色"一带一路"倡议》。2017 年 4 月，环境保护部、外交部、发展改革委、商务部联合发布《关于推进绿色"一带一路"建设的指导意见》，从加强沟通交流、保障投资活动生态环境安全、搭建绿色合作平台、完善政策措施等方面明确了绿色"一带一路"建设的总体目标和主要任务。2017 年 5 月，环境保护部发布了《"一带一路"生态环保合作规划》，这也是"一带一路"生态环保国际合作的一个顶层设计规划。

加强政策对话。依托现有多双边环境合作机制，在联合国环境大会、中日韩环境部长会议、金砖环境部长会议等国际会议上，以及依托中国-阿拉伯国家博览会、中国-东盟博览会、欧亚经济论坛等活动，举办绿色"一带一路"主题对话交流活动，加深理解和共识。2016 年 12 月，环境保护部和联合国环境署签署《关于建设绿色"一带一路"的谅解备忘录》。2017 年 5 月和 2019 年 4 月，先后召开两届"一带一路"国际合作高峰论坛。同时，实施应对气候变化、环境信息等绿色丝路使者计划。

强化重点平台建设。2016 年 12 月，启动"一带一路"环境技术交流与转移中心（深圳）。2017 年 11 月，成立澜沧江-湄公河环境合作中心，实施绿色澜湄计划。2018 年 7 月，启动中国-柬埔寨环境合作中心筹备办公室。2018 年 8 月，中非环境合作中心临时秘书处在位于肯尼亚的联合国驻内罗毕总部揭牌。同时，积极推动中国-柬埔寨环境合作中心建设。

重视能力建设。2016 年 9 月，正式启动并发布"一带一路"生态环保大数据服务平台。2019 年 4 月，启动"一带一路"绿色发展国际联盟。2019 年 6 月，召开"一带一路"生态环保大数据服务平台暨环保技术国际智汇平台年会，落实第二届"一带一路"国际合作高峰论坛绿色成果，推进大数据平台建设及环保技术国际合作，分享我国在绿色"一带一路"建设、应对气候变化、全球海洋治理、生物多样性保护等领域经验，推动实现联合国 2030 年可持续发展目标。2019 年 9 月，联盟和博鳌亚洲论坛联合发布《"一带一路"绿色发展案例研究报告》。

11.5.2　存在问题

（1）"中国环境威胁论"导致一些国家对我国政治信任不足

部分西方政要与媒体紧咬个别案例，大肆渲染"中国环境威胁论"。如在第二届"一带一路"国际合作高峰论坛召开前后，美国多位政要持续针对"一带一路"倡议发表不负责任言论，美国驻华使馆甚至发布影片警示外界勿轻视"一带一路"建设带来的"环境问题"。此外，我国部分企业对外投资存在盲目、短视、无序或恶性竞争，只追求短期效益，忽视履行劳动保护等社会责任，有的企业不顾环境保护，对海外资源进行粗放式开发，产生了较多的消极因素，也给我国在海外的形象带来了很多不利的影响。

（2）国内对国际环境治理热点问题的参与度有待进一步提高

欧美国家在 20 世纪五六十年代发生了严重的环境污染，但投入大量人力、物力和财力进行治理后，环境污染得到有效控制，环境质量得到根本性改善。目前，他们关注的环境治理焦点已由污染治理转向全球气候变化应对。因此，我国的生态环保工作与欧美发达国家环境治理在目标上有着显著区别。"十三五"期间，列入国家生态环境保护规划的强制性指标包括地级及以上城市空气质量优良天数、细颗粒物未达标地级及以上城市浓度、地表水质量达到或好于Ⅲ类水体比例、地表水劣Ⅴ类水体比例、受污染耕地安全利用率，以及化学需氧量、氨氮、二氧化硫、氮氧化物排放总量等，而目前国际社会广泛关注的气候变化、臭氧层保护、生物多样性、跨界水域污染等问题则不在其优先治理之列。因此，我国在与有关国家开展生态环保合作过程中，需要充分认清所处的环境阶段和定位，提高对环境治理热点问题的解决能力，同时积极努力地增强我国在其他全球环境治理热点问题上的参与度。

（3）环境国际公约履约风险和压力较大

中美经贸摩擦将进一步增大我国环境国际公约履约风险和压力。2019 年 5 月，美国《自然》杂志刊文指出，有大量 CFC-11 排放来自中国东部省份。而后，在蒙特利尔议定书多边基金执委会会议上，美方多次就 CFC-11 意外排放事件对我国发难，联合加拿大等 30 余国提案表示"严重关切近年来 CFC-11 出乎意外地大量排放"，引发国际社会对我国环境履约工作的质疑，并对我国提出超出议定书和执委会范畴的不合理赔偿要求。当前，《蒙特利尔议定书》《汞公约》与《斯德哥尔摩公约》等公约履约资金来源比较单一，主要依靠全球环境基金赠款，资金缺口较大。

（4）生态环保国际合作基础能力不足

我国国际环境合作人力资源匮乏，缺乏足够的人才储备；专业型人才资源稀缺，跨领域从业但缺乏专业培训，尚未形成多元化的人才培养选拔机制。"走出去"环保国际人才比例严重失衡，难以满足国家整体"走出去"战略。人才走不出去，逐渐成为"走出去"战略实施的重要瓶颈。尚未建立完善的人才培养机制，专业、语言与国际交往能力成为塑造我国国际型、综合型环保人才的重要阻碍因素；国际影响力极为有限，能交流、会宣传的环保国际合作人才十分缺乏，不能正确引导、妥善处置并消除中国"环境威胁论"等不利因素。资金保障不足，基础研究不够，对跨国界环境保护问题、区域环境保护问题等研究不够、机理不清。

11.5.3　思路任务

（1）积极推进全球环境治理

积极参与全球气候治理。积极参与气候变化国际谈判，推动落实《联合国气候变化框架公约》及其《巴黎协定》，坚持公平、共同但有区别的责任及各自能力原则，坚持"自下而上""自主决定贡献"制度安排，与国际社会一道推动《巴黎协定》实施细则遗留问题谈判，促进《巴黎协定》全面平衡有效实施。积极参与各渠道气候变化多边磋商，有效发挥各类相关机制平台对多边进程推动作用。积极推进落实双边气候变化合作文件和机制，共促绿色低碳发展。加强同各国科研人员在气候变化领域科技合作。

推动全球生物多样性保护。认真履行《生物多样性公约》，加强国际交流合作，积极分享中国生物多样性治理经验。以《生物多样性公约》第十五次缔约方大会（COP15）为契机，与各方共商全球生物多样性治理新战略，推动达成 2020 年后全球生物多样性框架。充分利用世界自然保护大会、"一个星球"峰会等高层外交场合，推动全球生物多样性保护。

深度参与国际海洋环境治理。认真履行海洋国际公约，积极参加联合国海洋大会，深度参与国际海洋治理机制和相关规则制定与实施，积极发展蓝色伙伴关系，推进"海上丝绸之路"交流合作。加强极地、大洋、海洋酸化、海洋塑料垃圾污染等国际问题研究与应对，深化与沿海国家在海洋环境监测和保护、科学研究、应急协作、海上搜救等领域合作。

深化核安全国际合作。开展核安全领域国际公约履约活动。支持国际原子能机构在核安全国际合作中发挥核心作用，加强与经济合作与发展组织核能署、欧盟、世界核电运营者协会等机构的交流合作，推进与"一带一路"沿线国家和周边国家核安全国际合作。推广核与辐射安全监管体系，帮助有需要的国家提升核安全、核安保、核应急能力。

切实履行国际环境公约。认真履行消耗臭氧层物质、持久性有机污染物、汞、危险废物等领域国际环境公约。深度参与环境公约、核安全公约等国际公约谈判，推动国内履约工作及相关研究。完善履约与生态环保工作协同推进机制，强化履约监测、评估、执法能力和专业化人才队伍建设，开展履约成效评估。

（2）持续推动绿色丝绸之路建设

深化"一带一路"绿色发展多边合作。秉持绿色、开放理念，深入开展"一带一路"生态环保国际合作，建设绿色丝绸之路。对接普遍接受的国际规则标准，继续推动落实联合国 2030 年可持续发展议程，与共建国家绿色发展战略有效衔接，加强生态环保政策、规划、标准联通。拓展现有多双边合作机制，建设"一带一路"绿色发展国际联盟和"一带一路"绿色发展国际研究院。

加强"一带一路"建设绿色示范引领。以高质量、可持续、清洁低碳为导向，推动共建国家绿色基础设施建设，以及国际物流和贸易的绿色发展。加强对境外项目环境风险防范和环境管理工作指导和服务。推动打造一批产业定位清晰、生态效益明显、绿色低碳的经贸合作区。协同推进绿色投资、绿色消费、绿色金融、绿色技术交流应用，开展绿色供应链管理试点，提高"丝路电商"绿色化水平。发挥"一带一路"环境技术交流与转移中心作用，推进环境技术转移转化，加大对共建国家生态环保示范项目的服务支持与投资力度。

拓展绿色丝绸之路合作领域和协作机制。建设"一带一路"生态环保大数据服务平台，拓展信息共享渠道和内容。深入实施绿色丝路使者计划、"一带一路"应对气候变化南南合作计划，共同加强生态环保能力建设。加强海洋合作、野生动物保护、荒漠化防治等领域合作，积极分享医疗废物处理处置、污染防治、环境质量监测和风险防范经验做法。

（3）主动参与全球环境治理体系变革

促进多双边和区域环保合作。深化与联合国、国际政府间组织和非政府组织的交流与合作。支持中国环境与发展国际合作委员会发挥更大作用。深入推进与世界各国、区域、周边地区协调合作。加强跨界河流、区域大气保护合作。积极加强核安全、环境与贸易等领域风险防范。加强与"基础四国""立场相近发展中国家""77 国集团+中国"等发展中国家集团的团结合作，与发达国家和经济体开展对话交流。

推动完善全球环境治理体系。坚定维护联合国权威，积极参与各公约框架下的重要议题磋商，参与相关国际自由贸易和投资协定环境议题谈判，参与世界贸易组织改革相关环境议题工作。坚持多边主义和共商共建共享原则，主动承担与我国国情、发展阶段和能力相符的国际责任。共同维护发展中国家资金、技术、能力建设等方面关切和利益，加强生态环境领域国际援助，促进南南气候和环境合作。

共谋全球生态文明建设。分享生态文明理念、生态文明建设和生态环境治理经验。坚持绿色、低碳、可持续发展大方向，推动疫后世界经济绿色复苏与生态环境保护协调并进。积极落实联合国 2030 年可持续发展议程，为实现 2030 年可持续发展目标贡献中国智慧、中国方案、中国力量，建设生态文明和美丽地球。

第 12 章　规划体系与规划实施机制研究

为确保五年生态环境保护规划顺利完成，需要构建完善的规划体系和实施机制，配套相关重大工程，落实配套资金，确保各项措施精准及时到位，相关目标任务顺利达成。本章系统梳理了目前环境规划体系构建情况，并对未来完善规划体系提出建议，在回顾"十三五"时期生态环保重大工程的基础上，进一步提出了"十四五"时期规划的重大工程，并总结提出了生态环境保护规划的实施机制。

12.1　规划体系研究

12.1.1　国外环境规划

12.1.1.1　美国联邦环境规划

美国环境政策管理中，"环境保护规划"一词并不常见，环境规划通常使用其他类似表述。美国联邦环境保护规划体系由战略规划、联邦环境法及其修正案、联邦规划三部分组成（图 12-1）。

其中，战略规划是美国国家环境保护局（USEPA）对宏观和长期规划的代指。战略规划又可按照"编制—实施—评估"来分成 USEPA 战略规划、年度绩效计划和绩效与责任报告。USEPA 战略规划主要是建立目标体系总体框架，对实现目标的环境政策工具和环境项目作出纲领性安排与说明；年度绩效计划规划每一年更加细化的工作布局，制订年度工作计划；责任报告则是规划实施效果的评估报告。

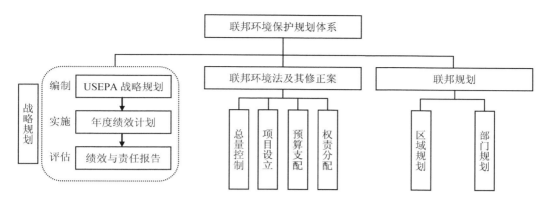

图 12-1　美国联邦环境规划体系

另外，联邦环境法及其修正案也包含了许多环境规划要素，如总量控制、环境项目设立、预算支配、执法部门权责分配等环境管理方面的事务。这些要素可以通过或必须通过立法途径来确定。

联邦规划则是当地环保部门制定的区域规划和部门规划。区域规划由各地 USEPA 派出部门自行制定，每 4 年制定一次；部门规划则由 USEPA 下属的 7 个主要办公室（大气和辐射办公室、水办公室等）每 4 年编制一次，对分散管理的环境项目，按照各办公室职责进行汇总，与我国的各要素行动计划类似。

12.1.1.2　荷兰环境规划

荷兰环境规划体系由环境政策计划、要素规划和行动计划三大部分组成（图 12-2）。其中，环境政策计划由国家环境政策计划（NEPP）和各级地方环境政策计划组成，而 NEPP 是整个荷兰环境规划体系中的核心部分，对荷兰环境规划和环境保护工作具有宏观、全面的指导作用。要素规划和行动计划是荷兰各级政府制定的以某一要素或环境主题为对象的规划，它们在内容和目标上服从相应级别的环境政策计划，是各级环境政策计划得以实现的重要方式。

具体来说，环境政策计划按照荷兰行政级别可分为国家级、省级、区域级、地方级四个等级，NEPP 可以被当作一个战略框架，通过分析荷兰主要环境问题及其成因，设定短期和中长期的国家环境目标，同时也具备一定行动计划的性质，在综合考虑各行为主体今后可能采取的措施与行为后，用特定的行动达到改善环境的目标。其余各级环境政策计划是由相对应的本级行政机构进行环境保护工作的基础，整体上呈"自上而下"的结构，使各级环境政策计划均与 NEPP 兼容。而下一层级的要素规划及行动是更加具体的实施方案，以解决更加具体的问题，确保各级环境政策计划能够如期完成。

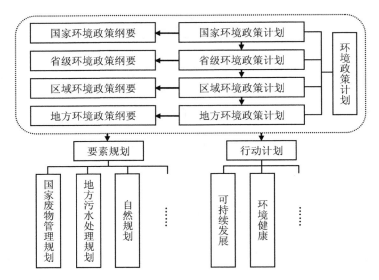

注：→表示具有指导作用。

图 12-2　荷兰环境规划体系

12.1.1.3　英国环境规划

英国立法层面上没有明确要求制定生态环境规划，但环境保护的思想却在英国国家规划体系中有着重要的体现。英国最早的环境规划思想出现在 20 世纪 60 年代末期，当时的英国西北部经济委员会发布了一系列关于生态环境问题的研究报告，如"废弃土地问题""烟气控制"等。在这些政府报告中，开始出现了对环境目标的要求，如改善当地居民的生活环境、合理开发当地自然资源等，环境规划的思想开始出现在政府的国家规划中。在英国住房、社区和地方政府部 2019 年发布的《国家规划政策框架》中明确指出，国家在编写规划政策框架的过程中，应当首先考虑解决地区的住房需求和经济、社会、环境中需要优先解决的事项。

当前，英国对国家规划中生态环境保护方面的要求为：①保护和加强有价值的景观、具有生物多样性或地质价值的地区和土壤。②认识到农村的内在特征与美丽，以及自然资本和生态系统所带来的广泛益处。③保持未开发海岸的特征，同时在适当的情况下创造公众进入海岸的机会。④最大限度地减少对生物多样性的影响并提供净收益，包括通过建立连贯的生态环境网络来应对当前和未来的环境压力。⑤防止新的和现有的发展项目造成不被接受的土壤、空气、水或噪声污染，或土地不稳定性增强等不可接受的风险与影响。发展项目应考虑到当地的环境信息，帮助改善当地的环境条件，如空气、水、土壤的质量。⑥在适当的情况下，修复治理被破坏、退化、荒废、受污染和不稳定的土地。

12.1.1.4 日本环境规划

日本的环境规划发展主要经历了三大阶段。1995 年，日本内阁首次决定制定环境规划，确定了环境规划的背景和意义、环境政策的基本方针等内容；2000 年，日本内阁对环境规划进行了补充与修改，补充修改了环境现状和环境规划制定后的环境政策进展、2000 年后日本环境政策的发展方向、环境相关保护策略及保障机制等内容；2006 年，日本内阁再次对环境规划进行了补充和修改，规定了 10 个重点领域的政策规划，制定了展望 2050 年的长期环境规划等。

日本的环境规划与其法律密切相关，与环境规划相关的法律体系如图 12-3 所示。环境省主要负责政府环境政策的总体设计、具体规划等，在具体落地实施中，环境省将协助或指导其他相关省厅进行环境方面管理工作。

日本的环境规划主要有以下三个特点：①将保护人体健康放在首位。由于日本历史上发生过多次重大环境公害事件（如水俣病、米糠油、四日市、骨痛病），为防止类似事件再次发生，日本的一些环境保护措施是在不考虑经济成本的情况下制定的，完全将人体健康放在最重要的地位。②环境保护规划以污染防治为主。由于非常重视对人体健康的保护，日本环境规划中的重点就是控制有毒有害或严重影响人体健康的物质的排放。③用立法来保障环境规划的实施。在日本，环境保护方面的立法对环境规划的成功实施至关重要，从法律层面保障了环境规划保护人体健康、保护环境的目的。

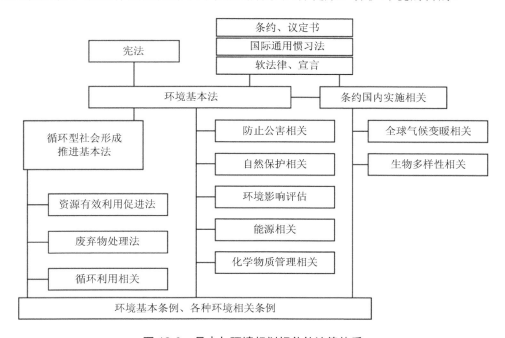

图 12-3 日本与环境规划相关的法律体系

12.1.2   我国环境规划现行体系

我国生态环境规划工作开始于 20 世纪 70 年代。随着各级人民政府对环境问题的逐渐重视以及环保从业者的辛劳付出，我国环境规划体系逐渐完善，目前已形成了以国家级五年生态环境保护规划为总领、"横—纵"相结合的规划体系。在横向上，按照不同环境要素划分，包括大气环境、水环境、生态环境、噪声环境等规划，通常又以各环境要素的污染控制规划为主。从纵向上看，按照行政区划和管理层次可将环境规划划分为国家环境规划、区域流域环境规划、省（自治区、直辖市）环境规划、市（县）环境规划等。国家级环境保护规划在整个环境规划体系中总领全局、协调各方，对全国未来 5 年的生态环境保护工作起着指导性作用。各省（自治区、直辖市）环境规划充分与国家级规划相衔接，确保各级各类环境规划与国家级规划在主要目标、发展方向、总体布局、重大政策等方面协调一致。

为了适应不同时期环境保护工作的需求，我国的生态环境规划体系中还出现了污染防治行动计划、城市环境总体规划、环境质量达标规划以及生态省（市、县）等创建类规划等。目前，污染防治行动计划主要针对水、大气和土壤制定，是要素领域的中长期规划，突出强调了规划中行动任务的执行性。城市环境总体规划自 2013 年开始在全国 20 多个城市开展试点工作，在生态环境保护空间管控、底线管控方面进行了积极的探索。环境质量达标规划目前主要针对未达到国家大气环境质量标准的城市或者不达标水体而制定，主要为大气环境限期达标规划和不达标水体限期达标规划。创建型规划是比较有特色的环境规划类型，我国先后推动了国家环境保护模范城市创建规划、生态省（市、县）创建规划、生态文明建设示范区规划、建设美丽中国先行示范区规划等。

近年来，随着国家规划体系的不断发展，形成了下位规划服从上位规划、下级规划服务上级规划、等位规划相互协调的格局。建立了以国家发展规划为统领，以空间规划为基础，以专项规划、区域规划为支撑，由国家、省、市县各级规划共同组成，定位准确、边界清晰、功能互补、统一衔接的国家规划体系（图 12-4）。其目的是在强化国家发展规划统领作用的基础上，推动专项规划从"条"上进行深化、区域规划从"块"上予以细化、空间规划从"地"上加以落实，做到各类各级规划各居其位、相互补位、有机衔接、形成合力。

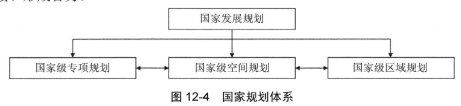

图 12-4   国家规划体系

作为国家级专项规划之一,"十四五"生态环境保护规划重点是围绕美丽中国建设、构建现代环境治理体系,明确"十四五"时期环境质量改善、重点领域和重点区域环境保护治理、治理技术和治理模式创新,开展生态环境监管以及推动形成绿色生产生活方式等方面的具体目标、主要任务和重大举措。构建形成了以"十四五"生态环境保护规划为统领,大气、水、海洋等其他生态环境各专项规划为支撑的"1+N"规划体系,统筹衔接、细化落实规划目标任务。

表 12-1 "十四五"生态环境保护规划"1+N"规划体系

1+N	规划名称
1 项综合规划	"十四五"生态环境保护规划
N 项专项规划	生态环境部属单位基础设施建设规划(2020—2025 年)
	重点流域水生态环境保护"十四五"规划
	全国海洋生态环境保护"十四五"规划
	空气质量全面改善行动计划(2021—2025 年)
	"十四五"应对气候变化专项规划(2021—2025 年)
	"十四五"土壤和农村生态环境保护规划
	核安全与放射性污染防治"十四五"规划
	"十四五"生态环境监测规划(2021—2025 年)
	"美丽中国,我是行动者"提升公民生态文明意识行动计划(2021—2025 年)
	"十四五"生态环境执法监管能力建设规划

12.1.3 我国环境规划体系发展建议

在构建生态文明体系、深化生态文明改革、面向美丽中国建设目标以及构建国家规划体系的新形势下,生态环境规划面临着新的使命与任务。在准确把握新发展阶段前提下找准定位,以系统谋划生态环境保护顶层战略为目标,以环境保护规划编制和实施为抓手,做强做大综合规划,统筹规划研究、编制、实施、评估、考核、督察的全链条管理,建立新型生态环境规划体系,建立国家—省—市县三级规划管理制度体系。

(1)以生态环境规划为统领,统筹建立生态环境保护

习近平总书记要求,要全方位、全地域、全过程开展生态环境保护建设,加快形成有利于资源节约和生态环境保护的空间布局、产业结构、生产方式、生活方式。要求未来一段时期生态环境保护规划,要放在社会主义现代化建设的全过程、生态文明和美丽中国建设的全过程、生态环境统筹保护治理的全过程中谋划。生态文明体制改革还在深

入推进，相关体制机制与政策改革还在不断完善，生态环境保护规划应充分发挥制度统领的作用，通过规划推进改革，通过改革促进规划实施，在实践中完善制度政策。

对于缩短改革中的磨合期，亟须有一个抓手和对话平台来进行衔接，发挥规划的抓手作用和平台作用。在不涉及职能分工的情况下，强化综合规划的统筹作用，将存在交叉领域的工作统筹安排，以规划实施带动工作的开展，有效降低生态环保工作中各部门的协调成本与时间成本。建议首先开展规划范围、治理目标及路径、监测方法与手段、上下衔接管理方式等"技术底盘"的对接，在技术层面进行制度、管理体系的整合与统一，再延伸至管理体系与制度的重构，利用好开展"十四五"规划战略研究的契机，以综合规划强化综合统筹作用。

（2）以纵向横向发展为尺度，系统构建我国生态环境规划体系

生态环境保护的系统性、整体性特点，决定了生态环境保护需要横向到边、纵向到底。进行机构改革，赋予生态环境主管部门统筹全地域生态环境保护管理监督的职能。未来，规划体系要按照横向到边、纵向到底、纵横结合两个维度进行设计。横向上，生态环境规划应覆盖所有生态环境保护的内容，覆盖陆地和海洋，覆盖山水林田湖草，覆盖城乡，覆盖所有的排污主体和排污过程，覆盖所有环境介质，覆盖所有的污染物类型，实现生态环境统筹规划、统筹保护、统筹治理、统筹监督。纵向上，改变以往环境规划头重脚轻的局面，建立国家—省—市县三个层级的生态环境规划体系。国家规划做好顶层设计，统筹制定总体战略、领域和区域生态环境保护目标、重大任务、政策措施体系与重大工程项目；省级规划落实国家要求、明确区域生态环境保护安排；市县级生态环境规划以具体实施为主要目标。明确规划编制，理顺央地关系，强化国家对省级规划的指导和备案。

（3）以生态环境质量为核心，强化生态环境规划落地实施

全国国土空间生态环境差异悬殊，具有天然的区域性、流域性特征。生态环境规划应强化区域和空间属性，系统确定全国和重点区域的生态环境保护的基础框架，确定分区域、分领域、分类型的生态环境属性、突出生态环境与分阶段目标和战略任务，建立以改善生态环境为核心，以空间管控为抓手，强化分区域、分流域、分阶段实施的规划体系，形成生态环境规划的全国战略框架和重点区域、重点流域、重点领域、重大政策相结合的规划体系。水污染防治规划已经初步形成了以七大重点流域、1 784 个控制单元为基础的空间规划体系；大气环境规划也初步形成了以"三区十群"为基础的全国大气环境规划体系。其他要素和领域分区规划体系还需要进一步探索。

（4）以全链条管理为方向，建立规划全过程实施管理体系

规划成功与否，与其制定及实施的体制、机制密切相关，一个完整的规划应包括制

定—实施—监督—评估—问责的全过程。在规划制定上，各利益相关方都应当参与到环境保护规划的决策中来。征求各级政府机构、公众、相关的污染单位对规划的意见和建议。在规划的实施上，应当明确实施的主导机构以及协作机构，明确各部门的职责，避免职责的交叉及缺位。如在水污染防治规划及政策制定上，生态环境部门应当发挥主导作用，同时水利、交通、农业等部门应当协作配合。规划实施过程中，必须制定详尽的计划或行动方案，明确目标、时间及任务，并开启监测调度评估机制，随时掌握规划实施进度，及时解决实施过程中出现的难点。在环境规划的评估上，通过建立年度实施调度机制、评估机制、跟踪评估机制，可实现对评估的全面监控，推动规划实施。最后，要建立相应的行政问责制度，督促地方政府重视环境保护、重视规划实施。

（5）以技术创新为动力，推动生态环境管理转型

40 年来，中国生态环境规划取得了一批理论成果和成功的经验，但离生态文明建设要求还有很大的差距。原因是，当前环境规划的大多数研究成果还集中在完成一项规划所需的技术方法上，而涉及深层次的、核心层次的关于环境规划方面的理论性研究成果，诸如概念、范畴、功能定位、约束与调控的关系等并不多。未来应加强环境优化和集成等薄弱技术方法研究，结合不同领域的特点，开发出更多适用的、有针对性的方法。同时，加强与社会经济发展紧密结合的环境影响、环境效应、环境经济形势分析、定量评估预测等技术方法的研究。定量评估的研究方法如非线性规划模型、系统动力学、面板数据等方法的应用还相对薄弱，一些新的软件开发技术在分区分类控制中还有待更新，新的方法论仍是未来研究的重点。此外，还需与区域和空间相结合，加强环境规划空间控制、分区分类、污染减排与环境质量改善效益评估等技术方法的研究。加强环境风险控制、环境安全管理、环境基本公共服务等领域的研究。另外，随着我国碳达峰、碳中和目标的宣誓，要加强规划设计中绿色低碳领域的技术内容与方法体系研究，强化规划设计理论前沿、标准规范、关键技术等课题研究。

（6）以环境规划院所建设为核心，全面提升环境规划现代化能力

我国环境规划机构队伍薄弱，各省（自治区、直辖市）设立环境规划院的屈指可数，环境规划所一般以本省环保系统科研机构内独立部门形式存在。因此，应加强环境规划研究机构建设，丰富高校环境规划理论教学，充实环境规划编制和实践人才队伍。此外，我国环境规划更多的是行政机制调控。只有建立对经济社会发展起促进作用的市场竞争机制，才能充分调动各地编制环境规划的主观能动性，实现生态环境规划引领先行作用。

12.2　规划重大工程研究

国家重大环保工程是指由国家财政资金支持、实现特定环境保护目标的集成式工程项目，是实施五年国家环境保护规划的重要支撑。生态环境重大工程（以下简称重大工程）聚焦生态环境保护的明显短板，是生态环境保护领域一系列互相支撑、有机联系的关键性项目的系统集合，具有很强的针对性、实效性和牵引性。重大工程项目具有政府主导、投资规模大、在国民经济社会发展和生态环境保护中具有重大影响等特点。重大工程建设活动往往会对所在区域甚至周边区域的经济发展、社会环境、资源利用、能源消耗和生态环境都产生巨大而深远的影响。在新发展阶段，如何贯彻落实生态文明思想和绿色发展理念，兼顾重大工程建设及其所在地区自然生态保护、环境质量改善、经济社会发展，将可持续发展融入重大工程项目管理中，从多尺度、多维度谋划构建重大工程体系，是"十四五"生态环保重大工程谋划中需要重点考虑的。

12.2.1　"十三五"时期重大工程实施成效和问题

"十三五"以来，在党中央、国务院的部署和支持下，相继印发了《"十三五"生态环境保护规划》《水污染防治行动计划》《土壤污染防治行动计划》《长江经济带生态环境保护规划》以及其他环保专项规划，在生态环境领域全面打响三大保卫战、七大标志性战役。上述规划计划确定了一批重点环保工程。从环境质量改善的效果来看，工程减排是"十三五"期间实现生态环境质量改善的重要抓手。以大环保工程带动大治理，推动环境质量改善和污染减排目标的实现，取得积极进展和明显成效。

12.2.1.1　重点领域工程实施情况

（1）工业污染源全面达标排放工程

截至 2019 年年底，3 357 家重点行业企业完成清洁化改造，其中造纸、印染、氮肥、原料药制造、制革、钢铁等重点行业分别完成改造 270 家、2 439 家、128 家、57 家、401 家、61 家。加强工业集聚区污水集中处理，长江经济带 95% 以上的省级及以上工业园区建成污水集中处理设施并安装自动在线监控。积极推进淘汰全国县级及以上城市建成区 10 蒸吨及以下燃煤锅炉、重点区域 35 蒸吨及以下燃煤锅炉。

（2）大气环境治理工程

一是严控煤炭消费总量。对京津冀及山东、长三角、珠三角等区域，以及空气质量相对较差的前 10 位城市开展煤炭消费总量控制工作，全国煤炭消费比例下降 57.7%。

实施燃煤机组超低排放改造，截至 2019 年年底，全国约 8.9 亿 kW 煤电机组完成超低排放改造，占全国煤电机组的 86%。二是积极稳妥推进能源清洁化改造。截至 2019 年 12 月，京津冀及周边地区、汾渭平原完成"煤改气""煤改电" 700 万余户，京津冀及周边地区、汾渭平原城市累计完成散煤治理 1 793 万户左右。三是推动石化及化工企业挥发性有机物治理。印发实施《重点行业挥发性有机物综合治理方案》，开展石化、化工、工业涂装、包装印刷等重点行业以及机动车、油品储运销等交通源挥发性有机物（VOCs）污染防治。四是推进柴油货车污染治理攻坚。大力推进黄标车和老旧车淘汰工作，基本淘汰国 I 标准以前的老旧车辆，累计淘汰黄标车和老旧车 2 000 多万辆。

（3）水环境治理工程

一是持续推进水源地环境整治。2019 年，全国其他地区县级及以上水源地存在的 3 626 个环境问题，清理整治完成率超过 99%。二是开展长江入河排污口排查整治。长江饮用水水源一级、二级保护区和自然保护区、缓冲区内 60 个规模以上入河排污口全部完成取缔。三是推进城市黑臭水体整治。截至 2019 年 12 月初，全国地级及以上城市 2 899 条黑臭水体的消除比例超过 84%。四是实施渤海污染综合治理。加强渤海入海河流劣 V 类国控断面整治，完成渤海入海排污口三级排查。五是积极推进近岸海域污染防治。大力实施 "蓝色海湾" 整治行动、近岸海域污染防治等重大工程。

（4）土壤环境治理工程

一是开展土壤污染加密调查。全面启动全国土壤污染状况详查工作，全国农用地土壤污染状况详查和重点行业企业用地调查取得阶段性成果。二是开展土壤污染防治试点示范。有序推进浙江省台州市、湖北省黄石市、湖南省常德市、广东省韶关市、广西壮族自治区河池市、贵州省铜仁市 6 个先行示范区建设。三是积极推进受污染耕地治理修复和风险管控。在江苏、湖南、河南 3 省部署开展耕地土壤环境质量类别划分试点工作。在湖南长株潭地区重金属污染区休耕 20 万亩。五是深入推进重金属污染治理。推进涉镉、涉铊等行业重金属污染整治。2019 年以来，全国累计组织实施重金属污染治理项目 260 多项。

（5）危险废物污染防治工程

一是开展危险废物相关调查。深入调查全国危险废物产生源和产生量。完善全国固体废物管理信息系统，各地初步建立危险废物产生源管理清单。二是强化含重金属危险废物综合整治。严厉打击涉废铅蓄电池违法犯罪行为。推进铅蓄电池生产企业集中收集和跨区域转运制度试点。三是深入推进生活垃圾焚烧发电行业专项整治。印发《生活垃圾焚烧发电厂自动监测数据应用管理规定》，明确自动监测数据可直接用于环境执法的有关要求。截至 2019 年年底，5 项常规污染物日均值平均每日达标率超过 99%。四是提升危险废物处理处置能力。截至 2018 年年底，全国 31 省（区、市）203 家单位拥有危险废物焚烧设施，85 家单位拥有危险废物填埋场，以地级市为单位的医疗废物处置设施覆盖率达 97.1%。

（6）核与辐射安全保障能力提升工程

中央累计投入 7.47 亿元，支持建设国家核与辐射安全监管技术研发基地，总建筑面积为 94 937 m^2，核与辐射安全监管技术研发基础能力进一步提升。推动浙江、辽宁、福建、山东、广西等省（区）中低放固体废物处置场建设以及我国首座高放废物地质处置地下实验室建设前期工作。完成对 10 750 家放射源生产、销售和使用单位的检查，进一步摸清放射源底数，实现废旧放射源 100%安全收贮。全国高风险移动放射源在线监控系统开发完成，完成高风险放射源国家信息平台建设，高风险移动放射源在线跟踪监控能力初步形成。建成依托军队及核工业现有核应急力量组建而成的 320 人规模的国家级核应急救援队，完成核电集团核事故场内应急支援队伍建立。

（7）农村环境整治工程

截至 2019 年年底，完成 17.9 万个村庄整治，建成农村生活污水处理设施近 30 万套，2 亿多农村人口受益；近 2/3 的省份农村生活垃圾治理率达到 90%，2/3 的省份开展农村饮用水水质监测，全国农村生活垃圾收运处置体系覆盖 84%左右的建制村。全面推进农村生活污水治理百县示范，梯次推进农村生活污水治理。

（8）生物多样性保护工程

推进实施生物多样性保护重大工程，完成 12 个生物多样性保护优先区域本底调查评估试点。开展第二次陆生野生动植物资源调查，完成 43 个项目、49 个动物物种和 300 多种植物的调查工作。制定《中国植物保护战略（2021—2030 年）》。对大熊猫、雪豹、东北虎豹和朱鹮的监测进一步加强。

12.2.1.2　重大工程建设存在不足

当前，生态环境质量总体改善，但成效还不稳固，生态安全问题凸显，生态环境仍面临重大挑战。历史遗留的环境问题多，环境基础设施投入机制不健全，设施建设存在短板，运行水平总体不高，管网配套严重不足。农村垃圾、污水处理等能力薄弱、滞后。新型生态环境问题凸显，挥发性有机物等排放控制手段薄弱，危险废物及医疗废物、重金属、有毒有害化学物质等环境风险仍然突出。生态环境在统一监测评估、科技支撑、宣传教育、社会行动等方面与美丽中国的发展要求差距较大。

（1）环境基础设施建设仍然是主要短板

当前，我国城镇污水、垃圾、固体废物危险废物等处理处置设施建设普遍滞后，基础设施建设投入力度仍然不足。城镇污水处理设施得到提升，而配套管网建设严重滞后，雨污分流进展不顺，全国城市建成区排水管网密度分别由 2015 年的 10.36 km/km² 下降为 2018 年的 9.99 km/km²，大量污水不能收集进入市政管网处理。城镇垃圾无害化处理缺口巨大。应对突发事件的医疗废物处理能力不足。

（2）能源和运输领域亟待加强基础设施建设

我国以煤为主的能源结构短期内难以根本转变，散煤燃烧、煤炭加工转换率不高，高耗能产业产量高位波动，中西部和北方部分地区对高耗能行业存在路径依赖，大气环境污染和温室气体排放形势依旧严峻。我国货物运输公路占比最高，铁路占比不到十分之一，交通领域环境污染压力持续加大，运输结构调整任重道远。

（3）水生态保护修复处于起步阶段

我国水生态流量保障不足，河流、湖泊和湿地数量减少、面积萎缩，海河、辽河、黄河等北方流域断流现象突出。河湖滨岸自然岸线破坏多，生态空间侵占严重。主要河口海湾水质改善效果还不稳固，污染治理修复任重道远。水生生态系统破坏严重，水生生物的生存条件不断恶化，珍稀水生野生动植物濒危程度加剧。水生生物底数尚未摸清，目前还没有建立国家级的水生生物多样性基础数据库。

（4）农村环境保护仍然是薄弱环节

我国完成环境综合整治的建制村不到 1/3，大部分村庄没有完备的污水、垃圾收集处置能力，乡村环境基础设施建设明显不足，农村生活垃圾和污水处理能力欠缺。我国化肥施用量近 7 000 万 t，约占全球化肥施用总量的 1/3，但化肥、农药利用率仅为 37.8%、38.8%，与欧美发达国家相比，差距较大。我国测土配方施肥和农作物病虫害统防统治与全程绿色防控体系建设不足，化肥机械深施、种肥同播、水肥一体等绿色高效技术仍需进一步推广，农业面源污染问题突出。

（5）生态环境治理能力基础薄弱

我国生态环境治理能力基础仍然薄弱，难以适应科学治污、精准治污、依法治污的要求。生态环境监测执法能力不足，难以满足 360 万家左右的固定污染源监督管理要求。生态环境应急能力不足，突发环境事件时有发生，应急物资储备缺乏，应急处理能力不足。信息化、智能化水平较低，生态环境大数据平台不完备，相关数据系统开发、应用、共享不足。基层生态环境能力薄弱，人员和装备短缺，办公场所不足。生态环境产业支撑基础薄弱，环境治理技术、装备、药剂、运维等供给不足，生态环境监管科学化、精细化、信息化、智能化水平亟待提高。

12.2.2 "十四五"时期重大工程总体考虑

从生命周期角度来看，重大工程涉及谋划、决策、设计、建设、运营与绩效评估等多个阶段。重大工程的谋划设计是一系列系统、综合的分析过程，需以生态学、经济学、社会学、系统论等多学科领域为基础开展研究，涉及生态政策、生态补偿、生态成本收益分析和生态工程的系统设计等方面。在总结吸收"十三五"期间生态环境保护重大工程有益做法的基础上，对实施过程出现的问题和社会发展的新形势进行重大工程设计，坚持系统推进、多措并举，强化多领域协同实施，注重生态环境可持续发展。以党和国家"生态文明建设"、实现"美丽中国"的战略目标为导向，根据"十四五"国民经济和社会发展规划纲要、"十四五"生态环境保护规划目标和重大任务要求，结合区域社会经济发展水平与预期，按照不同领域、不同区域、不同要素改善目标，开展重大工程谋划设计，推进新时期生态环境保护与治理。

《中华人民共和国国民经济和社会发展第十四个五年规划和 2035 年远景目标纲要》提出："全面提升环境基础设施水平。构建集污水、垃圾、固体废物、危险废物、医疗废物处理处置设施和监测监管能力于一体的环境基础设施体系，形成由城市向建制镇和乡村延伸覆盖的环境基础设施网络。推进城镇污水管网全覆盖，开展污水处理差别化精准提标，推广污泥集中焚烧无害化处理……建设分类投放、分类收集、分类运输、分类处理的生活垃圾处理系统。以主要产业基地为重点，布局危险废物集中利用处置设施。加快建设地级及以上城市医疗废物集中处理设施，健全县域医疗废物收集转运处置体系。"

在"十四五"期间，对于生态环境未能实现稳定改善的区域，以解决生态环境问题为导向，在全面客观分析的基础上，开展污染减排与环境治理工程系统设计与实施。结合"十三五"期间重大工程设计实施的经验与"十四五"生态环境保护规划基本思路与前期研究，提出"十四五"期间以生态保护修复、重点行业大气污染治理、应对气候变化、水生态环境提升、重点海湾生态环境综合治理、土壤和农业农村污染治理、强化风险管控、核安全保障能力提升、生态环境治理能力、科技创新与结构调整 10 大方面为重点，构建重要河湖湿地生态保护治理工程、重要生态系统保护修复工程、北方地区清洁取暖工程、危险废物和医疗废物收集处理设施补短板工程、应对气候变化工程等 26 项重大工程组成的生态环境保护重点工程体系（图 12-5 和表 12-2）。

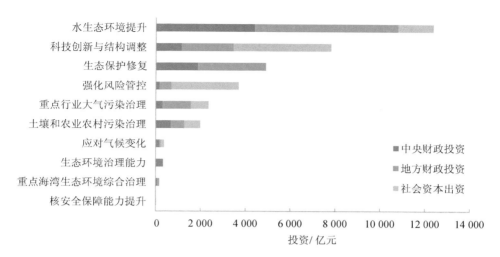

图 12-5　"十四五"生态环境保护重点工程体系及投资规模（估算）

表 12-2　重大工程谋划

序号	大类	工程名称
1	生态保护修复	生物多样性保护重大工程、重要生态系统保护修复工程
2	重点行业大气污染治理	NO_x 深度治理工程、VOCs 综合治理工程
3	应对气候变化	应对气候变化工程
4	水生态环境提升	城镇污水管网及处理设施建设与提标改造工程、黑臭水体消劣工程、重要河湖湿地生态保护治理工程
5	重点海湾生态环境综合治理	重点海湾生态环境综合治理工程
6	土壤和农业农村污染治理	农村环境整治和农业面源污染防治工程、土壤和地下水污染治理工程
7	强化风险管控	"无废城市"建设工程、环境应急能力建设工程、危废医废收集处理设施补短板工程、新污染物治理能力建设和减排工程、重金属与历史遗留矿山综合整治工程
8	核安全保障能力提升	国家辐射环境监测及应急能力建设工程、国家核与辐射安全监管能力提升工程、核安全风险预警监测信息化平台建设工程
9	生态环境治理能力	生态环境信息化建设工程、生态环境智慧感知监测能力建设工程
10	科技创新与结构调整	北方地区清洁取暖工程、生态环境科研支撑工程、铁路交通专用线建设工程、推动柴油机清洁化工程、重点行业绿色转型升级与综合整治提升工程

12.2.3 "十四五"时期重大工程谋划

（1）生态保护修复重大工程

生态保护修复重大工程主要包括重要生态系统保护修复与生物多样性保护等工程项目。其中，重要生态系统保护修复工程的主要建设内容包括：青藏高原生态屏障区新增沙化土地治理 100 万 hm^2、退化草原治理 300 万 hm^2、沙化土地封禁保护 20 万 hm^2；黄河重点生态区保护修复林草植被 80 万 hm^2、新增水土流失治理 200 万 hm^2、沙化土地治理 80 万 hm^2；长江重点生态区开展营造林 110 万 hm^2、新增水土流失治理 500 万 hm^2、石漠化治理 100 万 hm^2；东北森林带培育天然林后备资源 70 万 hm^2、新增退化草原治理 30 万 hm^2；北方防沙带完成营造林 220 万 hm^2、新增沙化土地治理 750 万 hm^2、退化草原治理 270 万 hm^2；南方丘陵山地带营造防护林 9 万 hm^2、新增石漠化治理 30 万 hm^2；海岸带整治修复岸线长度 400 km、滨海湿地 2 万 hm^2，营造防护林 11 万 hm^2。

生物多样性保护重大工程主要建设内容包括：开展生物多样性本底调查；建设生物多样性观测站点；建设一批珍稀濒危野生动植物基因保存库、珍稀濒危和极小种群野生动植物救护场所、繁育及野放（化）基地，专项拯救极度濒危野生动物和极小种群植物；实施一批区域生物多样性保护工程、外来入侵物种综合防治工程；建设转基因生物环境安全监测网络、生物安全重点实验室平台、公民教育基地，以及减贫与生物多样性可持续利用示范基地。

（2）重点行业大气污染治理工程

"十四五"时期，抓住绿色转型的重要战略机遇期和窗口期，坚持绿色发展导向，推进重点行业 NO_x 深度治理和 VOCs 综合治理 2 类 5 项具体工程内容。通过实施超低排放改造工程，完成钢铁行业产能超低排放改造，推进限制类钢铁产能转变为短流程炼钢，实施水泥、焦化、玻璃等行业提标改造治理，淘汰燃煤锅炉等项目，开展 NO_x 深度治理。实施含 VOCs 产品源头替代工程。推进重点行业综合治理工程，针对石化、化工行业装卸、敞开液面和工艺过程等环节废气，工业涂装行业电泳、喷涂、干燥等废气，包装印刷行业印刷烘干废气，建设适宜高效的 VOCs 治理设施。

（3）应对气候变化工程

重点推进 CO_2 减排示范、碳捕集利用与封存实验示范、适应气候变化重大示范和近零碳排放重大示范 4 项具体工程项目。在钢铁、水泥、有色、石化、化工、电力等重点行业实施 10 个左右二氧化碳减排重大示范工程，在陕西、新疆、吉林开展 5～10 个规模化、全链条碳捕集、利用与封存实验示范工程，在青藏高原、黄河流域、长三角、珠三角等典型气候脆弱区开展适应气候变化等重大示范工程，在碳排放总量大、占比高的

地方实施 CO_2 达峰综合性示范工程，开展近零碳排放重大示范工程。

（4）水生态环境提升工程

"十四五"期间，以问题和目标导向为原则，以优化治污减排为着力点，补齐水生态环境基础设施建设短板。主要解决城市生活污水收集处理设施存在短板的问题，持续推进污泥稳定化、无害化和资源化处理，并从源头控制雨水面源污染。重点推进城镇污水管网及处理设施建设与提标改造、重要河湖湿地生态保护治理和黑臭水体消劣Ⅲ类工程。

1）城镇污水管网及处理设施建设与提标改造工程。工业园区污水处理设施全部达标排放，生活污水处理设施覆盖全部建制镇。新增和改造污水收集管网 8 万 km，新增污水处理能力 2 000 万 m³/d。

2）重要河湖湿地生态保护治理工程。实施太湖、巢湖、滇池、丹江口库区、白洋淀、洱海、鄱阳湖、洞庭湖、三峡库区、洪泽湖、抚仙湖、南四湖、呼伦湖、查干湖、兴凯湖等重要湖库水生态保护修复工程，综合实施江河湖库水系连通、水生生物增殖放流、水生态植被恢复、生态缓冲带建设、湿地建设等工程，推进水生态系统功能恢复。

3）黑臭水体消劣工程。巩固地级及以上城市黑臭水体治理成效，开展 363 个县级城市建成区 1 500 段黑臭水体清查，建立治理清单，实施综合整治，基本消除县级城市建成区黑臭水体。基本消除除本底超标外的国控劣Ⅴ类断面。

（5）重点海湾生态环境综合治理重大工程

开展重点海湾"一湾一策"综合治理工程，以环渤海、长三角、粤港澳大湾区、北部湾、海南等区域为重点，开展 50 个左右重点海湾"一湾一策"综合治理，因地制宜实施入海河流消劣、入海排污口整治、海上排污整治、典型生境和生物多样性保护修复、亲海岸滩垃圾污染防治和环境整治、生态环境综合监管和应急响应能力建设等重点工程，推进 "美丽海湾"保护与建设。

（6）土壤和农业农村污染治理重大工程

土壤和农业农村污染治理重大工程包括土壤和地下水污染治理、农村环境整治和农业面源污染防治两大类工程项目。其中，土壤和地下水污染治理工程主要建设内容包括：以镉污染为重点，开展 50 个受污染耕地修复试点；选择 100 个县开展农用地安全利用和土壤污染预防综合示范；以化工、有色金属行业为重点，实施 100 个土壤污染源头管控项目；实施一批典型在产企业土壤污染风险管控工程；实施重点区域石油化工、化工、焦化工业集聚区地下水污染风险管控工程，开展 10 个地下水污染修复试点；开展 10 个左右国家土壤污染防治先行区建设。

农村环境整治和农业面源污染防治工程主要建设内容包括：支持 600 个县整县推进人居环境整治；开展 100 个县农村黑臭水体和生活污水治理示范；在长江、黄河等重点流域开展 200 个农业面源综合治理试点；在畜禽养殖主产区 300 个县实施畜禽粪污资源化利用示范工程。

（7）强化风险管控重大工程

风险管控重大工程主要包括危废医废收集处理设施补短板、"无废城市"建设、重金属与历史遗留矿山综合治理、新污染物治理能力建设和减排，以及环境应急能力建设等工程项目。

1）危险废物和医疗废物收集处理设施补短板工程主要建设内容包括：建设国家和 6 个区域危险废物环境风险防控技术中心，以及 20 个区域性特殊危险废物集中处置中心；建设一批省级高水平大型危险废物集中处置设施，提升危险废物焚烧能力和安全填埋能力；提标改造一批医疗废物处理处置设施，全国地级及以上城市建成至少 1 个符合要求的医疗废物集中处置设施，每个县（市）都建成医疗废物收集转运处置体系，实现县级及以上医疗废物全收集、全处理。

2）"无废城市"建设工程主要建设内容包括：推动 100 个左右的地级及以上城市开展"无废城市"建设，实施一批"无废矿山""无废企业""无废园区""无废农业""无废村庄""无废宾馆""无废商场""无废景区""无废学校"等"无废细胞"创建工程；以尾矿和共伴生矿、煤矸石、粉煤灰、建筑垃圾等为重点，建设 100 个大宗固体废物综合利用示范中心，推动大宗工业固体废物贮存处置总量趋零增长。

3）重金属与历史遗留矿山综合治理工程主要建设内容包括：铜锌冶炼行业企业工艺设备提升改造工程；重点省份耕地周边铅锌铜冶炼企业提标改造工程；电镀行业综合整治工程；陕西省白河县等丹江口库区及上游地区历史遗留矿山污染治理工程。

4）新污染物治理能力建设和减排工程主要建设内容包括：开展一批有毒有害化学物质调查筛查和危害评估，建设化学物质环境风险管理基础数据库。建设国家化学物质计算毒理与环境暴露预测平台。实施一批持久有机污染物等公约控制化学物质替代和减排工程、新污染物治理示范工程。

5）环境应急能力建设工程主要建设内容包括：在长江、黄河、丹江口水库、松花江建设 4 个国家级环境应急物资储备库，强化北疆伊犁河、额尔齐斯河、额敏河、怒江、红河、雅鲁藏布江和澜沧江等环境应急物资储备。在长江、黄河、珠江流域建设 3 个国家级环境应急实训基地。在主要跨境河流、入海河流、重点饮用水水源地河流建设完善一批环境应急工程。建设生态环境应急研究机构，建设国家生态环境应急技术实验室。建设海洋油指纹库和油指纹鉴定实验室，构建海洋环境应急响应决策系统。

（8）核安全保障能力提升工程

核安全保障能力提升工程主要开展国家核与辐射安全监管能力提升、国家辐射环境监测及应急能力建设、核安全风险预警监测信息化平台建设等方面工程项目。其中，国家核与辐射安全监管能力提升工程以强化国家核与辐射安全监管技术研发基地内涵建设为目的，主要建设内容包括：核电厂安全验证能力建设、核安全设备安全性能验证能力建设、核电厂运行安全仿真分析能力建设、放射性废物安全管理及核设施退役安全验证能力建设，强化核与辐射安全监管技术支撑。提升地区核与辐射安全监督站执法装备、业务用房、信息化等基础能力。国家辐射环境监测及应急能力建设工程主要建设内容包括：建设辐射环境监测质量控制、海洋放射性环境监测两个科技研发平台，提升中央本级辐射监测能力。建设边境、重点地区辐射环境监测中心，建设 3 座区域核与辐射应急监测快速响应装备库，形成区域核与辐射应急监测支援体系。升级改造 160 套早期建设的国控辐射环境质量自动监测站，完善国家辐射环境监测网络。核安全风险预警监测信息化平台建设工程主要建设内容包括：建设核电厂、电磁辐射、高风险移动放射源等 3 个核与辐射设施安全监控平台，建设核安全监管业务信息大数据平台，同步落实网络安全和数据安全保护措施，实现核安全风险预警监测和分析研判，与国家安全平台对接。

（9）生态环境治理能力重大工程

生态环境治理能力重大工程主要用于生态环境执法监管能力建设、生态环境智慧感知监测能力建设、生态环境信息化建设等方面。其中，生态环境智慧感知监测能力建设工程主要建设内容包括：实施国家生态环境监测网络运行保障工程，对 1 734 个城市大气环境质量自动监测站、92 个区域站和 16 个背景站，3 646 个国控地表水监测断面和 1 952 个水质自动监测站，以及 1 359 个海洋环境质量监测点、1 911 个地下水环境质量监测站点和约 23 000 个土壤环境国家监测点位，承担管理职责。建设完善覆盖重点区域、支撑 $PM_{2.5}$ 和 O_3 协同控制的大气颗粒物组分监测网络和光化学监测网络。更新改造一批国家大气监测站点，实现主流设备国产化，升级国家大气背景监测站，配齐温室气体、ODS、大气汞等监测设备；长江经济带、黄河流域建设和完善省控地表水监测网络，国家新建一批黄河流域地表水自动监测站；开展重点流域、海域水生态专项调查监测评估，建立国家和重点流域水生生物多样性基础数据库和水生生物标本库，新建或改造一批生态质量监测站点和监测样地；推进生态环境后续卫星研制、发射，开展卫星遥感数据覆盖及反演能力建设；开展新污染物专项监测；提升中央本级和七大流域生态环境监测基础能力，建设监测量值溯源、污染物计量与实物标准、监测标准规范验证、监测专用仪器设备适用性检验和监测新技术研究等实验室；建成长江经济带水质监测和应急平台等一批监测创新基地，建设海洋监测船队和综合保障基地。长三角、粤港澳大湾区等地区建设 10～20 个生态环境监测现代化示范市县。

生态环境信息化建设工程主要建设内容为：整合重点业务领域信息系统，拓展生态环境业务专网应用，升级改造生态环境信息资源中心、生态环境数据传输交换平台，建设生态环境综合管理信息化平台，提升生态环境云基础能力，推进安全自主可控。建设高性能计算中心、会商指挥中心和异地灾备中心。完善国家环境应急指挥与响应平台。升级改造适应气候变化能力建设以及固定源环境信息管理平台，完善全国排污许可证管理信息平台。建设生态环境监测大数据平台、生态保护红线监管信息平台、农业农村生态环境监管信息平台、"美丽海湾"智慧监管平台、"一带一路"生态环保大数据服务平台、全国生物多样性保护监管信息系统、全国危险废物物联网智能应用管理系统。建设国家重大战略区域生态环境协同治理信息化工程。完善"互联网+政务服务""互联网+监管"信息化建设。建设生态环境智能物联网等绿色新型基础设施。

（10）科技创新与结构调整工程

科技创新与结构调整工程重点推进重点行业绿色转型升级与综合整治提升、北方地区清洁取暖、铁路交通专用线建设、柴油机清洁化和生态环境科研支撑5类8项具体工程内容。其中，重点行业绿色转型升级与综合整治提升主要针对建材、化工、铸造、家具、机械加工制造、有色金属矿采选冶炼等传统制造业集群推动实施整治提升工程。京津冀及周边地区、长三角、汾渭平原共完成300个企业集群清洁化改造。北方地区清洁取暖工程主要开展京津冀及周边地区和汾渭平原继续推进试点城市清洁取暖改造。全国大气污染防治重点区域基本完成散煤治理，在东北和西北地区扩大清洁取暖改造范围，北方地区新增1 500万户清洁能源替代散煤。铁路交通专用线建设工程针对京津冀及周边地区和汾渭平原物流园区及砂石、钢铁、焦化、火电、电解铝、煤炭等重点行业货运量150万t/a以上的500个大型工矿企业，建设铁路专用线。推动柴油机清洁化工程，分阶段实施重型车国六a排放标准、轻型车和重型车国六b排放标准，全面实施非道路移动柴油机械第四阶段、船舶第二阶段排放标准。大力推进老旧车船提前淘汰更新，淘汰国三及以下中重型运营柴油货车；重点地区淘汰国四及以下中重型运营柴油货车。

强化生态环境科研支撑，实施重大科研专项，推进技术业务用房和重点实验室建设，打造成套化、专业化大型模拟分析科研实验平台。开展中央本级技术支持单位和派出机构基础设施建设和升级改造。建设生态环保智库、生态环境治理技术应用示范基地、生态环境科技产业园。

12.3　规划实施机制研究

12.3.1　规划实施机制框架

环境规划按法律程序，经审查批准后，进入实施阶段。规划实施是规划整个生命周期中最重要的一环，是目标与现实之间的桥梁，同时也是一项系统性工程，持续时间长，工作任务重，涉及政府工作和人民生活的方方面面，要在政府、公众和企业等参与下完成。规划实施机构主要有生态环境部门、自然资源部门、水利部门、住建部门、财政部门和国家发展改革委等。其中，生态环境部门是规划的执行机构，负责具体执行规划的相关要求。实施机构结合地区经济、技术、环境现状分解规划目标，制订本部门的详细实施计划，作为行动指南，并根据实施计划进行适度的宣传。考虑规划实施的系统性和复杂性，为达到规划总体目标，必须有相应的实施机制和保障措施，确保既定目标能够如期实现。

目前，五年规划实施思路基本分为四个阶段：计划、执行、检查和修正四个阶段，细化可分为明确责任主体、目标重点任务落实、相关规划衔接、宣传与信息公开、培训与技术保障（人才队伍建设）、公众参与、监测评估、监督考核机制等具体任务。其中，实施机制还可以分为任务支撑体系、监控考核体系和保障措施三个方面，以确保规划方案的有效推行和目标指标的按时达成。

任务支撑体系，主要是行动层面，包括明确责任主体、目标重点任务落实、相关规划衔接等方面。监控考核体系是监督层面，包括监测评估、监督考核机制、公众参与等。实施保障措施主要包括培训与技术保障（人才队伍建设）、法律制度保障、资金保障和相关力量投入等方面。

12.3.2　任务支撑体系

明确责任主体。各地区各部门要根据有关职责分工，将生态环境保护规划涉及本地区本部门的主要目标和任务纳入规划和各实施方案中，明确责任主体、实施时间表和路线图，确保生态环境保护规划各项目标任务落地。地方各级人民政府要把本规划确定的目标、任务、措施和重大工程纳入本地区国民经济和社会发展规划，制定并公布生态环境保护年度目标和重点任务。有关部门要按照职责分工，制定落实方案计划，强化部门协作和地方指导，推动目标任务落实。各地区各部门编制相关规划时，要与本规划做好衔接。生态环境各要素各领域编制专项规划或行动方案，落实目标任务。生态环境部每年向国务院报告生态环境保护重点工作进展情况。

目标重点任务落实。为确保主要指标顺利实现，推动重大工程项目加快实施和重点改革政策落地，应加大力度推动目标和重点任务落实。生态环境各要素各领域编制专项规划或行动方案，将目标、重点任务分解落实。统筹重大工程，完善相关指标的统计、监测和考核办法，加强对预期性指标的跟踪分析和政策引导，确保"十四五"期间各项工作顺利完成。对于提出的试点示范任务，及时跟踪进展、总结经验。

相关规划衔接。生态环境保护规划是列入国家规划体系的国家级专项规划，是国家生态环境保护的领域性规划，而不是生态环境部门的规划。规划涉及生态环境相关的各个方面，除了覆盖生态环境各要素领域，还包括绿色发展等相关领域内容。因此，生态环境保护规划除了要和环保领域内各专项规划做好衔接，还要与其他有关部委规划做好衔接。如《"十四五"应对气候变化专项规划》要与能源、交通等领域规划做好衔接，生态环境保护规划中国土空间保护相关任务要与自然资源部门相关规划做好衔接。同时，国家级环境保护规划应强化对各省（区、市）生态环境保护规划和区域性生态环境保护规划的指导，确保目标、重点任务传导到位，"十四五"期间相关工作顺利实施。

强化宣传引导。积极开展生态文明建设与生态环境保护规划政策、法规制度、规划的编制、实施、监测评估、监督考核、实践经验等系列宣传与交流，将其作为政务公开重要内容，实时向社会公布，营造良好舆论氛围。做好"绿水青山就是金山银山"实践创新基地、国家生态文明建设示范区、美丽中国建设等典型示范的宣传，推广先进经验与做法。深化习近平生态文明思想研究，加大宣传力度。把生态文明教育纳入国民教育体系和党政领导干部培训体系，推进生态文明宣传教育进学校、进家庭、进社区、进工厂、进机关。挖掘一批先进人物和集体的优秀事迹，做好典型报道。做好绿色中国年度人物、中国生态文明奖评选，树立先进典型。引导公民自觉履行环境保护责任，逐步转变落后的生活风俗习惯。积极开展垃圾分类，践行绿色生活方式，倡导绿色出行、绿色消费。

12.3.3　监控考核体系

加强监控评估。生态环境部会同相关部门围绕本规划目标指标、重点任务、重大工程进展情况建立调度评估机制。动态掌握规划实施落实情况，及时发现目标完成困难地区和实施薄弱环节，加大支持力度。在 2023 年和 2025 年年底，分别对"十四五"生态环境保护规划执行情况进行中期评估和总结评估，评估结果向国务院报告，向社会公布。依法向国务院报告规划实施情况，自觉接受监督。

健全规划调整修订机制。基于动态监测和评估分析结果，确定规划实施中存在的较大困难或问题。如果难以达到规划目标，则执行机构应当按照既定的程序给出规划调整方案，在得到有关部门批准后，实施调整后的规划，直到实现规划目标。国家生态环境保护规划如确需调整，应由生态环境部同有关方面提出调整方案，按程序报批后提交国务院审议批准。各地要严格规范地方规划调整修订机制，未经法定程序批准，不得随意调整主要目标任务。各专项规划、区域规划等各类规划的编制主体负责向审批主体提出修订调整建议。

强化监督考核。要依法向国务院汇报实施情况和中期评估报告，自觉接受监督，认真研究处理审议意见，及时报告整改结果。将规划实施情况纳入环保督察范畴。强化规划的考核评价体系，发挥年度评估、中期评估、总结评估及专项评估结果的运用，将规划指标和任务实施情况纳入各级领导干部考核评价体系，将考核评价结果作为干部晋升和惩处的重要依据。

强化公众参与。发挥群团组织凝聚社会力量的重要作用，工会、共青团、妇联等群团组织积极动员广大职工、青年、妇女参与环境治理，加强对社会组织的管理和指导，积极推进能力建设，大力发挥环保志愿者作用。完善公众监督和举报反馈机制，充分发挥"12369"环保举报热线作用，畅通环保监督渠道。加强舆论监督，鼓励新闻媒体对各类破坏生态环境问题、突发环境事件、环境违法行为进行曝光。引导具备资格的环保组织依法开展生态环境公益诉讼等活动。畅通公众监督渠道，更好发挥各民主党派、工商联和无党派人士对规划实施的民主监督作用。充分发挥行业协会商会、环保智库、NGO组织等社会力量的专业化监督作用。

12.3.4　实施保障措施

强化规划法治保障。积极推进生态环境规划的法律法规体系，从根本上确立环境规划的相关制度标准，确立规划地位。研究制定各专项规划管理办法。研究制定规划研究起草、执行落实、监测评估、督察等各环节工作制度和办法。各地区各部门要强化依法合规意识，加快推动薄弱环节和领域立法。

加大财力投入。资金是规划落地的重要保障。为确保各级专项资金在"十四五"期间顺利到位，首先应落实生态环境领域中央与地方财政事权和支出责任划分要求，加强中央在跨区域生态环境保护方面事权，健全省以下生态环境领域财政体制，增强基层生态环保基本公共服务保障能力。其次，要合理配置公共资源，引导调控社会资源，拓宽投融资渠道，综合运用土地、规划、金融、价格多种政策引导社会资本投入。同时，积极推行政府和社会资本合作，吸引社会资本参与准公益性和公益性环境保护项目。鼓励社会资本以市场化方式设立环境保护基金，鼓励创业投资企业、股权投资企业和社会捐赠资金增加生态环保投入。

推进环保铁军建设。环境规划实施是一项技术性很强的工作，而且随着"十四五"期间应对气候变化、新污染物等生态环境保护新领域的凸显，亟待加强对规划执行者的培训，综合提升环保铁军技术力量。首先，推进生态文明和生态环境保护学科建设、创新平台建设、领军人才和科学家培养，完善人才培养机制，建立梯级人才队伍。其次，推动重点领域和相关部门的人才队伍建设，加强应对气候变化、固体废物和化学品环境管理，海洋、土壤环境监管等急需紧缺领域以及自然资源、水利、农业农村、林草、气象等部门生态环保队伍建设。再次，补充目前技术能力薄弱地区或薄弱环节的队伍，加强西部地区和乡镇（街道）、区县等基层生态环境队伍能力。最后，通过业务培训、比赛竞赛、挂职锻炼、经验交流等多种方式，提高业务本领，定期表彰铁军标兵集体和个人。

12.4 总结与展望

"十四五"生态环境保护规划是站在两个百年历史交汇、进入新发展阶段的第一个五年规划，编制过程中充分考虑了社会主要矛盾变化带来的新特征新要求、错综复杂的国际环境带来的新矛盾新挑战、高质量发展阶段面临的新形势新任务、生态文明建设实现新进步的新目标新内涵，系统谋划"十四五"生态环境保护工作，树立底线思维，保持战略定力，全力推动绿色低碳发展，深入打好污染防治攻坚战，持续改善生态环境，为开启全面建设社会主义现代化国家新征程奠定坚实的生态环境基础。重点围绕以下八个方面开展相关工作：

一是按照《建议》要求，立足新发展阶段，贯彻新发展理念，构建新发展格局，开启美丽中国建设新征程，系统谋划"十四五"目标任务。规划编制时也同步开展了《关于 2035 年美丽中国生态环境目标展望》研究，锚定 2035 年美丽中国建设目标，倒排工期，确定了分阶段美丽中国建设目标和重点任务，为"十四五"相关工作谋划奠定了基础。

二是紧扣减污降碳、协同增效总要求，坚持源头治理、系统治理、整体治理，突出精准治污、科学治污、依法治污。"十四五"生态环境保护规划积极响应国家碳达峰、碳中和总目标，将降碳和减污作为工作重点，推动治理工作。治理过程中，更加突出系统性、整体性，实现改善环境质量从注重末端治理向更加注重源头治理有效传导。

三是坚持绿色发展引领，高水平保护与高质量发展协同推进。以"降碳"为总抓手，促进经济社会发展全面绿色转型，发挥生态环境保护对经济发展的倒逼、引导、优化和促进作用，以生态环境高水平保护推动疫情后经济"绿色复苏"和高质量发展。

四是坚持统筹应对气候变化和生态环境保护，协同推进提气降碳。以应对气候变化为契机，协同推进环境空气质量达标和碳达峰工作，实现相关领域的统筹推进。

五是坚持"三水"统筹、陆海统筹，建设美丽河湖、美丽海湾。从水环境治理方向转变和水环境系统性考虑，逐步实现以水生态为核心，统筹水资源、水生态和水环境流域要素，同时海陆统筹、以海定陆，以美丽河湖、美丽海湾为重要抓手，统筹开展水环境治理。

六是坚持减污降碳、增容增汇并重，强化生态保护与统一监管。在传统减污增容的基础上，将降碳增汇统筹纳入环境治理体系，通过生态保护与监管，推动增汇功能的实现。

七是统筹发展和安全，强化底线思维，严守生态环境安全底线。坚持总体国家安全观，强化土壤、地下水、固体废物、重金属污染、新污染物、核与辐射安全、环境健康、环境风险应急等相关领域工作，严守安全底线。

八是推进生态环境治理体系和治理能力现代化，构建生态环保大格局，构建现代环境治理体系，推进全民行动，共建清洁美丽世界。

中国特色社会主义进入了新时代，我国社会主要矛盾已经转化为人民日益增长的美好生活需要和不平衡不充分的发展之间的矛盾，在生态环境领域，要满足人民日益增长的优美生态环境需要。在今后一段时期，应该围绕满足人民日益增长的优美生态环境需要这一核心，继续将生态环境保护工作做实做细。

在治理领域，将从大气、水、土壤污染等环境问题以及常规污染物的治理，逐步拓展到应对全球气候变化、生物多样性保护、海洋环境保护、环境风险防控等更广泛的领域，更加注重新污染物治理，更加关注人体健康和生态系统服务功能，为人民提供更多优质生态产品。

在治理范围上，将从目前的以城市尤其是地级以上城市为重点，向区县、乡镇和农村地区扩展延伸，让美丽中国建设惠及更广大的人民群众。

在实施保障上，逐步完善环境规划体系，完善相关立法和标准体系，进一步提升公民生态意识，建立稳固的生态环保大格局。进而探索出一条生产发展、生活富裕、生态良好、生命健康的人与自然和谐的生态文明道路。

参考文献

[1] Al-Mulali U，Ozturk I，Lean HH. The Influence of Economic Growth，Urbanization，Trade Openness，Financial Development，and Renewable Energy on Pollution in Europe[J]. Natural Hazards，2015，79（1）：621-44.

[2] Andrady A L. The Plastic in Microplastics：A Review[J]. Marine pollution Bulletin，2017，119（1）：12-22.

[3] Awad R，Zhou Y，Nyberg E，et al. Emerging Per-and Polyfluoroalkyl Substances（PFAS）in Human Milk from Sweden and China[J]. Environmental Science：Processes & Impacts，2020，22（10）：2023-2030.

[4] Costanza R，D'Arge R，Naeem S，et al. The Value of the World's Ecosystem Services and Natural Capital[J]. World Environment，1997，387（6630）：253-260.

[5] Jeong J，Choi J. Adverse Outcome Pathways Potentially Related to Hazard Identification of Microplastics Based on Toxicity Mechanisms[J]. Chemosphere，2019，231：249-255.

[6] Liu J，Li J，Zhao Y，et al. The Occurrence of Perfluorinated Alkyl Compounds in Human Milk From Different Regions of China[J]. Environment International，2010，36（5）：433-438.

[7] Liu L，Qu Y，Huang J，et al. Per-and Polyfluoroalkyl Substances（PFASs）in Chinese Drinking Water：Risk Assessment and Geographical Distribution[J]. Environmental Sciences of Europe，2021，33（1）：1-12.

[8] Liu Y，Zhou Y，Wu W. Assessing the Impact of Population，Income and Technology on Energy Consumption and Industrial Pollutant Emissions in China. Applied Energy. 2015，155：904-17.

[9] Ministry of Housing，Communities and Local Government. National Planning Policy Framework [EB/OL]. https：//assets. publishing. service. gov. uk/government/uploads/system/uploads/ attachment_ data/file/810197/NPPF_Feb_2019_revised. pdf. 2021/04/04.

[10] Smith M，Love D C，Rochman C M，et al. Microplastics in Seafood and the Implications for Human Health[J]. Current Environmental Health Reports，2018，5（3）：375-386.

[11] Tan R，Liu R，Li B，et al. Typical Endocrine Disrupting Compounds in Rivers of Northeast China：

Occurrence，Partitioning，and Risk Assessment[J]. Archives of Environmental Contamination and Toxicology，2018，75（2）：213-223.

[12] Wang F，Wong C S，Chen D，et al. Interaction of Toxic Chemicals with Microplastics：A Critical Review[J]. Water Research，2018，139：208-219.

[13] WANG L Q，XUE X L，ZHAO Z B，et al. The Impacts of Transportation Infrastructure on Sustainable Development：Emerging Trends and Challenges[J]. International Journal of Environmental Research and Public Health，2018，15（6）：1172.

[14] 财政部. 关于提前下达 2019 年中央对地方重点生态功能区转移支付的通知[EB/OL]. [2018-11-09]. http：//www. gov. cn/xinwen/2018-11/09/content_5338678. htm.

[15] 财政部. 关于下达 2019 年中央对地方第二批重点生态功能区转移支付预算的通知[EB/OL]. [2018-11-09]. http：//www.mof.gov.cn/mofhome/yusuansi/gongzuodongtai/201912/t20191216_3442182. htm.

[16] 曹治国，陈惠鑫，赵磊成，等. 室内灰尘中 PBDEs 的污染特征及人体暴露研究展望[J]. 环境科学与技术，2017，40（4）：36-44.

[17] 陈桂淋，武广元，苏帆. 我国地下水抗生素污染及风险评估研究进展[J]. 地下水，2020，42（5）：8-13，53.

[18] 陈洪昭，郑清英. 全球绿色科技创新的发展现状与前景展望[J]. 经济研究参考，2018（51）：70-79.

[19] 陈健鹏. 从政府监管视角看生态环境治理体系和治理能力现代化[J]. 环境与可持续发展，2020，45（2）：17-21.

[20] 陈玫宏，郭敏，刘丹，等. 典型内分泌干扰物在太湖及其支流水体和沉积物中的污染特征[J]. 中国环境科学，2017，37（11）：4323-4332.

[21] 陈伟伟，杨悦. 我国环境治理体系构建的逻辑思路[J]. 环境保护，2020，48（9）：18-24.

[22] 池源，石洪华，郭振，丁德文. 海岛生态脆弱性的内涵、特征及成因探析[J]. 海洋学报，2015，37（12）：93-105.

[23] 但智钢，史菲菲，王志增，等. 中国环境工程科技 2035 技术预见研究[J]. 中国工程科学，2017，19（1）：80-86.

[24] 董战峰，葛察忠，贾真，等. 国家"十四五"生态环境政策改革重点与创新路径研究[J]. 生态经济，2020，36（8）：13-19.

[25] 窦勇. 基于 RS、GIS 调查资料的青岛市海岸带生态系统健康评价[D]. 青岛：中国海洋大学，2012.

[26] 杜群，车东晟. 新时代生态补偿权利的生成及其实现——以环境资源开发利用限制为分析进路[J]. 法制与社会发展，2019，25（2）：43-58.

[27] 杜雯翠，江河. 加快构建现代环境治理体系，切实提高环境治理效能[J]. 环境保护，2020，48（6）：

36-41.

[28]　高国力. 推动适应高质量发展要求的区域经济布局研究[J]. 区域经济评论，2020（4）：38-44.

[29]　葛林科，任红蕾，鲁建江，等. 我国环境中新兴污染物抗生素及其抗性基因的分布特征[J]. 环境化学，2015，34（5）：875-883.

[30]　郭红燕. 加快建立健全环境治理全民行动体系[J]. 环境，2020（4）：32-33.

[31]　郭怀成，尚金城，张天柱. 环境规划学[M]. 北京：高等教育出版社，2009.

[32]　郭兴. 五年规划背后的中国制度优势[J]. 党员文摘，2020（12）：4-7.

[33]　韩晓日. 新型缓/控释肥料研究现状与展望[J]. 沈阳农业大学学报，2006，37（1）：3-8.

[34]　胡敏. 开启新征程的行动纲领[N]. 中国纪检监察报，2020-12-03（5）.

[35]　胡天蓉，刘之杰，曾红鹰. 政府、企业、公众共治的环境治理体系构建探析[J]. 环境保护，2020，48（8）：51-53.

[36]　黄慧娟，蔡全英，吕辉雄，等. 土壤—蔬菜系统中邻苯二甲酸酯的研究进展[J]. 广东农业科学，2019，38（9）：50-53.

[37]　黄群慧. 五年规划的历史脉络[N]. 中国纪检监察报，2020-11-05（5）.

[38]　黄润秋. 深入贯彻落实党的十九届五中全会精神，协同推进生态环境高水平保护和经济高质量发展[J]. 环境保护，2021，49（Z1）：13-21.

[39]　黄小平，张凌，张景平，等. 我国海湾开发利用存在的问题与保护策略[J]. 中国科学院院刊，2016，31（10）：1151-1156.

[40]　解振华. 中国改革开放40年生态环境保护的历史变革——从"三废"治理走向生态文明建设[J]. 中国环境管理，2019（4）.

[41]　京津冀协同发展领导小组办公室编. 京津冀协同发展报告2019年[M]. 北京：中国市场出版社，2020，131.

[42]　李海生，孙启宏，高如泰，等. 基于40年改革开放历程的我国环境科技发展展望[J]. 环境保护，2018，46（23）：9-13.

[43]　李金哲，刘朋. 党领导国家远景规划的深层治理意涵[N]. 中国社会科学报，2020-10-29（5）.

[44]　李俊龙，刘方，高锋亮. 中国环境监测陆海统筹机制的分析与建议[J]. 中国环境监测，2017，33（2）：27-33.

[45]　李乐，周波，郑军. "十四五"生态环境保护国际合作的趋势分析与对策建议[J]. 环境保护，2020，48（11）：55-57.

[46]　李牧耘，张伟，胡溪，等. 京津冀区域大气污染联防联控机制：历程、特征与路径[J]. 城市发展研究，2020，4（27）：97-103.

[47]　李培，陆轶青，杜譞，等. 美国空气质量监测的经验与启示[J]. 中国环境监测，2013，29（6）：

9-14.

[48] 李晓亮，董战峰，李婕旦，等. 推进环境治理体系现代化，加速生态文明建设融入经济社会发展全过程[J]. 环境保护，2020，48（9）：25-29.

[49] 李燕，顾朝林. 日本的城市环境问题及其改善过程：政策和规划视角研究[J]. 中国环境管理，2017（3）.

[50] 栗卫清，刘芳，何忠伟. 发达国家和地区环境监测体系的特点及其启示[J]. 世界农业，2017，（7）：18-23.

[51] 刘慧，郭怀成，詹歆晔，等. 荷兰环境规划及其对中国的借鉴[J]. 环境保护，2008（20）：73-76.

[52] 刘蕊，张明顺. 欧盟空气质量监测现状及加强我国空气质量监测体系建设的建议[J]. 环境监测管理与技术，2015，27（2）：7-10.

[53] 刘琰，郑丙辉. 欧盟流域水环境监测与评价及对我国的启示[J]. 中国环境监测，2013，29（4）：162-168.

[54] 刘洋. 我国海洋环境监测管理体系研究[D]. 上海：上海海洋大学，2016.

[55] 柳天恩，田学斌. 京津冀协同发展：进展、成效与展望[J]. 中国流通经济，2019（11）：116-128.

[56] 卢亚灵，周思，王建童，等. 北方试点地区农村散煤治理的政策回顾与展望[J]. 环境与可持续发展，2020，3：37-42.

[57] 吕晓君，杜蕴慧，宋鹭，等. 基于"陆海统筹"理念的海岸带环境管理思考[J]. 环境保护，2015，43（22）：59-61.

[58] 马乐宽，谢阳村，文宇立，等. 重点流域水生态环境保护"十四五"规划编制思路与重点[J]. 中国环境管理，2020，12（4）：40-44.

[59] 牛桂敏，郭珉媛，杨志. 建立水污染联防联控机制，促进京津冀水环境协同治理[J]. 环境保护，2019，47（2）：64-67.

[60] 任勇. 日本环境管理及产业污染防治[M]. 北京：中国环境科学出版社，2000.

[61] 申剑，陈威. 美国地表水环境监测管理体系及对我国的启示[J]. 环境监控与预警，2016，8（4）：54-57.

[62] 生态环境部. 关于印发《关于推进生态环境监测体系与监测能力现代化的若干意见》的通知[R]. 2020-04-24.

[63] 生态环境部. 生态环境监测规划纲要（2020—2035年）[R]. 2020-06-21.

[64] 生态环境部. 重点流域水生态环境保护"十四五"规划编制技术大纲[S]. 环办水体函〔2019〕937号.

[65] 生态环境部部长黄润秋作应对气候变化和保护生物多样性科学报告[J]. 环境科学与管理，2021，46（1）：2.

[66] 师博颖, 王智源, 刘俊杰, 等. 长江江苏段饮用水水源地 3 种雌激素污染特征[J]. 环境科学学报, 2018, 38（3）：875-883.

[67] 石建国. 我国五年规划编制的特点与启示[J]. 理论导报, 2020（11）：42-43.

[68] 史亚利, 潘媛媛, 王杰明, 等. 全氟化合物的环境问题[J]. 化学进展, 2009, 21（Z1）：369.

[69] 舒笑寒. 我国土壤环境监测制度研究[D]. 长沙：湖南师范大学, 2016.

[70] 松村弓彦. 环境政策与环境法体系[M]. 东京：产业环境管理协会, 丸善出版事业部, 2004.

[71] 唐瑭. 环境治理体系中人民检察院的角色及再塑[J]. 环境保护, 2020, 48（Z2）：42-45.

[72] 万军, 等. 坚持共保共享绿色发展, 建设粤港澳美丽大湾区[J]. 环境保护, 2019, 47（7）：10-13.

[73] 王波. "四坚持"探析激发村民参与环境整治内生动力[J]. 中国环境管理, 2019.

[74] 王波. 创新投融资方式打好农村污染治理攻坚战[N]. 中国环境报, 2018-05-25（3）.

[75] 王金南, 王夏晖. 推动生态产品价值实现是践行"两山"理念的时代任务与优先行动[J]. 环境保护, 2020, 48（14）：9-13.

[76] 王金南, 蒋洪强, 程曦, 等. 关于建立重大工程项目绿色管理制度的思考[J]. 中国环境管理, 2021, 13（1）：5-12.

[77] 王金南, 蒋洪强. 环境规划学[M]. 北京：中国环境出版社, 2015.

[78] 王金南, 逯元堂, 程亮, 等. 国家重大环保工程项目管理的研究进展[J]. 环境工程学报, 2016, 10（12）：6801-6808.

[79] 王金南, 孙宏亮, 续衍雪, 等. 关于"十四五"长江流域水生态环境保护的思考[J]. 环境科学研究, 2020, 33（5）：1075-1080.

[80] 王金南, 万军, 王倩, 等. 改革开放 40 年与中国生态环境规划发展[J]. 中国环境管理, 2018, 10（6）：5-18.

[81] 王蕾, 汪贞, 刘济宁, 等. 化学品管理法规浅析[J]. 中国环境管理, 2017, 9（5）：41-46.

[82] 王秋璐, 许艳, 杨璐. 中美海洋环境监测与评估的比较研究[J]. 环境与可持续发展 2016, 41（4）：83-85.

[83] 王绍光, 鄢一龙. 大智兴邦：中国如何制定五年规划[M]. 北京：中国人民大学出版社, 2015, 51.

[84] 王伟, 江河. 现代环境治理体系：打通制度优势向治理效能转化之路[J]. 环境保护, 2020, 48（9）：30-36.

[85] 王夏晖, 何军, 饶胜, 等. 山水林田湖草生态保护修复思路与实践[J]. 环境保护, 2018, 46（1-4）：17-20.

[86] 王夏晖, 陆军, 饶胜. 新常态下推进生态保护的基本路径探析[J]. 环境保护, 2015, 43（1）：29-31.

[87] 王夏晖, 张箫, 牟雪洁, 等. 国土空间生态修复规划编制方法探析[J]. 环境保护, 2019, 47（5）：36-38.

[88] 王夏晖，朱媛媛，文一惠，等. 生态产品价值实现的基本模式与创新路径[J]. 环境保护，2020，48（14）：14-17.

[89] 王夏晖，张箫. 我国新时期生态保护修复总体战略与重大任务[J]. 中国环境管理，2020，12（6）：82-87.

[90] 王新晓. 农民在农村环境保护中的应然定位、实然角色与主体参与[J]. 农业经济，2019（10）：69-70.

[91] 王志伟. 生态环境治理的信息化体系建设思路[J]. 科技创新与应用，2020（30）：53-54.

[92] 魏明海，刘伟江，白福高，等. 国内外地下水环境监测工作研究进展[J]. 环境保护科学，2016，42（5）：15-18.

[93] 魏智谦. 浅谈我国环境监测发展现状与前景展望[J]. 现代农村科技，2017，（9）：83.

[94] 文宇立，叶维丽，刘晨峰，等. "十三五"总氮、总磷总量控制政策建议[J]. 环境污染与防治，2015，37（3）：27-30.

[95] 我国农药减量控害技术的现状及展望[J]. 中国植保导刊，2017，37（6）：83-85.

[96] 吴季友，陈传忠，蒋睿晓. 我国生态环境监测网络建设成效与展望[J]. 中国环境监测，2021，37（2）：1-7.

[97] 吴舜泽，崔金星，殷培红. 把生态文明制度体系优势转化为生态环境治理效能——解读《关于构建现代环境治理体系的指导意见》[J]. 环境与可持续发展，2020，45（2）：5-8.

[98] 吴舜泽，郭红燕. 环境治理体系的现代性特征内涵分析[J]. 中国生态文明，2020（2）：11-14.

[99] 吴天伟，孙艺，崔蓉，等. 内分泌干扰物壬基酚与辛基酚的污染现状与毒性的研究进展[J]. 环境化学，2017，36（5）：951-959.

[100] 武力，李扬. 擘画发展蓝图，完善国家治理——我国"五年计划（规划）"历程回顾与展望[J]. 全球商业经典，2020（12）：18-23.

[101] 习近平在经济社会领域专家座谈会上的讲话[DB/OL]. [2020-08-24]. http：//www. chinanews. com/gn/2020/08-24/9273232. shtml.

[102] 习近平在联合国生物多样性峰会上发表重要讲话[J]. 资源节约与环保，2020（10）：1.

[103] 谢丹. 典型全氟化合物同分异构体的膳食暴露和母婴传递研究[D]. 武汉：武汉轻工大学，2017.

[104] 徐东升. 构建现代环境治理体系，水务环保企业机遇在哪？[J]. 环境经济，2020（7）：31-33.

[105] 徐冬梅，王艳花，饶桂维. 四环素类抗生素对淡水绿藻的毒性作用[J]. 环境科学，2013，34（9）：3386-3390.

[106] 徐建玲，陈冲，马宏军. 日本环境规划的理念与系统框架[C]//中国环境科学学会环境规划专业委员会学术年会. 中国环境科学学会，2008.

[107] 徐梦佳，刘冬，葛峰，等. 长江经济带典型生态脆弱区生态修复和保护现状及对策研究[J]. 环境

保护，2017，45（16）：50-53.

[108] 徐敏，张涛，王东，等. 中国水污染防治 40 年回顾与展望[J]. 中国环境管理，2019，11（3）：65-71.

[109] 徐永刚，宇万太，马强，等. 环境中抗生素及其生态毒性效应研究进展[J]. 生态毒理学报，2015（3）：11-27.

[110] 许妍，吴克宁. 欧盟土壤环境评价监测项目及其对我国农用地质量监测的启示[J]. 生态环境学报，2011，20（11）：1777-1782.

[111] 续衍雪，吴熙，路瑞，等. 长江经济带总磷污染状况与对策建议[J]. 中国环境管理，2018（1）：70-74.

[112] 学习贯彻习近平新时代中国特色社会主义经济思想，做好"十四五"规划编制和发展改革工作系列丛书编写组. 强化思想引领，谋篇"十四五"发展[M]. 北京：中国计划出版社，2021.

[113] 鄢一龙. 改革开放与中国五年规划体制转型[J]. 东方学刊，2019（2）：69-85，135.

[114] 杨伟民，等. 新中国发展规划 70 年[M]. 北京：人民出版社，2019.

[115] 杨永恒. 发展规划定位的理论思考[J]. 中国行政管理，2019（8）：9-11，16.

[116] 姚瑞华，王金南，王东. 国家海洋生态环境保护"十四五"战略路线图分析[J]. 中国环境管理，2020，3：15-20.

[117] 姚瑞华，张晓丽，刘静，等. 陆海统筹推动海洋生态环境保护的几点思考[J]. 环境保护，2020，48（7）：14-17.

[118] 尹艳林. 中国中央关于制定国民经济和社会发展第十四个五年规划和二〇三五年远景目标的建议辅导读本：推动区域协调发展[M]. 北京，人民出版社，2020：296-302.

[119] 岳小花. 借鉴国外经验，完善监测制度[N]. 中国环境报，2017-09-13.

[120] 张博，郭丹凝，彭苏萍. 中国工程科技能源领域 2035 发展趋势与战略对策研究[J]. 中国工程科学，2017，19（1）：64-72.

[121] 张灿，曹可，赵建华. 海洋生态环境保护工作面临的机遇和挑战[J]. 环境保护，2020，48（7）：9-13.

[122] 张丛林，郑诗豪，邹秀萍，等. 新型污染物风险防范国际实践及其对中国的启示[J]. 中国环境管理，2020，12（5）：71-78.

[123] 张皓，赵岑，陈传忠，等. 发达国家和地区生态环境监测发展经历对中国的启示[J]. 中国环境监测，2021，37（1）：34-39.

[124] 张慧勤，过孝民. 环境经济系统分析——规划方法与模型[M]. 北京：清华大学出版社，1993.

[125] 张晓岭，邓力，孙静，等. 欧美等发达国家水环境监测方法体系[J]. 四川环境，2012，31（1）：49-54.

[126] 张野，何铁光，何永群，等. 农业废弃物资源化利用现状概述[J]. 农业研究与应用，2014（3）：

64-67，72.

[127] 张悦，袁骐，蒋玫，等. 邻苯二甲酸酯类毒性及检测方法研究进展[J]. 环境化学，2019，38（5）：1035-1046.

[128] 张震宇. 沿海地级及以上城市总氮排放总量控制的若干思考[J]. 环境保护科学，2015，41（6）：1-3.

[129] 张志卫，刘志军，刘建辉. 我国海洋生态保护修复的关键问题和攻坚方向[J]. 海洋开发与管理，2018（10）：26-30.

[130] 赵婧. 实施潮间带规划，保护空间资源和生态系统[N]. 中国自然资源报，2020-03-10.

[131] 赵越，王东，马乐宽，等. 实施以控制单元为空间基础的流域水污染防治[J]. 环境保护，2017，45（24）：13-16.

[132] 郑军，魏亮，国冬梅. 美国大气环境质量监测与管理经验及启示[J]. 环境保护，2015，43（18）：68-70.

[133] 郑军. "十四五"生态环境保护国际合作思路与实施路径探讨[J]. 中国环境管理，2020，12（4）：68-72.

[134] 中共中央组织部干部教育局组织编写. 绿色发展[M]. 北京：党建读物出版社，2018.

[135] 中国大百科全书[M]. 北京：中国大百科全书出版社，2009.

[136] 中国工程院，环境保护部. 中国环境宏观战略研究：战略保障卷[M]. 北京：中国环境科学出版社，2011.

[137] 周宏春，姚震. 构建现代环境治理体系，努力建设美丽中国[J]. 环境保护，2020，48（9）：12-17.

[138] 周同娜，尹海亮. 我国环境水体中双酚A存在现状及标准检测方法研究[J]. 工业用水与废水，2020，51（4）：1-5.

[139] 周远波. 科学务实构建生态修复新格局[N]. 中国自然资源报，2021-01-15（3）.

[140] 周昭成. "五年规划"彰显中国制度优势[J]. 新湘评论，2020（24）：26-27.

[141] 卓丽，石运刚，蔡凤珊，等. 长江干流，嘉陵江和乌江重庆段邻苯二甲酸酯污染特征及生态风险评估[J]. 生态毒理学报，2020（3）：158-170.